de Gruyter Lehrbuch
Kruschwitz · Finanzierung und Investition

Lutz Kruschwitz

Finanzierung und Investition

W DE G

Walter de Gruyter · Berlin · New York 1995

Dr. Lutz Kruschwitz
Professor für Betriebswirtschaftslehre, insbesondere
Bank- und Finanzwirtschaft an der Freien Universität Berlin

⊚ Gedruckt auf säurefreiem Papier, das die US-ANSI-Norm über Haltbarkeit erfüllt

Die Deutsche Bibliothek – CIP-Einheitsaufnahme

Kruschwitz, Lutz:
Finanzierung und Investition / Lutz Kruschwitz. – Berlin ;
New York : de Gruyter, 1995
(De-Gruyter-Lehrbuch)
ISBN 3-11-013598-1 brosch.
ISBN 3-11-014799-8 Gb.

Druck: Arthur Collignon GmbH, Berlin – Bindearbeiten: Dieter Mikolai, Berlin. –
Printed in Germany

Vorwort

Die Leser dieses Buches werden mit den neoklassischen Grundlagen der Finanzierungstheorie vertraut gemacht. Der Text wendet sich an Studenten der Betriebs- und Volkswirtschaftslehre mit abgeschlossenem Grundstudium.

Es ist eine faszinierende Tatsache, daß sich die wichtigsten Resultate der modernen Finanzierungstheorie aus sehr wenigen nutzentheoretischen Axiomen und ebenfalls nur wenigen idealisierenden Annahmen über die Funktionsweise von Märkten ableiten lassen. Ich habe mich darum bemüht, diese bemerkenswerte Kohärenz der Finanzierungstheorie deutlich werden zu lassen und die grundlegenden Resultate zwar rigoros, aber doch in einer für Studenten verständlichen Form zu entwickeln. Das Buch besteht aus vier Teilen, die sich folgendermaßen skizzieren lassen:

(1) In den beiden ersten Kapiteln dieses Buches wird die Diskussion insofern stark vereinfacht, als unter den Bedingungen vollkommener Sicherheit argumentiert wird. Das erlaubt es, die Grundlagen der (ordinalen) Nutzentheorie und die Arbitragetheorie sowie das Konzept des Arrow/Debreu-Wertpapiers in sehr leicht nachvollziehbarer Form zu vermitteln. Zunächst wird ein einperiodiger Modellrahmen benutzt, wobei wir Fishers Separationstheorem aus der Analyse einer Entscheidung über den optimalen Konsumplan gewinnen. Anschließend werden mehrperiodige Entscheidungen untersucht.

(2) Das dritte Kapitel ist der Nutzentheorie unter Unsicherheit gewidmet. Dabei zeigt sich, daß es von der ordinalen zur Erwartungsnutzentheorie nur ein kleiner Schritt ist. Im vierten Kapitel diskutieren wir die Arbitragetheorie unter Unsicherheit und lernen den Nutzen von Arrow/Debreu-Wertpapieren in einem neuen Licht kennen. Im fünften Kapitel wird das Capital Asset Pricing Model entwickelt, das wir ebenso wie Fishers Separationstheorem gewinnen können, indem wir Entscheidungen über optimale Konsumpläne – jetzt allerdings unter Unsicherheit – analysieren.

(3) Die Kapitel sechs bis acht sind als Anwendungen der in den vorausgegangenen Abschnitten entwickelten Grundlagen anzusehen. Das ist zum einen eine Analyse des Kapitalstrukturproblems, zum anderen eine Untersuchung, wie man Entscheidungen über riskante Investitionen bei Gültigkeit des Capital Asset Pricing Models zu treffen hat, und schließlich eine Einführung in die Optionspreistheorie.

(4) Wenn man sich mit Finanzierungstheorie ordentlich auseinandersetzen will, so muß man das im Rahmen mathematischer Modelle tun. Die hierfür erforderlichen Grundkenntnisse findet man kompendienhaft im letzten Kapitel dieses Buches.

Wer ein einführendes Lehrbuch wie dieses schreibt, muß einige grundlegende Entscheidungen hinsichtlich der zu präsentierenden Modelle treffen. Dabei habe ich mich von zwei Grundsätzen leiten lassen. Der erste und wichtigste Grundsatz war Nachvollziehbarkeit für Studenten. Ich habe die Erfahrung gemacht, daß die Studierenden gewöhnlich nicht gern akzeptieren, wenn man ihnen irgendwelche Resultate präsentiert, die sozusagen "vom Himmel fallen". Daher habe ich mich stets um ordentliche und vollständige Herleitungen bemüht. Weiter habe ich im Zusammenhang mit Betrachtungen unter Unsicherheit festgestellt, daß Studenten mit diskreten Modellen viel leichter zurechtkommen als mit stetigen. Darum habe ich mich völlig auf diskrete Modelle beschränkt.

Viele namhafte Ökonomen haben die Finanzierungs- und Investitionstheorie beziehungsweise ihre Grundlagen in der gegenwärtigen Form maßgeblich mitgestaltet. Man denke an Kenneth J. Arrow, Gérard Debreu, Irving Fisher, Jack Hirshleifer, Harry M. Markowitz, Merton H. Miller, Franco Modigliani, Oskar Morgenstern, John von Neumann, William F. Sharpe und James Tobin. Natürlich ist diese Liste alles andere als vollständig. Obwohl aber immerhin sieben Nobelpreisträger darunter sind, gilt die in diesem Buch dargestellte neoklassische Finanzierungstheorie heutzutage als etwas unmodern. Mittlerweile diskutiert man Ansätze jenseits dieses Konzeptes, Ansätze, die der Idee verpflichtet sind, daß die Marktteilnehmer keine homogenen Informationen besitzen. Man tut das mit Recht, weil die neoklassische Theorie viele Fragen gar nicht oder zumindestens nicht überzeugend beantworten kann. Jedoch bestreitet niemand, daß die gleichgewichtsorientierte neoklassische Lehre erst den Boden liefert, auf dem die informationsökonomisch orientierten neueren Analysen aufbauen. Aus diesem und dem weiteren Grunde, daß die Ergebnisse der neoklassischen Theorie immer noch die wichtigsten Bausteine für zahllose praktische Konzepte der Investitions- und Finanzierungspolitik darstellen, wird man sie nach wie vor in gehöriger Form präsentieren müssen.

Einen wesentlichen Anstoß für meine Bemühungen gab Robert A. Jarrow mit seiner "Finance Theory", die ich 1988 in die Hand bekam und die mich aufgrund ihrer großen Prägnanz und Geschlossenheit faszinierte. Seit dem Augenblick, als ich die ersten Zeilen dieses Buches niederschrieb, sind (zum Leidwesen eines geduldigen Verlegers) Jahre vergangen. Während der langen Entstehungszeit habe ich Hilfe und Ermunterung von vielen Menschen erhalten, bei denen ich mich jetzt bedanken möchte. Mein Dank gilt zunächst den Studenten der Freien Universität Berlin, die ziemlich unvollkommene Manuskripte ertragen mußten und mit kritischen Verbesserungsvorschlägen nicht gegeizt haben. Aus dem Kreise meiner gegenwärtigen Mitarbeiter haben mir vor allem Dorothea Schäfer und Mike Schwake wertvolle Ratschläge und Ideen geliefert. Meinem früheren Mitarbeiter und Freund Rainer Schöbel danke ich für ungezählte Stunden wissenschaftlicher Auseinandersetzung, in denen ich viel mehr gelernt habe als er glaubt. In erheblichem Maße habe ich davon profitiert, daß etliche Kollegen sich die Mühe gemacht haben, meine Entwürfe zu lesen und kritisch zu kommentieren, besonders Herbert Büning, Kai A. Konrad, Andreas Löffler, Hellmuth Milde, Kay Mitusch, Elmar Wolfstetter und (last not least) Jürgen Wolters. Verbliebene Mängel gehen selbstverständlich auf mein Konto. Frau Renate Mauersberger hat mir dadurch, daß sie ihre Aufgaben als Sekretärin in einer Weise erfüllt, die man heute kaum noch findet, die erforderlichen Freiräume geschaffen. Herr T. Ipse hat die Schreibarbeiten bewältigt. Ohne meine Frau aber wäre sicher nichts gelungen.

Berlin, im Januar 1995 Lutz Kruschwitz

Inhalt

1 Einmalige sichere Zahlungen

1.1 Ein erster Blick auf Barwerte

Stellen Sie sich vor, Sie hätten in der Lotterie eine halbe Million DM gewonnen und müßten darüber nachdenken, was Sie mit dem plötzlichen Reichtum anfangen. Ein Bekannter lenkt Ihr Interesse auf ein unbebautes Grundstück in Neustadt. Dort kostet der Quadratmeter gegenwärtig 200 DM. Der Bekannte hat Einblick in die Pläne der Stadtverwaltung und weiß daher, daß die Bebauungspläne in Kürze geändert werden sollen. Demnächst wird das fragliche Gelände als Gewerbegebiet ausgewiesen werden, und deswegen rechnet man damit, daß der Bodenpreis in einem Jahr auf 240 DM/qm gestiegen sein wird.

Selbstverständlich kann sich Ihr Bekannter bei seiner Prognose irren. Vielleicht steigt der Bodenpreis nicht auf 240 DM, sondern sogar auf 300 DM. Möglicherweise erweist sich das Grundstück aufgrund eines bisher nicht erkannten Schadens als nicht bebaubar und fällt im Preis auf 160 DM/qm. Vielleicht verliert auch die Partei des jetzigen Bürgermeisters die nächste Kommunalwahl, und die bisherige Oppositionspartei verfolgt die Änderung der Bebauungspläne in diesem Gebiet nicht weiter. All das kann dazu führen, daß die Kalkulation Ihres Bekannten nicht aufgeht. Um die Dinge aber nicht zu komplizieren, abstrahieren wir von solchen Risiken und tun so, als könne man mit seinen Prognosen keine Fehler machen. Wir sind dann in der glücklichen Lage, ein *Entscheidungsproblem unter Sicherheit* vor uns zu haben. Nehmen Sie an, Sie würden Ihren gesamten Lotteriegewinn von 500 000 DM in Grundstücke investieren. Dann könnten Sie bei einem Quadratmeterpreis von 200 DM 2500 qm Land erwerben. Verkaufen Sie nach einem Jahr zu 240 DM/qm, so erzielen Sie Einnahmen in Höhe von 600 000 DM. Alles in allem wäre also Ihr Reichtum innerhalb eines Jahres um 100 000 DM gestiegen. Jetzt gilt es zu überlegen, ob sich diese Investition lohnt.

Um der Lösung des Entscheidungsproblems näher zu kommen, betrachten Sie es unter dem folgenden Blickwinkel: Wenn Sie das Grundstück heute erwerben und später wieder veräußern, so erzielen Sie in einem Jahr Einnahmen in Höhe von 600 000 DM. Allgemein gesprochen: Der Investor erwirbt *Ansprüche auf künftige Einnahmen* in Höhe von X_1. Dabei steht das Symbol X für den Begriff Zahlung und der Index 1 dafür, daß diese Zahlung (von heute aus gesehen) in einem Jahr stattfindet. Um den Anspruch auf $X_1 = 600\,000$ DM zu erwerben, muß man einen Preis bezahlen. Dieser beträgt in unserem Beispiel I_0 = 500 000 DM. Hier steht das Symbol I für Investitionsausgabe, und der Index 0 deutet an, daß diese Zahlung heute – im Zeitpunkt $t = 0$ – fällig ist. Offensichtlich besteht unser Entscheidungsproblem jetzt darin herauszubekommen, ob $I_0 = 500\,000$ DM ein angemessener Preis für in einem Jahr fällige Einnahmen in Höhe von $X_1 = 600\,000$ DM ist. Wer diese Frage beantworten will, muß Vorstellungen darüber entwickeln, welchen Preis er gerade noch hinzunehmen bereit ist. Diesen Betrag wollen wir Grenzpreis oder fairen Preis nennen und mit dem Symbol P_0 bezeichnen.

Nun stehen wir vor dem Problem, wie man den fairen Preis für künftige 600 000 DM, oder allgemeiner für X_1, ermitteln soll. Wir werden diese Frage gleich weiter verfolgen. Zuvor halten wir aber als Entscheidungsregel fest: Ist der faire Preis größer als der tatsächliche Preis, so ist die Investition günstig, sonst ungünstig. Kommen wir beispielsweise zu dem Resultat, daß man für $X_1 = 600\,000$ DM in einem Jahr fairerweise heute $P_0 = 520\,000$ DM zahlen sollte, so erweist sich die Investition als vorteilhaft, weil sie nur Ausgaben in Höhe von $I_0 = 500\,000$ DM erfordert. Lautet unser Ergebnis dagegen, daß man für $X_1 = 600\,000$ DM heute höchstens $P_0 = 470\,000$ DM zahlen sollte, so ist die Investition abzulehnen, denn man würde im Falle ihrer Realisierung I_0 = 500 000 DM bezahlen müssen. Es gilt also die *Entscheidungsregel:*

$$\begin{aligned} P_0 > I_0 &\quad\Longrightarrow\quad \text{Investition durchführen} \\ P_0 \leq I_0 &\quad\Longrightarrow\quad \text{Investition ablehnen}\ . \end{aligned}$$

Diese Regel beruht auf einem einfachen Preisvergleich. Man entscheidet sich gewissermaßen immer für die preisgünstigere Alternative. Nun ist auf die Frage zurückzukommen, ob und wie man den fairen Preis für künftige Einnahmen ermitteln kann. Für die folgenden Überlegungen werden wir zwei verschiedene Szenarien betrachten.

Szenario 1: Kein Kapitalmarkt Gehen Sie zunächst davon aus, daß Sie als Entscheidungsträger sich in einer ähnlichen Welt befinden wie Robinson Crusoe auf seiner einsamen Insel. Es gibt keine anderen Menschen, mit denen Sie Handel treiben könnten. Niemand verkauft Ihnen Grundstücke, Lebensmittel oder sonst etwas; und auch Sie können an niemanden etwas verkaufen. Infolgedessen ist Geld als Tauschmittel überflüssig. Indem wir Robinsons Welt betreten, scheint uns unser Beispiel aus den Händen zu gleiten, weil wir es in Form von Zahlungsvorgängen formuliert hatten. Das heißt aber nicht, daß Robinson nicht über Investitionen zu entscheiden hätte. Ganz im Gegenteil.

So könnte jemand wie Robinson beispielsweise vor dem Entscheidungsproblem stehen, entweder Arbeitszeit zu investieren, um ein Netz zu knüpfen, mit dem sich bequem Fische fangen lassen, oder Fische mühsam mit der bloßen Hand zu erbeuten. In vorstehendem Fall wäre I_0 die erforderliche Arbeitszeit für die Herstellung des Netzes und X_1 die Menge der mit dem Netz erbeuteten Fische. Die erforderliche Arbeitszeit ließe sich wohl auch in eine Menge Fisch umrechnen, indem man kalkuliert, auf wieviele mit der Hand erbeutete Fische Robinson verzichtet, wenn er sich entschließt, das Netz zu knüpfen. Nehmen wir an, daß Robinson einen Arbeitstag für die Herstellung des Netzes veranschlagt und aus Erfahrung weiß, daß er ohne Netz im Durchschnitt 50 Fische am Tag fangen kann. Dann beläuft sich seine Investitionsausgabe auf $I_0 = 50$ Fische. Gehen wir weiter davon aus, daß Robinson hofft, mit dem Netz am nächsten Tag $X_1 = 60$ Fische erbeuten zu können.[1]

Robinsons Entscheidungsproblem besteht also darin, daß er mit dem Entschluß, ein Netz zu knüpfen, Anspruch auf "60 Fische morgen" erwirbt und hierfür "50 Fische heute" opfern müßte. Deswegen hat er sich zu fragen, was ihm aus heutiger Sicht "60 Fische morgen" bedeuten. Ohne Robinsons Nutzenvorstellungen im einzelnen zu kennen, werden wir davon ausgehen dürfen, daß ihm "1 Fisch heute" lieber ist als "1 Fisch morgen". Man nennt diese Einstellung strikte Gegenwartspräferenz. Aber es wird uns unmöglich sein, allgemeine Aussagen über die Stärke der Gegenwartspräferenz eines Menschen zu machen. Falls man längere Zeit auf Fisch verzichten mußte, würde man vielleicht sehr viel dafür geben, wenn man den Fisch so bald wie möglich bekäme. Zu anderen Zeitpunkten, wenn man sich beispielsweise gerade ein paar Wochen am Meer aufgehalten hat und häufig Fisch gegessen hat, fällt es nicht allzu schwer, längere Zeit auf Fischgerichte zu verzichten.

Die Stärke seiner Gegenwartspräferenz könnte Robinson zum Ausdruck bringen, indem er beispielsweise sagt: Es ist mir gleichgültig, ob ich "55 Fische heute" oder "60 Fische morgen" bekomme. Er macht damit deutlich, daß er bereit ist, heute auf den Verzehr von (höchstens) 55 Fischen zu verzichten, wenn er dafür später 60 Fische bekommt. Auf sehr direktem Wege hätte Robinson uns damit den Preis genannt, den er für den Anspruch auf $X_1 = 60$ Fische gerade noch zu zahlen bereit wäre, nämlich $P_0 = 55$ Fische. Da die Herstellung des Netzes ihn nur $I_0 = 50$ Fische kostet, lohnt es sich, mit dem Knüpfen des Netzes zu beginnen.

Wir könnten das Beispiel damit als erledigt betrachten, wollen das aber noch nicht tun, weil es uns Gelegenheit gibt, zwei wichtige Begriffe einzuführen, die wir später brauchen werden. Das ist zunächst die *Substitutionsrate*. Hierunter wollen wir jene Menge von Konsumgütern verstehen, die ein Individuum im Zeitpunkt $t = 1$ verbrauchen möchte, damit es den subjektiven Eindruck hat, es sei für den Verzicht auf eine Konsumeinheit im Zeitpunkt $t = 0$ in angemessener Weise entschädigt. Bezeichnet man die Änderung einer Konsumgütermenge im

[1] Um Parallelität zu unserem früheren Beispiel zu gewährleisten, müssen wir unterstellen, daß das Netz nur ein einziges Mal benutzt werden kann. Andernfalls müßten wir auch noch Arbeitsaufwand und Fangergebnisse in den Zeitpunkten $t = 2, 3 \ldots$ usw. in Rechnung stellen. Mit solchen mehrperiodigen Investitionsentscheidungsproblemen werden wir uns später beschäftigen.

Zeitpunkt t mit dem Symbol ΔC_t, so gilt die Definition

$$\text{Substitutionsrate} = -\frac{\Delta C_1}{\Delta C_0}$$

Robinson ist bereit, seinen gegenwärtigen Konsum um maximal 55 Fische einzuschränken ($\Delta C_0 = -55$), wenn er dafür später 60 Fische erhält ($\Delta C_1 = +60$). Seine Nutzeneinstellung läßt sich damit durch die Substitutionsrate $-\frac{60}{-55} = 1.091$ zum Ausdruck bringen. Für jeden Fisch, auf den er heute verzichten muß, verlangt er später im Durchschnitt 1.091 Fische als Ausgleich. Die Substitutionsrate ist demnach ein Maß für seine Ungeduld. Je höher die Substitutionsrate, um so geringer seine Opferbereitschaft in bezug auf zeitlichen Konsumverzicht. Es liegt nahe, sich vorzustellen, daß der Verzicht auf den ersten Fisch leichter fällt als der Verzicht auf den zweiten, fünften oder zehnten Fisch. Da wir aber detaillierte Informationen über solche feinen Veränderungen der Substitutionsrate bei zunehmender Konsumeinschränkung im Zeitpunkt $t = 0$ hier nicht besitzen, handelt es sich gewissermaßen um einen Mittelwert, weswegen man präziser von einer *durchschnittlichen Substitutionsrate* spricht.

Sehr eng verwandt mit diesem Maß ist die *Zeitpräferenzrate* ζ. Sie ist als

$$\text{Zeitpräferenzrate} = \text{Substitutionsrate minus eins}$$

oder unter Verwendung der bereits eingeführten Symbole

$$\zeta = -\frac{\Delta C_1}{\Delta C_0} - 1$$

definiert und gibt an, um welchen Betrag der spätere Konsum größer sein muß, damit das als angemessene Entschädigung für eine Einschränkung des Gegenwartskonsums um eine Einheit empfunden wird. In unserem Beispiel kommen wir auf eine Zeitpräferenzrate von $-\frac{60}{-55} - 1 = 9.1\ \%$. Würden wir die Zeitpräferenzrate des Entscheidungsträgers kennen, so wäre es leicht, den fairen Preis zu bestimmen. Wir hätten zu kalkulieren:

$$\text{fairer Preis} = \frac{\text{künftige Einnahme}}{\text{eins plus Zeitpräferenzrate}}$$

oder

$$\boxed{P_0 = \frac{X_1}{1+\zeta}}\ .$$

Auf – wie es scheint – ziemlich umständliche Weise würden wir so zu dem Ergebnis kommen, daß Robinsons fairer Preis $= \frac{60}{1+0.091} = 55$ beträgt.

Was lehrt uns Robinsons Geschichte? *Um in einer Welt ohne Kapitalmärkte den fairen Preis von künftigen Ansprüchen zu ermitteln, muß man die Zeitpräferenzrate des Entscheidungsträgers kennen.*

Szenario 2: Kapitalmarkt Wir verlassen nun die einsame Insel Robinsons und begeben uns in eine Welt, in der viele Menschen ähnliche Lebensbedingungen haben, arbeitsteilig wirtschaften und miteinander in Tauschbeziehungen stehen. Als Tauschmittel verwenden sie in der Regel Geld.[2] Will jemand heute seinen Konsum einschränken, so kann er einem Dritten Geld gegen Zins zur Verfügung stellen. Will er dagegen heute mehr konsumieren, als er an eigenen Mitteln besitzt, so kann er sich Geld leihen, sofern er die Verpflichtung übernimmt, das geliehene Kapital zuzüglich Zins später wieder zurückzuzahlen. Wenn die Möglichkeit besteht, daß man Geld verzinslich anlegen und leihen kann, so wollen wir von einem Kapitalmarkt sprechen.

Es ist ein charakteristisches Kennzeichen moderner Investitions- und Finanzierungstheorie, daß man zum Zwecke der Bewertung finanzieller Ansprüche die Methode des *pricing by duplication* benutzt. Das könnte man etwa mit Bewertung durch Vervielfältigung übersetzen. Die Grundidee ist folgende: Man ermittelt den fairen Preis dadurch, daß man nach einem zweiten Weg sucht, Ansprüche in Höhe von X_1 zu erwerben. Der erste Weg bestand darin, Grundstükke zu kaufen und wieder zu verkaufen. Die Existenz des Kapitalmarktes eröffnet nun einen zweiten Weg: Man muß einen genügend großen Betrag am Kapitalmarkt zu Zinsen anlegen. Wenn der Zinssatz bekannt ist, wir wollen ihn mit dem Symbol r kennzeichnen, so besteht zwischen dem Anfangskapital heute (K_0) und dem Endkapital nach einem Jahr (K_1) die Beziehung

$$K_0(1+r) = K_1.$$

Legt jemand beispielsweise 100 DM ein Jahr lang zu 8 % Zins an, so beträgt sein Kapital nach einem Jahr $100 \cdot (1+0.08) = 108$ DM. Löst man die Gleichung nach K_0 auf, so läßt sich mit Hilfe von

$$K_0 = \frac{K_1}{1+r}$$

schnell ausrechnen, wie groß der Betrag ist, den man heute anlegen muß, wenn man bei einem Zinssatz von r nach einem Jahr einen Anspruch in Höhe von K_1 erhalten will. Möchte man etwa $K_1 = 600\,000$ DM bekommen und liegt der Marktzins bei $r = 8$ %, so beläuft sich der anzulegende Geldbetrag auf $\frac{600000}{1.08} = 555\,555.56$ DM.

In unserem Beispiel sind die Dinge nun schon weitgehend klar. Wenn man in einem Jahr Anspruch auf Einnahmen in Höhe von 600 000 DM haben will, so gibt es zwei Wege, das zu erreichen. Entweder bringt man 555 555.56 DM zur Bank und läßt das Geld dort ein Jahr lang zu 8 % arbeiten. Oder man kauft für 500 000 DM ein Grundstück, das man nach einem Jahr wieder veräußert. In beiden Fällen erhält man 600 000 DM nach einem Jahr. Der billigere Weg,

[2] Dabei müssen wir nicht unbedingt an Geld in Form von Banknoten denken. Ebensogut könnten wir Kaurimuscheln oder Hinkelsteine im Sinn haben.

dieses Ziel zu erreichen, besteht offensichtlich darin, ins Grundstücksgeschäft einzusteigen. Zu diesem Ergebnis würden wir kommen, solange der Preis für das Grundstück I_0 kleiner ist als 555 555.56 DM. Daher spielt dieser Betrag die Rolle des fairen Preises. Allgemein gilt also

$$\text{fairer Preis} = \frac{\text{künftige Einnahme}}{\text{eins plus Zinssatz}}$$

oder

$$\boxed{P_0 = \frac{X_1}{1+r}}\,.$$

Vergegenwärtigen wir uns, wie es gelungen ist, den fairen Preis eines sicheren Anspruchs auf künftige Einnahmen in Höhe von X_1 zu ermitteln. Wir haben nach einem zweiten Weg gesucht, den sicheren Zahlungsanspruch X_1 zu erwerben. Und dieser zweite Weg existiert, wenn es einen Kapitalmarkt gibt, auf dem man ohne Risiko Geld anlegen kann. Kennt man den aktuellen Zinssatz, so kann man den fairen Preis für Ansprüche auf künftige Einnahmen leicht berechnen. Man diskontiert einfach die künftigen Einnahmen um eine Periode, indem man X_1 durch "eins plus Zinssatz" teilt. Den auf diese Weise ermittelten fairen Preis nennt man auch *Gegenwartswert* oder *Barwert*. Im Englischen heißt es *present value*, und man schreibt

$$\text{PV} = \frac{X_1}{1+r}.$$

Hier wollen wir für einen Moment innehalten und unterstreichen, welche Folgen der Wechsel des Szenarios eigentlich hat. In der Welt des Robinson Crusoe ohne Kapitalmärkte kann die Entscheidung nur getroffen werden, wenn es gelingt, sich Klarheit über die Zeitpräferenzrate des Entscheidungsträgers zu verschaffen. Wird dagegen Kapital an Märkten gehandelt und ist für die Überlassung von Kapital ein Marktpreis in Form des Zinssatzes bekannt, so kann die *Entscheidung ohne Kenntnis der Zeitpräferenz* eines konkreten Entscheidungsträgers getroffen werden. Das ist ein Unterschied von ganz weitreichender Bedeutung, auf den wir später noch sehr viel genauer eingehen werden.

Bevor wir die Frage diskutiert hatten, wie man den fairen Preis oder Barwert künftiger Einnahmen ermittelt, hatten wir bereits die Entscheidungsregel formuliert, welche bei Kenntnis des fairen Preises zur Annahme oder Ablehnung eines bestimmten Investitionsvorhabens führt. Damit sich die Durchführung einer Investition lohnt, muß ihr tatsächlicher Preis (I_0) kleiner sein als der faire Preis oder Barwert. Anders gesagt: Die Differenz zwischen Barwert und Investitionsausgabe muß positiv sein. Wir nennen diese Differenz nun *Nettobarwert* oder *Netto-Gegenwartswert* (englisch: *net present value*)[3]

$$\text{NPV} = -I_0 + \text{PV} = -I_0 + \frac{X_1}{1+r} \tag{1.1}$$

und sagen: Eine Investition ist vorteilhaft, wenn ihr Nettobarwert positiv ist. Von der Investition ist abzuraten, wenn der Nettobarwert null oder negativ ist. Unter Verwendung dieser Entscheidungsregel kommt man für die Frage des Grundstückserwerbs zu dem Ergebnis, daß

$$\text{NPV} = -500000 + \frac{600000}{1.08} = 55555.56.$$

Der Nettobarwert ist positiv. Daher lohnt es sich, ins Grundstücksgeschäft einzusteigen, und zwar *unabhängig* vom Ausmaß der Gegenwartspräferenz eines individuellen Entscheidungsträgers.

1.2 Fisher–Modell

Wir wollen nun versuchen, den Dingen etwas tiefer auf den Grund zu gehen. Bisher wissen wir zwar, wie man Barwerte und Nettobarwerte ausrechnet. Wir haben ferner erfahren, daß Investitionen mit positivem Nettobarwert durchgeführt und Projekte mit negativem Nettobarwert unterlassen werden sollten. Das wurde auch alles plausibel begründet. Aber dennoch bleiben Zweifel. Skepsis ist etwa aus folgenden Gründen an gebracht:

1. Die Entscheidungssituation, die wir bisher betrachtet haben, ist allzu einfach, und zwar selbst dann, wenn man Einperiodigkeit (einen Planungszeitraum, der nur von $t = 0$ bis $t = 1$ reicht) und Sicherheit hinnimmt. Kein vernünftiger Mensch steckt sein gesamtes Vermögen in eine Investition. Täte er das, so bliebe ihm nichts mehr zu konsumieren, und er würde das Ende seines Planungszeitraums gar nicht erleben. Unsere Entscheidungsregel empfiehlt aber, alle verfügbaren Mittel zu investieren, solange ihr Nettobarwert positiv ist.

2. In einem Szenario ohne Kapitalmärkte – auf Robinsons Insel – kommt es bei Entscheidungen über die Durchführung von Investitionen auf die Zeitpräferenzrate an, auf die Frage also, wie intensiv der Entscheidungsträger darunter leidet, daß er seine heutigen Konsumbedürfnisse um einen

[3]In der deutschen Literatur spricht man gewöhnlich von *Kapitalwert*. Wir ziehen Nettobarwert vor, weil dieses Wort besser zum Ausdruck bringt, was wirklich gemeint ist.

bestimmten Betrag einschränken muß. Daß solche zeitlichen Nutzenvorstellungen wichtig sind, wenn jemand wie Robinson Crusoe Investitionsentscheidungen zu treffen hat, muß man eigentlich nicht lange begründen. Wenn nämlich der Wunsch, heute zu konsumieren, genügend groß ist, dann bleibt zum Investieren oder Sparen einfach weniger übrig. Warum soll aber eine derart plausible Überlegung plötzlich keine Rolle mehr spielen, wenn wir Robinsons Welt verlassen und Kapitalmärkte haben?

Hierauf wollen wir im folgenden näher eingehen. Nur dann nämlich, wenn die Antworten auf unsere Fragen zufriedenstellend ausfallen, können wir erwarten, daß der Nettobarwert als Entscheidungskriterium wirklich Anerkennung findet.

Um ein Entscheidungsproblem vernünftig lösen zu können, muß man erstens darüber informiert sein, was man tun kann, und zweitens wissen, was man will. Anders gesagt: Man muß seine Alternativen kennen und sich über seine Ziele im klaren sein. Wir stellen jetzt ein allgemeines Entscheidungsproblem dar und beginnen mit der Beschreibung der Alternativen.

1.2.1 Entscheidungsalternativen

Jemand plant über einen Zeitraum von $t = 0$ (heute) bis $t = 1$ (in einem Jahr). Er hat darüber zu entscheiden, wieviel von seinem Vermögen er heute konsumiert und wieviel er investiert. Den Teil seines Vermögens, den der Entscheidungsträger heute nicht verbraucht, spart er. Diese Investition wirft im Zeitpunkt $t = 1$ eine bekannte Menge von Erträgen ab, die sich in einem Jahr konsumieren läßt. Aus Gründen der Vereinfachung stellen wir uns vor, daß es nur ein einziges Konsumgut gibt, sagen wir Kartoffeln.

Der Entscheidungsträger verfügt in beiden Zeitpunkten über eine bestimmte Ausstattung mit Konsumgütern und Geld. Beispielsweise hat er heute 20 Zentner Kartoffeln und 500 DM. Außerdem wird er ohne weiteres Zutun in einem Jahr über 12 Zentner Kartoffeln verfügen können. Die Grundausstattungen mit Konsumgütern (20 Zentner in $t = 0$ und 12 Zentner in $t = 1$) nennen wir $\bar{C}_0$ bzw. $\bar{C}_1$. Den Kassenbestand, den das Individuum heute außerdem besitzt, nennen wir $\bar{M}_0$.

Die Menge Kartoffeln, die der Entscheidungsträger im Zeitpunkt $t = 0$ tatsächlich verbraucht, bezeichnen wir mit C_0. Sie kann nach oben oder unten von der im gleichen Zeitpunkt vorhandenen Konsumgütermenge abweichen. Hat das Individuum den Wunsch, mehr Kartoffeln zu verzehren als es besitzt, so muß es sein Geld angreifen und Kartoffeln kaufen. Die übrigbleibende Geldmenge nennen wir M_0, und im hier diskutierten Fall ist $M_0 < \bar{M}_0$. Will der Entscheidungsträger dagegen weniger Kartoffeln verbrauchen als er hat, so kann er Kartoffeln verkaufen und den Erlös seinem bisherigen Kassenbestand hinzufügen. In diesem Fall hätten wir $M_0 > \bar{M}_0$.

Möchte man die Summe der Grundausstattung anschreiben, über die das Individuum im Zeitpunkt $t = 0$ verfügt, so muß man sich entscheiden, ob man als Maßeinheit Konsumgüter (Zentner Kartoffeln) oder Geldeinheiten (Deutsche Mark) benutzen will. Als Umrechnungfaktor benötigt man den Kartoffelpreis ψ.[4] In Konsumgütereinheiten gerechnet, beläuft sich die Grundausstattung des Individuums im Zeitpunkt $t = 0$ auf $\bar{C}_0 + \bar{M}_0/\psi$. Rechnet man dagegen in Geldeinheiten, so muß man $\psi\bar{C}_0 + \bar{M}_0$ schreiben.

Sowohl im Zeitpunkt $t = 0$ als auch im Zeitpunkt $t = 1$ muß der Entscheidungsträger *Budgetbedingungen* einhalten. Die beiden Bedingungen lauten, wenn man die Formulierung in Geldeinheiten vornimmt,

$$\begin{aligned} t = 0: \quad & \psi C_0 + M_0 = \psi\bar{C}_0 + \bar{M}_0 \\ t = 1: \quad & \psi C_1 = \psi\bar{C}_1 + M_0(1 + r). \end{aligned}$$

Sie sind folgendermaßen zu interpretieren. Im Zeitpunkt $t = 0$ kann (und muß) derjenige Vermögensbetrag konsumiert (ψC_0) und investiert (M_0) werden, der in diesem Zeitpunkt insgesamt als Grundausstattung zur Verfügung steht. Im Zeitpunkt $t = 1$ ist dagegen jener Betrag zu konsumieren (ψC_1), der sich aus der Summe der dann ohnehin verfügbaren Konsumgüter ($\psi\bar{C}_1$) und dem um die Zinsen vermehrten früheren Investitionsbetrag ($M_0(1 + r)$) ergibt.

Ohne es zu sagen, haben wir bisher unterstellt, daß im Zeitpunkt $t = 0$ ein positiver Kassenbestand übrigbleibt. Der Appetit unseres Entscheidungsträgers kann aber derart groß sein, daß er sich dazu hinreißen läßt, Schulden zu machen. Dann wird M_0 negativ. Und das Individuum muß die Verpflichtung übernehmen, im Zeitpunkt $t = 1$ seine Schulden zuzüglich Zinsen zurückzuzahlen. Auch dieser Fall wird durch die Budgetbedingungen erfaßt. Allerdings müssen wir dann (unrealistisch) unterstellen, daß der Zinssatz r unabhängig davon ist, ob man Geld anlegt oder sich Geld leiht. Ersatzweise können wir uns auch vorstellen, daß am Kapitalmarkt eine Anleihe gehandelt wird, die man kauft, wenn man Geld anlegen will, und die man verkauft, wenn man beabsichtigt, Kredit aufzunehmen. Ein Anleihetitel verbrieft Anspruch auf Zahlung von einer Geldeinheit im Zeitpunkt $t = 1$. Heute beläuft sich sein Preis auf eine Geldeinheit, dividiert durch $(1+r)$. Die Identität von Anlage– und Kreditzinsfuß wird nun dadurch erreicht, daß man unterstellt, der Handel in Wertpapieren erfolge reibungslos. Das heißt: Es gibt keine Transaktionskosten (Bankspesen, Maklergebühren) und keine mengenmäßigen Handelsbeschränkungen.

Kehren wir aber nun zu unserem Entscheidungsproblem zurück. Ganz offensichtlich gilt: Je mehr Konsumgüter man im Zeitpunkt $t = 0$ verbraucht, um so weniger bleiben für den Zeitpunkt $t = 1$ übrig. Den genauen funktionalen Zusammenhang kann man leicht erkennen, indem man die erste Budgetbeschränkung nach M_0 auflöst und das Ergebnis in die zweite einsetzt. Man

[4]Wir setzen voraus, daß es keine Inflation gibt. Dann ist ψ_0 ebenso groß wie ψ_1.

erhält so nach wenigen Umformungen

$$C_1 = \bar{C}_1 + \left(\bar{C}_0 + \frac{\bar{M}_0}{\psi}\right)(1+r) - (1+r)C_0. \qquad (1.2)$$

Das läßt sich graphisch gut veranschaulichen, wenn wir ein Koordinatensystem mit den Achsen C_0 und C_1 so wie in Abbildung 1.1 benutzen. Jeder Punkt im ersten Quadranten markiert eine bestimmte C_0-C_1–Kombination, die wir im folgenden als Konsumplan bezeichnen werden. Dadurch, daß der Entscheidungsträger einen bestimmten Betrag seiner Grundausstattung heute konsumiert, legt er eindeutig fest, wieviel heute investiert wird und infolgedessen später konsumiert werden kann. Das Entscheidungsproblem kann daher entweder als Konsum–Investitions–Problem oder – völlig äquivalent – als Problem der Suche nach dem optimalen Konsumplan charakterisiert werden.

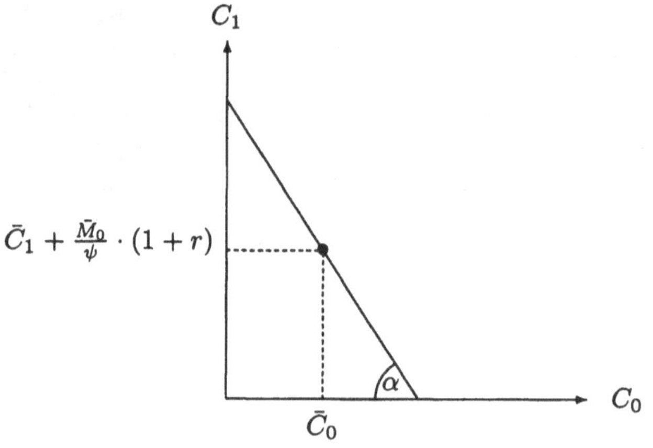

Abbildung 1.1: Transaktionsgerade

Die Gerade, welche mit der C_0–Achse den Winkel α bildet, repräsentiert die Menge aller mit der Grundausstattung $\bar{C}_0, \bar{C}_1$ und $\bar{M}_0$ erreichbaren Konsumpläne. Da sie alle möglichen Entscheidungsalternativen oder Aktionen beschreibt, nennen wir sie auch *Transaktionsgerade*. Ihre Steigung ist negativ und beträgt $-(1+r)$, was man aus Gleichung (1.2) auch unmittelbar entnehmen kann. Würde sich der Entscheidungsträger dazu durchringen, im Zeitpunkt $t = 0$ überhaupt nichts zu konsumieren, so könnte er im Zeitpunkt $t = 1$ den Betrag $\bar{C}_1 + (\bar{C}_0 + \bar{M}_0/\psi)(1+r)$ verbrauchen. Das entspricht dem Ordinatenabschnitt in unserer Abbildung. Würde man sich dagegen zu dem anderen Extremfall entschließen, in einem Jahr nichts zu konsumieren, so könnte man den heutigen Verbrauch bis auf die Menge $\bar{C}_1/(1+r) + \bar{C}_0 + \bar{M}_0/\psi$ ausdehnen.

Das wird durch den Abszissenabschnitt in Abbildung 1.1 gekennzeichnet. Alle denkbaren Kombinationen dazwischen sind auch möglich. Jetzt wenden wir uns der Frage zu, welcher Punkt auf der Transaktionsgeraden nun tatsächlich gewählt wird.

1.2.2 Nutzenfunktion

Will man einem Dritten helfen, den für ihn günstigsten Konsumplan herauszufinden, so muß man dessen persönliche Ziel– oder Nutzenvorstellungen in Erfahrung bringen. Dabei kann es einem der Entscheidungsträger leicht oder schwer machen. Besonders einfach wäre es für einen Berater, wenn der Entscheidungsträger seine individuelle Nutzenfunktion

$$U = U(C_0, C_1)$$

bekanntgeben würde, wenn er also etwa sagen könnte, daß sich für ihn der Nutzen des durch (C_0, C_1) beschriebenen Konsumplans aus der Funktion $U = 10C_0 + 9C_1$ oder aus der Funktion $U = C_0^{0.75} \cdot C_1^{0.25}$ ergibt. Geradezu ideal wäre es, wenn diese Nutzenfunktion die Eigenschaft hätte, differenzierbar zu sein. Dann nämlich könnte man den für einen Entscheidungsträger optimalen Konsumplan mathematisch exakt bestimmen. Die Beratung würde sich für uns auf die Lösung einer Rechenaufgabe reduzieren: Und damit wären wir rasch fertig, vorausgesetzt, wir beherrschen die erforderlichen mathematischen Algorithmen.

Ökonomen sind Wissenschaftler, die dazu neigen, sich das Leben bequem zu machen. Auch wir folgen diesem Stil und setzen mit großer Kühnheit voraus, daß Entscheidungsträger dazu in der Lage sind, ihre Zeitpräferenzen in Form von differenzierbaren Nutzenfunktionen zu artikulieren. Indem wir solche heroischen Annahmen treffen, sorgen wir dafür, daß sich das Optimierungsproblem unseres Entscheidungsträgers in der Form

$$\max_{C_0, C_1} U(C_0, C_1)$$

$$\begin{array}{lrcl} \text{u.d.N.} & \psi C_0 + M_0 & = & \psi \bar{C}_0 + \bar{M}_0 \quad \text{und} \\ & \psi C_1 & = & \psi \bar{C}_1 + M_0(1+r) \end{array}$$

schreiben läßt[5] und das Nutzenmaximum mit Hilfe der Differentialrechnung bestimmt werden kann. Wir haben unsere Leser damit allerdings gleich an zwei Klippen herangeführt. Wer mit ökonomischen Arbeitsmethoden noch nicht so vertraut ist, wird vermutlich Mühe haben, bestimmte realitätsfremd wirkende

[5]Die Abkürzung "u.d.N." bedeutet "unter den Nebenbedingungen".

Annahmen (Existenz einer differenzierbaren Nutzenfunktion) einfach erst einmal hinzunehmen. Das ist die erste Klippe. Die Technik der Lösung der obigen Maximierungsaufgabe mit Hilfe der Differentialrechnung stellt dann womöglich die zweite Klippe dar, weil das hierzu erforderliche Verfahren der Lagrangeschen Multiplikatoren von der allgemeinbildenden Schule her zumeist nicht bekannt ist.

Ein Weg, der an beiden Klippen halbwegs sicher vorbeiführt, besteht darin, das Konzept der *Indifferenzkurven* zu benutzen. Eine solche Kurve verbindet im C_0-C_1-Koordinatensystem alle Konsumpläne miteinander, denen ein Entscheidungsträger das gleiche Nutzenniveau zumißt. Liegen beispielsweise die Konsumpläne $(C_0 = x_0, C_1 = x_1)$ und $(C_0 = y_0, C_1 = y_1)$ auf einer Indifferenzlinie, so ist es dem Entscheidungsträger gleichgültig, welchen der beiden Konsumpläne er realisiert. Beide stiften in seiner Vorstellung den gleichen Nutzen, vgl. Abbildung 1.2.

Aus dem oben angeführten Begriff der Substitutionsrate folgt, daß Indifferenzkurven eine negative Steigung haben müssen. Wenn nämlich ein Individuum seinen Konsum im Zeitpunkt $t = 0$ einschränken soll (zum Beispiel von y_0 auf x_0), so ist es dazu nur unter der Voraussetzung bereit, daß es im Zeitpunkt $t = 1$ einen Ausgleich erhält, also mehr verbrauchen kann (zum Beispiel x_1 statt y_1). Daher müssen die Indifferenzkurven fallen, und damit besitzen sie eine negative Steigung. Eine zweite Eigenschaft kommt hinzu: Indifferenzkurven verlaufen stets konvex zum Ursprung[6] des Koordinatensystems verlaufen. Und hierfür wird als Begründung angeführt, daß der zu gewährende Ausgleich für eine Einschränkung des heutigen Konsums um so größer sein muß, je niedriger das Konsumniveau im Zeitpunkt $t = 0$ ist. Mit anderen Worten: Je weniger man heute zum Leben hat, um so schwerer fällt es, den Gürtel noch enger zu schnallen. Deswegen werden die Indifferenzkurven mit sich verringerndem C_0 immer steiler. Und das ergibt ihre konvexe Form.

Die Steigung, die eine Indifferenzkurve in einem bestimmten Punkt hat, bezeichnet man als *Grenzrate der Substitution*. Dabei handelt es sich um jenen Betrag, um den C_1 bei gleichbleibendem Gesamtnutzen zunehmen müßte, wenn C_0 um eine winzig kleine Einheit vermindert werden würde. Da beide Veränderungen wegen des fallenden Verlaufs der Indifferenzkurve stets unterschiedliches Vorzeichen haben, benutzt man die Definition

$$\text{Grenzrate der Substitution} = -\frac{dC_1}{dC_0}.$$

Das entspricht der (negativen) Steigung einer Tangente der Indifferenzkurve an einem bestimmten Punkt. Oben, als wir Robinsons Entscheidungsproblem in

[6] Das bedeutet, daß die Kurve sich zum Ursprung hin krümmt wie in Abbildung 1.2 gezeichnet. Wegen einer genaueren Definition des Krümmungsverhaltens einer Funktion sei auf Seite 333 verwiesen.

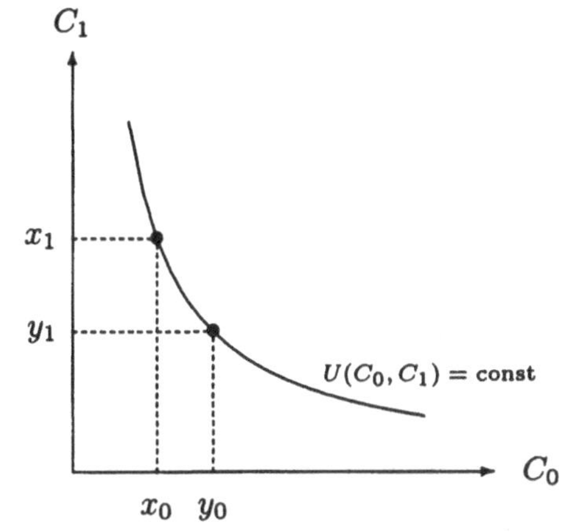

Abbildung 1.2: Indifferenzkurve

einer Welt ohne Kapitalmärkte diskutierten, haben wir die durchschnittliche Substitutionsrate kennengelernt. Diese unterscheidet sich von der Grenzrate der Substitution nur dadurch, daß mit gröberen Veränderungen der Konsummengen gerechnet wird. Als ein der Substitutionsrate verwandtes Maß hatten wir oben die Zeitpräferenzrate vorgestellt, die zum Ausdruck bringt, wie groß der relative Mehrkonsum im Zeitpunkt $t = 1$ ausfallen muß, damit das im subjektiven Empfinden des Entscheidungsträgers als gerechter Ausgleich zu einem Minderkonsum im Zeitpunkt $t = 0$ angesehen werden kann. Diese Zeitpräferenzrate definieren wir hier analog zu unserer früheren Vorgehensweise als

Zeitpräferenzrate = Grenzrate der Substitution minus eins

oder unter Verwendung der eingeführten symbolischen Bezeichnungen

$$\zeta = -\frac{dC_1}{dC_0} - 1.$$

Wir stellen nun die Frage, wodurch sich zwei Indifferenzkurven auszeichnen, die unterschiedliches Nutzenniveau repräsentieren. Wo liegt die Indifferenzkurve mit dem höheren Nutzen? Um die Antwort zu finden, betrachten wir Abbildung 1.3. Dort sieht man eine Indifferenzlinie, auf der der Konsumplan A markiert ist. Dieser Konsumplan hat einen Nutzen in Höhe von $U(C_0, C_1)$. Würde man den Konsumplan entlang der Indifferenzlinie ändern, so bliebe sein Nutzen unverändert.

Jetzt aber nehmen wir eine andere Variation des Konsumplans vor. Wir halten C_1 konstant und erhöhen C_0 um den Betrag δ. Solange der Entscheidungsträger nicht gesättigt ist, wird er diese Erhöhung des heutigen Verbrauchs

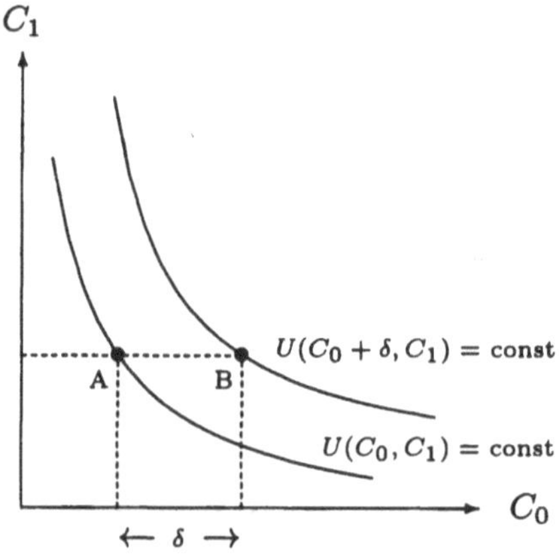

Abbildung 1.3: Indifferenzkurven bei Zunahme des Konsums in $t = 0$ ohne Verringerung des Konsums in $t = 1$

als angenehm empfinden und dem neuen in der Zeichnung durch den Punkt B markierten Konsumplan einen höheren Nutzen beimessen,

$$\delta > 0 \quad \Longrightarrow \quad U(C_0 + \delta, C_1) > U(C_0, C_1).$$

Die Indifferenzlinie mit dem höheren Nutzenniveau ist also weiter vom Koordinatenursprung entfernt als die Indifferenzlinie mit dem niedrigeren Nutzenniveau. Zu demselben Resultat gelangt man, wenn man C_0 konstant hält und den späteren Konsum C_1 um den Betrag δ steigert. Auch hier gilt für nicht gesättigte Individuen

$$\delta > 0 \quad \Longrightarrow \quad U(C_0, C_1 + \delta) > U(C_0, C_1).$$

Festzuhalten bleibt noch, daß Indifferenzkurven sich nicht schneiden können. Um das nachzuvollziehen, betrachten Sie Abbildung 1.4. Da die Pläne (C_0^A, C_1^A) und (C_0^B, C_1^B) auf zwei verschiedenen Indifferenzkurven liegen und der mit A markierte Plan weiter vom Ursprung entfernt ist, muß (C_0^A, C_1^A) attraktiver als (C_0^B, C_1^B) sein. Andererseits ist der Plan (C_0^B, C_1^B) ebenso gut wie der Plan (C_0^D, C_1^D), weil sich beide auf der gleichen Indifferenzkurve befinden. Da aber der Plan (C_0^D, C_1^D) außerdem auf derselben Indifferenzkurve wie der Plan (C_0^A, C_1^A) liegt, müssen auch diese beiden Pläne gleich gut sein. Also wären alle drei Pläne als gleich attraktiv anzusehen. Das verträgt sich aber nicht mit unserem früheren Feststellung, daß der Plan (C_0^A, C_1^A) besser als der Plan (C_0^B, C_1^B) ist. Also können sich Indifferenzkurven für ein konkretes Individuum nicht schneiden.

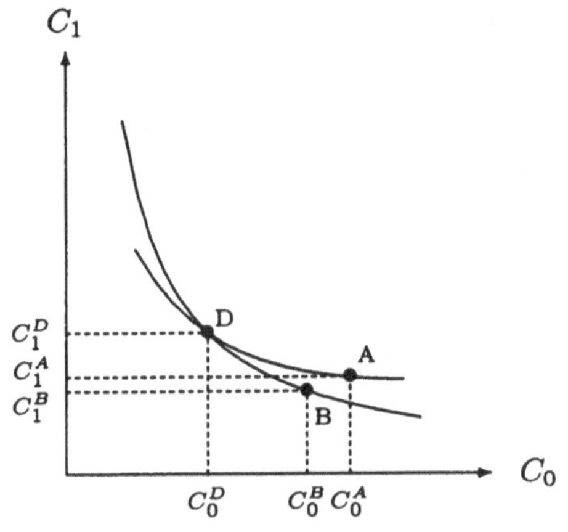

Abbildung 1.4: Sich schneidende Indifferenzkurven sind unsinnig

1.2.3 Optimaler Konsumplan

Als optimal bezeichnen wir jenen Konsumplan, bei dem der Entscheidungsträger im Rahmen seiner Möglichkeiten den Nutzen maximiert. Einen besseren Konsumplan kann sich der betreffende Mensch nicht verschaffen. Nach all unseren Vorbereitungen ist es nicht mehr schwer, dieses Optimum graphisch zu bestimmen. Zu diesem Zweck vereinigen wir die Transaktionsgerade und die Indifferenzkurven in einer Zeichnung.

In Abbildung 1.5 sieht man drei Indifferenzkurven, die unterschiedliche Nutzenniveaus $U_1 < U_2 < U_3$ repräsentieren. Die Indifferenzkurve U_1 schneidet die Transaktionsgerade in den Punkten A und D. Die mit U_2 gekennzeichnete Kurve tangiert die Transaktionsgerade im Punkte B. Der Konsumplan (C_0^B, C_1^B) ist besser als die Konsumpläne (C_0^A, C_1^A) und (C_0^D, C_1^D), weil die Indifferenzlinie U_2 weiter vom Ursprung entfernt ist. Die Indifferenzkurve U_3 hat keinen gemeinsamen Punkt mit der Transaktionsgeraden. Kein einziger Konsumplan, der auf diesem höchsten Nutzenniveau liegt, ist also erreichbar. Infolgedessen steht der Punkt B für den besten von unserem Entscheidungsträger realisierbaren Konsumplan. Wir finden also das Optimum, indem wir jenen Punkt auf der Transaktionsgeraden suchen, der von einer Indifferenzkurve gerade noch berührt wird. Dort wo die Indifferenzkurve die gleiche Steigung besitzt wie die Transaktionsgerade, liegt der für ein Individuum beste Konsumplan. Da wir die Steigung einer Indifferenzlinie als (negative) Grenzrate der Substitution bezeichnet hatten und wir uns ferner davon überzeugt hatten, daß die Steigung der Transaktionsgeraden an allen Stellen $-(1 + r)$ ist, lautet

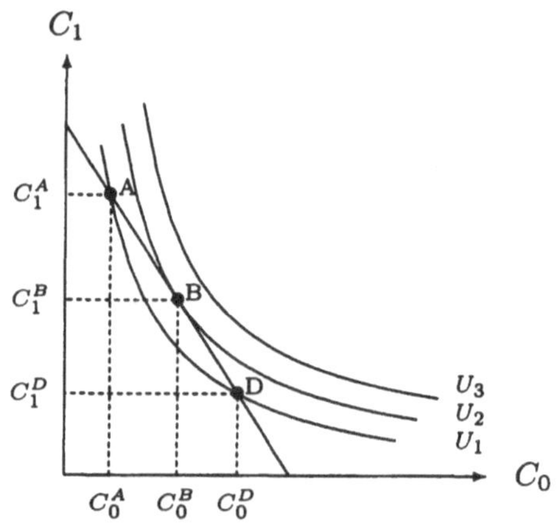

Abbildung 1.5: Optimaler Konsumplan

die Optimalitätsbedingung

$$-\frac{dC_1}{dC_0} = 1 + r.$$

Zieht man auf beiden Seiten eine eins ab, so bleibt links die Zeitpräferenzrate und rechts der Marktzinssatz übrig,

$$\boxed{\zeta = r}\,. \tag{1.3}$$

Also stellen wir fest: *Im Optimum muß die Zeitpräferenzrate eines Entscheidungsträgers ebenso groß sein wie der Marktzinssatz.* Dieses Ergebnis läßt an Einfachheit nichts zu wünschen übrig.

Betrachten wir nun Abbildung 1.6. Dort sieht man eine Transaktionsgerade und drei diese Gerade tangierende Indifferenzlinien. Es soll sich um Indifferenzkurven von drei verschiedenen Personen 1, 2 und 3 handeln. Die oberste Indifferenzlinie gehört zum Individuum 1 und berührt die Transaktionsgerade im Punkt B_1. Daher markiert B_1 den optimalen Konsumplan dieses Individuums. Entsprechend sind B_2 und B_3 die optimalen Konsumpläne der Individuen 2 und 3. Widmen wir unsere Aufmerksamkeit dem mittleren Berührungspunkt.

Tangiert die Indifferenzkurve die Transaktionsgerade genau im Punkte B_2, so wird der Konsumplan $(\bar{C}_0, \bar{C}_1 + (1+r)\bar{M}_0/\psi)$ gewählt. Dieser Plan zeichnet sich dadurch aus, daß der Entscheidungsträger keinerlei Umschichtung seiner Anfangsausstattung vornimmt. Er verbraucht im Zeitpunkt $t = 0$ genau $\bar{C}_0$, also jene Warenmenge, die ihm ohne weiteres Zutun zur Verfügung steht; und er legt auch genau jenen Geldbetrag $\bar{M}_0$ verzinslich an, den er gerade besitzt.

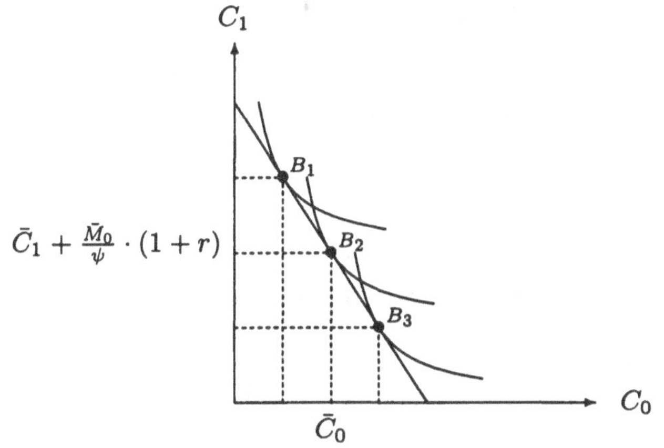

Abbildung 1.6: Optimale Konsumpläne bei unterschiedlichen Zeitpräferenzen

Der Entscheidungsträger 1 hat dagegen Nutzenvorstellungen, die ihn dazu veranlassen, sich heute einzuschränken, um dafür morgen um so mehr zu verbrauchen, da er den Konsumplan B_1 wählt. Das ist der obere Tangentialpunkt in Abbildung 1.6. Er verbraucht dann im Zeitpunkt $t = 0$ weniger als er an Konsumgütern besitzt. Um die heutigen Nutzungsmöglichkeiten dieser Waren "in die Zukunft zu transportieren", verkauft er sie heute und legt den Erlös sowie den ohnehin vorhandenen Geldbestand ein Jahr lang zu Zinsen an. Der Entscheidungsträger 3 möchte dagegen seinen heutigen Konsum über die Grundausstattung hinaus ausdehnen und ist bereit, dafür den Gürtel im Zeitpunkt $t = 1$ entsprechend enger zu schnallen, da für ihn der Konsumplan B_3 in Abbildung 1.6 optimal ist. Um ihn zu erreichen, muß der Entscheidungsträger seinen Geldbestand angreifen, um Waren auf dem Konsumgütermarkt zu kaufen, oder sogar Schulden machen. Die Kreditfähigkeit wird jedoch beschränkt. Man kann sich höchstens so stark verschulden, daß der Verbrauch im Zeitpunkt $t = 1$ auf null sinkt.

Diese in Abbildung 1.6 demonstrierten Bewegungen auf der Transaktionsgeraden werden dadurch ermöglicht, daß es einen Handel mit Konsumgütern und mit Zahlungsmitteln gibt. Anders gesagt: Die Existenz von Güter– und Kapitalmärkten erlaubt es den Individuen (Marktteilnehmern), jeden beliebigen Punkt auf der Transaktionsgeraden zu erreichen. Interessant daran ist nun folgendes: Niemand wird durch die Existenz dieser Märkte benachteiligt. Fast alle jedoch ziehen einen Nutzen aus ihnen. Betrachten Sie hierzu Abbildung 1.7. Dort sehen Sie die Transaktionsgerade sowie die Punkte B_1, B_2 und B_3 ähnlich wie in Abbildung 1.6. Die Transaktionsgerade ist jetzt jedoch nur gestrichelt

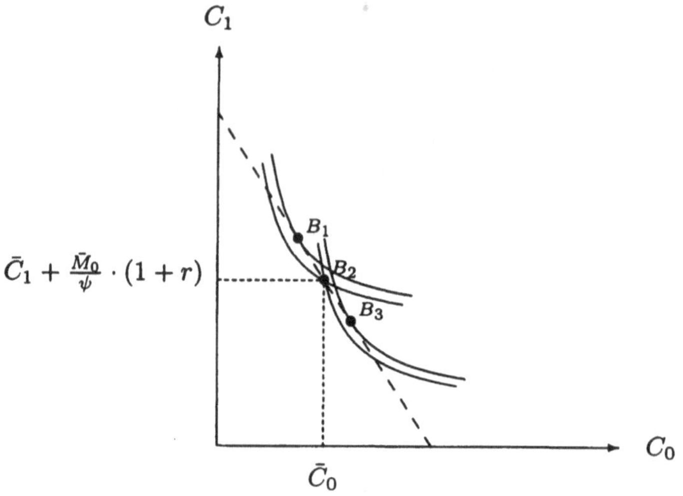

Abbildung 1.7: Nutzenvermehrung durch Kapitalmärkte

angedeutet, womit wir zum Ausdruck bringen wollen, daß man sich *nicht* auf ihr bewegen kann. Man darf *einzig und allein* den durch den Punkt B_2 markierten Konsumplan realisieren, weil man weder Konsumgüter kaufen (verkaufen) noch Geld anlegen (aufnehmen) kann. Das ist die Situation von Robinson Crusoe, der niemanden hat, mit dem er tauschen könnte. Die Konsumpläne B_1 und B_3 sind nicht realisierbar. Aus diesen Gründen bleibt Entscheidungsträgern, die diese Pläne gern wählen würden, nichts anderes übrig, als ihre Nutzenniveaus zu reduzieren und den Plan B_2 zu verwirklichen. Das geringere Nutzenniveau ist in Abbildung 1.7 deutlich erkennbar: Die beiden Individuen 1 und 3 liegen im Punkt B_2 auf einer Indifferenzkurve, die näher am Ursprung ist als die Indifferenzkurve, die durch B_1 beziehungsweise B_3 geht.

1.2.4 Zwischenergebnis

Von Zeit zu Zeit ist es gut, sich daran zu erinnern, von welchem Problem man ursprünglich ausgegangen ist. Wir wollten begründen, daß der Nettobarwert (NPV) ein vernünftiges Entscheidungskriterium für Investitionen ist und daß man sich auf dieses Instrument ganz unabhängig von seinen persönlichen Zeitpräferenzen verlassen kann, wenn es einen Kapitalmarkt gibt. Hiervon sind wir noch ein gutes Stück entfernt. Aber inzwischen wissen wir folgendes:

1. Ein Entscheidungsträger muß sich erstens über die Menge seiner Handlungsalternativen und zweitens über seine Zielvorstellungen Klarheit verschaffen. Hier geht es um die Frage, welchen Anteil seiner Vermögensausstattung mit Geld und Gütern er heute konsumiert und welchen Teil er investiert, um ihn später konsumieren zu können.

2. Die Menge der Handlungsalternativen kann graphisch durch eine *Transaktionsgerade* veranschaulicht werden, die durch ihre Steigung und durch ihren Ordinatenabschnitt eindeutig bestimmt ist. Während die Steigung ausschließlich vom Marktzinssatz abhängt, wird der Ordinatenabschnitt außer vom Marktzins auch von seiner persönlichen Grundausstattung mit Konsumgütern und Geld beeinflußt. Der Entscheidungsträger kann – jedenfalls in dem bisher diskutierten Zusammenhang – die Transaktionsgerade keinesfalls verlassen, sondern nur einen Punkt auf ihr auswählen.

3. Welcher dieser durch die Transaktionsgerade beschriebenen Konsumpläne optimal ist, hängt von den persönlichen Nutzenschätzungen des Entscheidungsträgers ab. Seine persönlichen *Zeitpräferenzen* schlagen sich in *Indifferenzkurven* nieder. Da jedermann aber seine eigenen Zielvorstellungen haben mag, kann jeder Punkt auf einer Transaktionsgeraden optimal sein. Allgemein verbindliche oder präferenzfreie beste Lösungen gibt es hier nicht.

Damit scheinen wir unserem Ziel nicht näher gekommen zu sein, sondern uns von ihm entfernt zu haben. Es ging in unserem Entscheidungsproblem darum, wieviel heute konsumiert und wieviel heute investiert wird. Diese Investitionsentscheidung läßt sich jedenfalls nicht unabhängig von den Zeitpräferenzen treffen. Allerdings – und das ist sehr wichtig – gab es nur einen einzigen Typ von Investitionsgelegenheiten, nämlich die Geldanlage zum Marktzinssatz.

1.2.5 Einbeziehung von Realinvestitionen

Jetzt erweitern wir unsere Problemstellung, indem wir einen neuen Typ von Kapitalanlageformen einbeziehen, die wir im Gegensatz zu verzinslichen Geldanlagen als Realinvestitionen bezeichnen wollen. Um unsere bereits früher eingeführte Schreibweise wieder aufzunehmen, soll es sich dabei um Aktionen handeln, die im Zeitpunkt $t = 0$ Ausgaben in Höhe von I_0 verursachen und im Zeitpunkt $t = 1$ Einnahmen in Höhe von X_1 versprechen. Der Entscheidungsträger kann die Realinvestition entweder durchführen oder darauf verzichten.

Transaktionsgerade ohne Realinvestitionen Wählt man die Unterlassensalternative, so bleibt alles beim alten. Weder die Lage noch die Steigung der Transaktionsgeraden ändern sich. Das Entscheidungsproblem hat nach wie vor die Form

$$\max_{C_0,C_1} U(C_0, C_1)$$

$$\text{u.d.N.} \quad \begin{aligned} \psi C_0 + M_0 &= \psi \bar{C}_0 + \bar{M}_0 \\ \psi C_1 &= \psi \bar{C}_1 + M_0(1+r) . \end{aligned}$$

Indem man die erste Budgetbeschränkung nach M_0 auflöst und das Ergebnis in die Bedingung für den Zeitpunkt $t = 1$ einsetzt, erhält man die Funktionsgleichung für die Transaktionsgerade

$$C_1^{\text{ohne}} = \bar{C}_1 + \left(\bar{C}_0 + \frac{\bar{M}_0}{\psi}\right)(1+r) - (1+r)C_0. \tag{1.4}$$

Wir schreiben hier C_1^{ohne}, um damit die Menge der im Zeitpunkt $t = 1$ konsumierbaren Güter *ohne* Durchführung der Realinvestition zum Ausdruck zu bringen.

Transaktionsgerade mit Realinvestitionen Jetzt betrachten wir den Fall, daß die Realinvestition verwirklicht wird. Dann ändert sich an der Zielfunktion gar nichts, weil es nach wie vor darum geht, einen Konsumplan zu finden, der den Nutzen maximiert. Bei den beiden Budgetbeschränkungen sind aber Änderungen vorzunehmen. Im Zeitpunkt $t = 0$ sind mit der Grundausstattung jetzt nicht nur der heutige Konsum und die Geldanlage zu finanzieren, sondern zusätzlich auch noch die Investitionsausgabe I_0. Hierzu korrespondierend verstärken die Investitionseinnahmen X_1 im Zeitpunkt $t = 1$ denjenigen Betrag, den man dann insgesamt verbrauchen kann. Infolgedessen lautet das Entscheidungsproblem im Falle der Durchführung der Realinvestition

$$\max_{C_0,C_1} U(C_0, C_1)$$

$$\text{u.d.N.} \quad \begin{aligned} \psi C_0 + M_0 + I_0 &= \psi \bar{C}_0 + \bar{M}_0 \\ \psi C_1 &= \psi \bar{C}_1 + M_0(1+r) + X_1 . \end{aligned}$$

Auf dem bereits bekannten Wege (Auflösen der ersten Budgetbeschränkung nach M_0 und Einsetzen des Resultats in die zweite Budgetbedingung) läßt sich daraus die Transaktionsgerade mit Verwirklichung der Realinvestition gewinnen. Sie hat die Form

$$C_1^{\text{mit}} = \bar{C}_1 + \left(\bar{C}_0 + \frac{\bar{M}_0}{\psi}\right)(1+r) - (1+r)C_0 + \frac{-I_0(1+r) + X_1}{\psi}.$$

Unter Verwendung der bekannten Darstellung des Nettobarwerts (1.1) und der Gleichung (1.4) kann man dafür auch

$$C_1^{\text{mit}} = C_1^{\text{ohne}} + \frac{1+r}{\psi}\,\text{NPV}$$

schreiben. Zeichnet man beide Funktionen in einem C_0-C_1-Koordinatensystem, so entsteht das in Abbildung 1.8 gezeigte Bild. Die alte Transaktionsgerade gemäß Gleichung (1.4), auf der man sich bewegen konnte, solange man auf die Durchführung der Investition verzichtete, wird bei Realisierung der Investition parallel verschoben. Dabei wächst der Ordinatenabschnitt um $(1+r)\cdot\text{NPV}/\psi$ und der Abszissenabschnitt um NPV/ψ. Die Verschiebung erfolgt nach oben rechts, wenn der Nettobarwert positiv ist, sonst nach unten links. Da unsere Entscheidungsregel uns dazu anhält, Projekte mit negativem Nettobarwert zu verwerfen und Investitionen mit positivem Nettobarwert stets zu realisieren, sorgt sie dafür, daß die Transaktionsgerade so weit nach oben rechts verschoben wird, wie es nur geht. Wie man aus Abbildung 1.8 sofort entnehmen kann, bedeutet diese Politik zugleich, daß die erreichbaren Nutzenniveaus größer werden, und zwar gleichgültig, welche Zeitpräferenzen die Entscheidungsträger besitzen. Wir setzen lediglich voraus, daß zusätzlicher Konsum in irgendeinem Zeitpunkt zusätzlichen Nutzen stiftet, wenn er nicht mit Minderkonsum in irgendeinem anderen Zeitpunkt bezahlt werden muß.

Abbildung 1.8 gibt uns darüber hinaus die Gelegenheit, den Nettobarwert einer Realinvestition höchst anschaulich zu interpretieren. Wie man der Zeichnung entnehmen kann, ist der Nettobarwert jener Betrag, den man aufgrund der Realinvestition im Zeitpunkt $t = 0$ zusätzlich konsumieren könnte, ohne dafür irgendwelche Konsumeinschränkungen im Zeitpunkt $t = 1$ hinnehmen zu müssen.

1.2.6 Fishers Separationstheorem

Damit haben wir ein äußerst wichtiges Ergebnis der neoklassischen Finanzierungstheorie gefunden, und das wollen wir festhalten: Wenn es einen reibungslosen Kapitalmarkt mit einheitlichem Zinssatz für Geldanlagen und Kredite gibt und wir die Möglichkeit haben, Realinvestitionen durchzuführen, so läßt sich die Entscheidung über den optimalen Konsumplan in zwei voneinander unabhängigen Schritten treffen.

Schritt 1 Es wird geprüft, ob die Nettobarwerte der Realinvestitionen positiv oder negativ sind. Alle Investitionen mit positivem Nettobarwert werden verwirklicht. Hierzu bedarf es nicht der Kenntnis irgendwelcher zeitlichen Nut-

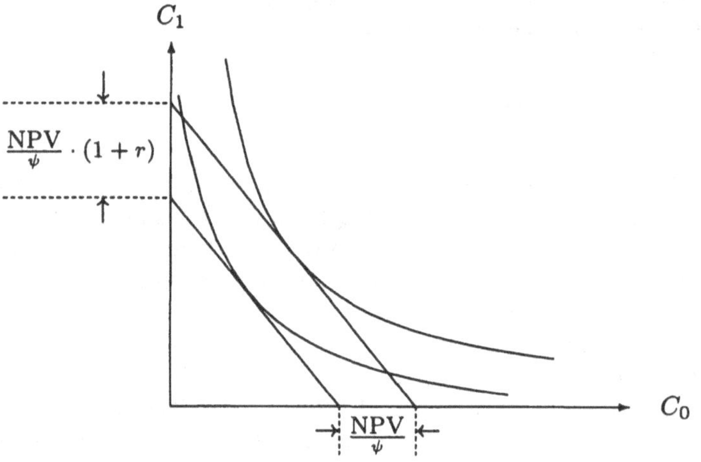

Abbildung 1.8: Verschiebung der Transaktionsgeraden bei Durchführung von Realinvestitionen mit positivem Nettobarwert

zenvorstellungen. Auf diese Weise wird die Transaktionsgerade soweit wie nur irgend möglich nach oben rechts verschoben.

Schritt 2 Unter Rückgriff auf die subjektiven Zeitpräferenzen des Entscheidungsträgers kann nunmehr der optimale Konsumplan gewählt werden. Dabei muß es sich um einen Punkt auf der in Schritt 1 konstruierten Transaktionsgeraden handeln, weil wir voraussetzen, daß es jedermann für einen Vorteil hält, wenn er heute seinen Konsum steigern kann, ohne das mit späteren Einschränkungen bezahlen zu müssen.

Die Tatsache, daß man Entscheidungen über Realinvestitionen treffen kann, ohne die Zeitpräferenzen des Entscheidungsträgers zu kennen, bezeichnet man als *Fishers Separationstheorem*. Es wurde zu Ehren von *Irving Fisher*[7] so benannt. Separationstheorem heißt es deswegen, weil man Entscheidungen über Realinvestitionen und Entscheidungen über Konsumpläne unabhängig voneinander – also separat – fällen kann, wenn die in unserem Modell gewählten Voraussetzungen erfüllt sind.

Fishers Separationstheorem hat weitreichende Konsequenzen. Die wichtigsten zwei sind folgende:

1. Entscheidungen über Realinvestitionen sind delegierbar.

[7] Irving Fisher (1867–1947), amerikanischer Geld- und Zinstheoretiker.

2. Zwischen mehreren Financiers, die die Durchführung eines gemeinsamen Realinvestitionsprojektes planen, besteht auch bei divergierenden Zeitpräferenzen Einmütigkeit hinsichtlich der Vorteilhaftigkeit einer Investition.

Die Bedeutung dieser Implikationen des Fisherschen Separationstheorems kann man gar nicht hoch genug einschätzen. Deswegen werden wir sie im folgenden noch ausführlicher begründen und interpretieren.

Delegierbarkeit von Investitionsentscheidungen Die Welt, in der wir heute leben, unterscheidet sich fundamental von der Einsamkeit, in der Robinson Crusoe seine ökonomischen Entscheidungen zu treffen hatte. Die Arbeitsteilung ist sehr weit vorangeschritten, weil wir gelernt haben, daß sie ganz erhebliche Produktivitätsvorteile mit sich bringt. Parallel dazu haben die Menschen die Techniken des Tauschens von Gütern und Dienstleistungen immer weiter verfeinert. Wenn heute ein Individuum einen Teil seines Vermögens nicht konsumiert, sondern investiert, so pflegt es die konkrete Sachentscheidung sowie die Kontrolle des Vorhabens nicht unbedingt selbst vorzunehmen. Statt dessen wird der zu investierende Betrag einer Firma zur Verfügung gestellt, deren Geschäftsführung in die Hände von bezahlten Managern gelegt wird. Die Firmenleitung hat dann Realinvestitionen durchzuführen, die im Interesse der Kapitaleigner liegen sollen. Nun kann aber ein Manager im Grunde nur dann im bestmöglichen Sinne der Eigentümer handeln, wenn er weiß, welche Nutzenvorstellungen diese haben. Er müßte demnach versuchen, die Zeitpräferenzen seiner Auftraggeber in Erfahrung zu bringen.

Es ist jedoch nicht einmal leicht, sich über seine eigenen Zeitpräferenzen klar zu werden. Noch schwerer ist es aber, diese zu artikulieren, um sie einem Dritten mitzuteilen. Das alles ist nicht erforderlich, wenn Fishers Separationstheorem gilt. Das Management handelt im Interesse der Financiers, wenn es alle Realinvestitionen mit positivem Nettobarwert durchführt. Das ist eine eindeutige und einfach zu handhabende Entscheidungsregel.

Harmonie zwischen mehreren Financiers Der Kapitalbedarf, welcher heutzutage erforderlich ist, um Investitionen zu finanzieren, ist häufig derart groß, daß er von einem einzelnen Financier nicht aufgebracht werden kann. Dann ist es erforderlich, daß sich mehrere Kapitalgeber zusammentun, um ein solches Projekt zu ermöglichen.

Würde nun Fishers Separationstheorem nicht gelten, so müßten die Manager bei Entscheidungen dieser Art die Zeitpräferenzen der Financiers erforschen. Unabhängig davon, daß dies schwierig wäre, wird man davon ausgehen dürfen, daß die Nutzenvorstellungen unterschiedlicher Financiers voneinander abweichen. Graphisch käme das in unterschiedlichen Systemen von Indifferenzkurven zum Ausdruck, vgl. Abbildung 1.6. Gilt aber das Separationstheorem, so sind alle Financiers damit einverstanden, wenn die Manager Realinvestitionen mit positivem Nettobarwert auswählen, weil damit das Nutzenniveau jedes Kapitalgebers automatisch vergrößert wird.

1.3 Zeitpräferenzen und Gleichgewicht

Unsere ursprüngliche Skepsis gegenüber der Brauchbarkeit des Nettobarwerts als Entscheidungskriterium für Realinvestititionen mag sich jetzt weitgehend verflüchtigt haben. Wenn es einen Kapitalmarkt gibt, an dem man zu ein und demselben Zinssatz Geld anlegen und Kredit aufnehmen kann, so gilt Fishers Separationstheorem. Und dieses Theorem erlaubt es uns, Investitionsentscheidungen ohne Kenntnis individueller Zeitpräferenzen zu treffen.

Wie aber bildet sich ein Zinssatz am Kapitalmarkt? Und welche Rolle spielt er, wenn man nicht ein einziges Individuum, sondern alle Mitglieder einer Volkswirtschaft oder – wie wir auch sagen – alle Marktteilnehmer ins Visier nimmt? Wenn jeder sein persönliches Nutzenmaximum bestimmt und entsprechend handelt, so muß die Rechnung noch lange nicht für alle aufgehen. Es kann ja sein, daß alle Marktteilnehmer zusammen im Zeitpunkt $t = 0$ mehr Konsumgüter verbrauchen wollen als insgesamt vorhanden sind. Gleichzeitig wäre denkbar, daß der Konsumgütermarkt im Zeitpunkt $t = 0$ zwar im Gleichgewicht ist, dafür aber im Zeitpunkt $t = 1$ mehr angeboten wird als gewünscht ist. Oder es könnte der Fall eintreten, daß der Kapitalmarkt im Ungleichgewicht ist, weil die Marktteilnehmer sich entschließen, weniger Geld zum Satz r anzulegen als insgesamt vorhanden ist. Von einem Gleichgewicht in dem Sinne, daß alle Pläne auch wirklich realisierbar sind, könnte keine Rede sein.

Mit Hilfe des Instrumentariums, das wir uns bisher erarbeitet haben, können wir nun absolut nichts darüber sagen, nach welchen Gesetzmäßigkeiten sich Zinssätze im Zeitablauf ändern. Das bleibt uns verborgen. Aber wir können sehr wohl Aussagen darüber machen, welche Funktion ein Gleichgewichtszinssatz besitzt. Um dahinter zu kommen, welche Rolle solch ein Zinssatz spielt, ist das Modell des *Walrasianischen Auktionators* hilfreich. Dieser Auktionator ruft einen bestimmten Zinssatz aus und fordert alle Marktteilnehmer auf, sich zu überlegen, welche Konsumpläne sie realisieren würden, wenn sie zu diesem Satz Geld anlegen und Kredit aufnehmen könnten. Haben die Marktteilnehmer ihre Planungen abgeschlossen, so teilen sie dem Auktionator mit, wieviele Konsumgüter sie im Zeitpunkt $t = 0$ verbrauchen wollen. Und nun gibt es zwei Möglichkeiten: Entweder entspricht die insgesamt nachgefragte Menge dem Angebot an Konsumgütern im Zeitpunkt $t = 0$, oder sie weicht davon ab. Im ersten Fall gibt der Auktionator den Handel frei; im zweiten ruft er einen anderen Zinssatz aus und fordert damit die Marktteilnehmer zu Planrevisionen auf. Der Auktionator variiert also den Zinssatz so lange, bis Gleichung

$$\sum_{i=1}^{I} C_0^i(r) = \sum_{i=1}^{I} \bar{C}_0^i \tag{1.5}$$

erfüllt ist. In vorstehender Gleichung verwenden wir Symbole, die sich ein wenig von den bisher benutzten unterscheiden. In der Volkswirtschaft soll es I Individuen geben, $i = 1, \ldots, I$. Jedes von ihnen besitzt im Zeitpunkt $t = 0$ eine Grundausstattung mit Konsumgütern $\bar{C}_0^i$. Summiert man über alle Marktteilnehmer wie auf der rechten Seite von Gleichung (1.5), so erhält man das Gesamtangebot im Zeitpunkt $t = 0$. Links steht dagegen die gesamte Nachfrage, wobei $C_0^i(r)$ diejenige Verbrauchsmenge ist, welche der i–te Marktteilnehmer im Zeitpunkt $t = 0$ konsumieren würde, wenn am Kapitalmarkt der Zinssatz r geboten bzw. verlangt werden würde. Gleichung (1.5) ist demnach dann erfüllt, wenn r vom Auktionator so gewählt wurde, daß Nachfrage und Angebot in bezug auf Konsumgüter im Zeitpunkt $t = 0$ sich genau entsprechen. Jeder Marktteilnehmer löst dabei das Entscheidungsproblem

$$\max_{C_0, C_1} U^i(C_0, C_1)$$

$$\begin{aligned} \text{u.d.N.} \qquad \psi C_0^i(r) + M_0^i(r) &= \psi \bar{C}_0^i + \bar{M}_0^i && (1.6)\\ \psi C_1^i(r) &= \psi \bar{C}_1^i + M_0^i(r) \cdot (1 + r)\,. && (1.7) \end{aligned}$$

Stellt nun der Auktionator fest, daß der von ihm ausgerufene Zinssatz den Konsumgütermarkt im Zeitpunkt $t = 0$ nicht räumt, so ruft er einen neuen Zinssatz aus. Dabei wird er einen niedrigeren Zinssatz wählen, wenn er erreichen möchte, daß im Zeitpunkt $t = 0$ mehr Konsumgüter nachgefragt werden und weniger Geld angelegt wird. Entsprechend wird er den Zinssatz anheben, wenn er die heutige Nachfrage nach Konsumgütern drosseln und die Bereitschaft zu verzinslichen Kapitalanlagen fördern will. Diese Bemühungen setzt der Auktionator so lange fort, bis er einen Zinssatz gefunden hat, bei dem es im Zeitpunkt $t = 0$ weder unbefriedigte Nachfrage noch unbefriedigtes Angebot von Konsumgütern gibt. Nur dann, wenn Gleichung (1.5) erfüllt ist, gibt er den Handel frei.

Der Zinssatz r räumt somit den Markt für Konsumgüter im Zeitpunkt $t = 0$. Von einem Gleichgewicht, das niemanden zu Planrevisionen veranlaßt, könnten wir aber eigentlich erst dann sprechen, wenn dieser Zinssatz zugleich auch den Markt für Konsumgüter im Zeitpunkt $t = 1$ sowie den Kapitalmarkt im Zeitpunkt $t = 0$ räumt. Die Marktgleichgewichtsbedingung für Konsumgüter im Zeitpunkt $t = 1$ lautet

$$\sum_{i=1}^{I} C_1^i(r) = \sum_{i=1}^{I} \left(\bar{C}_1^i + \frac{\bar{M}_0^i}{\psi} \cdot (1 + r) \right), \tag{1.8}$$

während die Gleichgewichtsbedingung für Geld im Zeitpunkt $t = 0$ die Form

$$\sum_{i=1}^{I} M_0^i(r) = \sum_{i=1}^{I} \bar{M}_0^i \tag{1.9}$$

besitzt.[8] Glücklicherweise sind wir in der Lage, den Nachweis zu führen, daß alle Gleichgewichtsbedingungen erfüllt sind, wenn auch nur eine einzige erfüllt ist. Man bezeichnet diesen Sachverhalt als *Walrasianisches Gesetz*.[9]

Daß alle hier zu betrachtenden Marktgleichgewichte einander bedingen, kann man rasch beweisen. Zu diesem Zweck verwenden wir die Budgetbeschränkungen (1.6) und (1.7) des i–ten Marktteilnehmers. Auflösen von (1.6) nach $M_0^i(r)$ und Einsetzen des Resultats in (1.7) führt nach leichter Umformung auf

$$(1+r) \cdot \left(C_0^i(r) - \bar{C}_0^i\right) = \bar{C}_1^i + \frac{\bar{M}_0^i}{\psi} \cdot (1+r) - C_1^i(r).$$

Summiert man nun über alle Marktteilnehmer, so erhält man

$$(1+r) \cdot \left(\sum_{i=1}^{I} C_0^i(r) - \sum_{i=1}^{I} \bar{C}_0^i\right) = \sum_{i=1}^{I} \left(\bar{C}_1^i + \frac{\bar{M}_0^i}{\psi} \cdot (1+r)\right) - \sum_{i=1}^{I} C_1^i(r)$$

und kann sofort sehen: Der Term, welcher rechts des Gleichheitszeichens steht, muß den Wert null annehmen, wenn dies auch der Term links vom Gleichheitszeichen tut. Hierfür aber sorgt der Auktionator. Anders gesagt: wenn der Auktionator das Ziel erreicht, Angebot und Nachfrage nach Konsumgütern im Zeitpunkt $t = 0$ auszugleichen, so muß auch der Markt für Konsumgüter im Zeitpunkt $t = 1$ ausgeglichen sein. Dies folgt daraus, daß jedermann die für ihn relevanten Budgetbeschränkungen einzuhalten hat.

Will man zeigen, daß ein Gleichgewicht auf den Konsumgütermärkten immer auch ein Gleichgewicht am Kapitalmarkt impliziert, so formt man die Budgetbeschränkung (1.6) zu

$$C_0^i(r) - \bar{C}_0^i = \frac{1}{\psi} \cdot \left(\bar{M}_0^i - M_0^i(r)\right)$$

---

[8] Offensichtlich geht die Gütermenge, welche im Zeitpunkt $t = 1$ nachgefragt wird, über die Ausstattung der Individuen im gleichen Zeitpunkt um den Betrag $\sum_{i=1}^{I} \frac{\bar{M}_0^i}{\psi} \cdot (1+r)$ hinaus, vgl. Gleichung (1.8). Man kann sich vorstellen, daß diese Gütermenge vom Staat zur Verfügung gestellt wird, der damit den Güterpreis ψ (eigentlich ψ_1) vorschreibt. Außerdem wählt der Staat eine Verzinsung des Geldes, die gerade dem Gleichgewichtszins entspricht. Damit erreicht er, daß $\psi_0 = \psi_1 = \psi$ ist.

[9] Damit ehrt man den schweizerischen Nationalökonomen *Léon Walras* (1834–1910), der bereits im 19. Jahrhundert Marktgleichgewichte mit mathematischen Methoden untersuchte.

um und summiert anschließend über alle Marktteilnehmer. Auf diese Weise entsteht

$$\sum_{i=1}^{I} C_0^i(r) - \sum_{i=1}^{I} \bar{C}_0^i = \frac{1}{\psi}\left(\sum_{i=1}^{I} \bar{M}_0^i - \sum_{i=1}^{I} M_0^i(r)\right).$$

Wieder kann man entsprechend argumentieren. Der Auktionator sorgt dafür, daß der Term links des Gleichheitszeichens zu null wird. Infolgedessen muß auch der Term rechts des Gleichheitszeichens und damit Gleichung (1.9) erfüllt sein. Andernfalls verstoßen die Marktteilnehmer gegen die Budgetbeschränkungen des Zeitpunktes $t = 0$.

Zusammengefaßt heißt das: Wenn der Zinssatz r einen Markt räumt, so räumt er alle in unserem Modell betrachteten Märkte. Der Zinssatz führt somit auf ein allgemeines *Konkurrenzgleichgewicht*. Kein einziger Marktteilnehmer hat Anlaß, seine Pläne zu revidieren.

Unsere Modellvorstellungen erlauben es uns, die folgenden Feststellungen zu treffen: Die Höhe des im Gleichgewicht an einem Markt herrschenden Zinssatzes hängt einerseits von den Nutzenvorstellungen aller Marktteilnehmer und andererseits von der Menge der verfügbaren Güter ab. Er repräsentiert den Grad der Knappheit und sorgt auf funktionierenden Märkten dafür, daß es weder unbefriedigte Nachfrage noch unbefriedigtes Angebot gibt. Wir erklären somit den Zinssatz als einen Preis für die Überlassung von Geld, der sich aus den zeitlichen Nutzenvorstellungen aller Marktteilnehmer ergibt.

An dieser Stelle unserer Überlegungen wollen wir aber nicht stehenbleiben, denn wir befinden uns kurz vor einer entscheidenden Erkenntnis. Wir werden gleich dazu in der Lage sein, die Frage zu beantworten, warum man für Entscheidungen über Realinvestitionen bei Existenz eines reibungslosen Kapitalmarktes die Zeitpräferenzrate der Entscheidungsträger nicht zu kennen braucht. Zu diesem Zweck erinnern wir uns daran, wie die Optimalitätsbedingung für das Konsum–Investitions–Problem aus der Sicht eines einzelnen Marktteilnehmers aussah. Im Optimum mußte die Transaktionsgerade dieselbe Steigung wie eine Indifferenzkurve besitzen. Oder: Die Zeitpräferenzrate mußte ebenso groß sein wie der Marktzinssatz, vgl. oben Gleichung (1.3). An einem Markt mit vielen Teilnehmern gilt für das i–te Individuum die *Optimalitätsbedingung*

$$\boxed{\zeta^i = r}\,.$$

Da aber der Zinssatz für alle Marktteilnehmer dieselbe Höhe hat, bedeutet dies zugleich, daß im Gleichgewicht alle Investoren die gleiche Zeitpräferenzrate haben müssen. Ob man dann aber die künftigen Einnahmen aus Realinvestitionen mit der individuellen Zeitpräferenzrate oder mit dem Marktzinssatz diskontiert, ist genau das gleiche. Im Zinssatz manifestieren sich die Zeitpräferenzraten aller Mitglieder der Volkswirtschaft.

Wir kommen zu folgendem Schluß: Bei Existenz eines Kapitalmarktes, auf dem man zu ein und demselben Zinssatz Geld anlegen und Kredit aufnehmen kann, lassen sich Entscheidungen über Realinvestitionen präferenzfrei treffen. Man braucht die Zeitpräferenzraten konkreter Individuen nicht in Erfahrung zu bringen, weil man sie – in Form des Marktzinssatzes – bereits kennt.

Wenn die Welt so einfach und übersichtlich wäre, wie wir das in unserem Modell unterstellt haben, so hätten wir jetzt hervorragende Gründe, auf das Barwertkonzept zu vertrauen und faire Preise für Ansprüche auf künftige Einnahmen dadurch zu ermitteln, daß wir die Zahlungen mit dem Marktzinssatz diskontieren. Niemandem dürfte aber verborgen geblieben sein, daß unser Modell nur eine sehr grobe und stark vereinfachende Abbildung der Realität ist. Im Laufe unserer weiteren Darstellungen werden wir vielfältige Gelegenheit haben, die Annahmen in Frage zu stellen, auf denen unser Modell bisher beruht. Aber an dieser Stelle müssen wir unsere Leser über einen grundsätzlichen Aspekt aufklären, den man kennen sollte, bevor man sich dazu entschließt, unsere Modellerkenntnisse praktisch anzuwenden.

Die Zeitpräferenzraten der Marktteilnehmer entsprechen nur dann dem Zinssatz, wenn sich die Märkte im Gleichgewicht befinden. Ob wir es aber in der Realität, in der die Beurteilung von Investitionen ja schließlich vorgenommen werden muß, jemals mit einem Gleichgewicht zu tun haben, ist und bleibt allerdings eine offene Frage. Derartige Zustände entziehen sich der Beobachtung. Und vieles spricht dafür, daß Marktbewegungen niemals in wirklichen Gleichgewichtszuständen enden. Da aber unbefriedigte Nachfrage regelmäßig die Preise steigen läßt und überschüssiges Angebot ebenso regelmäßig dafür sorgt, daß Preise fallen, gibt es gute Gründe, darauf zu vertrauen, daß Marktpreise stets zu einem Gleichgewicht hin tendieren. Das Vertrauen in diese Tendenz erlaubt es uns, einen in der Realität beobachteten Marktzinssatz für eine brauchbare Approximation annähernd gleicher Zeitpräferenzraten der Marktteilnehmer zu halten.

1.4 Nutzentheorie unter Sicherheit

Die wichtigsten Resultate unserer bisherigen Überlegungen – Fishers Separationstheorem und der Satz über die Identität aller Zeitpräferenzraten mit dem Marktzins – haben wir aus Modellen abgeleitet, die auf zwei Gruppen von Prämissen beruhten. Zum einen handelte es sich um Annahmen über rationales Verhalten von Entscheidungsträgern, zum anderen um Annahmen über Märkte. Bevor wir damit beginnen, das Barwertkonzept zu verallgemeinern, wollen wir das bislang benutzte System von Modellannahmen auf seine Grundlagen zurückführen und in geschlossener Form darstellen. Dabei fangen wir mit nutzentheoretischen Betrachtungen an und wenden uns im nächsten Kapitel den Marktannahmen zu.

1.4.1 Präferenzrelationen

Wir waren stets davon ausgegangen, daß jeder Entscheidungsträger eine Nutzenfunktion besitzt, mit der er die Alternativen x_1, x_2, x_3 und so weiter in eine Reihenfolge bringen kann, die seiner persönlichen Vorstellung von Attraktivität entspricht. Dabei denken wir uns unter den Alternativen oder Aktionen irgendwelche Handlungsmöglichkeiten, die dazu geeignet sind, die Bedürfnisse eines Menschen zu befriedigen, sagen wir beispielsweise den Kauf eines Fahrrades, eines Kühlschrankes, die Nutzung einer Transportgelegenheit oder die Verwirklichung eines Konsumplans.

Die Werturteile, welche ein Mensch entwickelt, wenn er zwei Aktionen x_1 und x_2 miteinander vergleicht, nennen wir *Präferenzrelationen.* Um solche Relationen eindeutig aufschreiben zu können, benötigen wir spezielle Symbole. Und zwar bedeuten:

$$
\begin{array}{ll}
x_1 \succ x_2 & x_1 \text{ ist besser als } x_2. \\
x_1 \sim x_2 & x_1 \text{ ist ebenso gut wie } x_2.
\end{array}
$$

Zusammenfassend benutzen wir manchmal auch:

$$x_1 \succeq x_2 \qquad x_1 \text{ ist mindestens so gut wie } x_2.$$

Da die Relationssymbole eine ähnliche Bedeutung haben wie die aus der Algebra bekannten Symbole $>$ (größer als), $=$ (gleich) und $\geq$ (größer als oder gleich), sind sie sofort verständlich, dürfen aber keinesfalls mit ihnen verwechselt werden. Zu betonen ist außerdem, daß die Relation $x_1 \succ x_2$ keine Aussage darüber macht, wie stark die Überlegenheit der Alternative x_1 gegenüber der Aktion x_2 empfunden wird. Man nennt Präferenzrelationen, bei denen diese Information fehlt, *schwache Präferenzordnungen* oder auch Quasi-Ordnungen.

Unter einer *Nutzenfunktion* müssen wir uns nun eine Funktion vorstellen, die jeder Alternative, die der Entscheidungsträger zu beurteilen hat, eindeutig eine Nutzenziffer zuweist, so daß

$$
\begin{array}{lcl}
x_1 \succ x_2 & \Longleftrightarrow & U(x_1) > U(x_2) \\
x_1 \sim x_2 & \Longleftrightarrow & U(x_1) = U(x_2).
\end{array}
$$

Das Symbol $\Longleftrightarrow$ bedeutet *wenn und nur wenn* oder *genau dann, wenn.* Wir sagen also: Genau dann, wenn x_1 besser als x_2 ist, soll der Nutzen von x_1 größer als der Nutzen von x_2 sein.

Es ist wichtig zu betonen, daß wir dabei offen lassen, wie groß die Nutzenunterschiede zwischen zwei Alternativen sind. Die dementsprechende Nutzenfunktion nennt man *ordinal.* Diese Bezeichnungsweise wählt man deswegen, weil eine höhere Nutzenziffer nur anzeigt, daß die eine Alternative der anderen vorgezogen wird, aber keine Information darüber enthält, für wie stark dieser Nutzenunterschied gehalten wird. Die Begriffe *schwache Präferenzordnung* und *ordinale Nutzenfunktion* entsprechen einander also.

In unserem Modell zur Bestimmung des optimalen Konsumplans hatten wir unterstellt, daß jeder Marktteilnehmer eine ordinale Nutzenfunktion hat. Daher muß uns jetzt die Frage interessieren, ob man das von einem Entscheidungsträger vernünftigerweise verlangen kann. Das werden wir in der Weise bewerkstelligen, daß wir eine Reihe von Grund–Sätzen – man sagt auch Axiomen – aufstellen, von denen wir glauben, daß Entscheidungsträger bereit sind, sich nach ihnen zu richten. Anschließend werden wir zeigen, daß jedermann, der diese Axiome anerkennt, auch eine ordinale Nutzenfunktion besitzt. Will man also beantworten, ob Entscheidungsträger derartige Nutzenfunktionen haben, kann man sich darauf konzentrieren zu prüfen, ob sie wohl die folgenden Axiome anerkennen.

Bevor wir aber nun die Axiome im einzelnen vorstellen, müssen wir noch den Begriff des *Portfolios* einführen. Darunter verstehen wir eine Mischung von zwei Alternativen x_1 und x_2, in der x_1 mit dem Anteil α und damit x_2 mit dem Anteil $1-\alpha$ enthalten ist. Stellen Sie sich beispielsweise vor, Sie müßten 10 Tage lang zur Arbeit fahren und könnten das wahlweise mit der Bahn oder mit dem Auto tun. Nun sei $x_1 \equiv$ "10 Tage Bahn fahren" und $x_2 \equiv$ "10 Tage Auto fahren". Um die Möglichkeit auszudrücken, 4 Bahnfahrten und 6 Autofahrten durchzuführen, sprechen wir von einem Portfolio und verwenden die Darstellung $[x_1, x_2 : 0.4, 0.6]$. Allgemein werden wir die Schreibweise $[x_1, x_2 : \alpha, 1-\alpha]$ mit $0 < \alpha < 1$ benutzen.

1.4.2 Hinreichende Axiome

Nach diesen Vorbereitungen können wir die angekündigten Axiome darstellen. Insgesamt benötigen wir fünf solche "Grund–Sätze". Das sind im einzelnen:

1. Vergleichbarkeit Dieses Prinzip verlangt von Ihnen nicht mehr und nicht weniger, daß Sie sich zwischen zwei Alternativen überhaupt entscheiden können. Das heißt:

$$x_1 \succeq x_2 \quad \text{oder} \quad x_1 \sim x_2 \quad \text{oder} \quad x_1 \preceq x_2.$$

Stellen Sie sich beispielsweise vor, Sie säßen in einem chinesischen Restaurant und hätten schon geraume Zeit die Speisekarte studiert. In der engeren Wahl seien mittlerweile "Schweinefleisch süß–sauer" oder "Rindfleisch nach Szechuan Art". Das Vergleichbarkeitsaxiom verlangt nun von Ihnen, daß Sie entweder zu dem Urteil "Schweinefleisch ist besser als Rindfleisch" oder zu dem Urteil

"Schweinefleisch esse ich nicht so gerne wie Rindfleisch" oder zu dem Urteil "Beides ist mir gleich lieb" kommen. Etwas viertes soll ausgeschlossen sein.

2. Transitivität Wenn Sie x_1 mindestens so gut wie x_2 finden und das gleiche auch bezüglich x_2 und x_3 gilt, so sollten Sie beim direkten Vergleich zwischen x_1 und x_3 zu dem Ergebnis kommen, daß x_1 mindestens so gut wie x_3 ist. In formaler Schreibweise:

$$x_1 \succeq x_2 \text{ und } x_2 \succeq x_3 \quad \Longrightarrow \quad x_1 \succeq x_3.$$

Oder: Wer Entenfleisch lieber mag als Schweinefleisch und Schweinefleisch vorzieht, wenn er es mit Rindfleisch vergleicht, der sollte auch Ente lieber mögen als Rind. Und weiter: Wer Nudelsalat ebenso gern wie Eiersalat ißt und wem es auch gleichgültig ist, ob er Eiersalat oder Krabbensalat vorgesetzt bekommt, dem sollte es nicht darauf ankommen, ob er nun Nudelsalat oder Krabbensalat verzehrt.

3. Stetigkeit Falls Sie in bezug auf drei Alternativen die Präferenzrelation $x_1 \succ x_2 \succ x_3$ besitzen, so sollte man eine Mischung aus x_1 und x_3 herstellen können, die Sie ebenso gut finden wie die Alternative x_2:

wenn $x_1 \succ x_2 \succ x_3$,
dann gibt es ein α mit $0 < \alpha < 1$, so daß $[x_1, x_3 : \alpha, 1-\alpha] \sim x_2$.

Nehmen wir an, daß Sie Ihren täglichen Weg zur Arbeit mit dem Auto, dem Mofa oder dem Fahrrad bewältigen könnten. Nehmen wir weiter an, daß Sie lieber mit dem Auto als mit dem Mofa unterwegs sind und daß Sie am wenigsten gerne mit dem Fahrrad fahren. Stellen Sie sich nun vor, daß Sie die Fahrmöglichkeiten für eine ganze Arbeitswoche von fünf Tagen zu bewerten hätten. Dann bestünde etwa auch die Möglichkeit, an drei Tagen das Auto und an zwei Tagen das Fahrrad zu benutzen. Unser Stetigkeitsaxiom verlangt nun, daß es eine Mischung aus Auto– und Fahrrad–Tagen gibt, die Sie ebenso gut finden würden wie die Alternative, jeden Tag Mofa zu fahren.[10]

4. Beschränkung Wenn Sie zwischen mehreren Alternativen zu wählen haben, so können Sie zwei Aktionen angeben, von denen eine die schlechteste und die andere die beste aller Alternativen ist. Anders gesagt: Es gibt eine beste und eine schlechteste Alternative. Bezeichnet man mit $\overline{x}$ die beste und mit $\underline{x}$ die schlechteste der Aktionen, so gilt für jede weitere Alternative x_k die Präferenzrelation $\overline{x} \succeq x_k \succeq \underline{x}$.

[10] Sie haben sicherlich gemerkt, daß das eine beliebige Teilbarkeit der beteiligten Güter voraussetzt, denn vielleicht erfordert die "Mofa–äquivalente Auto–Fahrrad–Mischung", daß Sie am dritten Tage mit dem Auto losfahren und nach einem Viertel der Strecke mit einem Kollegen Ihr Auto gegen sein Fahrrad tauschen.

5. Dominanz Wenn Sie die Präferenzrelation $\overline{x} \succ \underline{x}$ besitzen, so sollten Sie beim Vergleich zwischen Portfolios diejenige Mischung vorziehen, in der ein größerer Anteil $\overline{x}$ steckt:

$$\overline{x} \succ \underline{x} \text{ und } \alpha > \beta \quad \Longrightarrow \quad [\overline{x}, \underline{x} : \alpha, 1-\alpha] \succ [\overline{x}, \underline{x} : \beta, 1-\beta].$$

Ein Beispiel: Wer die Wahl zwischen verschiedenen Eissorten wie Vanille, Schokolade, Kirsche, Erdbeere, Banane und Rum–Rosine hat, der mag Schokoladeneis am liebsten und Erdbeereis am wenigsten gern essen. Wenn das der Fall ist, so sollte man einen Eisbecher, der mehr Schokolade als Erdbeere enthält, einem Becher vorziehen, in dem sich weniger Schokoladeneis und dafür mehr Erdbeereis befindet.

1.4.3 Existenz einer ordinalen Nutzenfunktion

Wer alle diese Axiome anerkennt, der besitzt auch eine ordinale Nutzenfunktion. Für einen solchen Menschen gilt, um es noch einmal zu wiederholen:

$$x_1 \succ x_2 \quad \Longleftrightarrow \quad U(x_1) > U(x_2) \tag{1.10}$$

$$x_1 \sim x_2 \quad \Longleftrightarrow \quad U(x_1) = U(x_2)\,. \tag{1.11}$$

Wie beweist man nun die Existenz einer ordinalen Nutzenfunktion? Man definiert eine solche Funktion und zeigt anschließend, daß sie die gewünschte Eigenschaft hat. Um die Nutzenfunktion zu definieren, setzen wir voraus, daß $\overline{x} \succ \underline{x}$ ist und daß es eine Menge von Alternativen z gibt, für die $\overline{x} \succeq z \succeq \underline{x}$ gilt. Dann sind drei Fälle zu unterscheiden:

$\overline{x} \sim z$	z ist ebenso gut wie die beste Alternative.
$\overline{x} \succ z \succ \underline{x}$	z ist besser als die schlechteste, aber schlechter als die beste Alternative.
$z \sim \underline{x}$	z ist ebenso gut wie die schlechteste Alternative.

In Abhängigkeit von diesen drei Fällen geben wir nun die folgende Definition einer Nutzenfunktion:

$$U(z) = \begin{cases} 1 & \text{wenn } \overline{x} \sim z \\ \alpha & \text{wenn } \overline{x} \succ z \succ \underline{x} \text{ mit } 0 < \alpha < 1 \text{ und } z \sim [\overline{x}, \underline{x} : \alpha, 1-\alpha] \\ 0 & \text{wenn } z \sim \underline{x} \end{cases} \tag{1.12}$$

Der Nutzen der besten Aktion ist eins; der Nutzen der schlechtesten Aktion ist null. Bei jeder anderen Alternative wird der Nutzen mit Hilfe des Stetigkeitsaxioms gemessen. Dies geschieht in der Weise, daß man ein Portfolio konstruiert, das zum Teil aus der besten und zum Teil aus der schlechtesten

Aktion zusammengesetzt ist. Sodann fragt man den Entscheidungsträger nach demjenigen Anteil, mit dem die beste Aktion in dem Portfolio enthalten sein müßte, so daß es ihm gerade gleichgültig wäre, ob er die Alternative z oder das Portfolio realisiert. Der vom Entscheidungsträger genannte Anteilsprozentsatz entspricht dem Nutzen der betreffenden Alternative.

Nachdem wir behauptet haben, daß die Nutzenfunktion (1.12) die Eigenschaft hat, die Bedingungen (1.10) und (1.11) zu erfüllen, müssen wir nun auch den förmlichen Beweis antreten. Wer skeptisch ist oder es genauer wissen will, möge den nachstehenden Beweis durcharbeiten. Wer es eiliger hat, überspringe ihn.

Beweis *Wir wollen zunächst beweisen, daß* $z_1 \succ z_2 \Longrightarrow U(z_1) > U(z_2)$. *Anschließend ist zu zeigen, daß* $U(z_1) > U(z_2) \Longrightarrow z_1 \succ z_2$. *Für den ersten Teil des Beweises muß man vier Fälle unterscheiden:*

1. $\overline{x} \sim z_1 \succ z_2 \succ \underline{x}$: *Hier ist* $U(z_1) = 1$ *und* $U(z_2) = \alpha$ *mit* $0 < \alpha < 1$. *Da* $1 > \alpha$ *ist, ist die Behauptung richtig.*
2. $\overline{x} \sim z_1 \succ z_2 \sim \underline{x}$: *Nun ist* $U(z_1) = 1$ *und* $U(z_2) = 0$. *Da* $1 > 0$ *ist, erweist sich die Behauptung als richtig.*
3. $\overline{x} \succ z_1 \succ z_2 \sim \underline{x}$: *Hier ist* $U(z_1) = \alpha$ *mit* $0 < \alpha < 1$ *und* $U(z_2) = 0$. *Die Behauptung ist richtig, weil* $\alpha > 0$ *ist.*
4. $\overline{x} \succ z_1 \succ z_2 \succ \underline{x}$: *Jetzt ist* $U(z_1) = \alpha_1$ *mit* $0 < \alpha_1 < 1$ *und* $U(z_2) = \alpha_2$ *mit* $0 < \alpha_2 < 1$. *Könnten wir nachweisen, daß* $\alpha_1 > \alpha_2$ *ist, so wäre unsere Behauptung auch in diesem letzten Fall richtig. Nun halten wir zunächst fest, daß aufgrund der Definition der Nutzenfunktion die Relationen* $z_1 \sim [\overline{x}, \underline{x} : \alpha_1, 1 - \alpha_1]$ *und* $z_2 \sim [\overline{x}, \underline{x} : \alpha_2, 1 - \alpha_2]$ *gelten. Unterstellt man nun aber, daß* $\alpha_1 < \alpha_2$ *ist, so folgt aus dem Dominanzaxiom, daß dann auch die Relation* $[\overline{x}, \underline{x} : \alpha_1, 1 - \alpha_1] \prec [\overline{x}, \underline{x} : \alpha_2, 1 - \alpha_2]$ *gilt. Dies jedoch würde wegen des Transitivitätsaxioms bedeuten, daß* $z_1 \prec z_2$ *ist. Und damit hätten wir einen Widerspruch zu unserer Voraussetzung. Zu dem gleichen Widerspruch gelangt man, wenn man davon ausgeht, daß* $\alpha_1 = \alpha_2$ *ist. Hier würde aus dem Dominanzaxiom* $[\overline{x}, \underline{x} : \alpha_1, 1 - \alpha_1] \sim [\overline{x}, \underline{x} : \alpha_2, 1 - \alpha_2]$ *und aus dem Transitivitätsaxiom* $z_1 \sim z_2$ *folgen. Infolgedessen bleibt tatsächlich nur noch* $\alpha_1 > \alpha_2$ *übrig.*

Auch für den zweiten Teil des Beweises sind vier Fälle zu unterscheiden:

1. $U(z_1) = 1 > U(z_2) = \alpha > 0$. *Hier ist* $z_1 \sim [\overline{x}, \underline{x} : 1, 0]$ *und* $z_2 \sim [\overline{x}, \underline{x} : \alpha, 1 - \alpha]$. *Wegen des Dominanzaxioms gilt* $z_1 \sim [\overline{x}, \underline{x} : 1, 0] \succ [\overline{x}, \underline{x} : \alpha, 1 - \alpha] \sim z_2$, *und aus dem Transitivitätsaxiom folgt* $z_1 \succ z_2$.
2. $U(z_1) = 1 > U(z_2) = 0$. *In diesem Fall gilt wegen des Dominanzaxioms* $z_1 \sim [\overline{x}, \underline{x} : 1, 0] \succ [\overline{x}, \underline{x} : 0, 1] \sim z_2$, *und* $z_1 \succ z_2$ *folgt aus der Transitivität.*
3. $U(z_1) = \alpha > U(z_2) = 0$. *Hier haben wir wegen des Dominanzaxioms* $z_1 \sim [\overline{x}, \underline{x} : \alpha, 1 - \alpha] \succ [\overline{x}, \underline{x} : 0, 1] \sim z_2$, *und wegen des Transitivitätsaxioms muß wieder* $z_1 \succ z_2$ *sein.*

4. $1 > U(z_1) = \alpha_1 > U(z_2) = \alpha_2 > 0$. *Aufgrund der Definition der Nutzenfunktion muß zunächst* $z_1 \sim [\overline{x}, \underline{x} : \alpha_1, 1 - \alpha_1]$ *und* $z_2 \sim [\overline{x}, \underline{x} : \alpha_2, 1 - \alpha_2]$ *gelten. Weil* $\alpha_1 > \alpha_2$ *vorausgesetzt ist, folgt aus dem Dominanzaxiom* $z_1 \sim [\overline{x}, \underline{x} : \alpha_1, 1 - \alpha_1] \succ [\overline{x}, \underline{x} : \alpha_2, 1 - \alpha_2] \sim z_2$ *und aus dem Transitivitätsaxiom* $z_1 \succ z_2$.

Auf ganz analoge Weise kann man beweisen, daß die Nutzenfunktion auch die Eigenschaft (1.11) erfüllt. □

1.4.4 Weitere Axiome

Um Fishers Separationstheorem abzuleiten, hatten wir mit Indifferenzkurven gearbeitet. Dahinter standen Präferenzvorstellungen, die mit der Existenz irgendeiner ordinalen Nutzenfunktion des in Gleichung (1.12) angegebenen Typs noch nicht ausreichend charakterisiert sind. Vielmehr brauchen wir noch drei weitere Axiome.

Um diese in verständlicher Form schreiben zu können, müssen wir jedoch unsere bisherige Notation ein wenig verfeinern. Bisher hatten wir über Aktionen gesprochen, ohne deren Zeitbezug genau zu kennzeichnen. Damit sind wir auch ganz gut zurecht gekommen. Aber jetzt nehmen wir ganz bestimmte Aktionen ins Visier, bei denen wir präziser werden müssen. Im folgenden wird nur noch über Aktionen gesprochen, die Konsumpläne darstellen; und diese haben – jedenfalls in unserem einfachen Modellrahmen – einen mindestens zweifachen Zeitbezug, nämlich $t = 0$ und $t = 1$. Wenn wir jetzt sagen, daß $(x_0, x_1) \succ (y_0, y_1)$, dann bringen wir damit zum Ausdruck, daß der Konsumplan (x_0, x_1) dem Konsumplan (y_0, y_1) vorgezogen wird. Und entsprechend bedeutet $(x_0, x_1) \sim (y_0, y_1)$, daß beide Konsumpläne als gleich gut eingeschätzt werden.

6. Monotonie Ein Konsumplan, der sich nur dadurch von einem anderen unterscheidet, daß er zu irgendeinem Zeitpunkt mehr Konsum verspricht, wird diesem stets vorgezogen.[11] Das heißt in formaler Schreibweise:

$$\delta > 0 \Longrightarrow (x_0 + \delta, x_1) \succ (x_0, x_1) \text{ und } (x_0, x_1 + \delta) \succ (x_0, x_1).$$

Wer dieses Axiom anerkennt, zieht aus jedem zusätzlichen Konsum einen zusätzlichen Nutzen, gleichgültig, wie hoch das Niveau seines Konsums bereits ist. Menschen, die in dieser Weise empfinden, bezeichnet man als nicht gesättigt.

---

[11] Das Monotonieaxiom impliziert nicht strikte Gegenwartspräferenz, worunter zu verstehen wäre, daß Entscheidungsträger grundsätzlich lieber jetzt als später konsumieren. In formaler Darstellung käme strikte Gegenwartspräferenz durch die Relation

$$\delta > 0 \quad \Longrightarrow \quad (x_0 + \delta, x_1) \succ (x_0, x_1 + \delta)$$

zum Ausdruck.

Bei graphischer Veranschaulichung mit Hilfe von Indifferenzkurven führt das Monotonieaxiom zu der uns bereits bekannten Tatsache, daß das Nutzenniveau in einem C_0–C_1–Koordinatensystem um so höher ist, je weiter man nach oben oder rechts geht, vgl. Abbildung 1.3.

7. Konvexität Wenn ein Konsumplan eine Mischung aus zwei anderen Konsumplänen (x_0, x_1) und (y_0, y_1) darstellt und diese beiden Konsumpläne als gleichwertig empfunden werden, so wird die Mischung in jedem Falle vorgezogen. Das heißt für alle α mit $0 < \alpha < 1$:

$$(x_0, x_1) \sim (y_0, y_1) \Longrightarrow \left\{ \begin{array}{l} [\{x_0, y_0 : \alpha, 1-\alpha\}, \{x_1, y_1 : \alpha, 1-\alpha\}] \succ (x_0, x_1) \\ [\{x_0, y_0 : \alpha, 1-\alpha\}, \{x_1, y_1 : \alpha, 1-\alpha\}] \succ (y_0, y_1) \end{array} \right\}.$$

Inhaltlich kann man das Konvexitätsaxiom im hier diskutierten Zusammenhang gut mit dem Gesetz vom abnehmenden Grenznutzen in Verbindung bringen. Wer seinen heutigen Konsum einschränken muß, möchte dafür einen Ausgleich in Form erhöhten späteren Konsums haben. Dieser Ausgleich kann jedoch um so geringer ausfallen, je höher das Niveau des heutigen Konsums ist.

Das Axiom läßt sich auch graphisch gut veranschaulichen. Betrachten Sie dazu Abbildung 1.9. Dort sieht man zwei Konsumpläne (x_0, x_1) und (y_0, y_1) auf einer Indifferenzkurve, woraus folgt, daß beide als äquivalent angesehen werden. Bilden wir nun Portfolios des Typs $(z_0, z_1) \equiv [\{x_0, y_0 : \alpha, 1-\alpha\}, \{x_1, y_1 : \alpha, 1-\alpha\}]$, so entstehen Konsumpläne, die allesamt auf der Sehne liegen, die die Indifferenzkurve in Abbildung 1.9 schneidet.

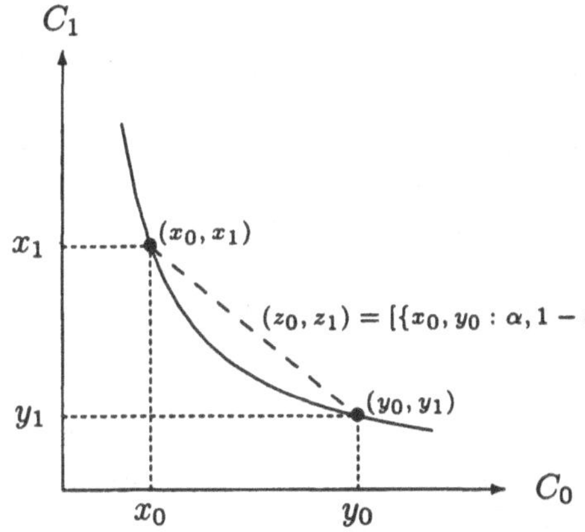

Abbildung 1.9: Konvexität der Präferenzen

Da das Nutzenniveau wegen des Monotonieaxioms um so höher ist, je weiter ein Konsumplan vom Koordinatenursprung entfernt ist, sind alle Konsumpläne auf dieser Sehne attraktiver als Konsumpläne, die auf der betreffenden Indifferenzkurve liegen. Diese Konstellation kann sich aber nur unter der Voraussetzung ergeben, daß die Indifferenzlinie konvex zum Ursprung verläuft. Genau das stellt also unser Axiom sicher. Es sorgt damit zugleich für die Eindeutigkeit des optimalen Konsumplans. Graphisch kommt diese Tatsache dadurch zum Ausdruck, daß eine konvexe Indifferenzkurve nur einen einzigen Tangentialpunkt mit einer Transaktionsgeraden haben kann.

8. Regularität Dieses Axiom führen wir aus bloßen Bequemlichkeitsgründen ein. Es besagt, daß die Nutzenfunktion stetig und zweimal differenzierbar sein soll. Würden wir das Axiom nicht verwenden, so könnten wir das Entscheidungsproblem

$$\max_{C_0,C_1} U(C_0,C_1)$$

$$\begin{aligned} \text{u.d.N.} \qquad \psi C_0 + M_0 &= \psi\bar{C}_0 + \bar{M}_0 \\ \psi C_1 &= \psi\bar{C}_1 + M_0(1+r) \end{aligned}$$

nicht mit Hilfe der Differentialrechnung lösen. So aber sind wir dazu in der Lage, den optimalen Konsumplan leicht und sicher zu bestimmen. Wie im einzelnen vorzugehen ist, wollen wir im nächsten Abschnitt zeigen.

1.4.5 Optimaler Konsumplan

Sicher ist bekannt, daß die Differentialrechnung uns dabei hilft, Extrempunkte (Maxima und Minima) von Funktionen zu bestimmen. Man kann sich leicht klarmachen, daß die Steigung einer Tangente an eine Funktion den Wert null hat, wenn ein Maximum oder Minimum als Tangentialpunkt gewählt wird. Da die erste Ableitung einer Funktion die Steigung der Funktion in einem beliebigen Punkt repräsentiert, kann man durch Nullsetzen der ersten Ableitung in der Regel die Lage des Extrempunktes ermitteln. Mit Hilfe der zweiten Ableitung läßt sich untersuchen, ob es sich bei dem Extrempunkt um ein Maximum oder um ein Minimum handelt.

Will man das Maximum einer differenzierbaren Funktion berechnen und gleichzeitig Nebenbedingungen einhalten, so kann man das unter bestimmten (hier nicht unbedingt erläuterungswürdigen) Voraussetzungen mit Hilfe des Verfahrens der Lagrangeschen Multiplikatoren bewerkstelligen. Maximiert wird dabei nicht die ursprüngliche, sondern eine neue Funktion. Diese konstruiert man in der Weise, daß man die zu berücksichtigenden Nebenbedingungen durch Umstellen null setzt, mit dem Lagrangefaktor multipliziert und die so entstehenden Terme additiv in die ursprüngliche Funktion einbezieht.

In unserem konkreten Fall kann man die beiden Budgetbedingungen zu einer einzigen Nebenbedingung zusammenziehen, indem man die erste Restriktion nach M_0 auflöst und das Ergebnis in die zweite Bedingung einsetzt. Auf diese Weise erhält man nach Umformungen

$$\psi C_1 - \psi \bar{C_1} - (\psi \bar{C_0} + \bar{M_0} - \psi C_0)(1+r) = 0.$$

Einbeziehen dieser Nebenbedingung in die Nutzenfunktion führt auf die Lagrangefunktion

$$\mathcal{L} = U(C_0, C_1) + \kappa \left(\psi C_1 - \psi \bar{C_1} - \left(\psi \bar{C_0} + \bar{M_0} - \psi C_0\right)(1+r)\right).$$

Die Maximierung erfolgt nun in der Weise, daß man die partiellen Ableitungen der Funktion nach C_0, C_1 und κ bildet und anschließend die Ableitungen null setzt. Das ergibt

$$\frac{\partial \mathcal{L}}{\partial C_0} = \frac{\partial U}{\partial C_0} + \kappa\psi(1+r) \tag{1.13}$$

$$\frac{\partial \mathcal{L}}{\partial C_1} = \frac{\partial U}{\partial C_1} + \kappa\psi \tag{1.14}$$

$$\frac{\partial \mathcal{L}}{\partial \kappa} = \left(\psi C_1 - \psi \bar{C_1} - \left(\psi \bar{C_0} + \bar{M_0} - \psi C_0\right)(1+r)\right). \tag{1.15}$$

Setzt man Gleichung (1.14) null, so erhält man

$$\kappa\psi = -\frac{\partial U}{\partial C_1}.$$

Nullsetzen von Gleichung (1.13) und Einsetzen des vorstehenden Ergebnisses liefert uns die *Optimalitätsbedingung*[12]

$$\boxed{\frac{\partial U / \partial C_0}{\partial U / \partial C_1} = 1 + r}. \tag{1.16}$$

Das Verhältnis des Grenznutzens von C_0 zum Grenznutzen von C_1 soll im Optimum den Wert $(1+r)$ annehmen. Als wir das gleiche Entscheidungsproblem oben mit Hilfe von Indifferenzkurven auf graphischem Wege gelöst haben, lautete die Optimalitätsbedingung wesentlich griffiger

$$\zeta = r,$$

und bisher ist noch nicht zu sehen, daß das inhaltlich mit Gleichung (1.16) identisch sein soll. Tatsächlich ist das aber der Fall. Um das nachzuvollziehen, betrachte man das totale Differential der Nutzenfunktion

$$dU = \frac{\partial U}{\partial C_0} dC_0 + \frac{\partial U}{\partial C_1} dC_1.$$

[12]Streng genommen müßten wir mit Hilfe der zweiten partiellen Ableitungen noch nachweisen, daß es sich um ein Maximum handelt. Darauf wird hier verzichtet.

Das ist der Betrag, um den sich der Nutzen insgesamt ändert, wenn man sowohl den Konsum im Zeitpunkt $t = 0$ als auch den Konsum im Zeitpunkt $t = 1$ um eine winzig kleine Einheit verändert. Will man auf einer Indifferenzkurve bleiben, so müssen diese Änderungen nun genau so eingestellt werden, daß die gesamte Nutzenänderung null ist ($dU = 0$). Nullsetzen und Umformen führt auf

$$\frac{\partial U/\partial C_0}{\partial U/\partial C_1} = -\frac{dC_1}{dC_0}$$

Das Verhältnis der Grenznutzen von C_0 und C_1 entspricht also genau der Grenzrate der Substitution, und das ist die Steigung einer Indifferenzkurve. Wenn man sich nun noch daran erinnert, daß die Zeitpräferenzrate nichts anderes ist, als die um eins verminderte Grenzrate der Substitution, so wird die Identität der Optimalitätsbedingungen (1.16) und (1.4.5) offenbar.

1.5 Arbitragefreier Kapitalmarkt

Um Fishers Separationstheorem zu gewinnen, hatten wir nicht nur unterstellt, daß Entscheidungsträger zeitliche Nutzenvorstellungen mit bestimmten Eigenschaften haben, sondern wir haben darüber hinaus angenommen, daß es einen Kapitalmarkt gibt, auf dem man zu einem Einheitszinssatz Geld anlegen und Kredit aufnehmen kann.

Auf den folgenden Seiten werden wir ein Kapitalmarktmodell unter Sicherheit präsentieren, das eben diese Eigenschaft auch besitzt. Bei der Lektüre werden Sie möglicherweise den Eindruck gewinnen, daß wir sozusagen mit Kanonen auf Spatzen schießen. Wir stellen das Modell jedoch bewußt in dieser Form dar, weil es eine gute Grundlage abgibt, wenn wir uns später mit Kapitalmärkten unter Risiko zu beschäftigen haben. Man wird dann nämlich erstaunlich viele Parallelen zu den Überlegungen entdecken, die wir jetzt unter dem beruhigenden Schutzschild der Sicherheit anstellen können. In diesem Sinne mag man das folgende als Etüde im Umgang mit ökonomischen Marktmodellen ansehen.

Alle Modelle sind Abbildungen der Wirklichkeit und zeichnen sich dadurch aus, daß sie mit vereinfachenden Annahmen arbeiten. Würden die Menschen die Dinge nicht vereinfachen und von Aspekten, die nebensächlich zu sein scheinen, nicht abstrahieren, so hätten sie Schwierigkeiten, allgemeine Erkenntnisse zu sammeln. Allerdings ist es eine wissenschaftliche Tugend, die Annahmen, von denen man ausgehen möchte, mit aller Deutlichkeit zu beschreiben. Auf diese Weise sorgt man zunächst dafür, nicht mißverstanden zu werden.

Das Beschreiben der Modellannahmen hat jedoch häufig auch den Effekt, daß ein Modell als ernsthafte Methode der Erkenntnisgewinnung nicht akzeptiert wird. So ist es beliebt und auch nicht besonders schwer, ein Modell als realitätsfern abzutun, indem man darauf verweist, daß die Annahmen mit der Wirklichkeit nicht oder nur bedingt übereinstimmen. Das ist zwar eine naheliegende Methode, sich mit Modellen auseinanderzusetzen, aber keine zweckmäßige. Modelle bleiben der Natur der Sache nach realitätsfern, weil es zu ihren Wesensmerkmalen zählt, die Welt zu vereinfachen. Gerecht wird man einem Modell hingegen dadurch, daß man die Schlußfolgerungen, welche sich aus ihm ergeben, auf Plausibilität und praktische Brauchbarkeit hin prüft.

Nach diesen grundsätzlichen Vorbemerkungen könnten wir damit beginnen, die Annahmen unseres Kapitalmarktmodells zu entwickeln. Bevor wir das tun, sind jedoch noch einige Vorbereitungen zu treffen, die sich auf die Notation von im folgenden häufig wiederkehrenden Begriffen beziehen.

Den zeitlichen Bezugsrahmen unseres Modells bilden wieder die Zeitpunkte $t = 0$ (heute) und $t = 1$ (in einem Jahr). Was nach dem Zeitpunkt $t = 1$ geschieht, interessiert uns nicht. Auf dem Kapitalmarkt werden Finanztitel gehandelt. Darunter stelle man sich Wertpapiere vor, die ihrem Inhaber das Recht geben, im Zeitpunkt $t = 1$ einen bestimmten Geldbetrag in Empfang zu nehmen, den wir X nennen wollen. Es soll verschiedene solche Finanztitel geben. Um sie voneinander unterscheiden zu können, benutzen wir den Index j. Wir vereinbaren, daß es insgesamt J unterschiedliche Finanztitel gibt, die wir von 1 bis J durchnumerieren, also $j = 1, \dots, J$. Die Zahlung, welche der Inhaber eines Stücks des j-ten Finanztitels im Zeitpunkt $t = 1$ beanspruchen kann, heißt dann X_j. Kauft oder verkauft man im Zeitpunkt $t = 0$ einen Finanztitel, so geschieht das zu einem Preis, der von der Höhe der künftigen Rückflüsse abhängt und den wir deswegen in der Form $p(X_j)$ notieren wollen. Man darf Finanztitel in den verschiedensten Mengen handeln und besitzen. Das Symbol n_j repräsentiert die Anzahl der Wertpapiere vom Typ j, die jemand in einem bestimmten Zeitpunkt kauft, besitzt oder verkauft.

Damit unsere Preisnotation richtig verstanden wird, ist noch ein Hinweis erforderlich. Wenn jemand beabsichtigt, von verschiedenen Wertpapieren mehrere Stücke zu erwerben, so gibt es zwei Möglichkeiten. Entweder kauft er die Papiere einzeln, oder er erwirbt sie als Paket. Im ersten Fall belaufen sich die Ausgaben auf $\sum_{j=1}^{J} n_j p(X_j)$, d.h. die Einzelpreise werden mit den jeweiligen Mengen multipliziert und anschließend addiert. Im zweiten Fall betragen die Ausgaben $p(\sum_{j=1}^{J} n_j X_j)$. Hier ist der Preis eine Funktion der Gesamtrückflüsse des Finanztitelpakets. Mit dem Verhältnis der beiden Beträge zueinander werden wir uns bald noch näher auseinandersetzen.

1.5.1 Annahmen

Damit haben wir alle Symbole, die wir für die Darstellung des Kapitalmarktmodells brauchen, beschrieben und können nun zu den Modellannahmen kommen.

1. Homogene Erwartungen Alle Marktteilnehmer sind sich vollkommen darüber einig, welche Rückflüsse der j–te Finanztitel im Zeitpunkt $t = 1$ verspricht. Das heißt: Die Rückflüsse aus einem Finanztitel im Zeitpunkt $t = 1$ belaufen sich auf X_j. Dabei gibt es keinerlei Risiken. Der Betrag X_j wird mit Sicherheit gezahlt. Zwischen den Marktteilnehmern gibt es aber auch keinerlei Dissens über die Höhe dieser Zahlungen.

2. Reibungsloser Markt Der Handel mit Finanztiteln erfolgt vollkommen reibungslos. Das bedeutet: Die Finanztitel sind beliebig teilbar. Es gibt weder Transaktionskosten, wie beispielsweise Maklergebühren oder Bankspesen im Zusammenhang mit der Beschaffung oder Veräußerung von Wertpapieren, noch Steuern. Niemand ist vom freien Handel mit Finanztiteln ausgeschlossen. Es gibt keine mengenmäßigen Handelsbeschränkungen und auch keine Verpflichtung zur Hinterlegung von Sicherheiten. Ausdrücklich sei erwähnt, daß Leerverkäufe zulässig sind.[13]

3. Kompetitiver Markt Am Markt herrscht vollkommener Wettbewerb. Damit soll gesagt sein, daß die Struktur des Marktes atomistisch ist. Niemand, der mit Wertpapieren handelt, besitzt eine Stellung, die ihm monopolistische Stärke verleiht. Die Marktanteile der Beteiligten sind so gering, daß sie keinen individuellen Einfluß auf die Preise haben. Die Marktteilnehmer müssen sich wie Mengenanpasser verhalten.

4. Keine Arbitragegelegenheiten Kein Marktteilnehmer besitzt die Möglichkeit, durch bloße Umschichtung seines in Finanztiteln gebundenen Vermögens beliebig reich zu werden. Was das im Detail bedeutet, können wir uns erst klarmachen, wenn wir den Begriff der Arbitragegelegenheit präzise definiert haben. Das wird gleich geschehen. Ohne solche definitorische Klarheit können wir das, was hier gemeint ist, höchstens wie folgt umschreiben: Niemand ist dazu in der Lage, sich durch bloßen Handel mit Wertpapieren in eine Lage zu bringen, die der Inbetriebnahme einer Notenpresse gleicht.

[13] Bei einem Leerverkauf borgt man sich Waren (Güter, Devisen oder Wertpapiere) und verpflichtet sich zugleich, Waren gleicher Art und Qualität zu einem späteren Zeitpunkt wieder zurückzugeben. Das Borgen der Ware geschieht in der Absicht, sie heute (teuer) zu verkaufen, um sie später (billig) wieder zurückzukaufen. Daher eignen sich Leerverkäufe in hervorragender Weise für Marktteilnehmer, die auf Baisse spekulieren wollen.

1.5.2 Arbitragegelegenheiten

Um eine Vorstellung davon zu gewinnen, was eine Arbitragegelegenheit ist, begleiten Sie uns auf einem Spaziergang über den Wochenmarkt. Wir interessieren uns heute für das Obstangebot, und zwar besonders für Äpfel und Birnen. Bald stellen wir fest, daß die Markthändler, mit denen wir es zu tun haben, eine etwas ungewöhnliche Form des Obstverkaufs praktizieren. Man kann bei ihnen Äpfel und Birnen nicht getrennt kaufen. Vielmehr ist man gezwungen, Obstkörbe zu nehmen, in denen sich sowohl Äpfel als auch Birnen befinden. Um es den Kunden nicht allzu leicht zu machen, die Angebote miteinander zu vergleichen, wählt jeder Markthändler eine andere Struktur bei der Zusammenstellung des Obstkorbes; und auch die Preise der Körbe weichen voneinander ab. Nach einem längeren Rundgang über den Markt befinden sich die Angebote von drei Händlern in der engeren Wahl, vgl. Tabelle 1.1.

Tabelle 1.1: Warenangebot auf einem Obstmarkt

Händler	Äpfel	Birnen	Preis je Korb
Nr. 1	8	2	8.70 DM
Nr. 2	2	8	8.30 DM
Nr. 3	5	5	8.00 DM

Denken Sie beim Betrachten der Tabelle möglichst weder an Äpfel noch an Birnen, sondern versuchen Sie, die Welt mit den Augen eines nüchternen Geschäftsmannes zu sehen. Möglicherweise wird Ihnen dann rasch klar, daß auf dem Wochenmarkt noch mehr zu finden ist als Obst. Wenn Sie nämlich scharf hinsehen, so entdecken Sie eine Geldquelle, die man leicht anzapfen kann. Das Geld liegt sozusagen auf der Straße. Sie brauchen es nur aufzuheben.

Dazu müssen Sie folgendes unternehmen: Gehen Sie zum Händler Nr. 3 und verlangen zwei seiner Obstkörbe. Das macht Sie um 16.00 DM ärmer und bringt Sie in den Besitz von 10 Äpfeln sowie 10 Birnen. Sodann schlüpfen Sie in die Rolle des Händlers Nr. 1 und verkaufen 8 Äpfel und 2 Birnen. Das bringt Ihnen einen Erlös in Höhe von 8.70 DM. Das übrig bleibende Obst, nämlich 2 Äpfel und 8 Birnen, verkaufen Sie zu den gleichen Bedingungen wie der Händler Nr. 2, womit Sie noch einmal 8.30 DM einnehmen. Insgesamt haben Sie nunmehr einen Erlös von 17.00 DM erzielt, während Ihre Ausgaben nur 16.00 DM betrugen. Sieht man von Ihrer Arbeit ab, so ist das ebenso, als hätte man Ihnen 1.00 DM geschenkt, vgl. Tabelle 1.2. Im Englischen nennt man ein solches Geschenk "free lunch", also ein Essen, zu dem Sie eingeladen werden, ohne eine Gegenleistung erbringen zu müssen. Wir bezeichnen die 1.00 DM als einen Arbitragegewinn.

Tabelle 1.2: Arbitrage mit verschieden zusammengesetzten Obstkörben

Aktion	Menge	Zahlung	Äpfel	Birnen
Kauf bei Nr. 3	2 Körbe	-16.00	10	10
Verkauf wie Nr. 1	1 Korb	8.70	-8	-2
Verkauf wie Nr. 2	1 Korb	8.30	-2	-8
Summe		1.00	0	0

Versuchen wir, Lehren aus diesem Beispiel zu ziehen und es sinngemäß auf unseren Finanztitelmarkt zu übertragen. Wir haben einige Typen von Obstkörben gekauft und andere verkauft. Wählen wir für Käufe positives und für Verkäufe negatives Vorzeichen, so war die Mengenstruktur unserer Wochenmarktaktion ($n_1 = -1, n_2 = -1, n_3 = +2$). Wir bezeichnen den Vektor $(n_1, \ldots, n_J)$ im folgenden als *Portfolio* und werden von einer Arbitragegelegenheit dann sprechen, wenn ein solches Portfolio bestimmte Eigenschaften hat. In unserem Beispiel waren das zwei Eigenschaften zugleich: Erstens war die Summe der Produkte aus Handelsmengen und Einzelpreisen negativ, denn

$$\sum_{j=1}^{J} n_j p(X_j) < 0 \qquad \text{weil} - 1 \cdot 8.70 - 1 \cdot 8.30 + 2 \cdot 8.00 = -1.00 \quad ,$$

und zweitens belief sich die Summe der Produkte aus Handelsmengen und "Rückflüssen" auf null, denn es gilt:

$$\sum_{j=1}^{J} n_j X_j = 0 \qquad \begin{array}{l} \text{weil (in bezug auf Äpfel)} \; - 1 \cdot 8 - 1 \cdot 2 + 2 \cdot 5 = 0 \\ \text{weil (in bezug auf Birnen)} \; - 1 \cdot 2 - 1 \cdot 8 + 2 \cdot 5 = 0. \end{array}$$

Arbitragegelegenheit vom Typ 1 Nun würden wir sicherlich auch dann von einem "free lunch" sprechen, wenn man bei der Aktion nicht nur heute 1.00 DM kassieren könnte, sondern zum Schluß sogar noch Obst übrig bliebe. Auf diese Weise kommen wir zu einer ersten Definition für eine Arbitragegelegenheit. Es handelt sich um ein Portfolio $(n_1, \ldots, n_J)$ mit der Eigenschaft

$$\sum_{j=1}^{J} n_j p(X_j) < 0 \qquad \text{und} \qquad \sum_{j=1}^{J} n_j X_j \geq 0. \tag{1.17}$$

Wenn man eine solche Gelegenheit entdeckt, so führt der *Kauf des Portfolios* dazu, daß man im Zeitpunkt $t = 0$ Einnahmen erzielt, ohne im Zeitpunkt $t = 1$ Ausgaben hinnehmen zu müssen. Von der Wirkung her ist das ebenso wie die Inbetriebnahme einer Notenpresse. Indem man die Arbitragegelegenheit nutzt, mehrt man im Zeitpunkt $t = 0$ und gegebenenfalls auch noch im Zeitpunkt $t = 1$ seine Einnahmen, ohne jemals dafür bezahlen zu müssen. Im übrigen gibt es keinen Grund zu Zurückhaltung und Bescheidenheit. Wenn man schon eine solche Geldquelle sprudeln sieht, so sollte man sie auch gehörig anzapfen. Jemand der ungesättigt ist, also für jedes zusätzliche Einkommen noch eine Verwendungsmöglichkeit hat, wird Arbitragegelegenheiten geradezu hemmungslos ausnutzen.

In unserem Beispiel mit den Obstkörben vom Wochenmarkt entstand die Arbitragegelegenheit letztlich dadurch, daß der Korb des Händlers Nr. 3, gemessen am Angebot der beiden anderen Händler, "zu billig" war. Dies gab uns die Chance, billig einzukaufen und teuer wieder zu verkaufen. Nicht viel anders würden die Dinge aber liegen, wenn der Korb des Händlers Nr. 3 im Vergleich zu den beiden anderen Körben "zu teuer" sein würde. Nur müßte die Arbitragetätigkeit dann mit umgekehrtem Vorzeichen ablaufen. Man hätte die relativ billigen Körbe Nr. 1 und 2 zu kaufen und den relativ teuren Korb Nr. 3 zu verkaufen, um einen Arbitragegewinn zu erzielen. Übersetzen wir das in unsere Formelsprache, so erhalten wir eine zweite Definition. Danach ist eine Arbitragegelegenheit ein Portfolio $(n_1, \ldots, n_J)$ mit der Eigenschaft

$$\sum_{j=1}^{J} n_j p(X_j) > 0 \qquad \text{und} \qquad \sum_{j=1}^{J} n_j X_j \leq 0. \tag{1.18}$$

Hier führt der *Verkauf des Portfolios* dazu, daß man im Zeitpunkt $t = 0$ Einnahmen erzielt, ohne im Zeitpunkt $t = 1$ Ausgaben hinnehmen zu müssen. Weitere Erläuterungen erscheinen überflüssig.

Tabelle 1.3: Warenangebot auf einem Obstmarkt

Händler	Äpfel	Birnen	Preis
Nr. 4	1		0.70 DM/Apfel
Nr. 5		1	1.10 DM/Birne
Nr. 6	5	5	8.00 DM/Korb

Arbitragegelegenheit vom Typ 2 Manchmal sind die Situationen, aus denen sich Arbitragegewinne schlagen lassen, noch wesentlich übersichtlicher. Wir betreten unseren Wochenmarkt und suchen wieder nach Äpfeln und Birnen. Beim Händler Nr. 4 kann man Äpfel einzeln kaufen, das Stück zu 0.70 DM. Der Händler Nr. 5 bietet Birnen an und verlangt je Stück 1.10 DM. Der Händler

Nr. 6 hat einen Obstkorb mit 5 Äpfeln und 5 Birnen zusammengestellt. Diese Körbe verkauft er zu 8.00 DM. Alle Daten sind in Tabelle 1.3 zusammengestellt. Und wieder liegt das Geld auf der Straße, wenn Sie scharf hinsehen und genau kalkulieren. Um das Geld aufzuheben, schlagen Sie folgende Strategie ein: Kaufen Sie dem sechsten Händler einen Korb zu 8.00 DM ab. Packen Sie den Korb aus und schlüpfen dann in die Rolle des Verkäufers. Der Erlös für 5 Äpfel und 5 Birnen im Einzelverkauf beträgt $5 \cdot 0.70 + 5 \cdot 1.10 = 9.00$ DM. Damit haben Sie wieder einen Arbitragegewinn von 1.00 DM erzielt, wenn Sie von Ihrer Arbeit absehen, vgl. Tabelle 1.4.

Tabelle 1.4: Arbitrage mit Obstkörben und einzelnen Obstsorten

Aktion	Menge	Zahlung	Äpfel	Birnen
Kauf bei Nr. 6	1 Korb	–8.00	5	5
Verkauf wie Nr. 4	5 Äpfel	3.50	–5	
Verkauf wie Nr. 5	5 Birnen	5.50		–5
Summe		1.00	0	0

Hier gelingt die Arbitrage aus einem anderen Grund als im vorangegangenen Beispiel. Der Korb ist billiger als die in ihm enthaltenen Teile. In formaler Schreibweise:

$$p\left(\sum_{j=1}^{J} n_j X_j\right) < \sum_{j=1}^{J} n_j p(X_j) \qquad \text{weil } 8.00 < 5 \cdot 0.70 + 5 \cdot 1.10$$

Und vermutlich ist damit auch sofort klar, daß der umgedrehte Fall

$$p\left(\sum_{j=1}^{J} n_j X_j\right) > \sum_{j=1}^{J} n_j p(X_j)$$

ebenfalls eine Arbitragegelegenheit repräsentiert. Denn beliefe sich der Preis eines Obstkorbes auf beispielsweise 10.00 DM, so könnte man 5 Äpfel und 5 Birnen einzeln kaufen (Einzelbeschaffungskosten 9.00 DM), sie zu einem Korb zusammenstellen und anschließend für 10.00 DM verkaufen. Beide Fälle lassen sich zu

$$p\left(\sum_{j=1}^{J} n_j X_j\right) \neq \sum_{j=1}^{J} n_j p(X_j) \tag{1.19}$$

zusammenfassen. Wir haben damit eine eindeutige Definition für eine Arbitragegelegenheit: Es handelt sich um ein Portfolio $(n_1, \ldots, n_J)$, bei dem entweder (1.17) oder (1.18) oder (1.19) erfüllt ist.

1.5.3 Dominanz– und Wertadditivitätstheorem

Wenn ein Marktteilnehmer im Rahmen unseres Modells eine Arbitragegelegenheit entdeckt, so wird er sie nutzen. Da wir homogene Erwartungen unterstellen, ist außerdem davon auszugehen, daß alle Marktteilnehmer eine Arbitragegelegenheit wahrnehmen, wenn einer dies tut. Und weil wir hinsichtlich der Nutzenfunktionen unterstellt haben, daß niemand gesättigt ist, werden Arbitrageprozesse in völlig ungehemmter Weise einsetzen, sobald sich die Gelegenheit dazu bietet. Kein einziger Marktteilnehmer wird darauf verzichten, sich hieran zu beteiligen, weil jeder seinen Reichtum beliebig und grenzenlos vermehren kann, solange es dazu Gelegenheiten gibt. Dabei werden ständig "zu billige" Finanztitel gekauft und "zu teure" Titel verkauft.

Allerdings entzieht die Arbitragetätigkeit der Marktteilnehmer sich selbst ihren Nährboden. Wenn nämlich andauernd "zu billige" Titel gekauft werden, so wird deren Preis steigen. Und wenn ohne Unterlaß und in grenzenlosem Umfang "zu teure" Titel verkauft werden, so geraten deren Preise unter Druck und müssen sinken. Beendet werden die Handelstätigkeiten der Marktteilnehmer aber erst dann, wenn alle Arbitragegelegenheiten verschwinden. Da auch in der Realität nicht beobachtet werden kann, daß Arbitrageure über alle Maßen reich werden, ist es äußerst plausibel, wenn wir annehmen, daß es im Marktgleichgewicht keine Arbitragegelegenheiten gibt, oder wenn wir – um es anders zu sagen – unterstellen, daß der Markt arbitragefrei ist.[14]

Da es auf solchen Märkten ex definitione keine Arbitragegelegenheiten gibt, können wir zwei wichtige Theoreme ableiten. Das erste ist das *Dominanztheorem*. Sie werden es sofort verstehen, wenn Sie sich noch einmal die Arbitragegelegenheit gemäß (1.17) oder (1.18) in Erinnerung rufen. Arbitragemöglichkeiten dieses Typs verschwinden, wenn für alle Portfolios $(n_1, \ldots, n_J)$ gilt:

$$\text{wenn} \quad \sum_{j=1}^{J} n_j X_j > 0\,, \qquad \text{dann} \quad \sum_{j=1}^{J} n_j p(X_j) > 0 \tag{1.20}$$

$$\text{wenn} \quad \sum_{j=1}^{J} n_j X_j = 0\,, \qquad \text{dann} \quad \sum_{j=1}^{J} n_j p(X_j) = 0\,. \tag{1.21}$$

In Worten bedeutet das: *Ein Portfolio, das im Zeitpunkt* $t = 1$ *positive Rückflüsse verspricht, muß einen positiven Wert haben; belaufen sich seine Rückflüsse auf null, so ist es wertlos.* Andernfalls können Arbitragegewinne in beliebiger Höhe erzielt werden.

[14] In der Realität gibt es natürlich immer wieder Arbitragegelegenheiten. Diese verschwinden aber in der Regel in kürzester Zeit. Insofern kann man Arbitragegelegenheiten als vorübergehende Marktungleichgewichte auffassen.

Betrachtet man noch den Grenzfall, daß ein Portfolio nur aus einem einzigen Stück eines einzigen Finanztitels besteht, so muß auch

$$\begin{aligned} &\text{wenn} \quad X_j > 0\,, \qquad &&\text{dann} \quad p(X_j) > 0 \\ &\text{wenn} \quad X_j = 0\,, \qquad &&\text{dann} \quad p(X_j) = 0 \end{aligned} \tag{1.22}$$

gelten.

Das zweite Theorem, welches wir ableiten können, heißt *Wertadditivitätstheorem*. Es besitzt in der Investitions- und Finanzierungstheorie eine Bedeutung, die man gar nicht überschätzen kann, und wird uns noch sehr häufig begegnen. Wir können es uns sofort klarmachen, indem wir uns Arbitragegelegenheiten vom Typ (1.19) in Erinnerung rufen. Dies waren Situationen, in denen der Preis eines Finanztitel–Pakets von der Summe der Einzelpreise abwich. Auf arbitragefreien Märkten muß somit für alle Portfolios

$$p\left(\sum_{j=1}^{J} n_j X_j\right) = \sum_{j=1}^{J} n_j p(X_j)$$

gelten. Oder: *Der Marktpreis eines Finanztitel–Pakets muß ebenso groß sein wie die Summe der Einzelpreise aller in dem Portfolio enthaltenen Titel.* Sonst kann man auf reibungslos funktionierenden Märkten Arbitragegewinne in beliebiger Höhe erzielen.

1.5.4 Arbitragefreie Bewertung unter Sicherheit

Wir wenden uns jetzt der Frage zu, wie die Preise mehrerer am Markt gehandelter Finanztitel voneinander abhängen. Dabei gehen wir in der Weise vor, daß wir einen Finanztitel, sagen wir den ersten, willkürlich herausgreifen und hinsichtlich dieses Titels zwei Vereinbarungen treffen: Erstens soll sich die Einnahme im Zeitpunkt $t = 1$ auf genau eine Geldeinheit belaufen. Zweitens wollen wir unter dem Marktzinssatz jene Größe verstehen, mit der man die künftige Einnahme X_1 dieses Titels diskontieren muß, damit man gerade seinen Preis $p(X_1)$ erhält. In formaler Schreibweise lauten diese Konventionen

$$X_1 \equiv 1 \qquad \text{und} \qquad p(X_1) = \pi_1 \equiv \frac{1}{1+r}.$$

Mit der Notation π_1 wollen wir den Preis zum Ausdruck bringen, den man heute für eine Deutsche Mark zahlen muß, die im Zeitpunkt $t = 1$ fällig ist.

Nun behaupten wir, daß folgendes Bewertungsprinzip richtig ist: *Der Preis eines beliebigen Finanztitels in einem Einperiodenmodell unter Sicherheit ergibt sich stets dadurch, daß man den Rückfluß dieses Finanztitels mit dem Marktzinssatz diskontiert.* Sollte der Preis eines Finanztitels davon abweichen, so könnte man Arbitragegewinne in beliebiger Höhe erzielen. Unsere Bewertungsformel lautet also für alle $j = 2, \ldots, J$

$$\boxed{p(X_j) = \frac{X_j}{1+r}} \,. \tag{1.23}$$

Wir könnten diesen Grundsatz arbitragefreier Bewertung auch in die Form

$$r = \frac{X_j}{p(X_j)} - 1 \quad \forall j = 2, \ldots, J \tag{1.24}$$

bringen und sagen: *Auf einem Kapitalmarkt unter Sicherheit mit zwei Zeitpunkten verzinsen sich alle Finanztitel zu ein und demselben Zinssatz.* Wäre es anders, so könnte man beliebig reich werden. Man müßte nur den Titel mit dem niedrigen Zins verkaufen und den Titel mit dem höheren Zins kaufen. Beide Theoreme sind sozusagen zwei Seiten derselben Medaille, denn (1.24) ergibt sich aus (1.23) durch eine einfache Umformung.

Nun aber müssen wir beweisen, daß (1.23) tatsächlich das Prinzip arbitragefreier Bewertung von Finanztiteln unter Sicherheit verkörpert. Zu diesem Zweck bilden wir ein Portfolio, indem wir ein Exemplar des j-ten Finanztitels kaufen und gleichzeitig X_j Einheiten des ersten Titels verkaufen ($n_j = 1, n_1 = -X_j$). Dieses Portfolio wirft keinerlei Rückflüsse ab, denn

$$n_j \cdot X_j + n_1 \cdot X_1 = 1 \cdot X_j - X_j \cdot 1 = 0.$$

Der Paketpreis des Portfolios beläuft sich auf $p\,(n_j X_j + n_1 X_1)$, was wegen des *Wertadditivitätstheorems* ebenso groß sein muß wie $n_j p(X_j) + n_1 p(X_1)$. Dieser Preis muß wegen des *Dominanztheorems* ebenfalls null sein. Daher erhalten wir

$$n_j \cdot p(X_j) + n_1 \cdot p(X_1) = 1 \cdot p(X_j) - X_j \cdot \pi_1 = p(X_j) - X_j \cdot \frac{1}{1+r} = 0.$$

Umformen führt von hier aus sofort zu Gleichung (1.23).

1.5.5 Vollständigkeit des Kapitalmarkts

Wenn alle Finanztitel sich zum gleichen Zinssatz verzinsen, dann kann man mit Recht sagen, daß alle bis auf einen überflüssig sind, denn sie stellen nichts anderes als Vielfache dieses einen Finanztitels dar.

Wir haben unser Kapitalmarktmodell auf vier recht einfachen Annahmen aufgebaut, die wir hier noch einmal in Erinnerung rufen wollen: Alle Marktteilnehmer haben homogene Erwartungen. Der Handel mit Finanztiteln erfolgt reibungslos. Die Struktur des Marktes ist atomistisch; und es gibt keine Arbitragegelegenheiten. Aus diesen vier Annahmen folgt, daß *ein einziger Finanztitel* den Markt *vollständig* macht. Jeder weitere Titel ist redundant, weil man ihn aus dem einen Titel jederzeit konstruieren kann. Da der einzige Finanztitel des Marktes zum selben Preis ge– und verkauft wird, kann man zu ein und demselben Zinssatz auch Geld anlegen und Kredit aufnehmen. Eben dies hatten wir im Rahmen von Fishers Separationstheorem unterstellt.

Daß an einem arbitragefreien Markt kein Platz für zwei verschiedene Zinssätze gleichzeitig ist, kann man sich auch mit Hilfe folgender Überlegung leicht klarmachen: Nehmen wir an, daß an einem Markt bisher ein Zinssatz von $r = 10$ % herrscht. Man kann Geld zu 10 % Zins anlegen und Kredite zu 10 % Zins aufnehmen. Nun kommt die Geschäftsleitung einer Bank plötzlich auf die Idee, den Zinssatz für ihre Kunden auf 9 % zu senken, weil sie sich erhofft, daß dann mehr Kunden bei ihr Kredit aufnehmen. Was wird passieren? Alle einigermaßen cleveren Marktbeobachter werden tatsächlich in die Bank kommen und Kreditverträge mit diesem niedrigen Zinssatz abschließen. Jeder, der sich 100 DM borgt, übernimmt damit die Verpflichtung, in einem Jahr 109 DM zurückzuzahlen. Aber gleichzeitig bleibt es möglich, Geld zu 10 % anzulegen. Also wird man den ausgezahlten Kreditbetrag bei seiner alten Bank zu diesem Satz wieder anlegen, so daß man in einem Jahr 110 DM abheben kann. Zahlt man davon die Kreditverpflichtung zurück, so bleibt 1 DM übrig. Wer Appetit auf mehr hat, braucht nur mehr Kredit aufzunehmen. Alle Marktteilnehmer werden solche kostenlosen Geschenke hemmungslos einsammeln und damit immer reicher werden. Der einzige, der bei diesem Geschäft ständig zusetzt, ist die Bank, welche den Zinssatz auf 9 % gesenkt hat.

2 Mehrmalige sichere Zahlungen

2.1 Barwerte bei mehreren Perioden

Bisher setzten wir stets voraus, daß es nur die beiden Zeitpunkte $t = 0$ und $t = 1$ gibt. Alles, was zeitlich nach $t = 1$ liegt, blieb außerhalb unseres Interesses. Zwar hat diese einschränkende Annahme unsere theoretischen Überlegungen ungemein erleichtert; jedoch müssen wir zugeben, daß sie äußerst unrealistisch ist. Aber man pflegt mit einfachen Problemstellungen zu beginnen, weil sie übersichtlich sind und die Konzentration auf das Wesentliche erleichtern, und geht erst dann zu schwierigeren Fragen über, wenn die ersten Gehversuche geglückt sind.

Jetzt wollen wir die restriktive Annahme lockern und Investitionen betrachten, die sich über mehrere Jahre erstrecken. Das zwingt uns selbstverständlich wieder zu einer dieser Fragestellung angepaßten Notation. Bislang haben wir eine Investition als eine Maßnahme definiert, mit der man (sichere) Ansprüche auf einen Zahlungsmittelrückfluß erwirbt, der in einem Jahr fällig ist. Diesen Rückfluß hatten wir mit X_1 bezeichnet. Wenn wir jetzt dazu übergehen, Investitionen mit längerer Laufzeit zu bewerten, so müssen wir sie als Maßnahmen interpretieren, mit denen man Ansprüche auf Rückflüsse erwirbt, die in einem, zwei, drei ... Jahren fällig sind. Um diese Rückflüsse zu notieren, verwenden wir die Schreibweise $X_1, \ldots, X_T$, wobei T das Ende der Laufzeit repräsentiert.

Veranschaulichen wir das durch ein einfaches Beispiel: Sie erinnern sich vermutlich an Ihren Bekannten, der Ihnen den Tip gegeben hatte, ein Baugrundstück im künftigen Gewerbegebiet von Neustadt zu kaufen, weil dort die Bodenpreise steigen würden. Dieser Bekannte ist Architekt. Er zeigt Ihnen Baupläne für ein Bürogebäude, das er projektiert hat. Die Bausumme beläuft sich einschließlich aller Nebenkosten auf 2 Millionen DM. Das Gebäude läßt sich auf lange Sicht voraussichtlich gut vermieten. Dabei würden sich die Mieteinnahmen nach Abzug aller laufenden Aufwendungen im ersten Jahr auf 75 000 DM und im darauf folgenden Jahr auf 150 000 DM belaufen. Sie könnten weiter davon ausgehen, daß man das vermietete Objekt am Ende des zweiten Jahres für 2.2 Millionen DM verkaufen kann. Die künftigen Rückflüsse der gesamten Maßnahme betragen daher $X_1 = 75\ 000$ DM und $X_2 = 2\ 350\ 000$ DM, und es geht um die Frage, ob man für die Summe dieser Ansprüche im Zeitpunkt $t = 0$ einen Preis in Höhe von $I_0 = 2\ 000\ 000$ DM bezahlen sollte. Wie hoch also ist der faire Preis oder der Barwert des Anspruchsbündels (X_1 und X_2)?

2.1.1 Barwerte bei zwei Perioden

Um den Barwert eines Zahlungsanspruchs zu berechnen, der in einem Jahr fällig ist, hatten wir die Bewertungsformel

$$\mathrm{PV} = \frac{X_1}{1+r} \tag{2.1}$$

benutzt. Versuchen wir, uns daran zu erinnern, wie wir auf diese Gleichung bei unseren ursprünglichen und von wenig Modelltheorie geleiteten Überlegungen gekommen waren. Wir hatten unterstellt, daß man bei einer Bank Geld zum Zinssatz r anlegen kann. Sodann hatten wir die Methode des *pricing by duplication* angewendet und uns folgendes klargemacht: Es gibt zwei Wege, die man beschreiten kann, um Ansprüche auf Einnahmen in Höhe von X_1 zu erwerben. Entweder führt man die Investition durch, oder man läßt eine ausreichende Menge Geld bei der Bank zum Zinssatz r arbeiten. Entscheiden wird man sich danach für den Weg, mit dem man das Ziel billiger erreicht.

Aus einem Anfangskapital von $K_0 = 100$ DM wird bei einem Zinssatz von $r = 8$ % nach einem Jahr ein Endkapital von 108 DM, d.h.

$$K_0(1+r) = K_1$$

oder $100 \cdot 1.08 = 108$. Wer heute K_0 bei einer Bank einzahlt, die eine Verzinsung in Höhe von r verspricht, hat nach einem Jahr Anspruch auf K_1. Auflösen vorstehender Gleichung nach K_0 führt auf

$$K_0 = \frac{K_1}{1+r}$$

oder $100 = \frac{108}{1.08}$. Und nun braucht man das bei der Bank entstehende Endkapital K_1 nur noch mit dem Rückfluß aus der Investition X_1 zu identifizieren, um zur Barwertformel (2.1) zu kommen. In Kurzform lautet die ökonomische Begründung für diesen Ansatz: Man sollte für einen Anspruch auf Rückflüsse in Höhe von X_1 nicht mehr bezahlen, als man woanders für den gleichen Anspruch auch bezahlen müßte.

Erneut wollen wir davon ausgehen, daß man bei einer Bank Geld zum Zinssatz r anlegen kann, und zwar sowohl im ersten als auch im zweiten Jahr. Wieder wollen wir den Versuch unternehmen, die Methode des *pricing by duplication* anzuwenden. Wir müssen also die Frage beantworten, welchen Betrag man heute bei einer Bank einzahlen muß, um nach einem Jahr den Betrag $K_1 = X_1$

und nach einem weiteren Jahr den Betrag $K_2 = X_2$ abheben zu können. Um die Gedankenführung durchsichtiger zu machen, wollen wir unterstellen, daß wir bei der Bank zwei Konten unterhalten, das "Ein-Jahres-Konto" (Konto Nr. 1) und das "Zwei-Jahres-Konto" (Konto Nr. 2). Das erste Konto soll nach einem Jahr auf den Betrag gewachsen sein, den wir im Zeitpunkt $t = 1$ haben wollen; das zweite Konto nach zwei Jahren auf den Anspruch, den wir im Zeitpunkt $t = 2$ benötigen. Diese doppelte Kontenführung hat für uns den Vorteil, daß wir unsere Frage sozusagen in zwei unabhängige Teile zerlegen können. Bezeichnen wir mit $K_{0,1}$ den Geldbetrag, den wir auf dem "Ein-Jahres-Konto" anlegen, und mit $K_{0,2}$ den entsprechenden Betrag auf dem "Zwei-Jahres-Konto", so entwickeln sich die beiden Konten unter Berücksichtigung der Zinszuschläge nach einem Jahr wie folgt:

$$\begin{aligned} K_{1,1} &= K_{0,1}(1+r) \\ K_{1,2} &= K_{0,2}(1+r). \end{aligned}$$

Das "Zwei-Jahres-Konto" wird jedoch von der Bank ein weiteres Jahr verzinst, so daß wir im Zeitpunkt $t = 2$ über

$$K_{2,2} = K_{1,2}(1+r) = K_{0,2}(1+r)^2$$

verfügen können. Wir müssen daher bei der Bank insgesamt den Betrag

$$K_0 = K_{0,1} + K_{0,2} = \frac{K_{1,1}}{(1+r)^1} + \frac{K_{2,2}}{(1+r)^2}$$

einzahlen. An unserem Beispiel mit dem Bürogebäude wollen wir überprüfen, ob die Rechnung stimmt. Der Investitionsrückfluß im ersten Jahr betrug $X_1 =$ 75 000 DM, der Rückfluß im zweiten Jahr $X_2 =$ 2 350 000 DM. Also müßten wir bei der Bank

$$K_0 = \frac{75000}{1.08} + \frac{2350000}{1.08^2} = 2084190.67 \text{ DM}$$

einzahlen, wenn wir wiederum mit 8 % rechnen. Auf die Richtigkeit unserer Überlegungen vertrauend verzichten wir auf die Einrichtung von zwei getrennten Konten und zahlen diesen Betrag auf ein Einheitskonto ein. Dann wird dieses Konto bei einem Zinssatz von 8 % die in Tabelle (2.1) angegebene Entwicklung zeigen.

Unsere Kalkulation geht offensichtlich auf. Daher können wir den Barwert von künftigen Investitionsrückflüssen im Zwei-Perioden-Fall stets aus

$$\text{PV} = \frac{X_1}{(1+r)^1} + \frac{X_2}{(1+r)^2}$$

Tabelle 2.1: Entwicklung eines Bankkontos über zwei Jahre bei 8 % Zins

Jahr	Kapital am Jahresanfang	Zinsen 8 %	Abhebung	Kapital am Jahresende
1. Jahr	2084190.67	166735.25	75000.00	2175925.92
2. Jahr	2175925.92	174074.08	2350000.00	0.00

berechnen. Und der Nettobarwert ergibt sich aus

$$\mathrm{NPV} = -I_0 + \mathrm{PV} = -I_0 + \frac{X_1}{(1+r)^1} + \frac{X_2}{(1+r)^2}.$$

Wenden wir diese Bewertungsgleichung auf unser Bürogebäude an, so erhalten wir

$$\mathrm{NPV} = -2000000 + \frac{75000}{1.08} + \frac{2350000}{1.08^2} = 84190.67 \text{ DM}$$

und sehen sofort, daß sich die Durchführung dieses Projektes lohnt. Man kommt an die Ansprüche auf die Rückflüsse um 84190.67 DM billiger heran, als würde man sie am Kapitalmarkt kaufen.

2.1.2 Verallgemeinerung auf mehr als zwei Perioden

Um eine Barwertformel für den Fall zu entwickeln, daß eine Investition in den Zeitpunkten $t = 1, \ldots, T$ Rückflüsse verspricht, gehen wir in der gleichen Weise vor, wie bereits gewohnt. Wir verwenden das Verfahren des *pricing by duplication*, fragen also nach dem Betrag, den man bei einer Bank einzahlen müßte, so daß man während der Laufzeit Abhebungen vornehmen kann, die den Investitionsrückflüssen genau entsprechen. Bei paralleler Gedankenführung zum Fall mit zwei Perioden müßten wir ein "Ein–Jahres–Konto", ein "Zwei–Jahres–Konto" und so weiter sowie abschließend ein "T–Jahres–Konto" einrichten. Dort wären die Beträge $K_{0,1}, K_{0,2}, \ldots, K_{0,T}$ einzuzahlen. Diese würden sich auf

$$\begin{aligned} K_{0,1} &= \frac{K_{1,1}}{(1+r)^1} \\ K_{0,2} &= \frac{K_{2,2}}{(1+r)^2} \\ &\vdots \\ K_{0,T} &= \frac{K_{T,T}}{(1+r)^T} \end{aligned}$$

belaufen. Entsprechend ergibt sich der Barwert der Investitionsrückflüsse aus

$$\mathrm{PV} = \frac{X_1}{(1+r)^1} + \frac{X_2}{(1+r)^2} + \ldots + \frac{X_T}{(1+r)^T},$$

wofür man unter Verwendung des Summenzeichens kürzer

$$\boxed{\mathrm{PV} = \sum_{t=1}^{T} \frac{X_t}{(1+r)^t}} \tag{2.2}$$

schreibt.

Um die Arbeitsweise mit dieser Formel zu veranschaulichen, betrachten wir eine Investition mit einer Laufzeit von fünf Jahren, die die folgenden Rückflüsse verspricht: $X_1 = 300, X_2 = 400, X_3 = 500, X_4 = 100$ und $X_5 = 700$. Der Marktzinssatz beträgt r = 7 %, und die Investitionsausgaben belaufen sich auf $I_0 = 1700$. Der Barwert der Rückflüsse ergibt sich zu

$$\begin{aligned} \mathrm{PV} &= \frac{300}{1.07^1} + \frac{400}{1.07^2} + \frac{500}{1.07^3} + \frac{100}{1.07^4} + \frac{700}{1.07^5} \\ &= \frac{300}{1.070} + \frac{400}{1.145} + \frac{500}{1.225} + \frac{100}{1.311} + \frac{700}{1.403} \\ &= 1613.28 \text{ DM}. \end{aligned}$$

Das ist weniger als der Betrag, den man bei Durchführung der Investition zu zahlen hätte. Also ist die Investition abzulehnen. Tabelle (2.2) zeigt, wie sich ein Bankkonto bei einer Verzinsung von 7 % entwickeln würde, wenn man im Zeitpunkt $t = 0$ den Betrag von 1613.28 DM einzahlen und in den Jahren $t = 1, \ldots, 5$ die bei der Investition erzielbaren Rückflüsse abheben würde. Das zeigt deutlich, daß man mit dieser Geldanlage am Kapitalmarkt tatsächlich billiger davon käme. Da der Nettobarwert mit $\mathrm{NPV} = -1700 + 1613.28 = -86.72$ DM negativ ist, zeigt auch er korrekt an, daß man von dieser Investition die Finger lassen sollte.

2.1.3 Gleichbleibende Rückflüsse

Häufig hat man es in der Praxis mit Investitionen zu tun, bei denen die Rückflüsse eine regelmäßige Struktur besitzen. Die einfachste Form einer solchen Regelmäßigkeit liegt vor, wenn die Rückflüsse im Zeitablauf konstant sind, also

$$X_1 = X_2 = \ldots = X_T = X.$$

Tabelle 2.2: Entwicklung eines Bankkontos über fünf Jahre bei 7 % Zins

Jahr	Kapital am Jahresanfang	Zinsen 7 %	Abhebung	Kapital am Jahresende
1. Jahr	1613.28	112.93	300.00	1426.21
2. Jahr	1426.21	99.83	400.00	1126.04
3. Jahr	1126.04	78.82	500.00	704.87
4. Jahr	704.87	49.34	100.00	654.21
5. Jahr	654.21	45.79	700.00	0.00

Der technische Aufwand zur Berechnung des Barwerts kann unter diesen Bedingungen beträchtlich vereinfacht werden, weil man anstelle der Bewertungsgleichung (2.2)

$$\mathrm{PV} = X \cdot \frac{(1+r)^T - 1}{r \cdot (1+r)^T} \tag{2.3}$$

benutzen kann. Wer nachvollziehen will, wie man auf diese Darstellung kommt, mag sich in die Fußnote vertiefen.[1] Wer sich dagegen klarmachen möchte, worin die praktischen Vorteile von Gleichung (2.3) liegen, der konzentriere sich auf das nachfolgende Beispiel: Zu beurteilen ist eine Investition, die während einer Laufzeit von 20 Jahren gleichbleibende Rückflüsse von $X = 250$ DM verspricht. Als Marktzinssatz benutzen wir $r = 10$ %. Würde man den Barwert der Rückflüsse nun mit Hilfe von Gleichung (2.2) ermitteln, so hätte man

$$\mathrm{PV} = \frac{250}{(1+r)^1} + \frac{250}{(1+r)^2} + \cdots + \frac{250}{(1+r)^{20}} = 2128.39 \text{ DM}$$

[1] Bei der Summe

$$S = \frac{1}{(1+r)^1} + \frac{1}{(1+r)^2} + \ldots + \frac{1}{(1+r)^T}$$

handelt es sich um eine endliche geometrische Reihe. Multipliziert man vorstehende Gleichung mit $(1+r)$, so erhält man

$$(1+r)S = 1 + \frac{1}{(1+r)^1} + \ldots + \frac{1}{(1+r)^{T-1}}.$$

Zieht man von dieser Gleichung die vorhergehende ab, so entsteht

$$rS = 1 - \frac{1}{(1+r)^T}.$$

Dividiert man abschließend durch r, so erhält man nach geringfügiger Umformung

$$S = \frac{(1+r)^T - 1}{r \cdot (1+r)^T}.$$

zu kalkulieren. Man müßte also zunächst 20 Divisionen vornehmen und anschließend alle 20 Divisionsresultate addieren. Verwendet man dagegen Gleichung (2.3), so rechnet man

$$\mathrm{PV} = 250 \cdot \frac{1.1^{20} - 1}{0.1 \cdot 1.1^{20}} = 250 \cdot 8.51356 = 2128.39 \text{ DM}$$

und ist viel rascher fertig.

Für theoretische Zwecke ist es mitunter notwendig, den Barwert einer Reihe von gleichbleibenden Rückflüssen zu berechnen, die niemals endet. Die Barwertermittlung ist mit Hilfe von Gleichung (2.2) nicht durchführbar, weil die Addition niemals abgebrochen werden dürfte. Aber wenn wir eine Grenzwertbetrachtung für die dazu ganz äquivalente Bewertungsgleichung (2.3) vornehmen,[2] kommen wir zu

$$\mathrm{PV} = \frac{X}{r},$$

einer Formel, die an Einfachheit kaum zu überbieten ist. Will man also feststellen, welchen Preis jemand zu zahlen hätte, wenn man ihm verspricht, bei einem Marktzinssatz von 10 % auf ewig eine Rente in Höhe von 250 DM zu zahlen, so würden wir zu dem Ergebnis

$$\mathrm{PV} = \frac{250}{0.1} = 2500 \text{ DM}$$

gelangen. Der Preis beträgt 2500 DM. Und man braucht nicht gerade ein Rechengenie zu sein, um sich davon zu überzeugen, daß aus einem solchen Kapital bei 10 % Zinsen tatsächlich auf ewig eine jährliche Rente von 250 DM gezahlt werden kann.

2.2 Verschiedene Zinssätze

Bei der Erweiterung des Barwertkonzepts auf mehrere Perioden haben wir uns die Argumentation mit Hilfe eines Tricks sehr erleichtert, ohne Sie ausdrücklich darauf aufmerksam zu machen. Unser Kunstgriff bestand darin, daß wir

[2] Man hat den Grenzwert

$$\lim_{T\to\infty} \frac{(1+r)^T - 1}{r \cdot (1+r)^T} = \lim_{T\to\infty} \left(\frac{1}{r} - \frac{1}{r \cdot (1+r)^T}\right)$$

zu betrachten. Berücksichtigt man, daß der Zinssatz r stets positiv ist, so folgt sofort, daß $(1+r)^T$ über alle Grenzen wächst, wenn T gegen unendlich geht. Dann aber strebt der zweite Term in der Klammer gegen null und kann vernachlässigt werden. Infolgedessen ist $\frac{1}{r}$ der gesuchte Grenzwert.

mit einem einzigen Marktzinssatz gearbeitet haben, obwohl es an einem Kapitalmarkt, auf dem Finanztitel mit unterschiedlichen Laufzeiten gehandelt werden, mehr als einen Marktzinssatz geben kann und in aller Regel auch gibt. Tatsächlich ist die Barwertberechnung bei mehreren Perioden vor diesem Hintergrund dann doch etwas komplizierter als bisher beschrieben. Wir müssen das Thema daher noch einmal mit etwas größerer Sorgfalt aufrollen, und hierfür werden wir in diesem Abschnitt wichtige Vorbereitungen treffen.

Dabei ist es erforderlich, drei verschiedene Arten von Zinssätzen begrifflich auseinanderzuhalten, die wir als Kassazinssatz, Terminzinssatz und Effektivzinssatz bezeichnen werden.

2.2.1 Kassazinssatz und Terminzinssatz

Stellen Sie sich vor, Sie hätten die Absicht, einen gewöhnlichen Kaufvertrag abzuschließen. Sie wollen 100 Doppelzentner Speisekartoffeln kaufen, die man Ihnen zum Preis von 10 DM je Doppelzentner anbietet. Sie einigen sich mit dem Lieferanten, daß dieser die Kartoffeln sofort liefert und Sie dann auch sofort (Zug um Zug) bezahlen. In diesem Fall spricht man von einem *Kassageschäft*.

Stellen Sie sich nun vor, Sie wären ein Landwirt, der Speisekartoffeln anbaut. Sie befürchten, daß die Kartoffelpreise sinken könnten und suchen nach einem Weg, sich gegen dieses Risiko abzusichern. Nun stoßen Sie auf einen Großhändler, der seinerseits auf steigende Preise setzt, und können sich mit diesem darauf einigen, in drei Monaten 100 Doppelzentner Kartoffeln zu einem Preis von 10 DM je Doppelzentner zu liefern. Dann haben sowohl Sie als auch der Großhändler ein Vierteljahr vor Vertragsabwicklung sichere Kalkulationsgrundlagen. In dem hier beschriebenen Fall spricht man von einem *Termingeschäft*, das Zug um Zug abgewickelt wird.

Um das, worauf wir hinaus wollen, deutlich herausarbeiten zu können, betrachten wir zwei weitere Beispiele. Jemand will einen Kredit über 100 000 DM aufnehmen, diesen zu 10 % verzinsen und innerhalb von 10 Jahren zurückzahlen. Der Kredit soll unmittelbar nach Vertragsabschluß ausgezahlt werden. Wenn dies tatsächlich so gehandhabt wird, so würden wir von einem *Kassa(kredit)geschäft* sprechen.

Anders dagegen, wenn Kreditgeber und Kreditnehmer sich heute einigen, daß in einem Jahr ein Kredit über 100 000 DM gewährt wird, der bei einem Zinssatz von 10 % eine Laufzeit von 10 Jahren haben soll. Das würden wir ein *Termin(kredit)geschäft* nennen.

Um Kassa- und Termingeschäfte klar voneinander abgrenzen zu können, unterscheiden wir drei verschiedene Zeitpunkte:

t_0 Zeitpunkt, in dem der Vertrag geschlossen wird,
t_1 Zeitpunkt, in dem der eine Vertragspartner seine Leistung erbringt (Lieferung von Waren bzw. Auszahlung des Kreditbetrages),
t_2 Zeitpunkt, in dem der andere Vertragspartner seine Leistung erbringt (Bezahlung von Waren bzw. Rückzahlung des Kredits).

Von einem *Kassageschäft* sprechen wir immer dann, wenn die beiden Zeitpunkte t_0 und t_1 zusammenfallen, von einem *Termingeschäft* dann, wenn t_1 zeitlich auf t_0 folgt. Ob t_1 und t_2 zusammenfallen oder nicht, ist für die Unterscheidung von Kassa- und Termingeschäft dagegen bedeutungslos.

Charakteristisches Merkmal eines *Kreditgeschäftes* gegenüber den zuvor beschriebenen *Zug-um-Zug-Geschäften* ist nun, daß die Zeitpunkte t_1 und t_2 auseinanderfallen und t_2 mit deutlichem Abstand auf t_1 folgt. Natürlich gilt für alle Kapitalanlagegeschäfte das gleiche wie für Kreditgeschäfte. Einen Kredit zu vergeben ist ja eine Form der Kapitalanlage. Der Kapitalanleger (Kreditgeber) erhält im Zeitpunkt t_1 Ansprüche auf Einnahmen im Zeitpunkt t_2. Den Abstand zwischen den beiden Zeitpunkten nennen wir die Laufzeit des Engagements. Tabelle 2.3 faßt die Unterscheidungen zwischen den verschiedenen Arten von Geschäften zusammen.

Tabelle 2.3: Abgrenzung von Kassa- und Termingeschäften sowie Zug-um-Zug- und Kreditgeschäften

	Zug-um-Zug-Geschäft	Kredit-Geschäft
Kassageschäft	$t_0 = t_1 = t_2$	$t_0 = t_1 < t_2$
Termingeschäft	$t_0 < t_1 = t_2$	$t_0 < t_1 < t_2$

Um unsere Vorbereitungen abzuschließen, müssen wir nun die Begriffe Kredit und Kapitalanlage noch mit dem Begriff des *Finanztitels* in Zusammenhang bringen. Dabei stellen wir uns einen Finanztitel als Anspruch auf Einnahmen im Zeitpunkt t_2 vor, für dessen Erwerb man im Zeitpunkt t_1 einen Preis zu zahlen hat. Wer Kapital anlegen will, muß solche Finanztitel kaufen; wer dagegen Kredit aufnehmen will, muß Finanztitel verkaufen. Dieser Verkauf findet im Zeitpunkt t_0 statt, und durch diesen Akt wird der Finanztitel selbst erst geschaffen, was bedeutet, daß die Urkunde geschrieben, die Aktie gedruckt oder die Anleihe aus dem Tresor geholt wird. Durch den Verkauf eines Finanztitels erzielt man im Zeitpunkt t_1 Einnahmen und verpflichtet sich gegenüber dem Erwerber des Titels zu Ausgaben im Zeitpunkt t_2. Jeder Finanztitel ist durch

$p(X_t)$	Preis im Zeitpunkt t_1,
X_t	Zahlungsanspruch im Zeitpunkt t_2 und
$t_2 - t_1$	Laufzeit

eindeutig beschrieben. Preise und Zahlungsansprüche werden in Geldeinheiten, Laufzeiten in Jahren gemessen.

Unter dem *Zinssatz* eines solchen, durch zwei Zahlungen eindeutig charakterisierten Finanztitels versteht man nun jenen Satz $r_{t_1 t_2}$, für den die Gleichung

$$p(X_t) = \frac{X_t}{(1 + r_{t_1 t_2})^{t_2 - t_1}} \tag{2.4}$$

gilt. Es handelt sich also um jene *jahresbezogene* Größe, mit der man den im Zeitpunkt t_2 fälligen Zahlungsanspruch zu diskontieren hat, so daß man den im Zeitpunkt t_1 fälligen Preis erhält.

Wird der Finanztitel im Kassageschäft gehandelt, so fallen t_0 und t_1 zusammen. Wir erhalten daher durch Substitution von t_1 durch t_0 für den *Kassazinssatz* (englisch: spot rate) $r_{t_0 t_2}$

$$p(X_t) = \frac{X_t}{(1 + r_{t_0 t_2})^{t_2 - t_0}}.$$

Setzt man aus Gründen der Bequemlichkeit t_0 gleich null und löst anschließend nach dem Kassazinssatz auf, so erhält man

$$r_{t_0 t_2} = \sqrt[t_2]{\frac{X_t}{p(X_t)}} - 1.$$

Betrachten wir zur Veranschaulichung ein Kreditinstitut, das sich mit folgenden Sparbriefen finanzieren will: Der Anleger zahlt heute 696.56 DM und erhält dafür in fünf Jahren 1 000 DM (und nichts zwischendurch). Finanztitel mit einer derartigen Zahlungsstruktur (genau eine Auszahlung und genau eine Einzahlung) bezeichnet man als abgezinste Sparbriefe oder als Zero Bonds (Nullkuponanleihen). In unserem Beispiel beläuft sich die spot rate für ein fünfjähriges Engagement auf

$$r_{0,5} = \sqrt[5]{\frac{1000}{696.56}} - 1 = 7.5\ \%.$$

Wenn ein Finanztitel im Termingeschäft gehandelt wird, so bedeutet das: Käufer und Verkäufer verständigen sich im Zeitpunkt t_0 darauf, daß der Erwerber im Zeitpunkt t_1 den Preis $p(X_t)$ an den Veräußerer zahlen wird, während im Zeitpunkt t_2 der Betrag X_t in die umgekehrte Richtung fließen wird. Auflösen von Gleichung (2.4) nach dem *Terminzinssatz* (englisch: forward rate) $r_{t_1 t_2}$ führt auf

$$r_{t_1 t_2} = \sqrt[t_2 - t_1]{\frac{X_t}{p(X_t)}} - 1.$$

Verabredet beispielsweise eine Bank mit ihrem Kunden, daß dieser in drei Jahren einen Kredit über 12 000 DM erhalten soll, der nach einer Laufzeit von 2 Jahren durch Zahlung von 13 800 DM getilgt werden soll, so entspricht das einem Terminzinssatz von

$$r_{3,5} = \sqrt[5-3]{\frac{13800}{12000}} - 1 = \sqrt[2]{\frac{13800}{12000}} - 1 = 7.24\ \%.$$

2.2.2 Impliziter Terminzinssatz

Werden zwei Finanztitel mit unterschiedlichen Laufzeiten im Kassageschäft gehandelt, so läßt sich eine Situation erzeugen, die ebenso aussieht, als wenn man einen Finanztitel im Termingeschäft handelt. Um eine solche Position einzunehmen, muß man den einen Titel kaufen und den anderen verkaufen.

Gehen wir beispielsweise von folgender Situation aus: Finanztitel Nr. 1 ist ein Zero Bond, der in einem Jahr mit 10 000 DM fällig ist und heute 9 000 DM kostet. Finanztitel Nr. 2 ist ebenfalls ein Zero Bond über 10 000 DM. Dieser ist jedoch erst in 2 Jahren fällig und wird heute zum Preis von 8 000 DM gehandelt. Die beiden Kassazinssätze belaufen sich auf

$$\begin{aligned} r_{0,1} &= \frac{10000}{9000} - 1 = 11.1\ \% \\ r_{0,2} &= \sqrt[2]{\frac{10000}{8000}} - 1 = 11.8\ \%. \end{aligned}$$

Würden wir nun 8 Stück des ersten Titels kaufen und 9 Stück des zweiten Titels verkaufen, so könnten wir mit den in Tabelle 2.4 dargestellten Zahlungen rechnen.

Tabelle 2.4: Kauf und Verkauf zweier Finanztitel mit unterschiedlicher Laufzeit

Aktion	$t = 0$	$t = 1$	$t = 2$
Kauf Titel Nr. 1	-72000	80000	
Verkauf Titel Nr. 2	72000		-90000
Total	0	80000	-90000

Wie man leicht erkennt, entspricht das der Aufnahme eines Terminkredits über 80 000 DM im Zeitpunkt $t = 1$ und einer Rückzahlung des Kredits in Höhe von 90 000 DM im Zeitpunkt $t = 2$. Der *implizite Terminzinssatz* (englisch: implied forward rate) beläuft sich daher auf

$$r_{1,2} = \frac{90000}{80000} - 1 = 12.5\ \%.$$

Mit vorstehendem Beispiel kann man sich auch rasch klarmachen, daß zwischen den beiden Kassazinssätzen und dem impliziten Terminzinssatz die Beziehung

$$(1 + r_{0,1})^1 \cdot (1 + r_{1,2})^1 = (1 + r_{0,2})^2$$

gelten muß. Und eine Überprüfung ergibt tatsächlich

$$1.111 \cdot 1.125 = 1.118^2.$$

Wir hätten den impliziten Terminzinssatz $r_{1,2}$ in unserem Beispiel auch aus

$$(1 + r_{1,2})^1 = \frac{(1 + r_{0,2})^2}{(1 + r_{0,1})^1}$$

oder allgemein

$$(1 + r_{t_1 t_2})^{t_2 - t_1} = \frac{(1 + r_{t_0 t_2})^{t_2}}{(1 + r_{t_0 t_1})^{t_1}}$$

berechnen können.

2.2.3 Effektivzinssatz

Bisher haben wir uns ausschließlich mit Finanztiteln beschäftigt, die eine sehr einfache Struktur haben. Der Erwerber hatte Anspruch auf Zahlungen zu einem einzigen zukünftigen Zeitpunkt. In der Finanzierungspraxis sind solche Titel – man bezeichnet sie gern auch als Diskontpapiere – eher die Ausnahme. Wesentlich häufiger findet man Finanztitel, die ihrem Inhaber Anspruch auf eine Reihe von zeitlich aufeinander folgenden Zahlungen verleihen.

Gehen wir davon aus, daß die erste Zahlung im Zeitpunkt $t_2 = 1$ und die letzte Zahlung im Zeitpunkt $t_2 = T$ erfolgt, so stellt sich ein solcher Titel als Anspruch auf die Zahlungen $(X_1, \ldots, X_T)$ dar. Wer einen solchen Titel im Kassageschäft erwirbt, der zahlt dafür heute den Preis $p(X_1, \ldots, X_T)$.

Man stelle sich etwa vor, daß jemand eine 6.5 %–Kuponanleihe im Nennwert von 1 000 DM mit einer Restlaufzeit von 3 Jahren kauft. Der Inhaber einer solchen Anleihe hat zu den Zeitpunkten $t_2 = 1, 2, 3$ Anspruch auf Zinsen in Höhe von $0.065 \cdot 1000 = 65$ DM und kann im Zeitpunkt $t_2 = 3$ außerdem

Rückzahlung des Nennwerts verlangen. Die Reihe der Zahlungen beträgt daher im konkreten Fall $(X_1, X_2, X_3) = (65, 65, 1065)$; und wir wollen annehmen, daß man am Kapitalmarkt dafür heute einen Preis von $p(X_1, X_2, X_3) = 961.30$ DM je 1 000 DM Nennwert bezahlen muß.

Dann nennt man *Effektivzinssatz* (englisch: yield to maturity) jenen einheitlichen jahresbezogenen Satz, mit dem man jede einzelne zukünftige Zahlung ihrem zeitlichen Abstand von heute entsprechend diskontieren muß, damit man den gegenwärtigen Marktpreis erhält. Wir können also für den Effektivzinssatz r allgemein

$$p(X_1, \ldots, X_T) = \frac{X_1}{(1+r)^1} + \frac{X_2}{(1+r)^2} + \cdots + \frac{X_T}{(1+r)^T}$$

oder kürzer unter Verwendung des Summenzeichens

$$p(X_1, \ldots, X_T) = \sum_{t=1}^{T} \frac{X_t}{(1+r)^t}$$

schreiben, wobei sich für unser Zahlenbeispiel

$$961.30 = \frac{65}{(1+r)^1} + \frac{65}{(1+r)^2} + \frac{1065}{(1+r)^3}$$

ergibt. Bedauerlicherweise kann man Gleichungen des vorstehenden Typs in der Regel nicht nach r auflösen. Daher können wir keine explizite Formel zur Berechnung des Effektivzinssatzes angeben. Vielmehr bleibt keine andere Möglichkeit, als bei Näherungsverfahren Zuflucht zu nehmen.[3] Geeignet erweist sich beispielsweise Newtons Tangentenmethode. Damit würden wir im Beispielsfall auf eine Effektivrendite von $r = 8$ % kommen; und die Richtigkeit dieses Ergebnisses ließe sich mit

$$961.30 = \frac{65}{1.08^1} + \frac{65}{1.08^2} + \frac{1065}{1.08^3}$$

überprüfen.

Mitunter muß man den Effektivzinssatz von Finanztiteln ausrechnen, bei denen die Zahlungen nicht in jährlichen, sondern in halbjährlichen Abständen erfolgen. So hat man in Deutschland Hypothekenpfandbriefe früher gern mit Halbjahreskupons ausgestattet, und in den Vereinigten Staaten werden auch heutzutage häufig Anleihen begeben, bei denen der Schuldner in Abständen von halben Jahren Zinsen zahlt. Unterstellen wir, daß die erste Zahlung nach

[3] Man weiß aber und kann sich leicht klarmachen, daß der Effektivzinssatz eindeutig ist, sofern es keine negativen Rückflüsse gibt, d.h. wenn $X_t \geq 0$ für alle t gilt.

einem halben, die zweite Zahlung nach zwei halben und die letzte Zahlung nach T halben Jahren erfolgt, so berechnet man den Effektivzinssatz aus

$$p(X_1,\ldots,X_T) = \frac{X_1}{(1+r)^{\frac{1}{2}}} + \frac{X_2}{(1+r)^{\frac{2}{2}}} + \cdots + \frac{X_T}{(1+r)^{\frac{T}{2}}}$$

oder

$$p(X_1,\ldots,X_T) = \sum_{t=1}^{T} \frac{X_t}{(1+r)^{\frac{t}{2}}}\,.$$

Angenommen, ein 7.5 %–Pfandbrief im Nennwert von 1 000 DM ist mit Halbjahreskupon ausgestattet, hat eine Restlaufzeit von 2 Jahren und wird zum Kurs von 976.50 DM je 1 000 DM nominal gehandelt. Dann erhält der Pfandbriefgläubiger am Ende eines jeden Halbjahres $0.0375 \cdot 1000 = 37.50$ DM und am Ende der Laufzeit 1 000 DM. Für die Effektivrendite muß dann

$$976.50 = \frac{37.50}{(1+r)^{0.5}} + \frac{37.50}{(1+r)^{1.0}} + \frac{37.50}{(1+r)^{1.5}} + \frac{1037.50}{(1+r)^{2.0}}$$

gelten. Als Lösung erhält man hier $r = 9$ %, da

$$976.50 = \frac{37.50}{1.09^{0.5}} + \frac{37.50}{1.09^{1.0}} + \frac{37.50}{1.09^{1.5}} + \frac{1037.50}{1.09^{2.0}}$$

ist.

2.3 Arbitragefreier Kapitalmarkt

In Abschnitt 1.5 hatten wir nachgewiesen, daß es unter Sicherheit nur einen einzigen Zinssatz geben kann. Diesen Nachweis hatten wir dadurch erbracht, daß wir zeigten, wie man durch Ausnutzen von Arbitragegelegenheiten beliebig reich werden kann, wenn es zwei verschiedene Zinssätze zur gleichen Zeit gibt. Die vom Arbitrageur zu benutzende Technik ist sehr einfach: Man verschuldet sich zum niedrigen Zinssatz und legt das auf diese Weise beschaffte Geld zum höheren Zinssatz wieder an. Allerdings waren wir oben davon ausgegangen, daß die Laufzeit der Finanztitel genau eine Periode (ein Jahr) beträgt. Formuliert man unser damaliges Resultat genau, so muß es heißen: Bei Sicherheit kann es auf einperiodigen Kapitalmärkten nur einen einzigen Zinssatz geben. Einperiodig nennen wir den Kapitalmarkt dann, wenn dort ausschließlich Titel mit einer Laufzeit von genau einem Jahr gehandelt werden.

Um zu sehen, zu welchen Ergebnissen wir kommen, wenn wir einen Kapitalmarkt mit mehreren Perioden betrachten, wollen wir eine Analyse durchführen, die ebenso wie in Abschnitt 1.5 angelegt ist. Als zeitlichen Bezugsrahmen für unser Modell benutzen wir die Zeitpunkte $t = 0$ bis $t = T$. Auf dem Kapitalmarkt werden Finanztitel gehandelt, die ihren Inhabern das Recht geben, zu den Zeitpunkten $t = 1, \ldots, T$ Geldbeträge einzunehmen, die wir X_t nennen wollen. Die Einnahmen aus einem Finanztitel lassen sich also durch den Vektor $(X_1, \ldots, X_T)$ beschreiben. Wir gehen davon aus, daß an dem Kapitalmarkt $j = 1, \ldots, J$ verschiedene Finanztitel gehandelt werden. Wenn wir die Zahlungsansprüche meinen, die der Erwerber des j–ten Finanztitels besitzt, so wollen wir die Schreibweise $(X_{j1}, \ldots, X_{jT})$ benutzen. X_{jt} ist also die Einnahme, die der j–te Titel im t–ten Zeitpunkt verspricht. Wer einen solchen Titel im Zeitpunkt $t = 0$ kauft, zahlt einen Preis, den wir mit $p(X_{j1}, \ldots, X_{jT})$ bezeichnen werden.

Wer n_j Einheiten des Wertpapiers $(X_{j1}, \ldots, X_{jT})$ kauft, hat im Zeitpunkt t Anspruch auf Einnahmen in Höhe des n_j–fachen von X_{jt}, also $n_j X_{jt}$. Die Zahlungsansprüche belaufen sich folglich auf $(n_j X_{j1}, \ldots, n_j X_{jT})$. Erwirbt jemand eine Menge verschiedener Finanztitel, so können wir seine Handlungsweise durch das Portfolio $(n_1, \ldots, n_J)$ eindeutig beschreiben. Und die Einnahmen im Zeitpunkt t belaufen sich auf $n_1 X_{1t} + \ldots + n_J X_{Jt} = \sum_{j=1}^{J} n_j X_{jt}$. Der Kauf einer solchen, aus verschiedenen Wertpapierarten zusammengesetzten Menge von Finanztiteln führt also zu einer Folge von Einnahmen, die wir entweder als $\sum_{j=1}^{J} n_j \cdot (X_{j1}, \ldots, X_{jT})$ oder aber auch als $\left(\sum_{j=1}^{J} n_j X_{j1}, \ldots, \sum_{j=1}^{J} n_j X_{jT}\right)$ schreiben können. Unsere Notation mag den einen oder anderen Leser aufgrund ihrer Kompliziertheit erschrecken. Es verbirgt sich nichts hinter ihr, was besonders schwierig wäre, wie wir an nachfolgendem Beispiel demonstrieren wollen.

Betrachten Sie Tabelle 2.5. Sie sehen dort die Preise und Rückflüsse von drei Anleihen, die sämtlich eine Restlaufzeit von maximal zwei Jahren haben. Als Nr. 1 ist eine 10 %–Anleihe mit zweijähriger Restlaufzeit angegeben, die heute zum Preis von 97 DM je 100 DM nominal gehandelt wird. Nr. 2 ist eine 7 %–Anleihe, die in einem Jahr fällig ist und heute 96.30 DM je 100 DM nominal kostet. Nr. 3 schließlich repräsentiert eine 5 %–Kuponanleihe mit zweijähriger Restlaufzeit, deren Preis je 100 DM nominal heute bei 89.50 DM liegt.

Um unsere Notation zu verstehen, übersetzen wir die Tabelle in die oben eingeführte Schreibweise. Es gibt $J = 3$ Finanztitel. Für diese gilt

$$\begin{aligned} j = 1: &\quad (X_{11}, X_{12}) &=& \quad (10, 110) \\ j = 2: &\quad (X_{21}, X_{22}) &=& \quad (107, 0) \\ j = 3: &\quad (X_{31}, X_{32}) &=& \quad (5, 105)\,. \end{aligned}$$

Kauft man 7 Einheiten des dritten Finanztitels, so ist $n_3 = 7$, und man hat Anspruch auf

$$j = 3: \quad (n_3 X_{31}, n_3 X_{32}) \quad = \quad (7 \cdot 5, 7 \cdot 105) \quad = \quad (35, 735).$$

Tabelle 2.5: Rückflüsse und Preise dreier Finanztitel

Titel Nr.	Einnahme		Preis
	in $t = 1$	in $t = 2$	in $t = 0$
j	X_{j1}	X_{j2}	$p(X_{j1}, X_{j2})$
1	10.00	110.00	97.00
2	107.00		96.30
3	5.00	105.00	89.50

Geldeinheiten in den Zeitpunkten $t = 1$ und $t = 2$. Erwirbt man dagegen 3 Einheiten des ersten Finanztitels, 15 Einheiten des zweiten und 7 Einheiten des dritten, so kauft man das Portfolio $(n_1, n_2, n_3) = (3, 15, 7)$ und hat in den beiden Zeitpunkten folgende Einnahmen:

$$\begin{array}{llcccccccc} t=1: & \sum_{j=1}^{3} n_j X_{j1} & = & 3\cdot 10 & + & 15\cdot 107 & + & 7\cdot 5 & = & 1670 \\ t=2: & \sum_{j=1}^{3} n_j X_{j2} & = & 3\cdot 110 & + & 15\cdot 0 & + & 7\cdot 105 & = & 1065\,. \end{array}$$

Wir sehen also, daß sich die Zahlungsansprüche aus dem Portfolio tatsächlich auf $\left(\sum_{j=1}^{J} n_j X_{j1}, \sum_{j=1}^{J} n_j X_{j2}\right) = (1670, 1065)$ belaufen.

Wenden wir uns nun der Schreibweise für die im Zeitpunkt $t = 0$ zu bezahlenden Preise zu. Wir wollen die Notation davon abhängig machen, ob man die Finanztitel *einzeln* oder als *Paket* kauft. Bei einer Summe von Einzelkäufen beläuft sich der Gesamtpreis auf $\sum_{j=1}^{J} n_j p(X_{j1}, \ldots, X_{jT})$. Davon sind wir in unserem Beispiel ausgegangen, weil wir dort nur die Stückpreise genannt hatten. Das Portfolio (3, 15, 7) kostet $\sum_{j=1}^{3} n_j\, p(X_{j1}, X_{j2}) = 3\cdot 97.00 + 15\cdot 96.30 + 7\cdot 89.50 = 2362.00$ DM. Wird das Portfolio dagegen als Paket gehandelt, so schreiben wir den Preis des Bündels in der Form $p\left(\sum_{j=1}^{J} n_j \cdot (X_{j1}, \ldots, X_{jT})\right)$.

2.3.1 Annahmen

Nachdem wir die Notation in genügender Weise erläutert haben, können wir uns den Annahmen zuwenden, auf denen unser mehrperiodiges Kapitalmarktmodell beruhen soll. Wir verwenden die gleichen Prämissen wie vor dem Hintergrund des einperiodigen Modells und brauchen die Annahmen daher jetzt nicht mehr so ausführlich zu erläutern.[4]

[4]Vgl. oben Seite 40.

1. Homogene Erwartungen Alle Marktteilnehmer haben übereinstimmende Vorstellungen davon, welche Rückflüsse der j–te Finanztitel in den Zeitpunkten $t = 1, \ldots, T$ verspricht.

2. Reibungsloser Markt Die Finanztitel sind beliebig teilbar. Es gibt keine Transaktionskosten. Jedermann kann sich ohne jede Einschränkungen am Handel mit Finanztiteln beteiligen.

3. Kompetitiver Markt Jeder Marktteilnehmer handelt wie ein Mengenanpasser. Das bedeutet, daß jeder die Marktpreise von Finanztiteln als gegeben annimmt.

4. Keine Arbitragegelegenheiten Niemand kann seinen Reichtum durch bloße Umschichtung seines Vermögens vermehren.

2.3.2 Arbitragegelegenheiten

Erinnern wir uns daran, wie wir uns dem Begriff der Arbitragegelegenheit genähert hatten, als wir uns noch auf einperiodige Kapitalmärkte konzentrierten. Damals hatten wir zunächst die Situation auf einem Wochenmarkt betrachtet, an dem man Körbe kaufen konnte, die in unterschiedlicher Weise mit Äpfeln und Birnen gefüllt waren, deren Preise aber nicht "zusammenpaßten". Um Ihnen das Beispiel, von dem wir früher ausgingen, in Erinnerung zu rufen, wiederholen wir es hier noch einmal ganz kurz.

Tabelle 2.6: Warenangebot auf einem Obstmarkt

Händler	Äpfel	Birnen	Preis je Korb
Nr. 1	8	2	8.70 DM
Nr. 2	2	8	8.30 DM
Nr. 3	5	5	8.00 DM

Tabelle 2.6 zeigt die Ausgangsdaten. Durch Kauf von zwei Körben des Typs Nr. 3 und anschließenden Verkauf je eines Exemplars der beiden anderen Obstkörbe konnte man eine Geldquelle in Bewegung setzen. Man verdiente im Zeitpunkt $t = 0$ bei jeder solchen Aktion 1.00 DM. Das zeigt Tabelle 2.7, die wir hier ebenfalls noch einmal wiederholen.

Tabelle 2.7: Arbitrage mit verschieden zusammengesetzten Obstkörben

Aktion	Menge	Zahlung	Äpfel	Birnen
Kauf bei Nr. 3	2 Körbe	-16.00	10	10
Verkauf wie Nr. 1	1 Korb	8.70	-8	-2
Verkauf wie Nr. 2	1 Korb	8.30	-2	-8
Summe		1.00	0	0

Arbitragegelegenheit vom Typ 1 Vergleichen wir nun Tabelle 2.5 mit Tabelle 2.6, so zeigen sich bemerkenswerte Parallelen. Zwar handelt es sich bei den Objekten, mit denen wir jetzt handeln können, nicht um Obstkörbe, in denen Äpfel und Birnen liegen, sondern um Finanztitel. Aber sonst ist das Bild ganz ähnlich. Eigentlich brauchen wir uns die Finanztitel nur als Obstkörbe vorzustellen, in denen statt verschiedener Sorten Obst Zahlungsansprüche liegen, die zu verschiedenen Zeiten fällig werden. Man könnte quasi von Obstkörben sprechen, in denen sich Äpfel aus laufender Ernte ($t = 1$) und Äpfel aus der kommenden Saison ($t = 2$) befinden.

Und schon fangen wir natürlich wieder an, darüber nachzudenken, ob wir nicht auch in der durch Tabelle 2.5 beschriebenen Situation eine Geldquelle vor uns haben, die wir zu unserem Vorteil nutzen können. In bezug auf die Obstkörbe aus Tabelle 2.6 konnte man sofort sehen, daß man im Besitz von 10 Äpfeln und 10 Birnen war, wenn man entweder je einen Korb vom Typ Nr. 1 und Nr. 2 kaufte oder zwei Körbe vom Typ Nr. 3 erwarb. Und daraus ließ sich schnell ableiten, was zu tun war, um den Arbitragegewinn zu erzielen.

Die Struktur der in Tabelle 2.5 beschriebenen Finanztitel ist leider nicht so übersichtlich, daß das ebenfalls sofort ins Auge fällt. Kauft man aber $\frac{21}{22}$ Stück des Titels Nr. 1 und verkauft zugleich $\frac{50}{1177}$ Stück des Titels Nr. 2 sowie 1 Stück des Titels Nr. 3, so erzielt man im Zeitpunkt $t = 0$ einen Überschuß in Höhe von 1.00 DM, ohne irgendwelche Verpflichtungen in den darauffolgenden Zeitpunkten $t = 1$ und $t = 2$ eingehen zu müssen. Tabelle 2.8 zeigt im Detail, wie der "free lunch" zustande kommt. Wer das Portfolio $(n_1, n_2, n_3) = (\frac{21}{22}, -\frac{50}{1177}, -1)$ kauft, setzt praktisch eine Notenpresse in Betrieb. Gleiches gilt, wenn man beispielsweise das Portfolio $(n_1, n_2, n_3) = (\frac{569}{220}, -\frac{125}{1177}, -\frac{27}{10})$ wählt. Hier gelingt es sogar, in allen drei Zeitpunkten $t = 0, 1, 2$ Einnahmenüberschüsse zu erzielen, vgl. Tabelle 2.9.

Tabelle 2.8: Arbitrage mit mehrperiodigen Finanztiteln ohne Überschüsse in späteren Zeitpunkten

Aktion	Menge	Zahlung im Zeitpunkt	Ansprüche in den Zeitpunkten	
		$t=0$	$t=1$	$t=2$
	n_j	$n_j p(X_{j1}, X_{j2})$	$n_j X_{j1}$	$n_j X_{j2}$
Kauf Titel 1	$+\frac{21}{22}$	-92.59	9.55	105.00
Verkauf Titel 2	$-\frac{50}{1177}$	4.09	-4.55	
Verkauf Titel 3	-1	89.50	-5.00	-105.00
Summe		1.00	0.00	0.00

Tabelle 2.9: Arbitrage mit mehrperiodigen Finanztiteln und Überschüssen in späteren Zeitpunkten

Aktion	Menge	Zahlung im Zeitpunkt	Ansprüche in den Zeitpunkten	
		$t=0$	$t=1$	$t=2$
	n_j	$n_j p(X_{j1}, X_{j2})$	$n_j X_{j1}$	$n_j X_{j2}$
Kauf Titel 1	$+\frac{569}{220}$	-250.88	25.86	284.50
Verkauf Titel 2	$-\frac{125}{1177}$	10.23	-11.36	
Verkauf Titel 3	$-\frac{27}{10}$	241.65	-13.50	-283.50
Summe		1.00	1.00	1.00

In unserem Beispiel ist eine Arbitragegelegenheit also dann gegeben, wenn ein Portfolio $(n_1, \ldots, n_J)$ zwei Eigenschaften zugleich hat, und zwar

$$\sum_{j=1}^{J} n_j p(X_{j1}, \ldots, X_{jT}) < 0 \quad \text{und} \quad \sum_{j=1}^{J} n_j X_{jt} \geq 0 \quad \forall t = 1, \ldots, T\,.$$

In Worten: Für ein Portfolio, das in allen künftigen Zeitpunkten positive Rückflüsse oder Rückflüsse in Höhe von null verspricht, zahlt man im Falle des Erwerbs einen negativen Preis. Wer solch ein Portfolio erwirbt, bekommt eine Prämie dafür, daß er keinerlei Verpflichtungen eingeht.

Ohne daß es der Veranschaulichung durch ein Beispiel bedarf, dürfte auf der Hand liegen, daß wir es auch dann mit einer Arbitragegelegenheit zu tun haben, wenn das Portfolio $(n_1, \ldots, n_J)$ die Eigenschaften

$$\sum_{j=1}^{J} n_j p(X_{j1}, \ldots, X_{jT}) > 0 \quad \text{und} \quad \sum_{j=1}^{J} n_j X_{jt} \leq 0 \quad \forall t = 1, \ldots, T$$

besitzt. Will man unter diesen Bedingungen heute Prämien kassieren, ohne später Verpflichtungen einzugehen, so muß man das Portfolio verkaufen.

Tabelle 2.10: Rückflüsse und Preise zweier reiner Wertpapiere und eines Marktwertpapiers

Titel Nr.	Einnahme		Preis
	in $t = 1$	in $t = 2$	in $t = 0$
j	X_{j1}	X_{j2}	$p(X_{j1}, X_{j2})$
1	1.00		0.90
2		1.00	0.80
3	5.00	105.00	89.50

Arbitragegelegenheit vom Typ 2 Betrachten Sie jetzt Tabelle 2.10. Dort sehen Sie wieder drei Wertpapiere mit ihren Rückflüssen und Preisen. Bei den Titeln Nr. 1 und Nr. 2 handelt es sich um reine Diskontpapiere, die sich dadurch auszeichnen, daß ihr Inhaber im Zeitpunkt der Fälligkeit genau eine Deutsche Mark erhält. Beim ersten Finanztitel handelt es sich also um den Anspruch auf eine Deutsche Mark im Zeitpunkt $t = 1$, beim zweiten Titel um den Anspruch auf eine Deutsche Mark im Zeitpunkt $t = 2$. Titel dieses Typs werden wir fortan als primitive oder auch *reine Wertpapiere* (englisch:

pure securities) bezeichnen. Nr. 3 ist dagegen ein Finanztitel, der sowohl im Zeitpunkt $t = 1$ als auch im Zeitpunkt $t = 2$ Rückflüsse verspricht, die sich nicht genau auf eine Deutsche Mark belaufen. Solche Wertpapiere werden wir ab jetzt als *Marktwertpapiere* (englisch: market securities) bezeichnen.

Wenn die in der Tabelle beschriebenen Wertpapiere gehandelt werden, so gibt es ganz offenbar zwei Möglichkeiten, Anspruch auf 5 Deutsche Mark im Zeitpunkt $t = 1$ und auf 105 Deutsche Mark im Zeitpunkt $t = 2$ zu erwerben. Entweder kauft man 5 Stück des Titels Nr. 1 und 105 Stück des Titels Nr. 2, oder man erwirbt 1 Stück des Marktwertpapiers Nr. 3. Geht man den ersten Weg, so kostet das $5 \cdot 0.90 + 105 \cdot 0.80 = 88.50$ DM. Kauft man das äquivalente Marktwertpapier, so bezahlt man 89.50 DM. Und schon tritt die Arbitragegelegenheit klar zutage. Man braucht die Ansprüche nur einzeln zu kaufen, zusammenzubündeln und als Paket wieder zu verkaufen, vgl. Tabelle 2.11.

Tabelle 2.11: Arbitrage mit mehrperiodigen Finanztiteln aufgrund einer Abweichung des Paketpreises von der Summe der Einzelpreise

Aktion	Menge	Zahlung im Zeitpunkt	Ansprüche in den Zeitpunkten	
		$t = 0$	$t = 1$	$t = 2$
	n_j	$n_j p(X_{j1}, X_{j2})$	$n_j X_{j1}$	$n_j X_{j2}$
Kauf Titel 1	+5	-4.50	5.00	
Kauf Titel 2	+105	-84.00		105.00
Verkauf Titel 3	-1	89.50	-5.00	-105.00
Summe		1.00	0.00	0.00

Man mache sich klar, daß die Rückflüsse der beiden reinen Wertpapiere sich auf

$$\begin{array}{llcl} j = 1: & (X_{11}, X_{12}) & = & (1, 0) \\ j = 2: & (X_{21}, X_{22}) & = & (0, 1) \end{array}$$

belaufen. Gleichzeitig sind die Rückflüsse des Marktwertpapiers

$$j = 3: \quad (X_{31}, X_{32}) \quad = \quad (5, 105)$$

identisch mit denen des Portfolios $(n_1, n_2) = (5, 105)$, nämlich

$$\sum_{j=1}^{2} n_j \cdot (X_{j1}, X_{j2}) = (5 \cdot 1 + 105 \cdot 0, 5 \cdot 0 + 105 \cdot 1) = (5, 105).$$

Wir können die hier beschriebene Arbitrage allein deswegen durchführen, weil die Summe der reinen Wertpapiere billiger ist als das äquivalente Marktwertpapier. Das heißt unter Benutzung unserer formalen Schreibweise

$$\sum_{j=1}^{2} n_j \cdot p(X_{j1}, X_{j2}) < p\left(\sum_{j=1}^{2} n_j \cdot (X_{j1}, X_{j2})\right)$$

oder in allgemeinerer Darstellung

$$\sum_{j=1}^{J} n_j \cdot p(X_{j1}, \ldots, X_{jT}) < p\left(\sum_{j=1}^{J} n_j \cdot (X_{j1}, \ldots, X_{jT})\right).$$

Es bedarf nur einer sehr einfachen Überlegung, um sich klarzumachen, daß auch ein Portfolio $(n_1, \ldots, n_J)$, für das umgekehrt

$$\sum_{j=1}^{J} n_j \cdot p(X_{j1}, \ldots, X_{jT}) > p\left(\sum_{j=1}^{J} n_j \cdot (X_{j1}, \ldots, X_{jT})\right)$$

gilt, eine Arbitragegelegenheit darstellt. Um diese Chance zu nutzen, müßte man das Portfolio kaufen, es in seine Teile zerlegen und dieselben anschließend einzeln verkaufen. Wir können daher allgemein festhalten, daß jedes Portfolio $(n_1, \ldots, n_J)$, das die Eigenschaft

$$\sum_{j=1}^{J} n_j \cdot p(X_{j1}, \ldots, X_{jT}) \neq p\left(\sum_{j=1}^{J} n_j \cdot (X_{j1}, \ldots, X_{jT})\right) \qquad (2.5)$$

erfüllt, eine Arbitragegelegenheit darstellt.

Auf dieses Ergebnis sind wir gekommen, indem wir uns klargemacht haben, daß ein Marktwertpapier, welches in den Zeitpunkten $t = 1, \ldots, T$ Rückflüsse verspricht, nichts anderes ist als ein Portfolio, das aus reinen Wertpapieren besteht, die zu den Zeitpunkten $t = 1, \ldots, T$ fällig sind. Das entsprechend zusammengesetzte Portfolio aus reinen Wertpapieren dupliziert somit das Marktwertpapier und ist, was die künftigen finanziellen Ansprüche betrifft, nicht von ihm zu unterscheiden. Wir können es als *äquivalentes Portfolio* bezeichnen und halten fest: *Wenn der Preis eines Marktwertpapiers sich vom Preis seines äquivalenten Portfolios unterscheidet, so gibt es eine Arbitragegelegenheit.* In Anlehnung an die Sprache der Chemiker könnten wir auch sagen, daß es sich bei dem äquivalenten Portfolio um ein künstlich hergestelltes oder *synthetisches Marktwertpapier* handelt.

Nun existieren an einem Kapitalmarkt aber auch Situationen, in denen man die Rückflüsse eines Marktwertpapiers dadurch duplizieren kann, daß man ein

Portfolio aus einer Reihe anderer Marktwertpapiere zusammenstellt. Um die Richtigkeit dieser Behauptung zu belegen, greifen wir auf Tabelle 2.5 zurück. Dort gab es die beiden Titel

$$\begin{aligned} j=1: \quad & (X_{11}, X_{12}) &=& (10, 110) \\ j=2: \quad & (X_{21}, X_{22}) &=& (107, 0) \end{aligned}$$

sowie den Titel

$$j=3: \quad (X_{31}, X_{32}) = (5, 105)\,.$$

Kaufen wir nun das Portfolio $(n_1, n_2) = (\frac{21}{22}, -\frac{50}{1177})$, so erhalten wir Rückflüsse in Höhe von

$$\left(\sum_{j=1}^{2} n_j \cdot (X_{j1}, X_{j2})\right) = \left(\frac{21}{22} \cdot 10 - \frac{50}{1177} \cdot 107, \frac{21}{22} \cdot 110 - \frac{50}{1177} \cdot 0\right) = (5, 105),$$

und infolgedessen können wir sagen, daß es sich um ein zum Titel Nr. 3 äquivalentes Portfolio handelt. Sein Preis beläuft sich auf

$$\sum_{j=1}^{2} n_j \cdot p(X_{j1}, X_{j2}) = \frac{21}{22} \cdot 97.00 - \frac{50}{1177} \cdot 96.30 = 88.50 \text{ DM},$$

und damit haben wir erneut die durch Bedingung (2.5) beschriebene Arbitragegelegenheit, denn der Preis des dritten Wertpapiers war ja $89.50 \neq 88.50$ DM. Jetzt haben wir allerdings gezeigt, daß Arbitragegelegenheiten dieses Typs nicht an die Voraussetzung gebunden sind, daß reine Wertpapiere gehandelt werden.

2.3.3 Dominanz– und Wertadditivitätstheorem

Im Rahmen des Abschnitts 1.4 hatten wir die nutzentheoretischen Grundlagen unserer Überlegungen ausgebreitet. Dort hatten wir unterstellt, daß kein Individuum gesättigt ist. Das bedeutet, daß jeder Marktteilnehmer einer zusätzlich verdienten Deutschen Mark zusätzlichen Nutzen abgewinnen kann. Wenn das so ist, so gibt es keinen Grund, eine Arbitragegelegenheit auszulassen. Vielmehr ist anzunehmen, daß hemmungslose Arbitragen stattfinden, wenn sich dazu die Gelegenheit bietet. Wenn die Arbitragegelegenheiten auf Dauer existieren würden, so könnte jedermann beliebig seinen Reichtum vermehren, indem er nichts anderes tut, als sein Vermögen umzuschichten. Da ungehemmte Reichtumsanhäufungen dieser Art empirisch nicht beobachtet werden können, ist es plausibel anzunehmen, daß der Kapitalmarkt arbitragefrei ist.

Hieraus ergeben sich ebenso wie im Abschnitt 1.5 zwei wichtige Theoreme. Das erste ist das *Dominanztheorem*. Es besagt: Wenn ein Portfolio in den Zeitpunkten $t = 1, \ldots, T$ positive Rückflüsse verspricht, so muß es einen positiven Wert haben; belaufen sich seine Rückflüsse auf null, so muß es auch einen Preis von null haben:

$$\text{wenn} \quad \sum_{j=1}^{J} n_j(X_{j1}, \ldots, X_{jT}) > 0\,, \qquad \text{dann} \quad \sum_{j=1}^{J} n_j p(X_{j1}, \ldots, X_{jT}) > 0\,;$$

$$\text{wenn} \quad \sum_{j=1}^{J} n_j(X_{j1}, \ldots, X_{jT}) = 0\,, \qquad \text{dann} \quad \sum_{j=1}^{J} n_j p(X_{j1}, \ldots, X_{jT}) = 0\,. \tag{2.6}$$

Rufen wir uns in Erinnerung, daß eine Arbitragegelegenheit auch immer dann existiert, wenn der Preis eines Finanztitels nicht mit dem Preis seines äquivalenten Portfolios übereinstimmt, so gewinnen wir aus der Arbitragefreiheitsbedingung das *Wertadditivitätstheorem*

$$p\left(\sum_{j=1}^{J} n_j \cdot (X_{j1}, \ldots, X_{jT})\right) = \sum_{j=1}^{J} n_j \cdot p(X_{j1}, \ldots, X_{jT})\,.$$

Oder: *Der Marktpreis eines Finanztitel-Portfolios muß ebenso groß sein wie die Summe der Einzelpreise aller in diesem Portfolio enthaltenen Titel.* Wäre es anders, ließen sich auf reibungslos funktionierenden Kapitalmärkten Arbitragegelegenheiten wahrnehmen. Mit Hilfe dieses Theorems wird es uns bald gelingen, unsere Überlegungen zur Berechnung des Barwerts einer Investition, die Rückflüsse über einen längeren Zeitraum verspricht, auf eine überzeugende Grundlage zu stellen.

2.3.4 Arbitragefreie Bewertung unter Sicherheit

Nachdem wir klare Vorstellungen davon entwickelt haben, was auf mehrperiodigen Kapitalmärkten unter Arbitragegelegenheiten zu verstehen ist, können wir uns der Frage zuwenden, wie Finanztitel unter der Bedingung zu bewerten sind, daß der Markt arbitragefrei ist. Zunächst betrachten wir reine Diskontpapiere, anschließend Marktwertpapiere.

Reine Diskonttitel Ein Diskontpapier mit der Laufzeit t wirft im Zeitpunkt t und nur in diesem Zeitpunkt Rückflüsse in Höhe von X_{jt} ab. Wenn wir davon ausgehen, daß an einem Kapitalmarkt mehrere, nämlich $j = 1, \ldots, J$, solche Titel gehandelt werden, so greifen wir einen, beispielsweise den ersten, willkürlich heraus und vereinbaren, daß sich sein Rückfluß auf genau eine Deutsche Mark belaufen soll. Damit stellt er ein reines Wertpapier dar. Außerdem bezeichnen wir als Kassazinssatz bezüglich der Laufzeit t jenen Satz, mit dem man eine Deutsche Mark über die entsprechende Laufzeit diskontieren muß, damit man gerade den Preis dieses reinen Wertpapiers erhält. Wenn wir für den Kassazinssatz bezüglich der Laufzeit t das Symbol r_{0t} schreiben, so lauten unsere Konventionen

$$X_{1t} = 1 \quad \text{und} \quad p(X_{1t}) = \frac{1}{(1+r_{01})^t}.$$

Nun können wir nachweisen, daß folgendes Bewertungsprinzip gelten muß: *Der Preis eines beliebigen Diskontpapiers mit der Laufzeit t ergibt sich stets dadurch, daß man den Rückfluß dieses Titels mit dem für diese Laufzeit charakteristischen Kassazinssatz diskontiert.* Mithin muß für alle $j = 2, \ldots, J$ Finanztitel

$$\boxed{p(X_{jt}) = \frac{X_{jt}}{(1+r_{0t})^t}} \tag{2.7}$$

gelten. Löst man diese Gleichung nach r_{0t}, dem Kassazinssatz, auf, so erhält man

$$r_{0t} = \sqrt[t]{\frac{X_{jt}}{p(X_{jt})}} - 1 \quad \forall j = 2, \ldots, J.$$

Das bedeutet: *Auf einem arbitragefreien Markt müssen sich alle Diskonttitel mit gleicher Laufzeit zu ein und demselben Kassazinssatz verzinsen.*

Um die Richtigkeit des Bewertungsprinzips zu beweisen, gehen wir ebenso wie im Abschnitt 1.5 vor. Wir kaufen ein Stück des j–ten Titels und verkaufen zugleich X_{jt} Einheiten des ersten Titels. Die Rückflüsse dieses Portfolios ($n_j = 1, n_1 = -X_{jt}$) belaufen sich im Zeitpunkt t auf null, denn

$$n_j \cdot X_{jt} + n_1 \cdot X_{1t} = 1 \cdot X_{jt} - X_{jt} \cdot 1 = 0.$$

Der Preis dieses Portfolios muß wegen des Dominanztheorems ebenfalls null sein,

$$p(n_j X_{jt} + n_1 X_{1t}) = 0.$$

Daraus folgt wegen des Wertadditivitätstheorems

$$n_j \cdot p(X_{jt}) + n_1 \cdot p(X_{1t}) = 0,$$

und hieraus entsteht mit der Portfoliostruktur ($n_j = 1, n_1 = -X_{jt}$)

$$p(X_{jt}) - X_{jt} \cdot p(X_{1t}) = 0.$$

Nun braucht man sich nur noch daran zu erinnern, daß wir den Preis des ersten Titels soeben in der Form $p(X_{1t}) = \frac{1}{(1+r_{0t})^t}$ definiert hatten. Einsetzen dieser

Definition führt auf

$$p(X_{jt}) - X_{jt} \cdot \frac{1}{(1+r_{0t})^t} = 0.$$

Das ist die Bewertungsgleichung (2.7).

Marktwertpapiere Ein Marktwertpapier zeichnet sich dadurch aus, daß es Rückflüsse zu allen Zeitpunkten $t = 1, \ldots, T$ abwirft. Betrachten wir das k-te Marktwertpapier, so belaufen sich die für diesen Titel charakteristischen Einnahmen auf $(X_{k1}, \ldots, X_{kT})$. Wenn wir wieder davon ausgehen, daß am Kapitalmarkt auch reine Wertpapiere mit den Laufzeiten $t = 1, \ldots, T$ gehandelt werden, so können wir nachweisen, daß folgendes Bewertungsprinzip gelten muß:

$$\boxed{p(X_{k1}, \ldots, X_{kT}) = \sum_{t=1}^{T} \frac{X_{kt}}{(1+r_{0t})^t}} \,. \tag{2.8}$$

In Worten: *Der Preis eines Marktwertpapiers ergibt sich dadurch, daß man die Rückflüsse mit dem für die jeweilige Rückflußdauer charakteristischen Kassazinssatz diskontiert und anschließend alle Barwerte der Rückflüsse addiert.*

Um den Beweis zu führen, daß dies das Prinzip arbitragefreier Bewertung von Marktwertpapieren sein muß, betrachten wir folgendes Portfolio: Wir kaufen eine Einheit des Titels $(X_{k1}, \ldots, X_{kT})$ und verkaufen je X_{kt} Einheiten der reinen Wertpapiere mit den Laufzeiten $t = 1, \ldots, T$. Die Rückflüsse belaufen sich in jedem einzelnen Zeitpunkt dann notwendigerweise auf null, denn

$$\begin{aligned} t=1: \quad 1 \cdot X_{k1} - X_{k1} \cdot 1 &= 0 \\ t=2: \quad 1 \cdot X_{k2} - X_{k2} \cdot 1 &= 0 \\ &\vdots \\ t=T: \quad 1 \cdot X_{kT} - X_{kT} \cdot 1 &= 0\,. \end{aligned}$$

Ein Portfolio, das keine Rückflüsse besitzt, darf wegen des Dominanztheorems auch nur einen Preis in Höhe von null haben, also

$$p\left((X_{k1}, \ldots, X_{kT}) - X_{k1} - \ldots X_{kT}\right) = 0.$$

Hierfür können wir wegen des Wertadditivitätstheorems aber auch

$$p(X_{k1}, \ldots, X_{kT}) - p(X_{k1}) - \ldots - p(X_{kT}) = 0$$

oder

$$p(X_{k1}, \ldots, X_{kT}) - \sum_{t=1}^{T} p(X_{kt}) = 0$$

schreiben, was sich unter Verwendung von (2.7) in die Form

$$p(X_{k1}, \ldots, X_{kT}) - \sum_{t=1}^{T} \frac{X_{kt}}{(1 + r_{0t})^t} = 0$$

bringen läßt. Das entspricht einer elementaren Umformung unserer Bewertungsgleichung (2.8).

2.3.5 Vollständigkeit eines mehrperiodigen Kapitalmarktes

Um unsere bisherigen Erkenntnisse zusammenzufassen und sie anschließend zu erweitern, ist es nützlich, den Preis eines reinen Wertpapiers in bequemerer Form zu schreiben. Zu diesem Zweck erinnern wir uns daran, daß ein reines Wertpapier, das im Zeitpunkt t fällig ist, den Anspruch auf eine Deutsche Mark in diesem Zeitpunkt verkörpert. Für seinen Preis wollen wir künftig einfach nur π_t schreiben. Demnach ist π_1 der Preis einer Deutschen Mark, die im Zeitpunkt $t = 1$ fällig ist, während π_2 den Preis einer Deutschen Mark repräsentiert, die im Zeitpunkt $t = 2$ fällig ist, und so weiter. Im Anschluß an unsere bisherigen Überlegungen können wir nun folgendes feststellen:

1. Alle Diskontpapiere mit der gleichen Laufzeit müssen sich zu ein und demselben Zinssatz verzinsen. Anderenfalls könnten Arbitrageure beliebig reich werden. Darum reicht es aus, wenn bezüglich einer bestimmten Laufzeit ein einziger Titel gehandelt wird. Jeder weitere Titel ist überflüssig, weil er nur ein Vielfaches dieses Titels darstellt. Für alle Diskontpapiere mit der Laufzeit t muß gelten:

$$\boxed{p(X_{jt}) = X_{jt}\pi_t} \,.$$

2. Wenn an einem Kapitalmarkt T laufzeitverschiedene reine Wertpapiere gehandelt werden und es einen Zeithorizont mit ebenso vielen Perioden gibt, so läßt sich jedes Marktwertpapier, das zu den Zeitpunkten $t = 1, \ldots, T$ Rückflüsse verspricht, synthetisch herstellen. Man braucht nur die entsprechende Menge reiner Wertpapiere zu kaufen oder zu verkaufen. Ist der Markt reibungslos, kompetitiv und arbitragefrei, so darf dieses Marktwertpapier keinen anderen Preis als sein synthetisches Äquivalent haben. Es muß also

$$\boxed{p(X_{j1}, \ldots, X_{jT}) = X_{j1}\pi_1 + \ldots + X_{jT}\pi_T = \sum_{t=1}^{T} X_{jt}\pi_t}$$

gelten. Und daher können wir behaupten: Werden an einem Kapitalmarkt T laufzeitverschiedene reine Wertpapiere gehandelt, so ist jeder weitere Finanztitel überflüssig, weil er kostenlos synthetisch hergestellt werden kann.

Nun ist die Vorstellung, daß reine Wertpapiere gehandelt werden, natürlich ziemlich künstlich. Wir kommen aber zu einem gleichwertigen Resultat auch dann, wenn an einem Kapitalmarkt nur T Marktwertpapiere gehandelt werden, deren Rückflüsse linear unabhängig sind. Was darunter zu verstehen ist, werden wir gleich noch präzisieren. Zunächst gehen wir davon aus, daß die Rückflüsse von T Wertpapieren gegeben und die Preise dieser Wertpapiere bekannt sind. Dann können wir für jedes Marktwertpapier die Gleichung

$$p(X_{j1},\ldots,X_{jT}) = X_{j1}\pi_1 + \ldots + X_{jT}\pi_T$$

formulieren. Und für T Wertpapiere läßt sich das lineare Gleichungssystem

$$\begin{array}{lcccccccc} p(X_{11},\ldots,X_{1T}) & = & X_{11}\pi_1 & + & X_{12}\pi_2 & + & \ldots & + & X_{1T}\pi_T \\ p(X_{21},\ldots,X_{2T}) & = & X_{21}\pi_1 & + & X_{22}\pi_2 & + & \ldots & + & X_{2T}\pi_T \\ \ldots\ldots\ldots\ldots & = & \multicolumn{7}{c}{\ldots\ldots\ldots\ldots\ldots\ldots\ldots\ldots\ldots\ldots} \\ p(X_{T1},\ldots,X_{TT}) & = & X_{T1}\pi_1 & + & X_{T2}\pi_2 & + & \ldots & + & X_{TT}\pi_T \end{array}$$

aufstellen. Das sind T lineare Gleichungen mit T Unbekannten. Wir kennen die Preise der Marktwertpapiere und deren Rückflüsse, nicht aber die Preise der reinen Wertpapiere. Nun wissen wir aus der linearen Algebra, daß sich ein solches Gleichungssystem immer dann eindeutig lösen läßt, wenn die Rückflußmatrix

$$X = \begin{pmatrix} X_{11} & X_{12} & \ldots & X_{1T} \\ X_{21} & X_{22} & \ldots & X_{2T} \\ \vdots & & \ddots & \vdots \\ X_{T1} & X_{T2} & \ldots & X_{TT} \end{pmatrix}$$

invertiert werden kann. Ist das der Fall, so sind die Preise der reinen Wertpapiere eindeutig bestimmt, wie wir gleich am Beispiel veranschaulichen werden. Zunächst wollen wir aber noch mitteilen, unter welchen Bedingungen man eine Matrix invertieren kann. Das sind die beiden folgenden:

1. Die Matrix muß *quadratisch* sein, also ebenso viele Zeilen wie Spalten besitzen. Ökonomisch bedeutet das: Die Anzahl der Marktwertpapiere muß genauso groß sein wie die Zahl der relevanten Zeitpunkte.

2. Ihre Determinante darf nicht null sein. Die Matrix muß also *regulär* sein. Dieser Fall träte ein, wenn die Rückflüsse eines Wertpapiers nichts anderes als das Vielfache eines (oder mehrerer) anderer darstellen würden. Ein solches Wertpapier wäre nutzlos, weil all seine finanziellen Eigenschaften

unter Verwendung der übrigen Wertpapiere rekonstruiert werden könnten. Damit haben wir zugleich eine Erklärung für unsere Forderung, daß die Rückflüsse der Marktwertpapiere nicht linear abhängig sein dürfen. Sind sie das nämlich, so wird die Matrix singulär; und wir können das Gleichungssystem nicht lösen.

Betrachten Sie abschließend noch einmal Tabelle 2.5. Dort wurden an einem Kapitalmarkt mit zwei Zeitpunkten drei Marktwertpapiere gehandelt. Eins muß also überflüssig sein, wenn das System arbitragefrei ist. Konzentrieren wir uns auf die ersten beiden, so können wir folgendes Gleichungssystem aufstellen:

$$\begin{aligned} 10 \cdot \pi_1 &+ 110 \cdot \pi_2 &= 97.00 \\ 107 \cdot \pi_1 &+ 0 \cdot \pi_2 &= 96.30 \quad . \end{aligned}$$

Die zweite Gleichung läßt sich sofort nach π_1 auflösen, und man erhält für den Preis des reinen Wertpapiers, das eine Laufzeit von einem Jahr hat, $\pi_1 = 0.90$ DM. Setzt man das in die erste Gleichung ein und löst nach π_2 auf, so ergibt sich der Preis für das reine Wertpapier mit einer Laufzeit von zwei Jahren zu $\pi_2 = 0.80$ DM. Relativ zu den beiden ersten Marktwertpapieren müßte das dritte zum Preise von

$$\begin{aligned} p(X_{31}, X_{32}) &= X_{31} \cdot \pi_1 + X_{32} \cdot \pi_2 \\ &= 5 \cdot 0.90 + 105 \cdot 0.80 = 88.50 \text{ DM} \end{aligned}$$

gehandelt werden. Bei diesem Preis wäre das dritte Wertpapier überflüssig, und bei jedem anderen Preis könnten Arbitragegewinne erzielt werden, wie wir uns oben bereits ausführlich klargemacht haben.

2.3.6 Zur Zahl der Kassazinssätze auf einem mehrperiodigen Kapitalmarkt

Das Ergebnis unserer Analyse lautet: Wenn an einem Kapitalmarkt mit den Laufzeiten $t = 1, \ldots, T$ genau T laufzeitverschiedene reine Wertpapiere gehandelt werden, so läßt sich jedes weitere Wertpapier als Portfolio aus diesen reinen Titeln rekonstruieren. Also können wir einen Kapitalmarkt mit dieser Eigenschaft als vollständig bezeichnen. Da die Preise dieser Titel in der Form

$$\begin{aligned} \pi_1 &= \frac{1}{(1 + r_{01})^1} \\ \pi_2 &= \frac{1}{(1 + r_{02})^2} \end{aligned}$$

$$\vdots$$

$$\pi_T = \frac{1}{(1+r_{0T})^T}$$

definiert sind, kann es auf einem mehrperiodigen Kapitalmarkt auch nur T verschiedene Kassazinssätze $r_{01}, \ldots, r_{0T}$ geben. Für einen Kapitalmarkt mit den Laufzeiten $t = 1, \ldots, T$, an dem T Marktwertpapiere mit linear unabhängigen Rückflüssen gehandelt werden, gilt dasselbe.

Alle Terminzinssätze sind durch die Kassazinssätze eindeutig bestimmt. Sie müssen mit den impliziten Terminzinssätzen übereinstimmen.

2.4 Noch einmal: Barwerte bei mehreren Perioden

In Abschnitt 2.1 hatten wir uns klargemacht, wie man den Barwert einer Investition, die sich über mehrere Perioden erstreckt, ermitteln könnte, wenn es nur einen einzigen Zinssatz gäbe. Als Formel zur Berechnung des Barwerts hatten wir

$$\mathrm{PV} = \sum_{t=1}^{T} \frac{X_t}{(1+r)^t} \tag{2.9}$$

gefunden. Inzwischen aber wissen wir, daß es auf einem mehrperiodigen Kapitalmarkt mehrere (Kassa–)Zinssätze geben kann, und dieser Tatsache müssen wir Rechnung tragen, denn unsere Formel ist alles andere als allgemein verwendbar.

Stellen wir uns vor, der Kapitalmarkt sei vollständig. Das bedeutet, daß ebenso viele Marktwertpapiere mit linear unabhängigen Rückflüssen gehandelt werden wie in bezug auf die zu bewertende Investition zu unterscheiden sind. Wenn wir beispielsweise eine Investition zu beurteilen haben, die am Ende der nächsten zwei Jahre Rückflüsse in Höhe von X_1 und X_2 abwirft, so wäre der Markt vollständig, falls zwei Marktwertpapiere gehandelt werden, die zu den gleichen Zeitpunkten (linear unabhängige) Rückflüsse versprechen. Ginge es dagegen um die Entscheidung über eine Investition mit einer Nutzungsdauer von drei Jahren, so wäre der Markt unvollständig. Zur Vollständigkeit fehlte ein drittes Marktwertpapier.

Wir wollen von Vollständigkeit des Kapitalmarktes in bezug auf eine Investition mit den Rückflüssen $(X_1, \ldots, X_T)$ genau dann sprechen, wenn $j = 1, \ldots, T$ Marktwertpapiere gehandelt werden, deren Rückflüsse $(X_{j1}, \ldots, X_{jT})$ linear unabhängig sind. Dann kann auch vorausgesetzt werden, daß die Preise dieser Papiere $p(X_{j1}, \ldots, X_{jT})$ bekannt sind.

2.4.1 Barwerte als Preise äquivalenter Portfolios

Ist nun Vollständigkeit in dem hier beschriebenen Sinne gegeben, so existieren genau zwei Möglichkeiten, Ansprüche in Höhe der Investitionsrückflüsse $(X_1, \ldots, X_T)$ zu erwerben. Entweder führt man die Investition durch, wobei man den Preis I_0 zu zahlen hätte. Oder man verzichtet darauf und erwirbt statt dessen ein Portfolio $(n_1, \ldots, n_T)$ aus Marktwertpapieren, das so konstruiert wird, daß es die gleichen Rückflüsse erzeugt. Wir bezeichnen eine solche Mischung aus Wertpapieren als *äquivalentes Portfolio* und verlangen von ihm, daß es das Gleichungssystem

$$\begin{array}{c} n_1 X_{11} + n_2 X_{21} + \cdots + n_T X_{T1} = X_1 \\ n_1 X_{12} + n_2 X_{22} + \cdots + n_T X_{T2} = X_2 \\ \cdots\cdots\cdots\cdots\cdots\cdots\cdots\cdots \\ n_1 X_{1T} + n_2 X_{2T} + \cdots + n_T X_{TT} = X_T \end{array}$$

erfüllt. Dieses inhomogene lineare Gleichungssystem hat genau dann eine eindeutige Lösung, wenn die Inverse der Matrix

$$X = \begin{pmatrix} X_{11} & X_{21} & \ldots & X_{T1} \\ X_{12} & X_{22} & \ldots & X_{T2} \\ \vdots & & \ddots & \vdots \\ X_{1T} & X_{2T} & \ldots & X_{TT} \end{pmatrix}$$

existiert. Hiervon können wir ausgehen, wenn der Kapitalmarkt vollständig ist. Der Preis des Portfolios beläuft sich auf $\sum_{j=1}^{T} n_j \cdot p(X_{j1}, \ldots, X_{jT})$.

Wir wollen versuchen, die Vorgehensweise mit Hilfe eines Beispiels zu veranschaulichen. Gehen Sie davon aus, daß an einem Kapitalmarkt die in Tabelle 2.12 beschriebenen Wertpapiere gehandelt werden.

Tabelle 2.12: Rückflüsse und Preise dreier Marktwertpapiere

Titel Nr.	Einnahme			Preis
	in $t = 1$	in $t = 2$	in $t = 3$	in $t = 0$
j	X_{j1}	X_{j2}	X_{j3}	$p(X_{j1} \ldots X_{j3})$
1	8.00	108.00		100.10
2	7.00	7.00	107.00	93.00
3	9.00	109.00		101.90

Zum Preis von 100.10 DM je 100 DM nominal notiert eine 8 %–Kuponanleihe mit zweijähriger Restlaufzeit. Ihr mit einem 9 %–Kupon ausgestattetes

Pendant kostet 101.90 DM je 100 DM nominal, und für einen 7–Prozenter mit dreijähriger Restlaufzeit zahlt man 93.00 DM je 100 DM Nennwert. Vor diesem Hintergrund soll darüber entschieden werden, ob es sich lohnt, die in Tabelle 2.13 beschriebene Sachinvestition durchzuführen.

Tabelle 2.13: Rückflüsse und Preis einer Sachinvestition

Rückfluß im Zeitpunkt			Investitions–ausgabe
$t = 1$	$t = 2$	$t = 3$	
X_1	X_2	X_3	I_0
570	2570	5350	6500

Für das äquivalente Portfolio (n_1, n_2, n_3) muß mit diesen Zahlen das Gleichungssystem

$$\begin{array}{rcrcrcr} 8 \cdot n_1 & + & 7 \cdot n_2 & + & 9 \cdot n_3 & = & 570 \\ 108 \cdot n_1 & + & 7 \cdot n_2 & + & 109 \cdot n_3 & = & 2570 \\ 0 \cdot n_1 & + & 107 \cdot n_2 & + & 0 \cdot n_3 & = & 5350 \end{array}$$

aufgestellt werden. Es hat die Lösung $(n_1, n_2, n_3) = (-40, 50, 60)$, vgl. Tabelle 2.14.

Tabelle 2.14: Rückflüsse und Preise des äquivalenten Portfolios

Titel Nr.	Menge	Zahlung in			Preis in
		$t = 1$	$t = 2$	$t = 3$	$t = 0$
j	n_j	$n_j X_{j1}$	$n_j X_{j2}$	$n_j X_{j3}$	$n_j p(X_{j1}, X_{j2}, X_{j3})$
1	-40	-320	-4320		-4004
2	50	350	350	5350	4650
3	60	540	6540		6114
Summen		570	2570	5350	6760

Da die Anschaffungsausgaben des äquivalenten Portfolios mit 6760 DM höher als die Investitionsausgaben $I_0 = 6500$ DM sind, empfiehlt sich die Durchführung der Investition.

2.4.2 Barwertberechnung mit den Preisen reiner Wertpapiere

Zum gleichen Resultat gelangt man, wenn man zunächst die Preise reiner Wertpapiere berechnet. Man faßt die in Tabelle 2.12 angegebenen Marktwertpapiere dabei als Bündel dreier reiner Papiere auf, die in $t = 1$, $t = 2$ bzw. in $t = 3$ fällig sind und zu Preisen in Höhe von π_1, π_2 bzw. π_3 gehandelt werden. Zwischen dem Preis eines im Zeitpunkt t fälligen reinen Wertpapiers und dem Kassazinssatz für diese Laufzeit herrscht, wie wir wissen, die Beziehung

$$\pi_t = \frac{1}{(1 + r_{0t})^t}, \tag{2.10}$$

und das Prinzip arbitragefreier Bewertung für Marktwertpapiere lautet, wie wir ebenfalls wissen,

$$\boxed{p(X_{k1}, \ldots, X_{kT}) = \sum_{t=1}^{T} X_{kt}\pi_t = \sum_{t=1}^{T} \frac{X_{kt}}{(1 + r_{0t})^t}}\,.$$

Wendet man das auf die in Tabelle 2.12 angegebenen Zahlen an, so läßt sich das Gleichungssystem

$$\begin{array}{rcrcrcr} 8 \cdot \pi_1 & + & 108 \cdot \pi_2 & + & 0 \cdot \pi_3 & = & 100.10 \\ 7 \cdot \pi_1 & + & 7 \cdot \pi_2 & + & 107 \cdot \pi_3 & = & 93.00 \\ 9 \cdot \pi_1 & + & 109 \cdot \pi_2 & + & 0 \cdot \pi_3 & = & 101.90 \end{array}$$

aufstellen. Die Lösung ergibt für die Preise der reinen Wertpapiere

$$\pi_1 = 0.943 \qquad \pi_2 = 0.857 \qquad \pi_3 = 0.751,$$

und damit läßt sich leicht und bequem ermitteln, daß die Rückflußreihe der Investition am Kapitalmarkt

$$\begin{aligned} \text{PV} &= X_1 \cdot \pi_1 + X_2 \cdot \pi_2 + X_3 \cdot \pi_3 \\ &= 570 \cdot 0.943 + 2570 \cdot 0.857 + 5350 \cdot 0.751 = 6760 \end{aligned}$$

kostet. Wir ermitteln also den Barwert einer mehrperiodigen Investition, indem wir die im Zeitpunkt t fälligen Rückflüsse mit den entsprechenden Preisen reiner Wertpapiere multiplizieren und anschließend über alle Zeitpunkte addieren,

$$\boxed{\text{PV} = \sum_{t=1}^{T} X_t\pi_t}\,. \tag{2.11}$$

2.4.3 Barwertberechnung mit Hilfe von Kassazinssätzen

Eine vollkommen analoge Vorgehensweise liegt vor, wenn die Investitionsrückflüsse mittels der Kassazinssätze diskontiert werden, die der jeweiligen Laufzeit entsprechen. Um die entsprechende Bewertungsformel zu erhalten, brauchen wir nur Gleichung (2.10) in Gleichung (2.11) einzusetzen. Das Ergebnis lautet

$$\boxed{\mathrm{PV} = \sum_{t=1}^{T} \frac{X_t}{(1 + r_{0t})^t}}\,, \tag{2.12}$$

und man kann jetzt auch klar sehen, daß die in Abschnitt 2.1 entwickelte Formel zur Berechnung des Barwerts von mehrperiodigen Investitionen (Gleichung (2.2)) nichts anderes als ein Spezialfall unserer neuen Bewertungsgleichung war. Sie eignet sich, wenn die Kassazinssätze für verschiedene Laufzeiten sämtlich miteinander identisch sind, wenn also $r_{01} = \ldots r_{0T} = r$ ist. Man spricht in dieser besonderen Situation von einer *flachen Zinskurve* (englisch: flat yield curve).

Im Beispiel unserer Tabelle 2.12 haben wir es aber nicht mit einer solchen flachen Zinskurve zu tun. Um uns ein Bild zu verschaffen, rechnen wir die Preise der reinen Wertpapiere unter Verwendung von Gleichung (2.10) in Kassazinssätze um. Löst man nach r_{0t} auf, so heißt es

$$r_{0t} = \sqrt[t]{\frac{1}{\pi_t}} - 1,$$

und mit unseren Zahlen ergibt sich

$$\begin{aligned} r_{01} &= \sqrt[1]{\frac{1}{0.943}} - 1 &=& \; 6.04\% \\ r_{02} &= \sqrt[2]{\frac{1}{0.857}} - 1 &=& \; 8.02\% \\ r_{03} &= \sqrt[3]{\frac{1}{0.751}} - 1 &=& \; 10.00\%\,. \end{aligned}$$

Die Kassazinssätze steigen mit zunehmender Laufzeit, eine – wenn auch nicht in dieser Intensität – in der Realität sehr häufig zu beobachtende Zinsstruktur, weswegen man von einer *normalen Zinskurve* (englisch: normal yield curve) spricht. Sind die Kassazinssätze erst einmal bekannt, so läßt sich der Barwert der Investitionsrückflüsse mit ihnen auch aus Gleichung (2.12) berechnen. Man erhält auch hier wieder

$$\mathrm{PV} = \frac{570}{1.0604^1} + \frac{2570}{1.0802^2} + \frac{5350}{1.1000^3} = 6760,$$

so daß wir festhalten können, daß alle drei hier beschriebenen Wege der Barwertberechnung vollkommen gleichwertig sind.

3 Unsichere Entscheidungen

Man weiß nie, was die Zukunft bringen wird. Daher geschieht es immer wieder, daß wir einige unserer Entscheidungen später bedauern. Hätten wir nämlich rechtzeitig gewußt, welche Entwicklung tatsächlich eintreten würde, so hätten wir womöglich eine vorteilhaftere Alternative gewählt.

Bislang haben wir stets vereinfachend so getan, als gäbe es keine Unsicherheit. Wir haben uns vollkommen auf den Zeitaspekt finanzieller Entscheidungen konzentriert und den Risikoaspekt ganz ausgeblendet. Jetzt wollen wir uns darum bemühen, mit der Unsicherheit vernünftig umgehen zu lernen. Um nicht durcheinander zu kommen, werden wir in diesem Kapitel nur den Risikoaspekt von Entscheidungen betrachten und den Zeitaspekt ausblenden.

Als wir im ersten Teil dieses Buches mit der Untersuchung von Investitionsentscheidungen begannen, haben wir uns ein sehr einfaches Bild zurechtgelegt: Ein Investor hatte die Möglichkeit, heute (im Zeitpunkt $t = 0$) ein Grundstück zum Preise von $I_0 = 500\,000$ DM zu kaufen und es ein Jahr später (im Zeitpunkt $t = 1$) zu einem Preis von $X_1 = 600\,000$ DM wieder zu verkaufen. Jetzt ändern wir an diesem Bild nur einen einzigen Aspekt, und zwar soll die Sicherheit in bezug auf die künftigen Rückflüsse verlorengehen. Unsere Modellbetrachtung wird dadurch realitätsnäher, denn natürlich kann niemand genau vorhersagen, wie hoch die späteren Rückflüsse aus einer Investition wirklich sein werden.

Stellen Sie sich vor, Sie seien ein deutscher Exporteur, der Waren, die er heute für 50 000 DM eingekauft hat, an einen amerikanischen Kunden liefert, der dafür in einem Jahr 35 000 US–$ bezahlen soll. Gehen Sie davon aus, daß der Dollar gegenwärtig zu 1.70 DM gehandelt wird, so daß die Rückflüsse aus heutiger Sicht mit 59 500 DM zu veranschlagen sind.

Ob Sie diesen Betrag in einem Jahr aber tatsächlich erhalten werden, hängt von vielen Einflußgrößen ab. Die Ladung könnte während der Reise beschädigt werden, weil die Seeleute beim Stauen Sicherheitsvorschriften mißachten. Das Schiff, mit dem Sie die Ware in die Staaten versenden, könnte unabhängig davon in schwerer See Schaden nehmen oder sogar sinken. Wenn dieses Unglück nicht eintritt und die Sendung wohlbehalten beim Kunden eintrifft, könnte sich herausstellen, daß die falsche Qualität auf den Weg gebracht wurde. Falls auch dieses Mißgeschick ausbleibt, könnte Ihr Geschäftspartner sich als zahlungsunwillig entpuppen. Sollte er ein ehrbarer Kaufmann sein, der seine Schulden zu bezahlen pflegt, dann könnte er inzwischen zahlungsunfähig geworden sein.

Bleibt Ihnen auch das erspart, so könnte der Kurs, zu dem Sie US–Dollars in Deutsche Mark tauschen werden, sich in der Zwischenzeit verändert haben. Daß der Dollarkurs sich während eines Jahres ändert, ist nicht nur möglich, sondern sogar höchst wahrscheinlich oder nahezu sicher. Wenn Sie ein wenig Ihre Phantasie bemühen, dann fallen Ihnen sicherlich noch weitere Pannen ein, die den Erfolg des hier beschriebenen Geschäftes beeinträchtigen können. Dann haben Sie eine erste Vorstellung davon, was Unsicherheit im Zusammenhang mit Entscheidungen praktisch bedeuten kann.

Gegebener Informationsstand Grundsätzlich gibt es zwei verschiedene Wege, um mit einer Situation fertig zu werden, in der man nicht genau weiß, was die Zukunft bringen wird. Entweder man handelt, obwohl man nicht genau weiß, welche Entwicklung eintreten wird, oder man versucht, die Unsicherheit zu verringern, indem man sich um zusätzliche Informationen bemüht. So könnte man zum Beispiel Erkundigungen über den Reeder und die von ihm angeheuerten Seeleute einziehen, um besser beurteilen zu können, welchen Gefahren die Ladung während der Reise ausgesetzt ist. Ferner könnte man versuchen, Erkenntnisse über die Zahlungsmoral des ausländischen Geschäftspartners zu gewinnen. Wir wollen uns im folgenden aber nicht mit Maßnahmen der Informationsverbesserung beschäftigen und werden aus diesem Grunde von einem gegebenen Informationsstand ausgehen.

3.1 Risiko und Wahrscheinlichkeit

Gehen wir davon aus, daß unser Exporteur im kommenden Jahr Einnahmen in Höhe von 35 000 US–$ erwartet und nach Rücksprache mit einem Devisenexperten die in Tabelle 3.1 angegebenen Dollarkurse für realistisch hält. Alle anderen oben beschriebenen Risiken schließt er aus. Multipliziert man nun den Verkaufserlös in Höhe von 35 000 US–$ mit den erwarteten Dollarkursen, so erhält man die *zustandsabhängigen Rückflüsse* des geplanten Geschäfts, vgl. Tabelle 3.2. Das zu lösende Entscheidungsproblem lautet jetzt: Ist ein Preis in Höhe von I_0 = 50 000 DM angemessen, wenn man dafür die in Tabelle 3.2 angegebene Wahrscheinlichkeitsverteilung der Rückflüsse erwarten darf?

3.1.1 Grundbegriffe

Objektive Wahrscheinlichkeit Betrachten wir die in Tabelle 3.1 angegebenen Wahrscheinlichkeiten. In der Literatur pflegt man zwischen objektiven und subjektiven Wahrscheinlichkeiten zu unterscheiden. Was versteht man

Tabelle 3.1: Erwartete Dollarkurse

Zustand	Dollarkurs im Zeitpunkt $t = 1$	Wahrscheinlichkeit
1	1.40 DM/US-\$	5 %
2	1.50 DM/US-\$	5 %
3	1.60 DM/US-\$	10 %
4	1.70 DM/US-\$	50 %
5	1.80 DM/US-\$	20 %
6	1.90 DM/US-\$	10 %

unter *objektiver* Wahrscheinlichkeit? Eine mögliche Definition besagt, daß es sich um den Grenzwert der relativen Häufigkeit handelt. Objektive Wahrscheinlichkeiten lassen sich dann beliebig genau ermitteln, indem man ein und dasselbe Experiment genügend oft wiederholt. Stellen wir uns vor, der Dollarkurs würde jeden Tag mit einem Würfel festgestellt werden, auf dessen sechs Seiten die in Tabelle 3.1 angegebenen Beträge stehen. Um nun die objektive Wahrscheinlichkeit eines möglichen Dollarkurses – zum Beispiel 1.60 DM – zu überprüfen, müßte der Würfel sehr häufig (streng genommen unendlich oft) geworfen werden und die Anzahl der Würfe, bei denen 1.60 DM erscheint, durch die Gesamtzahl aller Würfe dividiert werden. Im Falle der Verwendung eines idealen Würfels würde sich mit der Zeit diese relative Häufigkeit dem Wert $\frac{1}{6}$ annähern.

Tabelle 3.2: Erwartete Rückflüsse

Zustand	Rückfluß im Zeitpunkt $t = 1$	Wahrscheinlichkeit
1	49000 DM	5 %
2	52500 DM	5 %
3	56000 DM	10 %
4	59500 DM	50 %
5	63000 DM	20 %
6	66500 DM	10 %

In Wirklichkeit werden Dollarkurse jedoch nicht ausgewürfelt. Sie kommen vielmehr auf höchst komplizierte Weise zustande. Jeder Versuch einer Bestimmung objektiver Wahrscheinlichkeiten scheitert schon allein daran, daß die genaue Beschaffenheit des "Würfels" unbekannt ist. Darüber hinaus kann sie auch nicht als im Zeitablauf konstant unterstellt werden. Im Wirtschaftsleben können wir Experimente nur in Ausnahmefällen unter annähernd gleichbleibenden Bedingungen wiederholen.[1]

Subjektive Wahrscheinlichkeit An die Stelle objektiver treten deshalb in der Finanzierungstheorie besser *subjektive* Wahrscheinlichkeiten zur Charakterisierung unsicherer Situationen. Hierunter versteht man den Grad des vernünftigen persönlichen Für–Wahr–Haltens, ausgedrückt durch eine Glaubwürdigkeitsziffer.

Subjektive Wahrscheinlichkeiten lassen sich mit Hilfe von *Wettquotienten* plausibel machen. Nehmen wir an, auf den zukünftigen Dollarkurs können Wetten ähnlich wie beim Trabrennen abgeschlossen werden. Es gibt sozusagen sechs Pferde, auf deren Sieg gesetzt werden kann. Am Totalisator stehe der Wettquotient für das Pferd, welches einen Dollarkurs von 1.60 DM repräsentiert, auf 10:1. Das bedeutet, für eine Gewinnauszahlung von 100 DM sind 10 DM Wetteinsatz zu leisten. Die subjektive Wahrscheinlichkeit ist dann als Kehrwert des Wettquotienten definiert, beträgt hier also 10 %. Beachten Sie, daß es für die Feststellung einer solchen subjektiven Wahrscheinlichkeit weder auf den tatsächlichen Ausgang des Rennens noch auf seine beliebige Wiederholbarkeit ankommt. Natürlich wird jeder vernünftige Rennbahnbesucher versuchen, seine ganze Erfahrung und sein Fingerspitzengefühl beim Abschluß einer Wette einfließen zu lassen. Dabei wird auch nicht unbeachtet bleiben, wie frühere "Rennen" ausgegangen sind. Insgesamt spiegeln also subjektive Wahrscheinlichkeiten im Gegensatz zu objektiven nicht tatsächlich überprüfbare Größen wider, sondern deren Einschätzung unter vernünftiger Verwendung aller a priori zur Verfügung stehenden Informationen.

Kehren wir noch einmal zu Tabelle 3.1 zurück. Den dort dargestellten unsicheren Währungskurs können wir allgemein als *Zufallsvariable* bezeichnen. Eine Zufallsvariable ist eine Variable, bei der nicht mit Sicherheit vorhergesagt werden kann, welchen Wert sie annimmt. Der größeren Klarheit wegen wollen wir Zufallsvariable mit Hilfe einer Tilde von sicheren Variablen unterscheiden. Man schreibt für eine sichere Größe also beispielsweise x und für die Realisation einer unsicheren Größe $\tilde{x}$.

Zufallsvariable können diskret oder kontinuierlich sein. *Diskrete Zufallsvariable* haben abzählbar viele mögliche Werte. Die Zahl der Firmen, die in der nächsten Woche die Eröffnung des Konkursverfahrens beantragen werden, oder die Zahl der an der Frankfurter Börse in der kommenden Woche umgesetzten VW–Aktien sind Beispiele für diskrete Zufallsvariablen. Eine *kontinuierliche Zufallsvariable* dagegen kann jeden beliebigen Wert auf einem Intervall reeller Zahlen annehmen.

---

[1] Die Ermittlung einer Sterbetabelle für Lebensversicherungen stellt eine solche Ausnahme dar.

Beim Rechnen mit Zufallsvariablen wird davon ausgegangen, daß sie durch Wahrscheinlichkeitsverteilungen beschrieben werden können. Mit Hilfe einer Wahrscheinlichkeitsverteilung werden den möglichen Werten Glaubwürdigkeitsziffern zugeordnet. In Tabelle 3.1 wird einem Dollarkurs von 1.40 DM eine Wahrscheinlichkeit von 5 % zugemessen. Mit gleicher Wahrscheinlichkeit wird ein Dollarkurs von 1.50 DM erwartet, während die Wahrscheinlichkeit für einen Kurs von 1.60 DM mit 10 % für doppelt so hoch gehalten wird, und so weiter. Geht man davon aus, daß die Welt hinsichtlich der interessierenden Zufallsvariablen S verschiedene Zustände annehmen kann, und bezeichnet q_s mit $s = 1, \ldots, S$ die Wahrscheinlichkeit dafür, daß der s-te Zustand eintreten wird, so beträgt die Summe aller Wahrscheinlichkeiten 100 % (oder $\sum_{s=1}^{S} q_s = 1$). Das bedeutet: Andere als die in Tabelle 3.1 enthaltenen Dollarkurse werden für so unwahrscheinlich gehalten, daß sie vernachlässigbar sind. Die in Tabelle 3.1 enthaltenen Informationen können auch mit Hilfe des in Abbildung 3.1 wiedergegebenen Balkendiagramms veranschaulicht werden.

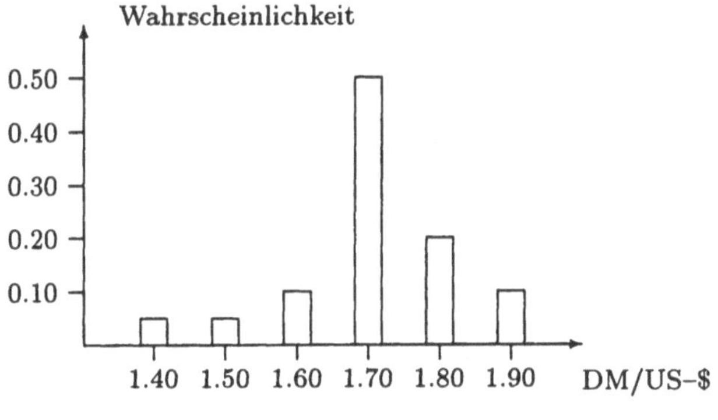

Abbildung 3.1: Diskrete Wahrscheinlichkeiten

Wir haben in diesem Beispiel den Dollarkurs als diskrete Zufallsvariable formuliert. Sicherlich kann man durch Verwendung kontinuierlicher Zufallsvariablen dem Verhalten von Wechselkursen auf Devisenmärkten gerechter werden. Später werden wir das tun. Vorerst wollen wir aber einige wichtige Kennzahlen diskreter Wahrscheinlichkeitsverteilungen kennenlernen.

3.1.2 Momente diskreter Wahrscheinlichkeitsverteilungen

Alle Informationen, die ein Entscheidungsträger über die Zufallsvariable besitzt, sind in der Wahrscheinlichkeitsverteilung enthalten. In der Regel ist es aber nützlich, diese Informationen mit Hilfe von Kennzahlen zu verdichten.

Erwartungswert Der Erwartungswert $\mathrm{E}[\tilde{x}]$ einer Verteilung informiert darüber, welchen Wert die Zufallsvariable $\tilde{x}$ "im Durchschnitt" annimmt. Er ist definiert als die Summe aller mit den zugehörigen Wahrscheinlichkeiten q_s gewichteten Realisationen x_s der Zufallsvariablen $\tilde{x}$:

$$\mathrm{E}[\tilde{x}] = \sum_{s=1}^{S} x_s q_s. \tag{3.1}$$

Für das in Tabelle 3.1 gegebene Zahlenbeispiel errechnet man den Erwartungswert mit $\mathrm{E}[\tilde{x}] = 1.705$ DM, vgl. Tabelle 3.3.

Tabelle 3.3: Erwartungswert einer diskreten Verteilung

s	x_s	q_s	$x_s q_s$
1	1.40	0.05	0.070
2	1.50	0.05	0.075
3	1.60	0.10	0.160
4	1.70	0.50	0.850
5	1.80	0.20	0.360
6	1.90	0.10	0.190
			$\mathrm{E}[\tilde{x}] = 1.705$

Bei vielen unserer weiteren Überlegungen werden wir von folgender Eigenschaft des Erwartungswertoperators Gebrauch machen:

$$\mathrm{E}[a + b\,\tilde{x}] = a + b\,\mathrm{E}[\tilde{x}].$$

Ist also der Erwartungswert von Variablen zu berechnen, die sich in der Weise aus einer Zufallsvariablen ergeben, daß man sie zunächst mit einer Zahl b multipliziert und anschließend a addiert, so kann man das Resultat erhalten, indem man zunächst den Erwartungswert der Zufallsvariablen ermittelt, diesen mit b multipliziert und anschließend a addiert.[2] Daraus folgt, daß sich

[2] Für diskrete Verteilungen läßt sich das schnell beweisen, denn

$$\mathrm{E}[a + b\,\tilde{x}] = \sum_{s=1}^{S} (a + b x_s)\, q_s$$

der Erwartungswert der zustandsabhängigen Rückflüsse gemäß Tabelle 3.2 zu $35000 \cdot 1.705 = 59675$ DM ergeben muß.

Varianz und Standardabweichung Zwar gibt der Erwartungswert eine Vorstellung vom mittleren Niveau des Wechselkurses. Jedoch vermittelt er keinerlei Vorstellung über das Ausmaß der Schwankungen, denen die Zufallsvariable unterliegt. Ist dieses Schwankungsintervall breit, so steht man einem größeren Risiko, aber zugleich auch größeren Chancen gegenüber, als wenn der Wechselkurs immer nur geringfügig vom Erwartungswert abweicht. Die bekannteste und in der Finanzierungstheorie am häufigsten verwendete Kennzahl zur Messung des Risikos ist die Varianz. Um sie zu berechnen, quadriert man alle möglichen Abweichungen der Zufallsvariablen von ihrem Erwartungswert, gewichtet wieder mit den zugehörigen Wahrscheinlichkeiten q_s und bildet über alles die Summe:

$$\mathrm{Var}[\tilde{x}] = \sum_{s=1}^{S} (x_s - \mathrm{E}[\tilde{x}])^2 q_s. \tag{3.2}$$

Das Quadrieren der Abweichungen hat den Vorteil, daß sich positive und negative Abweichungen nicht gegenseitig neutralisieren und große Abweichungen stärker zu Buche schlagen als kleine. Gleichzeitig wird jedoch der Unterschied zwischen Risiko als negativer Abweichung und Chance als positiver Abweichung so stark verwischt, daß mit Hilfe der Varianz grundsätzlich noch keine abschließende Aussage über das Verhältnis von Risiken und Chancen möglich ist. Allenfalls im Spezialfall einer symmetrischen Verteilung, wo Chancen und Risiken identisch sind, kann man sich mit der Varianz als Streuungsmaß begnügen.

Für die praktische Berechnung der Varianz ist die Definitionsgleichung (3.2) nicht besonders gut geeignet. Zweckmäßiger ist

$$\mathrm{Var}[\tilde{x}] = \mathrm{E}[\tilde{x}^2] - (\mathrm{E}[\tilde{x}])^2. \tag{3.3}$$

In Tabelle 3.4 wird für unser Währungsbeispiel die Varianz schrittweise berechnet. Sie beträgt

$$\mathrm{Var}[\tilde{x}] = 2.9205 - 1.705^2 = 0.013475 \text{ DM}^2.$$

$$\begin{aligned} &= \sum_{s=1}^{S} a q_s + \sum_{s=1}^{S} b x_s q_s \\ &= a \sum_{s=1}^{S} q_s + b \sum_{s=1}^{S} x_s q_s \\ &= a + b\,\mathrm{E}[\tilde{x}]. \end{aligned}$$

Tabelle 3.4: Varianz einer diskreten Verteilung

s	x_s	q_s	$x_s q_s$	$x_s^2 q_s$
1	1.40	0.05	0.070	0.0980
2	1.50	0.05	0.075	0.1125
3	1.60	0.10	0.160	0.2560
4	1.70	0.50	0.850	1.4450
5	1.80	0.20	0.360	0.6480
6	1.90	0.10	0.190	0.3610
			$\mathrm{E}[\tilde{x}] = 1.705$	$\mathrm{E}[\tilde{x}^2] = 2.9205$

Da nun die Maßeinheit "DM zum Quadrat" jeder Anschaulichkeit entbehrt, benutzt man häufig die Quadratwurzel der Varianz, die als *Standardabweichung* bezeichnet wird,

$$\mathrm{SD}[\tilde{x}] = \sqrt{\mathrm{Var}[\tilde{x}]}\,.$$

Sie beträgt hier $\mathrm{SD}[\tilde{x}] = 0.11608$ DM.

Auch für den Varianzoperator wollen wir uns eine nützliche Rechenregel aneignen:

$$\mathrm{Var}[a + b\,\tilde{x}] = b^2\,\mathrm{Var}[\tilde{x}].$$

Ist also die Varianz von Variablen zu berechnen, die sich in der Weise aus einer Zufallsvariablen ergeben, daß man sie zunächst mit einer Zahl b multipliziert und anschließend a addiert, so kann man das Resultat erhalten, indem man zunächst die Varianz der Zufallsvariablen ermittelt und diese anschließend mit b^2 multipliziert.[3]

[3]Der Beweis für diskrete Verteilungen lautet wie folgt:

$$\begin{aligned}
\mathrm{Var}[a + b\,\tilde{x}] &= \sum_{s=1}^{S} \left(a + bx_s - a - b\,\mathrm{E}[\tilde{x}]\right)^2 q_s \\
&= \sum_{s=1}^{S} \left(bx_s - b\,\mathrm{E}[\tilde{x}]\right)^2 q_s \\
&= \sum_{s=1}^{S} b^2 \left(x_s - \mathrm{E}[\tilde{x}]\right)^2 q_s \\
&= b^2 \sum_{s=1}^{S} \left(x_s - \mathrm{E}[\tilde{x}]\right)^2 q_s \\
&= b^2\,\mathrm{Var}[\tilde{x}].
\end{aligned}$$

Daraus folgt, daß sich die Varianz der zustandsabhängigen Rückflüsse gemäß Tabelle 3.2 zu $35000^2 \cdot 0.013475 = 16513000$ DM^2 ergeben muß.

Schiefe Die Varianz vermittelt im Zusammenhang mit dem Erwartungswert die wichtigsten Informationen über eine Wahrscheinlichkeitsverteilung. In vielen Untersuchungen beschränkt man sich daher auf diese beiden Kennzahlen. Ein Blick auf Abbildung 3.1 zeigt aber, daß Erwartungswert und Varianz die unserem Währungsbeispiel zugrunde liegende Verteilung nicht ausreichend kennzeichnen können. Das Balkendiagramm ist offensichtlich nicht symmetrisch. Vielmehr steigt die Verteilung rechts steil an und fällt links flach ab. Man bezeichnet einen solchen Verteilungstyp als rechtssteil.

Zur Beurteilung der Symmetrie einer Verteilung verwendet man das Schiefemaß. Um die Schiefe zu berechnen, multipliziert man die Abweichungen der Zufallsvariablen vom Erwartungswert dreimal mit sich selbst, gewichtet mit den zugehörigen Wahrscheinlichkeiten und bildet über alle Zustände die Summe,

$$\sum_{s=1}^{S} (x_s - \mathrm{E}[\tilde{x}])^3 q_s .$$

Für linkssteile Verteilungen wird die Schiefe positiv, für rechtssteile Verteilungen negativ. Im Falle der perfekten Symmetrie nimmt das Schiefemaß den Wert null an. Tabelle 3.5 zeigt, wie man die Schiefe schrittweise berechnet. Für das Währungsbeispiel ergibt sich die Kennzahl mit –0.0010523. Die Verteilung ist demnach rechtssteil.

Tabelle 3.5: Schiefe einer diskreten Verteilung

s	x_s	q_s	$x_s - \mathrm{E}[\tilde{x}]$	$(x_s - \mathrm{E}[\tilde{x}])^3$	$(x_s - \mathrm{E}[\tilde{x}])^3 q_s$
1	1.40	0.05	-0.305	-0.028373	-0.0014186
2	1.50	0.05	-0.205	-0.008615	-0.0004308
3	1.60	0.10	-0.105	-0.001158	-0.0001158
4	1.70	0.50	-0.005	0.000000	-0.0000001
5	1.80	0.20	0.095	0.000857	0.0001715
6	1.90	0.10	0.195	0.007415	0.0007415
					-0.0010523

3.1.3 Kovarianz und Korrelationskoeffizient

Bei vielen finanziellen Entscheidungen kommt es auf Risikostreuung an. Es ist beispielsweise ebenso unvernünftig, sein gesamtes Geld in eine einzige Aktie zu investieren, wie es unklug ist, alle Eier, die man zu Markte tragen muß, in ein und denselben Korb zu legen. Wenn man seine Risiken nicht streut, so sind vermeidbare Verluste vorprogrammiert.

Um aber die Vorteile aus der Risikodiversifikation rechnerisch in den Griff zu bekommen, braucht man Kennziffern für die gegenseitige Abhängigkeit von Zufallsvariablen.

Tabelle 3.6: Voneinander abhängige Zufallsvariable

		Aktienrenditen			
		$x_1 = 0.08$	$x_2 = 0.10$	$x_3 = 0.15$	$\sum$
Grund–	$y_1 = 0.06$	0.05	0.05	0.15	0.25
stücks–	$y_2 = 0.09$	0.05	0.30	0.15	0.50
renditen	$y_3 = 0.12$	0.20	0.05	0.00	0.25
	$\sum$	0.30	0.40	0.30	1.00

Betrachten wir einen Kapitalanleger, der entweder Grundbesitz oder Aktien kauft. Beides sind riskante Investitionen, weil die erzielbaren Renditen unsicher sind. Aber es ist auf keinen Fall davon auszugehen, daß sich die Erträge bei beiden Anlageformen gleichartig verhalten werden. Tabelle 3.6 informiert darüber, welche Renditen der Kapitalanleger erwartet. Um die Dinge einfach und übersichtlich zu halten, wird davon ausgegangen, daß im Falle des Grundstückserwerbs ebenso wie im Falle des Aktienkaufs jeweils nur drei verschiedene Renditen möglich sind. Aktien rentieren sich entweder zu 8 %, 10 % oder zu 15 %, während beim Kauf von Immobilien mit 6 %, 9 % oder 12 % gerechnet wird. Die Wahrscheinlichkeit, daß die Grundstücksrendite gerade 6 % beträgt, wenn die Aktienrendite sich auf 10 % beläuft, beträgt 5 %, vgl. Zeile 1 der Matrix.

Insgesamt enthält die Tabelle neun gemeinsame Wahrscheinlichkeiten. In der letzten Zeile findet man die Randverteilung der Aktienrendite. Dieser Zeile läßt sich entnehmen, daß eine Aktienrendite von 10 % mit einer Wahrscheinlichkeit von 40 % erreicht wird. Entsprechend enthält die letzte Spalte die Randverteilung der Grundstücksrendite. Wenn kein möglicher Zustand übersehen wurde, so muß die Summe aller gemeinsamen Wahrscheinlichkeiten 100 % sein. Nennt man die Aktienrendite $\tilde{x}$ und die Immobilienrendite $\tilde{y}$, so lassen sich die in Tabelle 3.6 angegebenen Informationen auch in Form der Tabelle 3.7 darstellen. Hier sehen Sie ebenfalls zwei *gemeinsame Wahrscheinlichkeitsverteilungen* (englisch: joint distributions).

Kovarianz Die Kovarianz – man verwendet dafür das Symbol $\mathrm{Cov}[\tilde{x}, \tilde{y}]$ – mißt nun, in welchem Ausmaß sich beide Zufallsvariable gemeinsam ändern.

Tabelle 3.7: Verbundene Wahrscheinlichkeitsverteilungen

s	q_s	x_s	y_s
1	0.05	0.08	0.06
2	0.05	0.10	0.06
3	0.15	0.15	0.06
4	0.05	0.08	0.09
5	0.30	0.10	0.09
6	0.15	0.15	0.09
7	0.20	0.08	0.12
8	0.05	0.10	0.12

Man berechnet sie, indem man zunächst die Erwartungswerte beider Zufallsvariablen $\mathrm{E}[\tilde{x}]$ und $\mathrm{E}[\tilde{y}]$ ermittelt. Sodann werden die jeweiligen Abweichungen von den Erwartungswerten $(x_s - \mathrm{E}[\tilde{x}])$ und $(y_s - \mathrm{E}[\tilde{y}])$ miteinander multipliziert, mit den Wahrscheinlichkeiten gewichtet und aufsummiert,

$$\mathrm{Cov}[\tilde{x}, \tilde{y}] = \sum_{s=1}^{S} \Big(x_s - \mathrm{E}[\tilde{x}]\Big)\Big(y_s - \mathrm{E}[\tilde{y}]\Big)\, q_s\,. \tag{3.4}$$

Für die praktische Arbeit verwendet man anstelle der Definitionsgleichung (3.4) besser die äquivalente Darstellung

$$\mathrm{Cov}[\tilde{x}, \tilde{y}] = \mathrm{E}[\tilde{x}\tilde{y}] - \mathrm{E}[\tilde{x}] \cdot \mathrm{E}[\tilde{y}]\,. \tag{3.5}$$

Tabelle 3.8 zeigt mit den Zahlen unseres Beispiels die Vorgehensweise. Dabei ergibt sich ein Wert von

$$\mathrm{Cov}[\tilde{x}, \tilde{y}] = 0.009495 - 0.1090 \cdot 0.0900 = -0.000315\,.$$

Diese Zahl deutet darauf hin, daß beide Zufallsvariablen negativ miteinander korrelieren. Wenn die Aktienrenditen steigen, so sinken die Renditen bei den Immobilien, und umgekehrt. Würden sich beide Renditen in gleicher Richtung bewegen, so wäre die Kovarianz positiv. Im Grenzfall, wenn beide Zufallsvariable voneinander unabhängig sind, nimmt die Kovarianz den Wert null an.

Zwar informiert uns die Kovarianz darüber, ob zwei Zufallsvariable voneinander unabhängig sind oder nicht, und sie sagt uns auch, ob der Zusammenhang im Falle der Abhängigkeit positiv oder negativ ist. Sie informiert uns aber nur unzureichend über die Stärke der Abhängigkeit. Aus dem absoluten Wert, den die Kovarianz im Einzelfall annimmt, können wir nichts über die Intensität gegenseitiger Abhängigkeit zweier Zufallsvariablen sagen. Das ist beim Korrelationskoeffizienten anders. Bevor wir diesen aber kennenlernen, wollen wir uns drei nützliche Eigenschaften der Kovarianz klarmachen.

Tabelle 3.8: Kovarianz zweier Zufallsvariablen

s	q_s	x_s	y_s	$x_s q_s$	$y_s q_s$	$x_s y_s q_s$
1	0.05	0.08	0.06	0.0040	0.0030	0.000240
2	0.05	0.10	0.06	0.0050	0.0030	0.000300
3	0.15	0.15	0.06	0.0225	0.0090	0.001350
4	0.05	0.08	0.09	0.0040	0.0045	0.000360
5	0.30	0.10	0.09	0.0300	0.0270	0.002700
6	0.15	0.15	0.09	0.0225	0.0135	0.002025
7	0.20	0.08	0.12	0.0160	0.0240	0.001920
8	0.05	0.10	0.12	0.0050	0.0060	0.000600
				$\mathrm{E}[\tilde{x}] = 0.1090$	$\mathrm{E}[\tilde{y}] = 0.0900$	$\mathrm{E}[\tilde{x}\tilde{y}] = 0.009495$

Zunächst gilt

$$\mathrm{Cov}[\tilde{x}, \tilde{y}] = \mathrm{Cov}[\tilde{y}, \tilde{x}].$$

Das folgt einfach aus der Tatsache, daß die Reihenfolge, in der man zwei Faktoren miteinander multipliziert, keinen Einfluß auf das Multiplikationsergebnis hat. Interessanter sind

$$\mathrm{Cov}[a + b\tilde{x}, c + d\tilde{y}] = bd\,\mathrm{Cov}[\tilde{x}, \tilde{y}] \tag{3.6}$$

und

$$\mathrm{Cov}[\tilde{x}_1 + \tilde{x}_2, \tilde{y}] = \mathrm{Cov}[\tilde{x}_1, \tilde{y}] + \mathrm{Cov}[\tilde{x}_2, \tilde{y}]. \tag{3.7}$$

Beides läßt sich rasch beweisen.[4] Wer das nicht selbst nachrechnen mag, sei auf die Fußnote verwiesen.

[4]Gleichung (3.6) beweist man so:

$$\begin{aligned}
\mathrm{Cov}[a + b\tilde{x}, c + d\tilde{y}] &= \sum_{s=1}^{S} \left(a + bx_s - \mathrm{E}[a + b\tilde{x}]\right)\left(c + dy_s - \mathrm{E}[c + d\tilde{y}]\right) q_s \\
&= \sum_{s=1}^{S} \left(a + bx_s - a - b\,\mathrm{E}[\tilde{x}]\right)\left(c + dy_s - c - d\,\mathrm{E}[\tilde{y}]\right) q_s \\
&= \sum_{s=1}^{S} b\left(x_s - \mathrm{E}[\tilde{x}]\right) \cdot d\left(y_s - \mathrm{E}[\tilde{y}]\right) q_s \\
&= bd \sum_{s=1}^{S} \left(x_s - \mathrm{E}[\tilde{x}]\right)\left(y_s - \mathrm{E}[\tilde{y}]\right) q_s \\
&= bd\,\mathrm{Cov}[\tilde{x}, \tilde{y}].
\end{aligned}$$

Korrelationskoeffizient Mehr Informationsgehalt als die Kovarianz hat der Korrelationskoeffizient. Er ist definiert als

$$\varrho_{xy} = \frac{\mathrm{Cov}[\tilde{x}, \tilde{y}]}{\mathrm{SD}[\tilde{x}]\ \mathrm{SD}[\tilde{y}]}. \tag{3.8}$$

Es handelt sich also um den Quotienten aus der Kovarianz und dem Produkt der Standardabweichungen. Um ihn für das in Tabelle 3.7 gegebene Beispiel berechnen zu können, muß man also die Standardabweichungen der Zufallsvariablen ermitteln. Diese ergeben sich zu

$$\begin{aligned}
\mathrm{SD}[\tilde{x}] &= \sqrt{0.05 \cdot (-0.029)^2 + 0.05 \cdot (-0.009)^2 + \ldots + 0.05 \cdot (-0.009)^2} \\
&= 0.028 \\
\mathrm{SD}[\tilde{y}] &= \sqrt{0.05 \cdot (-0.030)^2 + 0.05 \cdot (-0.030)^2 + \ldots + 0.05 \cdot 0.030^2} \\
&= 0.021\,.
\end{aligned}$$

Anschließend dividiert man die Kovarianz durch das Produkt der Standardabweichungen und erhält

$$\varrho_{xy} = \frac{-0.000315}{0.028 \cdot 0.021} = -0.529.$$

Da der Korrelationskoeffizient auf das Intervall

$$-1 \leq \varrho_{xy} \leq +1$$

normiert ist, kann man im vorliegenden Fall von einer mäßigen negativen Korrelation sprechen.

Um Gleichung (3.7) zu beweisen, beginnt man mit der Definition und formt wie folgt um:

$$\begin{aligned}
\mathrm{Cov}[\tilde{x}_1 + \tilde{x}_2, \tilde{y}] &= \sum_{s=1}^{S} \big(x_{1s} + x_{2s} - \mathrm{E}[\tilde{x}_1 + \tilde{x}_2]\big)\big(y_s - \mathrm{E}[\tilde{y}]\big)\, q_s \\
&= \sum_{s=1}^{S} \big(x_{1s} - \mathrm{E}[\tilde{x}_1] + x_{2s} - \mathrm{E}[\tilde{x}_2]\big)\big(y_s - \mathrm{E}[\tilde{y}]\big)\, q_s \\
&= \sum_{s=1}^{S} \Big((x_{1s} - \mathrm{E}[\tilde{x}_1])(y_s - \mathrm{E}[\tilde{y}])\, q_s + (x_{2s} - \mathrm{E}[\tilde{x}_2])(y_s - \mathrm{E}[\tilde{y}])\, q_s\Big) \\
&= \sum_{s=1}^{S} (x_{1s} - \mathrm{E}[\tilde{x}_1])(y_s - \mathrm{E}[\tilde{y}])\, q_s + \sum_{s=1}^{S} (x_{2s} - \mathrm{E}[\tilde{x}_2])(y_s - \mathrm{E}[\tilde{y}])\, q_s \\
&= \mathrm{Cov}[\tilde{x}_1, \tilde{y}] + \mathrm{Cov}[\tilde{x}_2, \tilde{y}].
\end{aligned}$$

3.1.4 Kontinuierliche Wahrscheinlichkeitsverteilungen

Bisher haben wir uns ausschließlich mit diskreten Wahrscheinlichkeitsverteilungen beschäftigt. Viele ökonomische Größen, insbesondere Preise, Zinssätze, Umsätze, Marktanteile usw. werden jedoch besser als kontinuierliche Variable angesehen, weil sie innerhalb gewisser Bandbreiten praktisch jeden beliebigen Wert annehmen können.

Um kontinuierliche Verteilungen verstehen zu können, muß man zunächst lernen, (kumulative) Wahrscheinlichkeitsverteilungen und Wahrscheinlichkeitsdichtefunktionen voneinander zu unterscheiden.

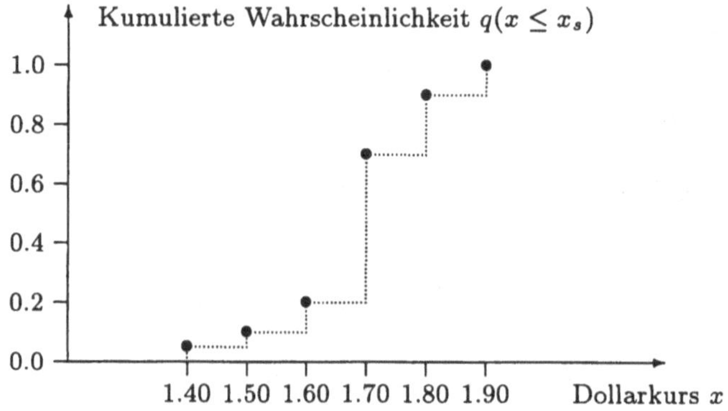

Abbildung 3.2: Diskrete Wahrscheinlichkeitsverteilung

Wahrscheinlichkeitsverteilung Bleiben wir zunächst noch für einen Moment bei den diskreten Wahrscheinlichkeiten und erinnern uns an das Beispiel aus Tabelle 3.1 für sechs verschiedene Dollarkurse. In bezug auf die dort genannten Daten ändern wir jetzt ein wenig die Fragestellung. Wir wollen wissen, mit welcher Wahrscheinlichkeit man für einen Dollar höchstens 1.60 DM zahlen muß. Das ist dasselbe, als wenn man danach fragt, mit welcher Wahrscheinlichkeit man für einen Dollar 1.60 DM oder weniger zu zahlen haben wird. Um diese und alle ähnlichen Fragen beantworten zu können, stellen wir Tabelle 3.9 auf. Die Ergebnisse sind graphisch in Abbildung 3.2 dargestellt. Aus ihr und der Tabelle kann man ablesen, daß die Wahrscheinlichkeit 20 % beträgt, für den Dollar höchstens 1.60 DM bezahlen zu müssen. Bezeichnet man mit $q(x \leq x_s)$ die Wahrscheinlichkeit, daß die Zufallsvariable höchstens so groß wie x_s ist, so beläuft sich diese im diskreten Fall auf

$$q(x \leq x_s) = \sum_{k=1}^{s} q_k \, .$$

Tabelle 3.9: Erwartete Dollarkurse

Zustand	Dollarkurs im Zeitpunkt $t = 1$	Wahrscheinlichkeit	(kumulierte) Wahrscheinlichkeit
1	1.40 DM/US-$	5 %	5 %
2	1.50 DM/US-$	5 %	10 %
3	1.60 DM/US-$	10 %	20 %
4	1.70 DM/US-$	50 %	70 %
5	1.80 DM/US-$	20 %	90 %
6	1.90 DM/US-$	10 %	100 %

Die waagerechten Linien im Kurvenzug der Abbildung 3.2 sind nicht durchgezogen. Damit soll zum Ausdruck gebracht werden, daß Dollarkurse in diesen Bereichen unmöglich sind. Solche unmöglichen Ereignisse innerhalb eines Intervalls von Realisationen einer Zufallsvariablen sind für *diskrete* Verteilungen charakteristisch.

Kontinuierliche Verteilungen zeichnen sich dagegen dadurch aus, daß buchstäblich *alle* Werte innerhalb eines Intervalls als Realisationen möglich sind. Allerdings besitzt jede dieser Realisationen eine Wahrscheinlichkeit in Höhe von null. Die Frage, wie wahrscheinlich ein Dollarkurs von exakt 1.60 DM ist, ist bei kontinuierlicher Verteilungsannahme schlicht und einfach sinnlos.

Jemand, dem die besondere Eigenart kontinuierlicher Verteilungen noch fremd ist, wird nun vielleicht einwenden, daß man doch die Anzahl möglicher Dollarkurse genau abzählen könne, wenn man sich auf Unterschiede der Kursnotizen von Hundertstelpfennigen einigt. Im Beispiel mit 1.40 DM als Unter- und 1.90 DM als Obergrenze wären das 5001 mögliche Dollarkurse. Die Summe der Wahrscheinlichkeiten aller 5001 für möglich erachteten Preise müsse doch wohl eins sein. Die Summe von 5001 Nullen bleibe aber immer null. Das ist richtig. Wo liegt aber dann der Denkfehler? Bei kontinuierlicher Betrachtung gibt es nicht 5001, sondern unendlich viele mögliche Dollarkurse, und auch zwischen den beiden benachbarten Preisen von 1.8537 DM und 1.8538 DM liegen noch unendlich viele mögliche Kurse. Wer etwa sagt, daß Dollarkurse zwischen 1.8537 DM und 1.8538 DM unmöglich seien, der erklärt, daß man es mit einer diskreten, nicht aber mit einer kontinuierlichen Verteilung zu tun hat. So gesehen, sind kontinuierliche Verteilungen häufig nur vereinfachte Abbildungen einer in Wahrheit allerdings recht komplizierten diskreten Welt.

Wahrscheinlichkeitsdichtefunktion Im Gegensatz zum diskreten Fall ist jedoch die Wahrscheinlichkeitsverteilung im kontinuierlichen Fall eine stetige und sogar differenzierbare Funktion, beispielsweise so wie in Abbildung 3.3

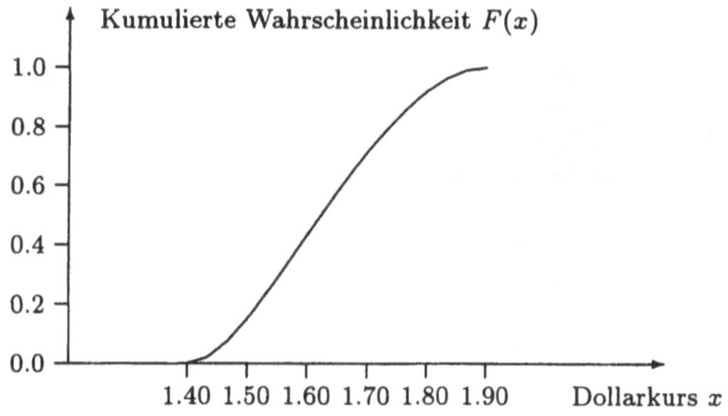

Abbildung 3.3: Kontinuierliche Wahrscheinlichkeitsverteilung

gezeigt. Alle außerhalb dieses Intervalls liegenden Kurse sind unmöglich, alle innerhalb des Intervalls liegenden Zahlen – beispielsweise auch $\sqrt{3}$ oder lg 33 – repräsentieren denkbare Dollarkurse.

Bezeichnet man die untere Intervallschranke mit $\underline{x}$ und die obere mit $\overline{x}$, so gilt für alle möglichen Realisationen einer kontinuierlichen Verteilung $\underline{x} \leq x \leq \overline{x}$. Die Funktion der Wahrscheinlichkeitsverteilung $F(x)$ wollen wir nun in der Form

$$F(x) = \int_{\underline{x}}^{x} f(\xi)\, d\xi$$

schreiben, wobei $f(\xi)$ als *Dichtefunktion* der Zufallsvariablen bezeichnet wird. Dabei trifft man zweckmäßigerweise noch die Konventionen

$$\begin{aligned} f(\xi) &\geq 0 \quad \forall \xi \\ \int_{\underline{x}}^{\overline{x}} f(\xi)\, d\xi &= 1\,. \end{aligned}$$

Die Dichtefunktion stellt also die erste Ableitung der Wahrscheinlichkeitsverteilung nach der Zufallsvariablen dar. Umgekehrt läßt sich die Wahrscheinlichkeitsverteilung auch als Stamm- oder Integralfunktion der Dichte interpretieren.

Will man nun beispielsweise erfahren, wie groß unter den in diesen Abbildungen beschriebenen Bedingungen die Wahrscheinlichkeit ist, daß der Dollarkurs im Intervall zwischen $x_1 = 1.60$ DM und $x_2 = 1.70$ DM sein wird, so muß das Verhältnis der schattierten Fläche zur Gesamtfläche unter der Kurve in Abbildung 3.4 ermittelt werden. Da die Gesamtfläche auf eins normiert ist, benötigt

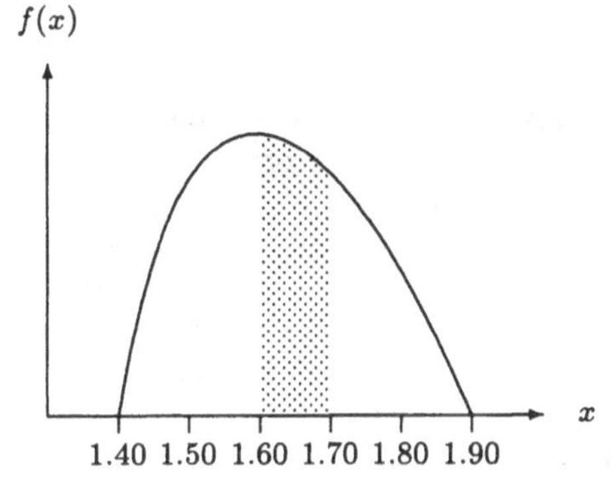

Abbildung 3.4: Wahrscheinlichkeitsdichtefunktion

man nur das bestimmte Integral der Dichtefunktion $f(\xi)$ über dem Intervall $[x_1, x_2]$,

$$\int_{x_1}^{x_2} f(\xi)\, d\xi = F(x_2) - F(x_1)\,.$$

Damit wird auch noch klarer, warum die Wahrscheinlichkeit für einen Dollarkurs von exakt x^* DM sich auf null beläuft. Nach den Regeln der Integralrechnung gilt nämlich

$$\int_{x^*}^{x^*} f(\xi)\, d\xi = F(x^*) - F(x^*) = 0\,.$$

3.1.5 Theoretische Verteilungen

Wie eine bestimmte Zufallsvariable tatsächlich verteilt ist, läßt sich nur auf der Grundlage empirischer Beobachtungen beurteilen. Dabei muß es stets bei Abschätzungen bleiben, weil man immer nur Stichproben und nicht die Grundgesamtheit beobachtet.

In der Theorie arbeitet man stets mit Approximationen oder Idealisierungen empirischer Verteilungen. Solche theoretischen Verteilungen gibt es eine ganze Reihe, die hier im einzelnen nicht dargestellt werden können. Wir beschränken uns auf zwei besonders beliebte, die Binomialverteilung und die Normalverteilung.

Binomialverteilung

Die Binomialverteilung gehört zur Klasse der diskreten Wahrscheinlichkeitsverteilungen. Man könnte sie ganz gut vor dem Hintergrund eines Beispiels erklären, bei dem die Frage zu beantworten wäre, wie groß die Wahrscheinlichkeit ist, daß ein Ehepaar mit drei Kindern genau zwei Töchter und einen Sohn hat. Dieses Beispiel erfüllt in natürlicher Weise eine Eigenschaft, die für Binomialprozesse essentiell ist. Bei jedem "Versuch" (hier: jeder Geburt eines Kindes) sind jeweils nur zwei "Ausgänge" möglich (hier: weiblich oder männlich, mit unterschiedlichen Wahrscheinlichkeiten). Etwas Drittes ist ausgeschlossen. Jedoch ziehen wir ein anderes Beispiel vor, das etwas stärkeren Bezug zur Finanzierungstheorie hat.

Stellen Sie sich vor, der Kurs einer Aktie käme nicht aufgrund von Angebot und Nachfrage zustande, sondern würde so ermittelt, wie Sie das heimlich schon immer vermutet haben. Der Börsenvorstand zieht die Aktienkurse aus einer Art Lostrommel. Es soll sich um eine Urne mit 100 Kugeln handeln, von denen 60 weiß und 40 schwarz sind. Immer wenn eine Kugel gezogen wird, verändert sich der Aktienkurs. Weiße Kugeln sorgen für einen Anstieg des bisherigen Kurses um 5 %, schwarze Kugeln für einen Kursverlust von 3 %. Die Kugeln werden nach jedem Zug wieder zurückgelegt und ordentlich durchgemischt.

Wenn man an einen Zufallsprozeß mit den hier beschriebenen Eigenschaften denkt, spricht man von einem *Binomialprozeß*. Eine Zufallsvariable, nennen wir sie $\tilde{x}$, verändert sich entweder um den Faktor u (hier: 1.05) oder um den Faktor d (hier: 0.97). Das erste Ereignis tritt jeweils mit der Wahrscheinlichkeit q (hier: 60 %), das zweite mit der Wahrscheinlichkeit $1 - q$ (hier: 40 %) auf. Insgesamt finden $n \geq 1$ solche Veränderungen statt.

Binomialwahrscheinlichkeit Nun wollen wir die Frage stellen, wie groß die Wahrscheinlichkeit ist, daß der Aktienkurs nach n Ziehungen k-mal gestiegen und $(n - k)$-mal gefallen ist. Der Deutlichkeit wegen stellen wir die dafür wesentlichen Symbole noch einmal kurz zusammen.

n	Anzahl der Versuche
k	Anzahl der erfolgreichen Versuche
q	Wahrscheinlichkeit, daß ein Versuch erfolgreich ist
$B(n,k,q)$	Wahrscheinlichkeit, daß k von n Versuchen erfolgreich sind, wenn die Erfolgswahrscheinlichkeit bei einem einzigen Versuch gleichbleibend q beträgt

Abbildung 3.5 zeigt die möglichen Entwicklungen des Aktienkurses über drei Tage unter den beschriebenen Voraussetzungen. Wir wollen uns nun für die Wahrscheinlichkeit interessieren, daß der Aktienkurs am dritten Tage den Wert xu^2d^1 angenommen hat, also zweimal gestiegen und einmal gefallen ist. Wenn

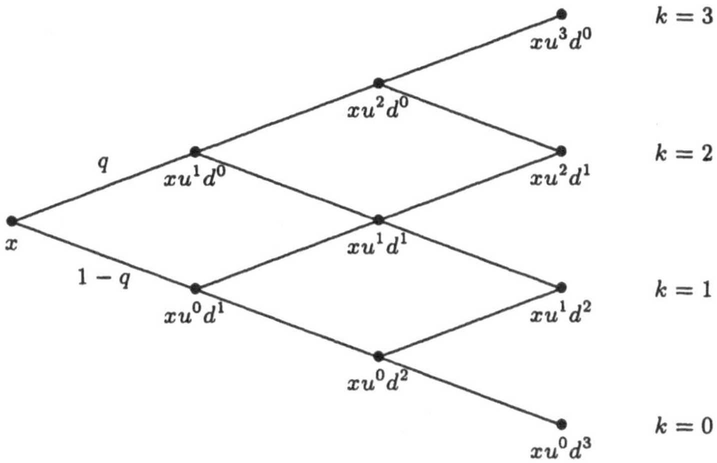

Abbildung 3.5: Binomialer Zufallsprozeß

die Wahrscheinlichkeit steigender Kurse mit $q = 0.6$ veranschlagt wird, so geht es um die Ermittlung der Wahrscheinlichkeit $B(3, 2, 0.6)$.

Abbildung 3.5 veranschaulicht die möglichen Entwicklungen nach der Durchführung von $n = 3$ "Versuchen" mit Hilfe eines Zustandsbaums. Um von der Wurzel des Baumes zu dem mit $k = 2$ gekennzeichneten Zustandsknoten zu gelangen, gibt es drei Wege. Entweder steigt der Kurs in den beiden ersten Börsentagen und fällt am dritten, oder Steigen, Sinken und Steigen wechseln sich ab, oder der Kurs fällt am ersten Tag, um an den beiden folgenden Tagen zu steigen. Die Wahrscheinlichkeit für jeden dieser drei Wege beträgt immer $q^2(1 - q)^1$ oder mit unseren Beispielszahlen $0.6^2 \cdot 0.4^1 = 0.144$. Daher beläuft sich die Wahrscheinlichkeit für die Konstellation xu^2d^1 auf $3 \cdot 0.6^2 \cdot 0.4^1 = 0.432$.

Nach diesen exemplarischen Vorbereitungen können wir die generelle Formel angeben, daß k von n Versuchen erfolgreich sind, wenn q die Erfolgswahrscheinlichkeit bei einem Versuchsvorgang ist. Diese Wahrscheinlichkeit beträgt

$$B(n, k, q) = \binom{n}{k} q^k (1 - q)^{n-k} . \tag{3.9}$$

Dabei ist $\binom{n}{k}$ der Binomialkoeffizient und wird nach der Formel

$$\binom{n}{k} = \frac{n!}{k!\,(n-k)!}$$

berechnet.

Erwartungswert Fragen wir uns zunächst, welchen Wert die Zufallsvariable $\tilde{x}$ nach n Veränderungen annimmt, wenn sie sich k–mal aufwärts und $(n-k)$–mal abwärts bewegt. Die zustandsabhängige Realisation der Zufallsvariablen beläuft sich auf

$$x(n,k,u,d) = xu^k d^{n-k}\,.$$

Um den Erwartungswert zu berechnen, müssen wir diese zustandsabhängigen Größen mit den entsprechenden Binomialwahrscheinlichkeiten gewichten und über die Zahl aller möglichen erfolgreichen Versuche summieren. Daher

$$\begin{aligned} \mathrm{E}[\tilde{x}] &= \sum_{k=0}^{n} x(n,k,u,d)\cdot B(n,k,q) \\ &= \sum_{k=0}^{n} xu^k d^{n-k}\cdot \binom{n}{k} q^k (1-q)^{n-k}\,. \end{aligned}$$

Mit dieser Gleichung kann man beispielsweise ausrechnen, wie groß der Erwartungswert einer Aktie nach drei Tagen ist, wenn an jedem Tag ein Versuch nach dem oben beschriebenen Muster erfolgt und der Aktienkurs sich am Anfang des Prozesses auf $x = 400$ DM beläuft, vgl. dazu Abbildung 3.6.

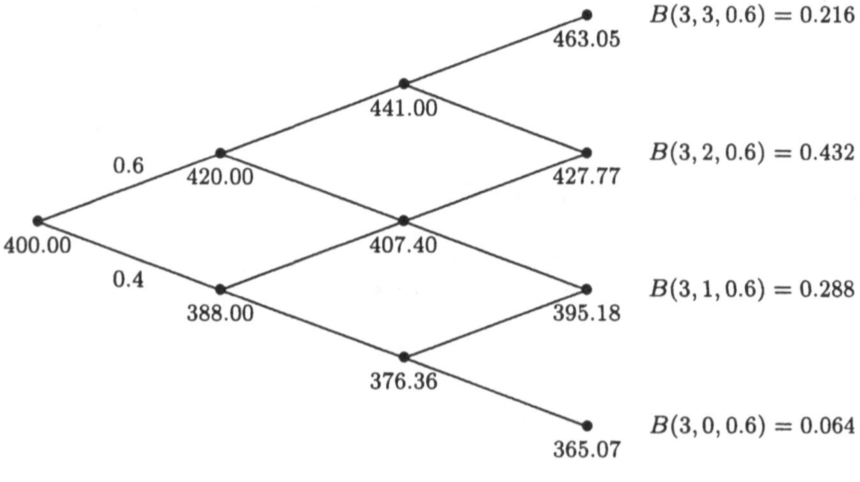

Abbildung 3.6: Exemplarischer binomialer Zufallsprozeß

Anwendung der Definitionsgleichung für den Erwartungswert der Zufallsvariablen nach drei Versuchen führt auf

$$\begin{aligned} \mathrm{E}[\tilde{x}] &= 365.07 \cdot 0.064 + 395.18 \cdot 0.288 + 427.77 \cdot 0.432 + 463.05 \cdot 0.216 \\ &= 421.99 \text{ DM}. \end{aligned}$$

Normalverteilung

Die Normalverteilung (auch Gaußverteilung[5] genannt) ist wohl die prominenteste aller kontinuierlichen Verteilungen. Sie ist symmetrisch und besitzt eine glockenförmige Gestalt, vgl. Abbildung 3.7. Die Formel für die Wahrscheinlichkeitsdichtefunktion lautet

$$f(x) = \frac{1}{\sigma\sqrt{2\pi}}\, e^{-\frac{1}{2}\left(\frac{x-\mu}{\sigma}\right)^2}.$$

Dabei sind x ein Wert der Zufallsvariablen aus dem Definitionsbereich, μ ihr Erwartungswert und σ die Standardabweichung. Im allgemeinen verwendet man die standardisierte Normalverteilung

$$\varphi(u) = \sigma\, f(u) \text{ mit } u = \frac{x-\mu}{\sigma}.$$

Man kann daher auch

$$\varphi(u) = \frac{1}{\sqrt{2\pi}}\, e^{-\frac{1}{2}u^2}$$

schreiben.

Offenkundig kann man Normalverteilungen durch zwei Parameter (Erwartungswert und Standardabweichung) vollständig charakterisieren. Das ist eine angenehme Eigenschaft. Das Intervall, in dem die Zufallsvariable liegen kann, ist nach beiden Seiten offen. Anders gesagt: Die Zufallsvariable kann Werte aus dem Intervall $(-\infty, +\infty)$ annehmen. Das macht die Verwendbarkeit der Normalverteilung mitunter zu einem Problem, denn Aktienkurse, Marktanteile oder Zinssätze besitzen einen kleineren Definitionsbereich. Sie können nicht negativ werden. Allerdings liegt ungefähr 68 % der Fläche unter der Normalverteilungskurve im Intervall $(+1\sigma, -1\sigma)$, und etwas mehr als 95 % aller möglichen Realisationen befindet sich im Intervall $(+2\sigma, -2\sigma)$.

Wer berechnen will, mit welcher Wahrscheinlichkeit eine normalverteilte Zufallsvariable innerhalb eines bestimmten Intervalls liegt, der muß die dem Intervall entsprechende Fläche unter der Dichtefunktion ermitteln. Man verwendet

[5] Carl Friedrich Gauß (1777–1855), deutscher Mathematiker, Astronom und Physiker.

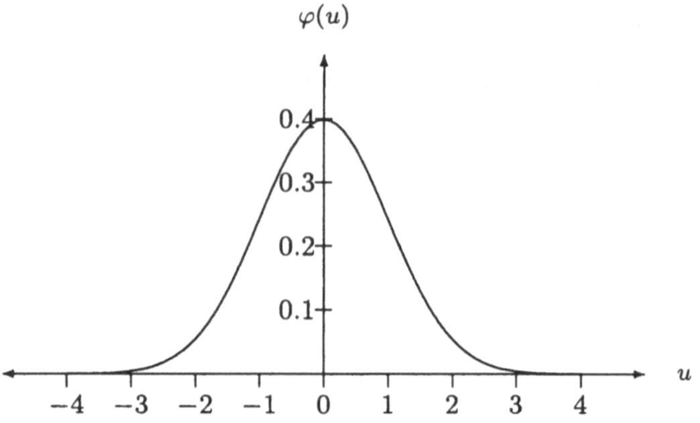

Abbildung 3.7: Dichtefunktion der Standardnormalverteilung

zu diesem Zweck die Standardnormalverteilung oder das Integral

$$N(u) = \int_{-\infty}^{u} \varphi(s)\,ds\,.$$

Da sich das Integral der Dichtefunktion nicht elementar berechnen läßt, greift man bei der praktischen Arbeit mit der Normalverteilung in der Regel auf Tabellen zurück, die sich in einschlägigen Lehrbüchern der Statistik finden lassen.[6] Einen Auszug sehen Sie in Tabelle 3.10. Da die Verteilung vollkommen symmetrisch ist, vgl. Abbildung 3.8, muß

$$N(-u) = 1 - N(u) \tag{3.10}$$

gelten. Aus diesem Grunde reicht es aus, wenn man Tabellenwerte nur für die nicht–positiven Argumente der Funktion angibt.

Um eine Vorstellung vom praktischen Umgang mit der Normalverteilung zu gewinnen, betrachten wir ein einfaches Beispiel. Die Rendite eines Unternehmens sei normalverteilt mit einem Erwartungswert von $\mu = 15$ % und einer Standardabweichung von $\sigma = 6$ %. Wie groß ist unter diesen Umständen die Wahrscheinlichkeit, daß die Rendite im Intervall von $x_1 = 14$ % bis $x_2 = 18$ % liegt?

[6]Moderne Taschenrechner sind häufig mit Bausteinen ausgerüstet, die die entsprechenden Werte "auf Knopfdruck" ausgeben. Das Arbeiten mit solchen Rechnern ist recht komfortabel. Vor allem erspart man sich das lästige und im Ergebnis nicht immer genaue Interpolieren bei $N(u)$–Werten, die nicht tabelliert sind.

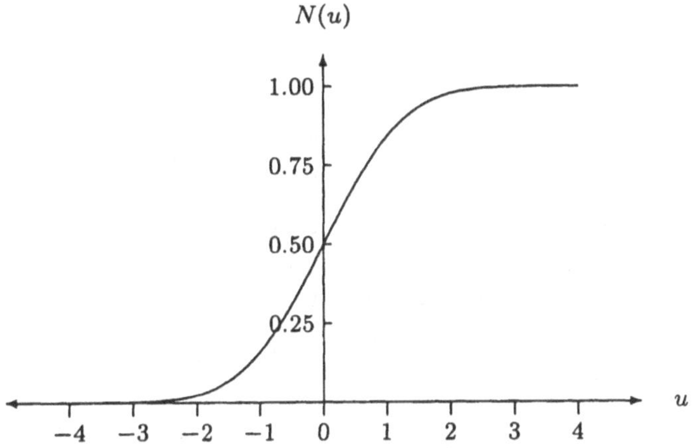

Abbildung 3.8: Standardnormalverteilung

Tabelle 3.10: Standardnormalverteilung

u	$N(u)$	u	$N(u)$	u	$N(u)$	u	$N(u)$
0.0	0.5000	1.0	0.8413	2.0	0.9772	3.0	0.9987
0.1	0.5398	1.1	0.8643	2.1	0.9821	3.1	0.9990
0.2	0.5793	1.2	0.8849	2.2	0.9861	3.2	0.9993
0.3	0.6179	1.3	0.9032	2.3	0.9893	3.3	0.9995
0.4	0.6554	1.4	0.9192	2.4	0.9918	3.4	0.9997
0.5	0.6915	1.5	0.9332	2.5	0.9938	3.5	0.9998
0.6	0.7257	1.6	0.9452	2.6	0.9953	3.6	0.9998
0.7	0.7580	1.7	0.9554	2.7	0.9965	3.7	0.9999
0.8	0.7881	1.8	0.9641	2.8	0.9974	3.8	0.9999
0.9	0.8159	1.9	0.9713	2.9	0.9981	3.9	1.0000

Gefragt ist nach der Differenz zwischen $N(u_2)$ und $N(u_1)$. Zunächst berechnet man u_1 und u_2 mit dem Ergebnis

$$\begin{aligned} u_1 &= \frac{x_1 - \mu}{\sigma} = \frac{0.14 - 0.15}{0.06} = -0.1667 \\ u_2 &= \frac{x_2 - \mu}{\sigma} = \frac{0.18 - 0.15}{0.06} = 0.5000\,. \end{aligned}$$

Während man $N(0.5) = 0.6915$ direkt aus Tabelle 3.10 ablesen kann, muß man den Wert von $N(0.1667)$ durch Interpolieren abschätzen und daraus $N(-0.1667)$ ableiten. Für den Fall $\underline{u} < u < \overline{u}$ liefert lineare Interpolation

$$\begin{aligned} N(u) &= N(\overline{u}) + (u - \overline{u}) \cdot \frac{N(\underline{u}) - N(\overline{u})}{\underline{u} - \overline{u}} \\ N(0.1667) &= N(0.2) + (0.1667 - 0.2) \cdot \frac{N(0.1) - N(0.2)}{0.1 - 0.2} \\ &= 0.5793 - 0.0333 \cdot \frac{0.5398 - 0.5793}{-0.1} \\ &= 0.5661\,. \end{aligned}$$

Daraus folgt wegen der Symmetrieeigenschaft der Normalverteilung gemäß Gleichung (3.10)

$$N(-0.1667) = 1 - N(0.1667) = 1 - 0.5661 = 0.4339\,,$$

und die Wahrscheinlichkeit dafür, daß die Rendite im Intervall zwischen 14 % und 18 % liegt, beläuft sich damit auf

$$N(u_2) - N(u_1) = 0.6915 - 0.4339 = 25.76\,\%\,.$$

Erwartungswert, Varianz und höhere Momente Erwartungswert und Varianz sind bei der Normalverteilung mit den Parametern μ und σ^2 identisch. Das bedeutet

$$\begin{aligned} \mathrm{E}[\tilde{x}] &= \mu \\ \mathrm{Var}[\tilde{x}] = \mathrm{E}\left[(x - \mathrm{E}[\tilde{x}])^2\right] = \mathrm{E}\left[(x-\mu)^2\right] &= \sigma^2\,. \end{aligned}$$

Um die höheren Momente (Schiefe, Exzeß und so weiter) zu berechnen, kann man sich einer nützlichen Regel bedienen. Es gilt nämlich

$$\mathrm{E}\left[(x-\mu)^k\right] = \begin{cases} 0 & \text{wenn } k \text{ ungerade} \\ 1 \cdot 3 \cdot 5 \cdot \ldots \cdot (k-1) \cdot \sigma^k & \text{wenn } k \text{ gerade} \end{cases} \qquad (3.11)$$

3.2 Nutzentheorie unter Unsicherheit

Die Überlegungen, die wir im ersten Teil dieses Buches angestellt haben, beruhten auf zwei Säulen: zum einen auf Annahmen über das vernünftige Verhalten individueller Entscheidungsträger, zum anderen auf Annahmen über die Funktionsweise von Märkten. Mit genau denselben Fundamenten müssen wir arbeiten, wenn wir es mit unsicheren Zukunftsentwicklungen zu tun haben. Jedoch haben wir nun die Aufgabe, die Konzepte, welche wir im ersten Teil dieses Buches kennengelernt haben, unter Berücksichtigung der Unsicherheit zu analysieren. Dabei werden wir feststellen, daß überraschend viele der oben angestellten Überlegungen problemlos auf die neue Situation übertragen werden können.

Wir beginnen mit der Nutzentheorie. Im Mittelpunkt aller Überlegungen zur Lösung von Entscheidungsproblemen unter Unsicherheit steht heute das Bernoulliprinzip. Es wurde im Jahre 1738 von *Daniel Bernoulli* formuliert, der sich mit der Beurteilung von Glücksspielen beschäftigte.[7] Im Jahre 1944 wurde Bernoullis Idee von *John von Neumann* und *Oskar Morgenstern* wiederentdeckt und axiomatisch begründet. Heute gilt das Bernoulliprinzip als das beste Instrument, das wir zur rationalen Lösung von Entscheidungsproblemen bei Risiko besitzen.

3.2.1 Ergebnismatrizen und Lotterien

In Tabelle 3.11 ist die Entscheidungssituation eines Individuums dargestellt, das nicht mit Sicherheit sagen kann, welche Zukunftsentwicklung eintreten wird.

Tabelle 3.11: Ergebnismatrix

	Z_1	Z_2	...	Z_s	...	Z_S
	q_1	q_2	...	q_s	...	q_S
A_1	x_{11}	x_{12}	...	x_{1s}	...	x_{1S}
A_2	x_{21}	x_{22}	...	x_{2s}	...	x_{2S}
.	....	....	....	....	....	....
A_i	x_{i1}	x_{i2}	...	x_{is}	...	x_{iS}
.	....	....	....	....	....	....
A_I	x_{I1}	x_{I2}	...	x_{Is}	...	x_{IS}

[7]Daniel Bernoulli (1700–1782), schweizerischer Mathematiker, Physiker und Mediziner.

Der Entscheidungsträger muß eine von mehreren sich gegenseitig ausschließenden Handlungsalternativen A_i mit $i = 1, 2, \ldots, I$ auswählen. Die Zahl der Alternativen ist endlich. Welche Folgen eine Entscheidung hat, hängt nicht nur von der gewählten Alternative ab, sondern auch davon, welchen Zustand die Welt künftig annehmen wird. Die möglichen relevanten Umweltzustände (auch: Zukunftslagen) können vom Entscheidungsträger vollständig aufgezählt werden. Sie werden durch die Symbole Z_s mit $s = 1, 2, \ldots, S$ repräsentiert. Auch ihre Anzahl ist endlich. Die Eintrittswahrscheinlichkeiten der Zustände q_s mit $s = 1, 2, \ldots, S$ werden als bekannt angenommen. Für sie gilt $0 < q_s < 1$ und $\sum_{s=1}^{S} q_s = 1$. Wenn die i–te Alternative ergriffen wird und die s–te Zukunftslage eintritt, so sind die Folgen eindeutig. Man kann dann sicher mit dem Ergebnis x_{is} rechnen. Ein solches x_{is} bezeichnen wir als Konsequenz oder auch als Resultat beziehungsweise Ergebnis der i–ten Alternative bei Eintritt des s–ten Zustandes.

Hinsichtlich der im folgenden darzustellenden Nutzentheorie werden einige weitere Anwendungsvoraussetzungen getroffen. Die wichtigsten sind folgende:

1. Die Entscheidung wird von einem Individuum getroffen, das sich mit anderen Personen nicht abstimmen oder einigen muß. Die Frage, welcher Umweltzustand eintreten wird, hängt vom Zufall ab. Hinter dem Zufall verbirgt sich kein rational handelnder Gegenspieler (wie etwa beim Schachspiel oder beim Konkurrenzkampf zwischen zwei marktbeherrschenden Firmen).

2. Die Konsequenzen x_{is} haben keine mehrperiodige Dimension. Sie treten zu einem nicht näher gekennzeichneten, aber in jedem Fall einheitlichen Zeitpunkt in der Zukunft auf. Es gibt keine späteren oder früheren Ergebnisse der Alternativen, die für die Entscheidung in irgendeiner Weise von Belang sind.

3. Inhaltlich kann es sich bei den Resultaten x_{is} um alles handeln, was Menschen als Folgen ihrer Handlungen wahrnehmen können. Aus Gründen der Bequemlichkeit konzentriert man sich meistens auf Geldbeträge. Das Resultat x_{is} gibt in diesem Fall den künftigen Reichtum des Entscheidungsträgers für den Fall an, daß er sich für die i–te Alternative entscheidet und der Zufall den s–ten Zustand eintreten läßt.

   Jedoch ist eine solche Beschränkung nicht erforderlich. Die im folgenden darzustellende Nutzentheorie läßt sich auch unter der Voraussetzung entwickeln, daß die Resultate nicht in Geldbeträgen angegeben werden können. Zu diesem Zweck betrachte man das in Tabelle 3.12 dargestellte Entscheidungsproblem.

4. Es wird nicht angenommen, daß die Entscheidung in gleicher oder ähnlicher Weise wiederholt zu treffen ist. Vielmehr wird unterstellt, daß es sich um einen einmaligen Akt handelt.

Tabelle 3.12: Exemplarische Ergebnismatrix

	Z_1 $q_1 = 0.3$	Z_2 $q_2 = 0.5$	Z_3 $q_3 = 0.2$
A_1	Mountainbike	Waschmaschine	Stereoanlage
A_2	Videorecorder	Fotoapparat	Reise nach Venedig

Zum Schluß sei noch eine sprachliche Vereinbarung getroffen. Anstelle von Handlungsalternativen wollen wir auch von *Lotterien* sprechen. Jede Lotterie läßt sich durch die mit ihr verknüpften Resultate sowie deren Eintrittswahrscheinlichkeiten vollständig beschreiben,

$$A_i := [x_{i1}, x_{i2}, \ldots, x_{iS} : q_1, q_2, \ldots, q_S] \,.$$

Es geht nun darum, diejenige Lotterie zu finden, die die Präferenzen des Entscheidungsträgers am besten befriedigt. Vor dem Hintergrund der Tabelle 3.12 lauten die beiden Lotterien

$$\begin{aligned} A_1 &:= [\text{Mountainbike, Waschmaschine, Stereoanlage} : 0.3, 0.5, 0.2] \\ A_2 &:= [\text{Videorecorder, Fotoapparat, Reise nach Venedig} : 0.3, 0.5, 0.2] \,. \end{aligned}$$

Wenn man in der Umgangssprache von Lotterie spricht, stellt man sich regelmäßig vor, daß man einen Preis zahlen muß, um daran teilnehmen zu dürfen. Die Frage, ob man sich für die eine oder andere Lotterie entscheidet, wird dann nicht nur davon abhängen, was man mit welchen Wahrscheinlichkeiten gewinnen kann, sondern auch davon, was ein Los kostet. In dieser Weise darf man das vorstehende Beispiel nicht betrachten. Die Teilnahme ist kostenlos, und Sie müssen sich für eine der beiden Alternativen entscheiden. Für welche der beiden Lotterien würden Sie sich unter diesen Umständen entscheiden?

Um die Situation besser zu begreifen, können Sie sich auch vorstellen, erfolgreich in einer jener Fernseh–Shows mitgewirkt zu haben, bei der man durch Teilnahme an einem Spiel, das die Intelligenz eher unterfordert, Sieger werden kann. Den unangenehmen Teil, das Beantworten der albernen Fragen, haben Sie gerade hinter sich gebracht, so daß die folgende Lotterie nun für Sie kostenlos ist. Der Quizmaster nimmt Sie bei der Hand und fordert Sie auf, sich zwischen zwei Urnen zu entscheiden, in der sich jeweils 100 Kugeln befinden, von denen 30 schwarz, 50 rot und 20 weiß sind. Der Quizmaster erklärt Ihnen weiter, daß Sie später aus der Urne Ihrer Wahl eine Kugel ziehen sollen und folgendes Geschenk mit nach Hause nehmen dürfen.

Erste Urne	schwarz	Mountainbike
	rot	Waschmaschine
	weiß	Stereoanlage
Zweite Urne	schwarz	Videorecorder
	rot	Fotoapparat
	weiß	Reise nach Venedig

Welche der beiden Urnen wäre Ihnen in einer solchen Situation lieber?

3.2.2 Bernoullis Prinzip

Wer das Bernoulliprinzip akzeptiert, der muß die optimale Alternative mit Hilfe der folgenden drei Schritte bestimmen:

1. Zunächst ist die Ergebnismatrix in eine Nutzenmatrix zu transformieren. Dies geschieht mit einer individuell zu bestimmenden und zeitlich nicht notwendigerweise konstanten *Nutzenfunktion*

$$U = U(x),$$

auf die weiter unten noch ausführlich einzugehen sein wird. Ist die Nutzenfunktion gegeben, so läßt sich jedem Lotterie–Resultat x_{is} ein eindeutiger Nutzenwert $U(x_{is})$ zuordnen, vgl. Tabelle 3.13.

Tabelle 3.13: Nutzenmatrix

	Z_1	Z_2	...	Z_s	...	Z_S
	q_1	q_2	...	q_s	...	q_S
A_1	$U(x_{11})$	$U(x_{12})$	...	$U(x_{1s})$	...	$U(x_{1S})$
A_2	$U(x_{21})$	$U(x_{22})$	...	$U(x_{2s})$	...	$U(x_{2S})$
.	...	...	...	...	...	...
A_i	$U(x_{i1})$	$U(x_{i2})$	...	$U(x_{is})$	...	$U(x_{iS})$
.	...	...	...	...	...	...
A_I	$U(x_{I1})$	$U(x_{I2})$	...	$U(x_{Is})$	...	$U(x_{IS})$

Jede Alternative läßt sich nunmehr durch die durch sie ermöglichten Nutzenwerte sowie die zugehörigen Eintrittswahrscheinlichkeiten abbilden:

$$A_i := \Big(U(x_{i1}), U(x_{i2}), \ldots, U(x_{iS}) : q_1, q_2, \ldots, q_S\Big).$$

2. Sodann ist der Präferenzwert jeder Alternative als Erwartungswert der jeweiligen Nutzenverteilung zu berechnen,

$$U(A_i) = \sum_{s=1}^{S} U(x_{is})q_s \, ,$$

oder unter Benutzung des Erwartungswertoperators kürzer

$$U(A_i) = \mathrm{E}\left[U(x_i)\right] .$$

3. Schließlich ist die Lotterie mit dem maximalen erwarteten Nutzen (auch: Erwartungsnutzen oder *Neumann–Morgenstern–Nutzen*) als optimal auszuwählen,

$$\max \mathrm{E}\left[U(x_i)\right] .$$

Um das Prinzip am Beispiel zu veranschaulichen, gehen wir davon aus, daß ein Entscheidungsträger den in Tabelle 3.12 aufgeführten Konsequenzen die nachfolgenden Nutzenwerte zuweist, vgl. Tabelle 3.14. Nimmt man diese – hier willkürlich gewählten – Werte einmal als gegeben, so läßt sich damit die nachstehende Nutzenmatrix aufstellen, vgl. Tabelle 3.15. Dabei erweist sich die erste Alternative als überlegen.

Tabelle 3.14: Nutzenwerte exemplarischer Ergebnisse

x	$U(x)$
Fotoapparat	0.00
Videorecorder	0.30
Waschmaschine	0.40
Mountainbike	0.75
Stereoanlage	0.80
Reise nach Venedig	1.00

Tabelle 3.15: Exemplarische Nutzenmatrix

	Z_1 $q_1 = 0.3$	Z_2 $q_2 = 0.5$	Z_3 $q_3 = 0.2$	$\mathrm{E}\left[U(x_i)\right]$
A_1	0.75	0.40	0.80	0.585
A_2	0.30	0.00	1.00	0.290

Mit dieser Darstellung der formalen Vorgehensweise verfolgten wir noch nicht die Absicht, Sie von der Zweckmäßigkeit des Bernoulliprinzips für die Reihung von Entscheidungsalternativen zu überzeugen. Wir wollten Sie zunächst nur mit dem technischen Ablauf vertraut machen. Was die Eignung des Prinzips betrifft, so ist insbesondere auf zwei Fragen einzugehen:

1. Wie kann man die Nutzenfunktion eines Entscheidungsträgers konkret bestimmen? Und an welche Voraussetzungen ist das geknüpft?

2. Wie kann man die Verwendung von Erwartungswerten rechtfertigen, wenn es sich doch um einmalige Entscheidungsakte handelt, der Erwartungswert also gar nicht - durch stete Wiederholung ein und derselben Entscheidung - realisiert werden kann?

3.2.3 Hinreichende Axiome

Präferenzrelationen Im Rahmen der Nutzentheorie unter Sicherheit hatten wir Präferenzrelationen des Typs

$x_1 \succ x_2$ x_1 ist besser als x_2.

$x_1 \sim x_2$ x_1 ist ebenso gut wie x_2.

$x_1 \succeq x_2$ x_1 ist mindestens so gut wie x_2.

benutzt. x_1 und x_2 standen dort für Handlungsalternativen des Entscheidungsträgers. Ebenso hätte man allerdings auch sagen können, daß x_1 und x_2 Symbole für die Konsequenzen der Handlungsalternativen sind, da diese Konsequenzen sicher waren und sich daher zur Identifikation der Handlungsalternativen eigneten. Diese Möglichkeit besteht jetzt nicht mehr, denn im Falle der Unsicherheit sind die Folgen einer Handlung nicht eindeutig. Vielmehr ist je nach Zukunftsentwicklung mit unterschiedlichen Resultaten zu rechnen. Wenn wir jetzt mit Präferenzrelationen arbeiten, so sind deren Objekte

- entweder die Resultate von Lotterien

  In diesem Sinne wird "Waschmaschine $\succ$ Fotoapparat" zum Ausdruck bringen, daß man lieber eine Waschmaschine als einen Fotoapparat gewinnt, während "Weißwein $\sim$ Rotwein" bedeutet, daß diese beiden Gewinne gleich geschätzt werden.

- oder aber auch Lotterien selbst.

  So kann man mit $[100 \text{ DM}, 0 \text{ DM} : 0.01, 0.99] \succ [10 \text{ DM}, 0 \text{ DM} : 0.5, 0.5]$ zum Ausdruck bringen, daß man lieber an einer Lotterie teilnimmt, bei der man mit 1 % Wahrscheinlichkeit 100 DM gewinnt, als an einer Lotterie, bei der man eine fifty-fifty-Chance auf einen Gewinn von 10 DM hat.

Portfolios und Lotterien Als wir im Abschnitt 1.4 die Nutzentheorie unter Sicherheit diskutierten, haben wir mit Konsequenzen von Handlungsalternativen x und y gearbeitet und außerdem sogenannte Portfolios $[x, y : \alpha, 1-\alpha]$ mit $0 < \alpha < 1$ betrachtet. Jetzt beschäftigen wir uns mit Konsequenzen von Handlungsalternativen $x_1, x_2, \ldots, x_S$ und betrachten außerdem Lotterien $[x_1, x_2, \ldots, x_S : q_1, q_2, \ldots, q_S]$ mit $0 < q_s < 1$ und $\sum_{s=1}^{S} q_s = 1$.

Die Ähnlichkeiten zwischen Portfolios und Lotterien sind recht groß, und dennoch darf man nicht den Fehler machen, Portfolios und Lotterien miteinander zu verwechseln. Betrachten wir eine Kiste mit 6 Flaschen Wein, von denen 2 Weißwein und 4 Rotwein enthalten. Dann können wir diese Kiste als Portfolio aus Weißwein und Rotwein in der Form

$$\text{Wein–Portfolio} \equiv [\text{Weißwein, Rotwein} : 0.333, 0.667]$$

schreiben. Denken wir an eine Lotterie, bei der man mit einer Wahrscheinlichkeit von $\frac{1}{3}$ Weißwein und einer Wahrscheinlichkeit von $\frac{2}{3}$ Rotwein gewinnt, so schreiben wir ebenfalls

$$\text{Wein–Lotterie} \equiv [\text{Weißwein, Rotwein} : 0.333, 0.667].$$

Trotzdem handelt es sich nicht um dasselbe. Im ersten Fall bekommt man mit Sicherheit "Weißwein und Rotwein", Weißwein allerdings in kleinerer *Menge*; im zweiten Fall dagegen erhält man "entweder Weißwein oder Rotwein", Weißwein jedoch mit geringerer *Wahrscheinlichkeit*.

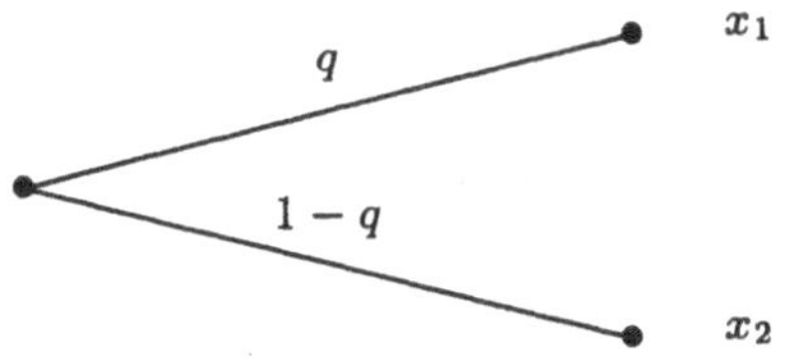

Abbildung 3.9: Einfache Lotterie

Zum besseren Verständnis der folgenden Überlegungen ist noch die Kenntnis zweier Begriffe und einer Rechenregel wichtig. Das ist zum einen die *einfache Lotterie*. Hierunter versteht man eine Lotterie mit nur zwei möglichen Resultaten, was man beispielsweise durch

$$[x_1, x_2 : q, 1-q]$$

oder graphisch so wie in Abbildung 3.9 darstellen kann. Ebenso wichtig ist der Begriff der *zusammengesetzten Lotterie*. Das ist eine Lotterie, bei der ein

Resultat seinerseits eine Lotterie ist. Abbildung 3.10 zeigt eine solche Situation graphisch. Schreiben kann man das in der Form

$$\Big[x_1, [x_2, x_3 : q_2, 1 - q_2] : q_1, 1 - q_1\Big] = \\ = [x_1, x_2, x_3 : q_1, (1 - q_1)q_2, (1 - q_1)(1 - q_2)], \quad (3.12)$$

was wir uns als Rechenregel für zusammengesetzte Lotterien einprägen wollen. Man erhält also die Wahrscheinlichkeiten der Lotterieergebnisse x_2 und x_3, indem man an den relevanten Zweigen des Baumes entlang multipliziert.

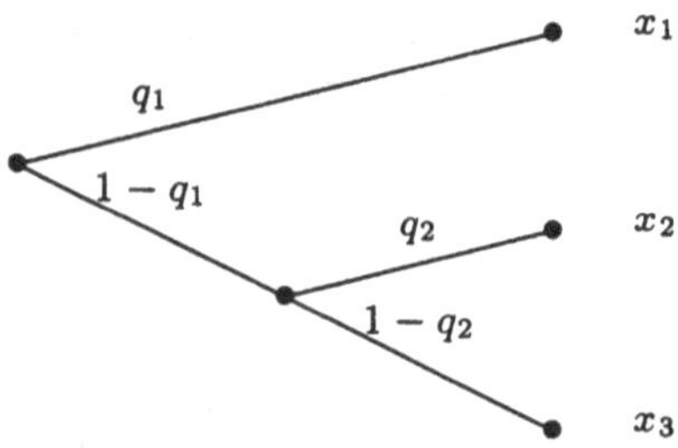

Abbildung 3.10: Zusammengesetzte Lotterie

Axiome vernünftigen Verhaltens Die Axiome, welche man braucht, um die Existenz einer *Neumann-Morgenstern*-Nutzenfunktion zu beweisen, sind mit den fünf Axiomen identisch, die wir oben im Rahmen der Nutzentheorie unter Sicherheit bereits kennengelernt haben. Hinzu tritt allerdings ein sechstes Axiom. Wir rekapitulieren die ersten fünf Axiome daher in der gebotenen Kürze und verweisen im übrigen auf unsere frühere Diskussion.[8]

1. Vergleichbarkeit Dieses Axiom verlangt von Ihnen, daß Sie bezüglich der Konsequenzen Ihrer Handlungsalternativen paarweise Attraktivitätsurteile des Typs

$$x_1 \succeq x_2 \qquad \text{oder} \qquad x_1 \sim x_2 \qquad \text{oder} \qquad x_1 \preceq x_2$$

abgeben können.

[8]Vgl. oben Seite 30 ff.

2. Transitivität Wenn Sie das Resultat x_1 mindestens so gut wie das Ergebnis x_2 finden und Ihnen außerdem x_2 mindestens so angenehm wie x_3 ist, dann sollten Sie auch x_1 mindestens so hoch schätzen wie x_3. Oder

$$x_1 \succeq x_2 \text{ und } x_2 \succeq x_3 \Longrightarrow x_1 \succeq x_3.$$

3. Stetigkeit Auch dieses Axiom hatten wir oben mit Bezug auf Portfolios definiert, und wieder lassen wir nur eine Lotterie an die Stelle des Portfolios treten. Es lautet dann:

Wenn $x_1 \succ x_2 \succ x_3$,
dann gibt es ein q mit $0 < q < 1$, so daß $[x_1, x_3 : q, 1-q] \sim x_2$.

Ein Beispiel mag das illustrieren. Nehmen wir an, daß Sie Rotwein lieber als Weißwein trinken, aber Wein – in welcher Form auch immer – vorziehen, wenn man Sie vor die Alternative Wein oder Bier stellt. Für Sie gilt also Rotwein $\succ$ Weißwein. Dann sollte es eine Wahrscheinlichkeit q mit $0 < q < 1$ geben, bei der Sie eine "Rotwein–Bier–Lotterie" ebenso interessant finden wie eine "sichere Flasche Weißwein". Oder: [Rotwein, Bier : $q, 1-q$] $\sim$ Weißwein.

4. Beschränkung Wenn Sie mehrere Resultate $x_1, x_2, \ldots$ miteinander vergleichen, die mit den Sie interessierenden Handlungsalternativen verbunden sind, so können Sie angeben, welches Ergebnis Sie am schlechtesten und welches am günstigsten finden. Bezeichnet man das schlechteste Resultat mit $\underline{x}$ und das beste mit $\overline{x}$, so gilt für jede weitere Handlungskonsequenz x_k die Präferenzrelation $\overline{x} \succeq x_k \succeq \underline{x}$.

5. Dominanz Dieses Axiom hatten wir unter Sicherheit im Hinblick auf Portfolios definiert. Nun setzen wir Lotterien an die Stelle von Portfolios. Das Axiom lautet dann: Wenn Sie die Präferenzrelation $\overline{x} \succ \underline{x}$ besitzen, so sollten Sie beim Vergleich von zwei Lotterien diejenige vorziehen, bei der das Resultat $\overline{x}$ mit höherer Wahrscheinlichkeit zu erwarten ist,

$$\overline{x} \succ \underline{x} \text{ und } q_1 > q_2 \Longrightarrow [\overline{x}, \underline{x} : q_1, 1-q_1] \succ [\overline{x}, \underline{x} : q_2, 1-q_2].$$

Beispiel: Wenn Sie von verschiedenen Eissorten am liebsten Schokolade und am wenigsten gern Erdbeere mögen, dann sollten Sie eine Lotterie, bei der Sie mit 80 % Wahrscheinlichkeit Schokoladeneis gewinnen, einer Lotterie vorziehen, bei der die Wahrscheinlichkeit, Schokoladeneis zu erhalten, nur 60 % beträgt.

6. Unabhängigkeit Das Unabhängigkeits- oder Substitutionsaxiom fordert vom Entscheidungsträger folgendes Verhalten. Wenn zwischen zwei Ergebnissen eine bestimmte Präferenzrelation herrscht (beispielsweise $x_1 \succ x_2$), so muß die gleiche Relation auch zwischen zwei Lotterien herrschen, die sich nur dadurch unterscheiden, daß x_1 an die Stelle von x_2 tritt. Formal könnte man also schreiben:

$$x_1 \succ x_2 \Longrightarrow [x_1, x_3 : q, 1-q] \succ [x_2, x_3 : q, 1-q]$$

oder auch

$$x_1 \sim x_2 \Longrightarrow [x_1, x_3 : q, 1-q] \sim [x_2, x_3 : q, 1-q].$$

Eine etwas allgemeinere Formulierung des Unabhängigkeitsaxioms lautet so: Angenommen, jemand schätzt das sichere Resultat x_1 höher als die Lotterie $[x_2, x_3 : q_2, 1-q_2]$, dann soll die gleiche Relation auch zwischen zwei Lotterien gelten, die sich nur dadurch unterscheiden, daß x_1 an die Stelle der Lotterie $[x_2, x_3 : q_2, 1-q_2]$ tritt. Formal ausgeführt bedeutet das:

$$x_1 \succ [x_2, x_3 : q_2, 1-q_2] \Longrightarrow$$

$$[x_1, x_4 : q_1, 1-q_1] \succ \Big[[x_2, x_3 : q_2, 1-q_2], x_4 : q_1, 1-q_1\Big]$$

oder nach der Rechenregel für zusammengesetzte Lotterien

$$[x_1, x_4 : q_1, 1-q_1] \succ \Big[x_2, x_3, x_4 : q_1 q_2, q_1(1-q_2), 1-q_1\Big]$$

und

$$x_1 \sim [x_2, x_3 : q_2, 1-q_2] \Longrightarrow$$

$$[x_1, x_4 : q_1, 1-q_1] \sim \Big[[x_2, x_3 : q_2, 1-q_2], x_4 : q_1, 1-q_1\Big]$$

oder

$$[x_1, x_4 : q_1, 1-q_1] \sim \Big[x_2, x_3, x_4 : q_1 q_2, q_1(1-q_2), 1-q_1\Big].$$

3.2.4 Existenz einer kardinalen Nutzenfunktion

Wer die beschriebenen sechs Axiome akzeptiert, der besitzt eine kardinale Nutzenfunktion. Das bedeutet

$$x_1 \succ x_2 \iff U(x_1) > U(x_2) \tag{3.13}$$

$$x_1 \sim x_2 \iff U(x_1) = U(x_2) \tag{3.14}$$

$$U([x_1, x_2 : q, 1-q]) = q\,U(x_1) + (1-q)\,U(x_2). \tag{3.15}$$

Die ersten beiden Eigenschaften sind bereits bekannt. Sie gelten auch für ordinale Nutzenfunktionen. Entscheidend ist der dritte Teil, also Gleichung (3.15).

Da wir nur eine einzige zusätzliche Annahme, nämlich das Unabhängigkeitsaxiom, eingeführt haben, muß dieses Axiom für den Beweis von (3.15) von besonderer Bedeutung sein. Gleichung (3.15) hat weitreichende Bedeutung, weil sie die Bewertung von Lotterien und nicht nur von Lotterieresultaten erlaubt, und man kann sie wie folgt interpretieren. Man betrachte eine Lotterie $[x_1, x_2 : q, 1-q]$. Der Nutzen dieser Lotterie beläuft sich auf $U([x_1, x_2 : q, 1-q])$. Das ist die linke Seite von Gleichung (3.15). Die rechte Seite derselben Gleichung besagt, daß man den Nutzen dieser Lotterie auch berechnen kann, indem man zunächst die Nutzenwerte der einzelnen Lotterieresultate ermittelt und diese anschließend mit den Eintrittswahrscheinlichkeiten gewichtet.

Man nennt eine Nutzenfunktion, die nicht nur (3.13) und (3.14), sondern auch (3.15) erfüllt, *kardinal*, weil sich aus (3.15) noch eine weitere wichtige Eigenschaft ergibt. Nehmen Sie an, es gibt drei Ergebnisse mit $x_1 \succ x_2 \succ x_3$. Wegen des Stetigkeitsaxioms existiert ein Portfolio mit $[x_1, x_3 : q, 1-q] \sim x_2$, woraus wegen der Definition der Nutzenfunktion $U([x_1, x_3 : q, 1-q]) = U(x_2)$ folgt. Wegen (3.15) muß dann auch $U(x_2) = q\,U(x_1) + (1-q)\,U(x_3)$ sein. Die Nutzenrelation zwischen x_1, x_2 und x_3 drückt also nicht nur eine (ordinale) Rangfolge aus. Vielmehr wird sie quantitativ durch die Zahl q gemessen. Diese Eigenschaft wird als *kardinal* bezeichnet.

Wir beweisen die Existenz einer kardinalen Nutzenfunktion auf dem gleichen Wege, den wir auf Seite 32 bereits einmal benutzt haben. Wir definieren eine Nutzenfunktion und zeigen anschließend, daß sie die behaupteten Eigenschaften besitzt. Zu diesem Zweck setzen wir dem Beschränkungsaxiom folgend voraus, daß es eine Menge von Handlungskonsequenzen z gibt, für die $\overline{x} \succeq z \succeq \underline{x}$ gilt. Dann sind drei Fälle zu unterscheiden:

$\overline{x} \sim z$	z ist ebenso gut wie das beste Ergebnis.
$\overline{x} \succ z \succ \underline{x}$	z ist besser als die schlechteste, aber schlechter als das beste Ergebnis.
$z \sim \underline{x}$	z ist ebenso gut wie das schlechteste Ergebnis.

Vollkommen analog zu unserer auf Seite 32 erprobten Vorgehensweise verwenden wir nun folgende Nutzenfunktion:

$$U(z) = \begin{cases} 1 & \text{wenn } \overline{x} \sim z \\ q & \text{wenn } \overline{x} \succ z \succ \underline{x} \text{ mit } 0 < q < 1 \text{ und } z \sim [\overline{x}, \underline{x} : q, 1-q] \\ 0 & \text{wenn } z \sim \underline{x}\,. \end{cases} \tag{3.16}$$

Der Nutzen des besten Resultats aller Handlungsalternativen beträgt eins; der Nutzen des schlechtesten Ergebnisses ist null. In bezug auf alle anderen Konsequenzen wird der Entscheidungsträger mit einer Referenz–Lotterie konfrontiert, die entweder das beste Ergebnis $\overline{x}$ oder das schlechteste Resultat $\underline{x}$ verspricht. Sodann fragt man den Entscheidungsträger nach der Wahrscheinlichkeit q (Gegenwahrscheinlichkeit $(1-q)$), mit der man ihm das beste (schlechteste) Ergebnis in Aussicht stellen müßte, damit es ihm gerade gleichgültig ist, ob er die Referenz–Lotterie oder das Ergebnis z besitzt. Diese Wahrscheinlichkeit entspricht dem Nutzen des Ergebnisses z. Wenn der Entscheidungsträger das Stetigkeitsaxiom anerkennt, dann muß er eine solche Wahrscheinlichkeit nennen.

Wem der nachfolgende förmliche Beweis der Existenz einer kardinalen Nutzenfunktion jetzt nicht wichtig ist, der möge die nachstehenden Ausführungen überspringen.

Beweis *Um zu zeigen, daß die Nutzenfunktion die Eigenschaften (3.13) und (3.14) erfüllt, können wir auf den Beweis der Existenz einer ordinalen Nutzenfunktion verweisen.*[9] *Man braucht nur Lotterien an die Stelle von Portfolios treten zu lassen. Infolgedessen konzentrieren wir uns hier auf den Beweis der Eigenschaft (3.15). Dabei empfiehlt es sich, zwei Fälle zu unterscheiden:*

1. $z_1 \sim z_2$: *Hier gilt wegen des Unabhängigkeitsaxioms* $[z_1, z_2 : q, 1-q] \sim [z_1, z_1 : q, 1-q] = z_1$. *Aus diesem Grunde erhalten wir* $U([z_1, z_2 : q, 1-q]) = U(z_1)$, *wofür man auch* $q\,U(z_1) + (1-q)\,U(z_1)$ *schreiben kann. Da wegen (3.14) aus der Voraussetzung sofort* $U(z_1) = U(z_2)$ *folgt, muß* $U([z_1, z_2 : q, 1-q]) = q\,U(z_1) + (1-q)\,U(z_2)$ *sein.*
2. $z_1 \succ z_2$: *Für diese Konstellation sind vier Unterfälle zu unterscheiden.*

   (a) $\overline{x} \sim z_1 \succ z_2 \succ \underline{x}$: *Wegen des Unabhängigkeitsaxioms gilt* $[z_1, z_2 : q, 1-q] \sim [\overline{x}, z_2 : q, 1-q]$, *und wegen des Stetigkeitsaxioms muß es ein* q_2 *mit* $0 < q_2 < 1$ *geben, so daß* $z_2 \sim [\overline{x}, \underline{x} : q_2, 1-q_2]$ *ist. Erneute Anwendung des Unabhängigkeitsaxioms liefert*

   $$[z_1, z_2 : q, 1-q] \sim \Big[\overline{x}, [\overline{x}, \underline{x} : q_2, 1-q_2] : q, 1-q\Big]$$

   oder nach Umformung

   $$[z_1, z_2 : q, 1-q] \sim [\overline{x}, \underline{x} : q + (1-q)\,q_2, 1 - (q + (1-q)\,q_2)].$$

   Aus der Definition der Nutzenfunktion gemäß (3.16) folgt sofort

   $$U([\overline{x}, \underline{x} : q + (1-q)\,q_2, 1 - (q + (1-q)\,q_2)]) = q + (1-q)\,q_2.$$

   Voraussetzungsgemäß muß aber $U(z_1) = 1$ *und* $U(z_2) = q_2$ *sein. Infolgedessen erhalten wir*

   $$U([z_1, z_2 : q, 1-q]) = q\,U(z_1) + (1-q)\,U(z_2).$$

   (b) $\overline{x} \sim z_1 \succ z_2 \sim \underline{x}$: *Anwendung des Unabhängigkeitsaxioms liefert unmittelbar*

   $$[z_1, z_2 : q, 1-q] \sim [\overline{x}, \underline{x} : q, 1-q].$$

   Und aus der Definition der Nutzenfunktion gemäß (3.16) folgt

   $$U([\overline{x}, \underline{x} : q, 1-q]) = q.$$

[9] Vgl. oben Seite 33.

Da $U(z_1) = 1$ und $U(z_2) = 0$ ist, erweist sich auch in diesem Fall

$$U([z_1, z_2 : q, 1-q]) = q\,U(z_1) + (1-q)\,U(z_2)$$

als richtig.

(c) $\overline{x} \succ z_1 \succ z_2 \succ \underline{x}$: *Aufgrund des Stetigkeitsaxioms müssen eindeutige Wahrscheinlichkeiten* q_1 *und* q_2 *existieren, so daß* $z_1 \sim [\overline{x}, \underline{x} : q_1, 1-q_1]$ *und* $z_2 \sim [\overline{x}, \underline{x} : q_2, 1-q_2]$. *Betrachten wir eine Lotterie* $[z_1, z_2 : q, 1-q]$, *so muß wegen des Unabhängigkeitsaxioms*

$$[z_1, z_2 : q, 1-q] \sim \Big[[\overline{x}, \underline{x} : q_1, 1-q_1], [\overline{x}, \underline{x} : q_2, 1-q_2] : q, 1-q\Big]$$

gelten, was sich zu

$$[z_1, z_2 : q, 1-q] \sim \Big[\overline{x}, \underline{x} : qq_1 + (1-q)\,q_2, 1-(qq_1 + (1-q)\,q_2)\Big]$$

umformen läßt. Aus der Definition der Nutzenfunktion gemäß (3.16) folgt

$$U([\overline{x}, \underline{x} : qq_1 + (1-q)\,q_2, 1-(qq_1 + (1-q)\,q_2)]) = qq_1 + (1-q)\,q_2\,.$$

Berücksichtigt man nun noch $U(z_1) = q_1$ *und* $U(z_2) = q_2$, *so hat man wieder das Ergebnis*

$$U([z_1, z_2 : q, 1-q]) = q\,U(z_1) + (1-q)\,U(z_2)\,.$$

(d) $\overline{x} \succ z_1 \succ z_2 \sim \underline{x}$: *Wegen des Stetigkeitsaxioms existiert ein* q_1 *mit* $0 < q_1 < 1$, *so daß* $z_1 \sim [\overline{x}, \underline{x} : q_1, 1-q_1]$. *Aufgrund des Unabhängigkeitsaxioms muß daher*

$$[z_1, z_2 : q, 1-q] \sim \Big[[\overline{x}, \underline{x} : q_1, 1-q_1], \underline{x} : q, 1-q\Big]$$

gelten, was sich zu

$$[z_1, z_2 : q, 1-q] \sim \Big[\overline{x}, \underline{x} : qq_1, 1-qq_1\Big]$$

umschreiben läßt. Der Nutzen der Lotterie $[\overline{x}, \underline{x} : qq_1, 1-qq_1]$ *beläuft sich definitionsgemäß auf* qq_1, *weswegen wir*

$$U([z_1, z_2 : q, 1-q]) = qq_1$$

schreiben können. Da nun ferner $U(z_1) = q_1$ *und* $U(z_2) = 0$ *ist, folgt wieder*

$$U([z_1, z_2 : q, 1-q]) = q\,U(z_1) + (1-q)\,U(z_2)\,.$$

□

3.2.5 Eine ganz und gar nicht finanzwirtschaftliche Anwendung

Betrachten Sie nochmals Tabelle 3.12 auf Seite 111. Dieses Beispiel hat so gut wie nichts mit einem Investitions– oder Finanzierungsproblem zu tun. Würden wir ein finanzwirtschaftliches Entscheidungsproblem betrachten, so läge es nahe, mit Handlungskonsequenzen zu arbeiten, die Cash–flows darstellen. Das hätte den Vorteil, daß man die Ergebnisse auf einer kardinalen Skala messen könnte. Indessen bestünde aber auch die Gefahr, daß man die Leistungsfähigkeit der Nutzentheorie unter Unsicherheit unterschätzt, denn das Bernoulliprinzip setzt keineswegs voraus, daß wir es mit Handlungskonsequenzen zu tun haben, die in Form von Geldbeträgen angegeben werden können.

Wenn ein Individuum das in Tabelle 3.12 beschriebene Entscheidungsproblem zu lösen hat und dem *Vergleichbarkeitsaxiom* folgt, so ist es dazu imstande, alle Resultate paarweise miteinander zu vergleichen und Präferenzrelationen zu nennen. Nehmen wir an, der Entscheidungsträger käme zu der nachstehenden Rangordnung:

$$\begin{aligned}&\text{Reise nach Venedig} \succ \text{Stereoanlage} \succ \text{Mountainbike} \succ \\ &\qquad \succ \text{Waschmaschine} \succ \text{Videorecorder} \succ \text{Fotoapparat}\end{aligned}$$

Akzeptiert der Entscheidungsträger auch das *Transitivitätsaxiom*, so ist ausgeschlossen, daß er uns mitteilt, er würde den Fotoapparat lieber besitzen als an einer Reise nach Venedig teilnehmen, und damit könnten wir notieren:

$$\begin{aligned}\overline{x} &\equiv \text{Reise nach Venedig}\\ \underline{x} &\equiv \text{Fotoapparat}\end{aligned}$$

Gleichzeitig könnten wir feststellen, daß das *Beschränkungsaxiom* erfüllt ist.

Die Referenz–Lotterie hat nun die Struktur

$$[\text{Reise nach Venedig, Fotoapparat} : q, 1 - q] ,$$

und wir hätten den Entscheidungsträger jetzt nach den Wahrscheinlichkeiten q zu fragen, die gegeben sein müssen, damit er die Referenz–Lotterie genauso attraktiv findet wie diejenigen Ergebnisse, welche er besser als den Fotoapparat und zugleich schlechter als die Venedigreise findet, vgl. für das Mountainbike Abbildung 3.11.

Um diese vom Entscheidungsträger *gewünschten Wahrscheinlichkeiten* von den durch ihn *geschätzten Eintrittswahrscheinlichkeiten* der alternativen Zukunftsentwicklungen unterscheiden zu können, wollen wir sie hier *Indifferenz–Wahrscheinlichkeiten* nennen. Tatsächlich handelt es sich dabei natürlich um nichts anderes als die aus Tabelle 3.14 bereits bekannten Nutzenziffern. Akzeptiert unser Entscheidungsträger das *Stetigkeitsaxiom*, so muß er uns seine

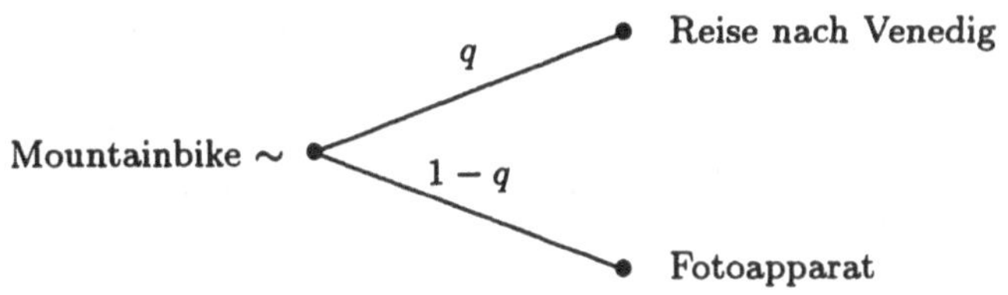

Abbildung 3.11: Vergleich eines sicheren Resultates mit einer Referenz–Lotterie

Indifferenz–Wahrscheinlichkeiten offenbaren. Das könnte beispielsweise so aussehen:

Ergebnis	Indifferenz–Wahrscheinlichkeit (q)
Mountainbike	0.75
Stereoanlage	0.60
Videorecorder	0.30
Waschmaschine	0.40

Hinsichtlich der Stereoanlage hätte sich der Entscheidungsträger allerdings in einen Widerspruch verwickelt, denn vorstehende Tabelle läßt sich hinsichtlich des Mountainbikes und der Stereoanlage in die Form

$$\begin{aligned}[\text{Reise nach Venedig, Fotoapparat} : 0.75, 0.25] &\sim \text{Mountainbike}\\ [\text{Reise nach Venedig, Fotoapparat} : 0.60, 0.40] &\sim \text{Stereoanlage}\end{aligned}$$

bringen. Hieraus folgt aber wegen des *Dominanzaxioms*, daß

$$\text{Mountainbike} \succ \text{Stereoanlage}$$

sein muß, was im Widerspruch zu der auf Seite 122 angegebenen Rangfolge des Entscheidungsträgers steht. Diesen Widerspruch kann er nur vermeiden, indem er für die Stereoanlage eine Indifferenz–Wahrscheinlichkeit nennt, die größer als 0.75 ist. Die Korrektur soll so aussehen, wie nachstehend gezeigt.

Ergebnis	Indifferenz–Wahrscheinlichkeit (q)
Mountainbike	0.75
Stereoanlage	0.80
Videorecorder	0.30
Waschmaschine	0.40

Gestützt auf das *Unabhängigkeitsaxiom* können wir das in Tabelle 3.12 dargestellte Ausgangsproblem mit diesen Angaben in eine Form bringen, wie sie in Tabelle 3.16 wiedergegeben ist.

Tabelle 3.16: Transformierte Ergebnismatrix

	Z_1 $q_1 = 0.3$	Z_2 $q_2 = 0.5$	Z_3 $q_3 = 0.2$
A_1	$[\overline{x}, \underline{x} : 0.75, 0.25]$	$[\overline{x}, \underline{x} : 0.40, 0.60]$	$[\overline{x}, \underline{x} : 0.80, 0.20]$
A_2	$[\overline{x}, \underline{x} : 0.30, 0.70]$	$[\overline{x}, \underline{x} : 0.00, 1.00]$	$[\overline{x}, \underline{x} : 1.00, 0.00]$

In unserem Beispiel zeigt sich, daß die Handlungsalternativen A_1 und A_2 Lotterien darstellen, die sich in der Form

$$\begin{aligned} A_1 &= \Big[[\overline{x}, \underline{x} : 0.75, 0.25], [\overline{x}, \underline{x} : 0.40, 0.60], [\overline{x}, \underline{x} : 0.80, 0.20] : 0.3, 0.5, 0.2\Big] \\ A_2 &= \Big[[\overline{x}, \underline{x} : 0.30, 0.70], [\overline{x}, \underline{x} : 0.00, 1.00], [\overline{x}, \underline{x} : 1.00, 0.00] : 0.3, 0.5, 0.2\Big] \end{aligned}$$

schreiben lassen. Das wiederum läßt sich unter Verwendung der Rechenregel für zusammengesetzte Lotterien in folgende Form bringen:

$$\begin{aligned} A_1 &= [\overline{x}, \underline{x} : 0.3 \cdot 0.75 + 0.5 \cdot 0.40 + 0.2 \cdot 0.80, 0.3 \cdot 0.25 + 0.5 \cdot 0.60 + 0.2 \cdot 0.20] \\ &= [\overline{x}, \underline{x} : 0.585, 0.415] \\ A_2 &= [\overline{x}, \underline{x} : 0.3 \cdot 0.30 + 0.5 \cdot 0.00 + 0.2 \cdot 1.00, 0.3 \cdot 0.70 + 0.5 \cdot 1.00 + 0.2 \cdot 0.00] \\ &= [\overline{x}, \underline{x} : 0.290, 0.710] \end{aligned}$$

Unter Verwendung der Nutzenfunktion gemäß (3.16) folgt daraus

$$\begin{aligned} U(A_1) &= 0.585 \\ U(A_2) &= 0.290\,, \end{aligned}$$

und damit sind wir am Ziel: Aufgrund des *Dominanzaxioms* bleibt keine andere Wahl, als sich zugunsten von A_1 zu entscheiden,

$$A_1 \succ A_2$$

denn diese Alternative verspricht das als attraktiver eingeschätzte Resultat – die Reise nach Venedig – mit größerer Wahrscheinlichkeit, vgl. Tabelle 3.15.

3.2.6 Mehr über Nutzenfunktionen

Finanzwirtschaftliche Anwendung In ökonomischen und speziell in finanzwirtschaftlichen Modellen hat man es ziemlich regelmäßig mit Konsequenzen zu tun, die in Form von Geldbeträgen gemessen werden können. Zu betrachten wären also beispielsweise zwei Investitionen mit gleichen Investitionsausgaben in Höhe von $I_0 = 50\,000$ DM, die sich hinsichtlich der Verteilung ihrer Cash–flows in einem Jahr so beschreiben lassen wie in Tabelle 3.17 angegeben.

Tabelle 3.17: Zustandsabhängige Cash–flows zweier Investitionen

	Z_1 $q_1 = 0.05$	Z_2 $q_2 = 0.05$	Z_3 $q_3 = 0.10$	Z_4 $q_4 = 0.50$	Z_5 $q_5 = 0.20$	Z_6 $q_6 = 0.10$
A_1	49000	52500	56000	59500	63000	66500
A_2	61000	48000	58000	62000	60000	45000

Die Entscheidung über die optimale Investition ließe sich jetzt selbstverständlich nach denselben Leitlinien ableiten, die wir eben auf den Seiten 122 ff. dargestellt haben. Mit anderen Worten: Wir müßten alle Cash–flows paarweise miteinander vergleichen und Präferenzrelationen zwischen den Cash–flows ermitteln. Dabei würde sich *natürlich* die Rangfolge

$$66500 \succ 63000 \succ 62000 \succ \cdots \succ 49000 \succ 48000 \succ 45000$$

ergeben. Und *natürlich* würde kein Entscheidungsträger, der das Transitivitätsaxiom anerkennt, die Relation $45000 \succ 66500$ nennen. Ferner würden wir zu dem Ergebnis $\overline{x} = 66500$ und $\underline{x} = 45000$ kommen und hätten damit eine Referenz–Lotterie mit der Struktur $[66500, 45000 : q, 1 - q]$. Nun käme es darauf an, welche *Indifferenzwahrscheinlichkeiten* uns der Investor für alle Resultate $66500 > x > 45000$ nennt.

Und genau an dieser Stelle verweigert der Investor die Mitarbeit im Detail und nennt uns statt dessen die Funktion

$$U(x) = -27.4349 + 2.56056 \ln(x). \tag{3.17}$$

Wir geben uns – etwas irritiert – mit dieser Information zunächst zufrieden und transformieren mit ihrer Hilfe die Ergebnismatrix in die Nutzenmatrix 3.18.

Tabelle 3.18: Nutzen der zustandsabhängigen Cash–flows zweier Investitionen

	Z_1 $q_1 = 0.05$	Z_2 $q_2 = 0.05$	Z_3 $q_3 = 0.10$	Z_4 $q_4 = 0.50$	Z_5 $q_5 = 0.20$	Z_6 $q_6 = 0.10$
A_1	0.2181	0.3947	0.5600	0.7152	0.8616	1.0000
A_2	0.7790	0.1653	0.6498	0.8206	0.7366	0.0000

Dabei stellen wir – zu unserer Beruhigung – fest, daß $U(\overline{x}) = 1$ und $U(\underline{x}) = 0$ ist. Ferner ermitteln wir den Erwartungsnutzen der beiden Alternativen mit

$$\begin{aligned} U(A_1) &= 0.7165 \\ U(A_2) &= 0.6698\,, \end{aligned}$$

indem wir die Nutzenziffern aus Tabelle 3.18 mit den Eintrittswahrscheinlichkeiten gewichten und über alle Zustände summieren. Dabei erweist sich die erste Investition als überlegen.

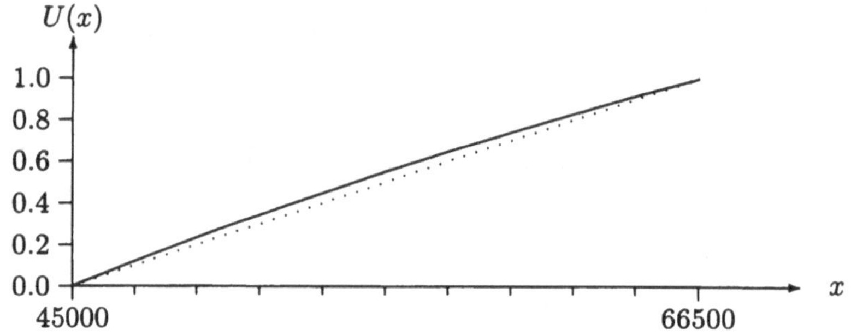

Abbildung 3.12: Logarithmische Nutzenfunktion

Abbildung 3.12 zeigt den Verlauf der Nutzenfunktion (3.17) graphisch. Unter Beachtung der Tatsache, daß die gepunktete Hilfslinie eine Gerade darstellt, erkennt man, daß es sich um eine konkave Funktion handelt, die bei $\underline{x} = 45000$ den Wert 0 und bei $\overline{x} = 66500$ den Wert 1 annimmt.

Positiv lineare Transformation der Nutzenfunktion Betrachten Sie die Nutzenfunktion (3.17), und vergleichen Sie sie mit folgender Alternative:

$$U^*(x) = \ln(x). \tag{3.18}$$

Hätte der Entscheidungsträger bekanntgegeben, daß das seine Nutzenfunktion sei, so wären wir nicht zu dem Ergebnis gekommen, daß $U^*(\overline{x}) = 1$ und $U^*(\underline{x}) = 0$ ist; denn $U^*(66500) = 11.105$ und $U^*(45000) = 10.714$.

Trotzdem würden wir mit der Nutzenfunktion (3.18) immer zum selben Entscheidungsergebnis wie mit der Nutzenfunktion (3.17) kommen, und zwar ganz gleichgültig, wie die Resultate der Lotterien (hier: die Cash-flows der Investitionen) aussehen. Beide Nutzenfunktionen sind im Ergebnis vollkommen äquivalent. Um das zu beweisen, stellen wir folgenden Satz auf:

$$U(A_1) > U(A_2) \text{ und } U^*(z) = \alpha + \beta U(z) \text{ mit } \alpha \in \mathbf{R}, \beta > 0 \Longrightarrow$$

$$U^*(A_1) > U^*(A_2)\,.$$

Beweis *Aufgrund von (3.15) und der getroffenen Voraussetzung gilt*

$$\sum_{s=1}^{S} U(z_{1s})q_s \quad > \quad \sum_{s=1}^{S} U(z_{2s})q_s\,.$$

Multipliziert man auf beiden Seiten mit $\beta > 0$ und addiert anschließend $\alpha \in \mathbf{R}$, so entsteht

$$\alpha + \beta \sum_{s=1}^{S} U(z_{1s})q_s \quad > \quad \alpha + \beta \sum_{s=1}^{S} U(z_{2s})q_s \,.$$

Wegen $\sum_{s=1}^{S} q_s = 1$ kann man dafür auch

$$\alpha \sum_{s=1}^{S} q_s + \sum_{s=1}^{S} \beta U(z_{1s})q_s \quad > \quad \alpha \sum_{s=1}^{S} q_s + \sum_{s=1}^{S} \beta U(z_{2s})q_s$$

schreiben, was sich leicht zu

$$\sum_{s=1}^{S} \Big(\alpha + \beta U(z_{1s})\Big) q_s \quad > \quad \sum_{s=1}^{S} \Big(\alpha + \beta U(z_{2s})\Big) q_s$$

$$\sum_{s=1}^{S} U^*(z_{1s})q_s \quad > \quad \sum_{s=1}^{S} U^*(z_{2s})q_s$$

umformen läßt. Damit ist die Behauptung bewiesen. □

Ohne Beweis sei hinzugefügt, daß jede andere Transformation einer kardinalen Nutzenfunktion *nicht* zu einer äquivalenten Nutzenfunktion führt. Aus dem Beweis läßt sich der Schluß ziehen, daß es für die Rangordnung unsicherer Alternativen gleichgültig ist, ob man die Nutzenfunktion des Entscheidungsträgers oder eine beliebige positive Lineartransformation dieser Nutzenfunktion verwendet. Diese Tatsache erlaubt uns, die Skala, auf der wir den Nutzen messen, bis zu einem gewissen Grade willkürlich zu normieren.

Eine vollkommen analoge Situation, die unser Ergebnis verdeutlichen mag, haben wir vor uns, wenn wir die Temperatur messen wollen. Bekanntlich können wir das entweder in Celsius- oder in Fahrenheit-Graden machen, um nur zwei herauszugreifen. Und es ist ohne weiteres möglich, die eine Skala in die andere umzurechnen. Für die Umrechnung von Celsiusgraden in Fahrenheitgrade gilt die Beziehung

$$\begin{aligned} F &= \alpha + \beta C \qquad (3.19) \\ \text{mit } \alpha &= 32 \\ \beta &= 1.8\,. \end{aligned}$$

Da der Parameter β in (3.19) positiv ist, sagt man, daß es sich bei (3.19) um eine positive Lineartransformation der Celsiusskala handelt. Um die Parameter α und β zu bestimmen, genügt es, zwei fixe Temperaturen zu wählen (beispielsweise den Gefrierpunkt und den Siedepunkt reinen Wassers) und ihnen willkürlich Temperaturgrade zuzuweisen (beispielsweise 0° C bzw. 32° F für den Gefrierpunkt und 100° C bzw. 212° F für den Siedepunkt).

3.3 Formen der Risikoeinstellung

3.3.1 Risikoaversion, Risikoneutralität und Risikosympathie

Nachdem wir die Nutzentheorie unter Unsicherheit grundsätzlich kennengelernt haben, wollen wir die Begriffe *Risikoscheu* (= Risikoaversion) und *Risikofreude* (= Risikosympathie) definieren. In der Umgangssprache haben beide Begriffe keine besonders präzise Bedeutung.

Man denke etwa an einen Lotteriespieler, der 5 DM im Zahlenlotto riskiert. Wer die Gewinn- und Verlustaussichten beim Zahlenlotto kennt, dem ist klar, daß der Einsatz so gut wie verloren ist. Es liegt daher nahe, den Lottospieler als risikofreudig zu bezeichnen. Noch risikofreudiger müßte man ihn aber wohl nennen, wenn er nicht nur bescheidene 5 DM, sondern sagen wir 500 DM einsetzen würde. Der Verlust kleiner Beträge tut nicht so weh.

Nun stelle man sich jemanden vor, der seinen Hausrat gegen Diebstahl versichert. Die weitaus meisten Leute, die für eine solche Versicherung Jahr für Jahr Prämien an Versicherungsfirmen zahlen, werden niemals in ihrem Leben von Einbrechern heimgesucht. Wenn sie trotzdem zahlen, so liegt es nahe, sie als risikoscheu zu bezeichnen.

Viele Menschen, die an Glücksspielen teilnehmen, schließen auch Versicherungsverträge ab. Kann aber nun jemand zugleich risikofreudig und risikoscheu sein? Spielt uns das Verständnis unserer Umgangssprache Streiche, oder handeln Leute, die sowohl Versicherungsverträge schließen als sich auch an Glücksspielen beteiligen, unvernünftig (im Sinne des Bernoulliprinzips)?

Risikoneutralität Um solche Fragen beantworten zu können, muß man zunächst einmal festlegen, wo die Grenze zwischen Risikoaversion und Risikosympathie liegen soll. Man braucht sozusagen einen Nullpunkt auf der Skala unterschiedlicher Risikoeinstellungen. Diesen bezeichnen wir als Risikoneutralität und definieren: Risikoneutral ist, wer an *fairen Spielen* teilnimmt.

Damit diese Definition nicht inhaltsleer bleibt, müssen wir noch vereinbaren, unter welchen Bedingungen ein Spiel fair genannt wird. Zu diesem Zweck gehen wir davon aus, daß man den Preis Π bezahlen muß, um an der Lotterie $[x_1, x_2, \ldots, x_S : q_1, q_2, \ldots, q_S]$ teilnehmen zu dürfen, wobei die Lotterieresultate $x_1, \ldots, x_S$ Einnahmen darstellen sollen.[10] Fair ist die Lotterie genau dann, wenn der Preis dem Erwartungswert der Lotterieresultate entspricht, wenn

[10]Man beachte, daß wir bisher unterstellt haben, daß die Teilnahme an Lotterien kostenlos ist.

also

$$\Pi = \mathrm{E}[x] = \sum_{s=1}^{S} x_s q_s \tag{3.20}$$

gilt.[11] Ist nun jemand im Sinne der Risikonutzentheorie risikoneutral, so sind der Nutzen des Preises und der erwartete Nutzen der Lotteriegewinne eines fairen Spiels gerade gleich,

$$U(\Pi) = \mathrm{E}[U(x)]\,,$$

oder unter Benutzung von (3.20)

$$U(\mathrm{E}[x]) = \mathrm{E}[U(x)]\,. \tag{3.21}$$

Für den Risikoneutralen gilt also: der Nutzen des Erwartungswerts der Lotteresultate ist ebenso groß wie der Erwartungswert des Nutzens der Lotterieergebnisse. An (3.21) erkennt man auch, weshalb diese Einstellung als risikoneutral bezeichnet wird. Der Erwartungsnutzen der Lotterie, $\mathrm{E}[U(x)]$, hängt ausschließlich vom Erwartungswert der Lotterieergebnisse ab. Die Streuung der Lotterieergebnisse um den Erwartungswert (als Indiz für die Existenz von Risiken) hat keinerlei Auswirkungen auf den Erwartungsnutzen.

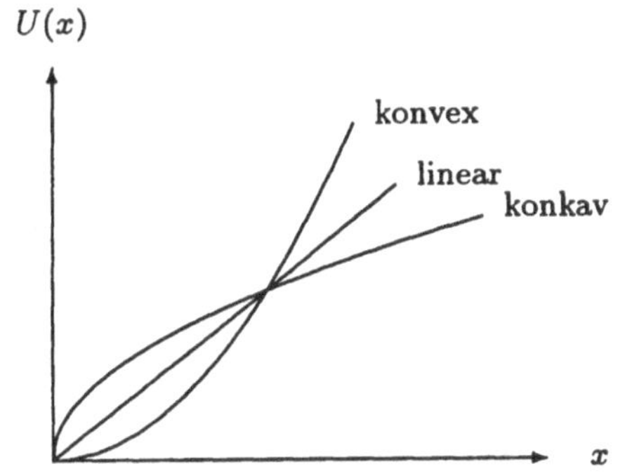

Abbildung 3.13: Idealtypische Nutzenfunktionen

Risikoscheu und Risikofreude Risikoaverse nehmen nun auch dann noch nicht (unbedingt) an einer Lotterie teil, wenn man ihnen für die Teilnahme an der Lotterie einen geringeren als den fairen Preis abverlangt. Anders gesagt:

[11] Zufallsvariable werden im folgenden nur noch dann mit einer Tilde gekennzeichnet, wenn das aus Gründen der Klarheit erforderlich erscheint.

der Nutzen des fairen Preises bedeutet ihnen mehr als der erwartete Nutzen der Lotterieergebnisse,

$$U(\mathrm{E}[x]) > \mathrm{E}[U(x)]\,. \tag{3.22}$$

Risikofreude liegt dagegen vor, wenn jemand bereit ist, das Lotterielos auch zu einem Preis zu kaufen, der über dem fairen Preis liegt. Für einen solchen Entscheidungsträger gilt offensichtlich

$$U(\mathrm{E}[x]) < \mathrm{E}[U(x)]\,.$$

Idealtypisch lassen sich nun drei Verlaufstypen von Risikonutzenfunktionen unterscheiden, vgl. Abbildung 3.13, nämlich konkave, lineare und konvexe Funktionen.

Wenn ein Entscheidungsträger durchgehend (d.h. im gesamten Intervall möglicher Lotterieergebnisse) risikoavers ist, so ist seine Risikonutzenfunktion konkav. Die zweite Ableitung einer solchen Funktion ist stets negativ. Ist der Entscheidungsträger dagegen strikt risikofreudig, so ist die Risikonutzenfunktion konvex. Unter der bequemen Voraussetzung, daß die Risikonutzenfunktion zweimal differenziert werden kann, gelten die in Tabelle 3.19 dargestellten Zusammenhänge.

Tabelle 3.19: Eigenschaften idealtypischer Nutzenfunktionen

$U(x)$	$U'(x)$	$U''(x)$	implizierte Risikoeinstellung
konkav	positiv	negativ	strikte Risikoscheu
linear	positiv	null	Risikoneutralität
konvex	positiv	positiv	strikte Risikofreude

Um nachzuvollziehen, daß konkave Nutzenfunktionen strikte Risikoscheu implizieren, betrachten Sie Abbildung 3.14. Stellen Sie sich eine Lotterie vor, bei der die beiden Ergebnisse x_1 und x_2 eine fifty–fifty–Chance haben, $[x_1, x_2 : 0.5, 0.5]$. Der faire Preis dieser Lotterie ist $\Pi = 0.5x_1 + 0.5x_2$. In Abbildung 3.14 finden Sie ihn auf der x–Achse genau in der Mitte zwischen x_1 und x_2.

Um den Nutzen der Lotterie zu berechnen, ist der Erwartungswert des Nutzens der beiden Resultate zu ermitteln. Dieser liegt natürlich auf der Ordinate ebenfalls genau in der Mitte zwischen $U(x_1)$ und $U(x_2)$, und man macht sich leicht klar, daß die Gerade $\overline{\mathrm{AB}}$ den Punkt $\mathrm{E}[x]$ gerade auf $\mathrm{E}[U(x)]$ abbildet. Eine strikt konkave Nutzenfunktion mit $U''(x) < 0$ zeichnet sich nun gerade dadurch aus, daß sie in jedem Intervall $[x_1, x_2]$ oberhalb der entsprechenden Geraden $\overline{\mathrm{AB}}$ liegt. Infolgedessen muß auch $U(E[x])$ größer sein als $\mathrm{E}[U(x)]$. Genau dies aber war nach (3.22) die Definition der Risikoaversion.

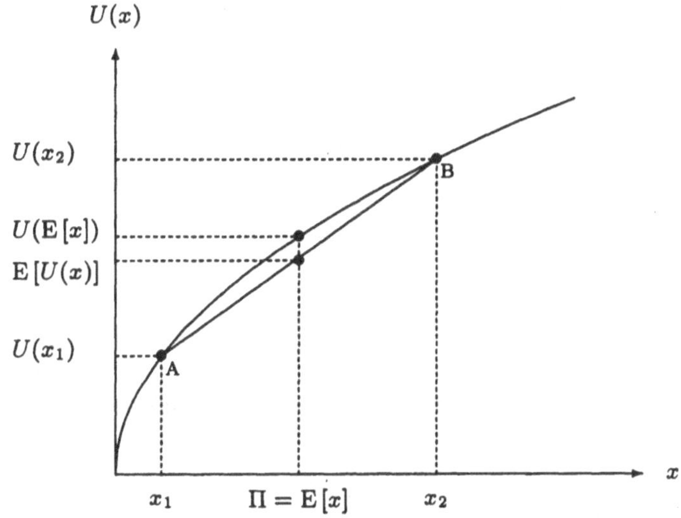

Abbildung 3.14: Nutzenfunktion bei strikter Risikoaversion

Die erste Ableitung einer Risikonutzenfunktion ist immer positiv. Anders gesagt: es handelt sich stets um streng monoton wachsende Funktionen. Wäre das nicht der Fall, so läge ein Widerspruch zum Monotonieaxiom vor. Die zweite Ableitung kann positiv, null oder negativ sein, je nach Einstellung zum Risiko. Sie muß aber nicht an allen Stellen das gleiche Vorzeichen besitzen. Vielmehr ist vorstellbar, daß das Vorzeichen der zweiten Ableitung mit zunehmendem x wechselt.

So wäre beispielsweise denkbar, daß Leute bei geringem und bei relativ hohem Vermögen Risikoaversion an den Tag legen, aber dennoch zur Teilnahme an Glücksspielen neigen, wenn diese genügend große Gewinnchancen versprechen. *Friedman*[12] und *Savage* haben etwa eine derartige Nutzenfunktion vorgeschlagen, vgl. Abbildung 3.15.

3.3.2 Intensität der Risikoaversion

Risikofreude und Risikoscheu können unterschiedlich stark ausgeprägt sein. Aus diesem Grunde ist es sinnvoll, Kennzahlen zur Messung der Intensität der Risikoeinstellung zu entwickeln. Wir beschränken uns dabei im folgenden

[12]Milton Friedman wurde 1976 mit dem Nobelpreis ausgezeichnet.

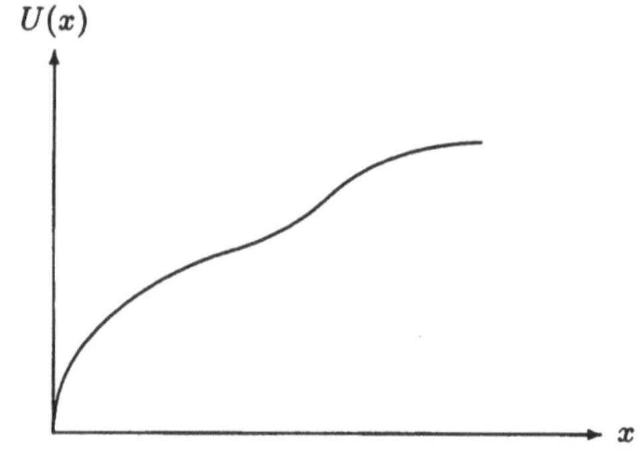

Abbildung 3.15: Savage–Friedman–Funktion

auf den Fall der Risikoaversion, da dieser in der ökonomischen Theorie eine ungleich größere Rolle spielt als die Risikofreude.

Zweite Ableitung der Nutzenfunktion Unter der Voraussetzung, daß die Nutzenfunktion differenzierbar ist, zeichnet sich durchgehende Risikoscheu dadurch aus, daß die zweite Ableitung der Nutzenfunktion negativ ist, vgl. Tabelle 3.19. Daher ist es naheliegend, den Wert der zweiten Ableitung als Maß für den Grad der Risikoabneigung zu verwenden. So wäre ein Entscheidungsträger um so risikoscheuer, je größer der Wert der zweiten Ableitung absolut gesehen ist. Bei näherem Hinsehen erweist sich eine solche Meßzahl jedoch als unzweckmäßig. Man erinnere sich daran, daß es gleichgültig ist, ob Entscheidungen auf der Grundlage der Nutzenfunktion $U(x)$ oder auf der Grundlage der positiven Lineartransformation $U^*(x) = \alpha + \beta U(x)$ getroffen werden. Beide Funktionen implizieren ein und dieselbe Risikoeinstellung. Ihre beiden zweiten Ableitungen sind jedoch nicht identisch. Sie unterscheiden sich um den Faktor β.

Risikoprämien Man geht daher einen anderen Weg, indem man versucht, den Grad der Risikoabneigung mit Hilfe von Risikoprämien zu messen. Um dieses Konzept zu verstehen, stellt man sich zweckmäßigerweise vor, daß ein Entscheidungsträger sowohl sicheres Vermögen in Höhe von W_0 als auch die riskante Lotterie $[x_1, x_2, \ldots, x_S : q_1, q_2, \ldots, q_S]$ besitzt. Wenn der Entscheidungsträger risikoscheu ist, so ist er bereit, diese Lotterie zu einem Preis zu verkaufen, der kleiner als der Erwartungswert der Lotterieergebnisse $\mathrm{E}[x]$ ist. Er gewährt einen Preisnachlaß in Höhe von π, den wir Risikoprämie nennen.

Für die Risikoprämie, die man einem Entscheidungsträger mit einem sicheren Vermögen W_0 und der Nutzenfunktion $U(\cdot)$ mindestens bieten muß, gilt nun offensichtlich

$$\mathrm{E}\Big[U(W_0 + x)\Big] = U\Big(W_0 + \underbrace{\mathrm{E}[x] - \pi}_{\text{Lotteriepreis}}\Big). \tag{3.23}$$

Der Erwartungsnutzen aus dem Besitz von Anfangsvermögen und Lotterie muß gerade so groß sein wie der Nutzen aus Anfangsvermögen und Lotteriepreis. Dabei ist der *Lotteriepreis* die Differenz zwischen dem (objektiven) Erwartungswert der Lotterieergebnisse und der (subjektiven) Risikoprämie. Das Individuum wird daher die Lotterie verkaufen, wenn es mindestens $\mathrm{E}[x]-\pi$ erhält, und sonst nicht. In unserer bisherigen Sprache ist also $\mathrm{E}[x] - \pi$ der *faire Preis* oder auch Barwert[13] der Lotterie für das Individuum.

Für einen Risikoneutralen ist die Risikoprämie natürlich $\pi = 0$, gleichgültig wie groß sein sicheres Vermögen W_0 ist. Für ihn ist daher $\mathrm{E}[x]$ der faire Preis der Lotterie. Und so hatten wir ihn auch auf Seite 129 definiert. Risikoneutral hatten wir eine Person genannt, die ein Spiel mit dem Preis $\mathrm{E}[x]$ akzeptiert.

Markowitz–Risikoprämie Da alle von uns betrachteten Nutzenfunktionen strikt monoton steigen,[14] existieren immer auch die Umkehrfunktionen der Nutzenfunktionen. Mit Hilfe der Umkehrfunktion, die wir als $U^{-1}(\cdot)$ schreiben wollen, kann man die Risikoprämie π stets explizit berechnen. Es ist nämlich

$$U^{-1}\Big(\mathrm{E}[U(W_0 + x)]\Big) = W_0 + \mathrm{E}[x] - \pi$$

oder nach geeigneter Umformung

$$\pi = W_0 + \mathrm{E}[x] - U^{-1}\Big(\mathrm{E}[U(W_0 + x)]\Big). \tag{3.24}$$

Den Ausdruck $U^{-1}(\mathrm{E}[U(W_0 + x)])$ nennt man auch das *Sicherheitsäquivalent*. Gleichung (3.24) sagt also: Risikoprämie ist die Differenz zwischen erwartetem Endvermögen und Sicherheitsäquivalent. Diese Definition geht auf *Markowitz* zurück.

Zur Veranschaulichung der Berechnung von Risikoprämien untersuchen wir zwei Beispiele. Das sichere Vermögen eines Individuums betrage $W_0 = 50$, und seine Nutzenfunktion sei $U(x) = \sqrt{x}$. Vor diesem Hintergrund wollen wir die Risikoprämien für zwei in ihrer Struktur sehr verschiedene Lotterien ermitteln.

1. Betrachten Sie die Lotterie $[100, -20 : 0.5, 0.5]$. Hier haben Sie die 50:50–Chance, entweder 100 zu gewinnen oder 20 zu verlieren.

---

[13] Es sei daran erinnert, daß die Lotterie nach unserer Annahme sofort stattfinden wird. Deshalb spielt die Zeitpräferenz des Entscheidungsträgers hier bei der Barwertbestimmung keine Rolle.

[14] Vgl. Tabelle 3.19, aus der folgt, daß stets $U'(x) > 0$ gilt.

Für diese Lotterie beläuft sich der Erwartungswert der Lotterieresultate auf

$$\mathrm{E}[x] = 0.5 \cdot 100 + 0.5 \cdot (-20) = 40\,.$$

Der Erwartungsnutzen aus dem Besitz der Lotterie und des sicheren Anfangsvermögens beträgt für unser Individuum

$$\mathrm{E}[U(W_0 + x)] = 0.5 \cdot \sqrt{150} + 0.5 \cdot \sqrt{30} = 8.862\,.$$

Das Sicherheitsäquivalent dieser Position ist dasjenige sichere Vermögen W^*, das ebenfalls den Nutzen 8.862 stiftet:

$$U(W^*) = \sqrt{W^*} = 8.862 \qquad \Longrightarrow \qquad W^* = 8.862^2 = 78.54\,,$$

Da wir die Abbildungsvorschrift von einem gegebenen Nutzenniveau U auf den dazugehörigen Wert der Variablen x mit U^{-1} bezeichneten, gilt $x = U^{-1}(U) = U^2$. Und wir können die beiden oberen Zeilen auch in der kompakten Form

$$U^{-1}\Big(\mathrm{E}[U(W_0 + x)]\Big) = \Big(0.5 \cdot \sqrt{150} + 0.5 \cdot \sqrt{30}\Big)^2 = 78.54$$

schreiben. Daraus ergibt sich gemäß (3.24) eine Risikoprämie in Höhe von

$$\pi = 50 + 40 - 78.54 = 11.46\,.$$

Der Entscheidungsträger würde diese Lotterie also bereits verkaufen, wenn man ihm dafür mindestens den Preis

$$\Pi = \mathrm{E}[x] - \pi = 40 - 11.46 = 28.54$$

bietet.

2. Jetzt betrachten Sie die Lotterie $[3, -2 : 0.4, 0.6]$, bei der man mit 40 % Wahrscheinlichkeit 3 gewinnt und mit 60 % Wahrscheinlichkeit 2 verliert. Das ist eine sogenannte *neutrale Lotterie,* weil der Erwartungswert der Lotterieresultate null ist,

$$\mathrm{E}[x] = 0.4 \cdot 3 + 0.6 \cdot (-2) = 0.$$

Gegenüber der vorher betrachteten Lotterie ist das in ihr enthaltene Risiko darüber hinaus "klein".

Für das Sicherheitsäquivalent erhält man

$$U^{-1}\Big(\mathrm{E}[U(W_0 + x)]\Big) = \Big(0.4 \cdot \sqrt{53} + 0.6 \cdot \sqrt{48}\Big)^2 = 49.97\,,$$

woraus sich die Risikoprämie sofort mit

$$\pi = 50 + 0 - 49.97 = 0.03$$

ergibt. Der Entscheidungsträger würde die zweite Lotterie also zum Preis von

$$\Pi = \mathrm{E}[x] - \pi = 0 - 0.03 = -0.03$$

verkaufen. Anders formuliert: Er würde für die Versicherung gegen dieses Risiko eine Prämie von 0.03 zahlen.

Arrow/Pratt–Maß Die Risikoprämie informiert nun immer noch unzureichend über die Intensität der Risikoabneigung, denn sie ist nicht nur Ausdruck des Ausmaßes der Risikoscheu, sondern zugleich auch Ausdruck für das in der Lotterie objektiv enthaltene Risiko. Da die erste Lotterie insoweit viel riskanter als die zweite ist, fällt die entsprechende Prämie auch höher aus. *Arrow*[15] und *Pratt* haben gezeigt, wie man die Risikoprämie in zwei Komponenten zerlegen kann, von denen die eine die Intensität der Risikoabneigung und die andere das Gewicht des in der Lotterie verkörperten Risikos ist.

Um die Vorgehensweise nachzuvollziehen, gehen wir von (3.23) als Definitionsgleichung für die Risikoprämie π aus und erweitern die linke Seite dieser Gleichung so, daß

$$\mathrm{E}\Big[U\Big(W_0 + \mathrm{E}[x] + x - \mathrm{E}[x]\Big)\Big] = U\Big(W_0 + \mathrm{E}[x] - \pi\Big) \qquad (3.25)$$

entsteht. Nun approximieren wir beide Seiten dieser Gleichung durch Taylor–Reihenentwicklungen. Mit *Arrow* und *Pratt* setzen wir voraus, daß die Differenz $x - \mathrm{E}[x]$ "klein" ist, daß also das in der Lotterie enthaltene Risiko bescheiden ist.

Wir wenden uns zunächst der rechten Seite von (3.25) zu und bilden die Taylor–Reihenentwicklung der Funktion $U(W_0 + \mathrm{E}[x] - \pi)$ an der Stelle $W_0 + \mathrm{E}[x]$ bis zur ersten Ableitung. Das ergibt

$$U\Big(W_0 + \mathrm{E}[x] - \pi\Big) = U\Big(W_0 + \mathrm{E}[x]\Big) + U'\Big(W_0 + \mathrm{E}[x]\Big) \cdot (-\pi)\,. \qquad (3.26)$$

Entsprechend müssen wir nun auch die linke Seite von (3.25) bis zum ersten Reihenglied entwickeln. Betrachten wir zunächst die Taylor–Reihe der Funktion $U(W_0 + x)$ an der Stelle $W_0 + \mathrm{E}[x]$, so erhalten wir

$$U\Big(W_0 + x\Big) = U\Big(W_0 + \mathrm{E}[x]\Big) + U'\Big(W_0 + \mathrm{E}[x]\Big) \cdot (x - \mathrm{E}[x])\,.$$

[15] Kenneth J. Arrow erhielt im Jahre 1972 den Wirtschaftsnobelpreis.

Bildet man hiervon den Erwartungswert, so verschwindet der zweite Term, denn

$$\begin{aligned}
\mathrm{E}\Big[U(W_0+x)\Big] &= \mathrm{E}\Big[U\Big(W_0+\mathrm{E}[x]\Big)+U'\Big(W_0+\mathrm{E}[x]\Big)\cdot(x-\mathrm{E}[x])\Big] \\
&= U\Big(W_0+\mathrm{E}[x]\Big)+U'\Big(W_0+\mathrm{E}[x]\Big)\cdot\mathrm{E}\Big[(x-\mathrm{E}[x])\Big] \\
&= U(W_0+\mathrm{E}[x])+0\,. \qquad (3.27)
\end{aligned}$$

Würden wir jetzt (3.27) und (3.26) in Gleichung (3.23) einsetzen, so erhielten wir ein Ergebnis, das bei Risikoabneigung nicht hingenommen werden kann, nämlich

$$\begin{aligned}
U(W_0+\mathrm{E}[x]) &= U(W_0+\mathrm{E}[x])+U'(W_0+\mathrm{E}[x])\cdot(-\pi) \\
0 &= U'(W_0+\mathrm{E}[x])\cdot(-\pi)\,.
\end{aligned}$$

Unterstellt man nun vernünftigerweise positiven Grenznutzen, so wäre

$$\pi=0$$

die unausweichliche Folge. Das ist bei Risikoabneigung nicht akzeptabel. Daher sind wir gezwungen, die Taylor–Reihenentwicklung der linken Seite von (3.25) bis zur zweiten Ableitung voranzutreiben, was

$$\begin{aligned}
U(W_0+x) &= U(W_0+\mathrm{E}[x])+U'(W_0+\mathrm{E}[x])\cdot(x-\mathrm{E}[x]) \\
&\quad +\frac{1}{2}U''(W_0+\mathrm{E}[x])\cdot(x-\mathrm{E}[x])^2\,.
\end{aligned}$$

ergibt. Bildet man auch hier wieder die Erwartungswerte und beachtet die Tatsache, daß $U(W_0+x)$ sowie die Ableitungen Konstante sind, so kann man für die linke Seite von (3.25)

$$\begin{aligned}
\mathrm{E}\Big[U(W_0+x)\Big] &= U\Big(W_0+\mathrm{E}[x]\Big)+U'\Big(W_0+\mathrm{E}[x]\Big)\cdot\mathrm{E}\Big[x-\mathrm{E}[x]\Big] \\
&\quad +\frac{1}{2}U''\Big(W_0+\mathrm{E}[x]\Big)\cdot\mathrm{E}\Big[(x-\mathrm{E}[x])^2\Big] \\
&= U\Big(W_0+\mathrm{E}[x]\Big)+\frac{1}{2}U''\Big(W_0+\mathrm{E}[x]\Big)\cdot\mathrm{Var}[x] \qquad (3.28)
\end{aligned}$$

schreiben. Setzen wir (3.26) und (3.28) in Gleichung (3.23) ein und lösen nach π auf, so erhalten wir

$$\pi=\frac{1}{2}\mathrm{Var}[x]\cdot\left(-\frac{U''(W_0+\mathrm{E}[x])}{U'(W_0+\mathrm{E}[x])}\right),$$

eine Gleichung zur approximativen Berechnung von Risikoprämien mit "kleinem" Risiko. Im von *Arrow* und *Pratt* speziell analysierten Fall neutraler

Lotterien ($E[x] = 0$) vereinfacht sich diese Gleichung zu

$$\pi = \frac{1}{2}\mathrm{Var}[x] \cdot \left(-\frac{U''(W_0)}{U'(W_0)}\right). \tag{3.29}$$

Dabei nennt man den letzten Term "*Arrow/Pratt*-Maß" oder "absolute Risikoaversion" (ARA) mit

$$\mathrm{ARA}\ (W_0) = -\frac{U''(W_0)}{U'(W_0)}$$

und kann feststellen: Die Risikoprämie π ist die Hälfte des Produkts aus dem "objektiv in der Lotterie enthaltenen Risiko", gemessen an der Varianz der Ergebnisse, und dem "subjektiven Grad der Risikoabneigung", gemessen durch die Kennzahl der absoluten Risikoaversion.

Rechnen wir mit den neu gewonnenen Formeln die Risikoprämie für unser obiges Beispiel mit der neutralen Lotterie $[3, -2 : 0.4, 0.6]$ noch einmal nach.[16] Wir beginnen mit der Nutzenfunktion und ihren Ableitungen:

$$\begin{aligned} U(W_0) &= \sqrt{W_0} = W_0^{\frac{1}{2}} \\ U'(W_0) &= \frac{1}{2}W_0^{-\frac{1}{2}} \\ U''(W_0) &= -\frac{1}{4}W_0^{-\frac{3}{2}}. \end{aligned}$$

Daraus ergibt sich das *Arrow/Pratt*-Maß mit

$$\mathrm{ARA}(W_0) = -\frac{-\frac{1}{4}W_0^{-\frac{3}{2}}}{\frac{1}{2}W_0^{-\frac{1}{2}}} = \frac{1}{2W_0},$$

und für den speziellen Fall mit $W_0 = 50$ erhalten wir $\mathrm{ARA}(50) = 0.01$. Die Varianz der Lotterie beträgt

$$\mathrm{Var}[x] = 0.4 \cdot 3^2 + 0.6 \cdot (-2)^2 = 6.$$

Für die Risikoprämie erhält man daher aus Gleichung (3.29)

$$\pi = \frac{1}{2} \cdot \mathrm{Var}[x] \cdot \mathrm{ARA}(W_0) = 0.5 \cdot 6 \cdot 0.01 = 0.03,$$

das gleiche Ergebnis wie oben.

---

[16] Vgl. oben Seite 134.

3.3.3 Ausgewählte Nutzenfunktionen

Solange wir das *Arrow/Pratt*-Maß zu nichts anderem benutzen, als in einer bestimmten Situation die Risikoprämie π zu berechnen, bietet es noch keine besonderen Vorteile. Wir könnten die Prämie ja auch direkt mit dem in (3.24) angegebenen Ansatz ermitteln. Aber die absolute Risikoaversion $\text{ARA}(W_0)$ gestattet theoretische Einsichten, die auf dem direkten Wege der Prämienberechnung nicht gewonnen werden können. Zu diesem Zweck ist es hilfreich, wenn wir uns mit folgendem Beispiel eine anschauliche Vorstellung davon machen, was die Kennzahl $\text{ARA}(W_0)$ eigentlich mißt.

Absolute Risikoaversion Jemand besitzt einen bestimmten Geldbetrag in Höhe von, sagen wir, 100 000 DM. Er kann sein Geld entweder "sicher" in Form einer Sparbucheinlage investieren oder "riskant" anlegen, indem er Aktien kauft. Angenommen, er bringt nun 60 000 DM auf die Sparkasse und erwirbt für 40 000 DM Aktien, so bringt die Aufteilungsregel 6:4 etwas Ähnliches wie die absolute Risikoneigung zum Ausdruck. Die Frage, die wir uns nun stellen wollen, lautet, wie dieser Kapitalanleger sein Risikoverhalten ändert, wenn er plötzlich über mehr als 100 000 DM verfügt, etwa weil er überraschenderweise 25 000 DM erbt oder im Lotto gewinnt. Drei Fälle sind denkbar.

Kauft er keine einzige zusätzliche Aktie, so spricht man von *konstanter absoluter Risikoabneigung*. Erhöht er dagegen seinen Aktienbestand, legt also nur einen Teil seiner Erbschaft bzw. seines Lottogewinns auf dem Sparbuch an, so ist von *abnehmender absoluter Risikoaversion* die Rede. Reduziert er gar den bisher in Aktien gehaltenen Teil seines Vermögens, so liegt *zunehmende absolute Risikoaversion* vor.

Intuitiv ist es am plausibelsten anzunehmen, daß normale Kapitalanleger sich durch abnehmende absolute Risikoaversion auszeichnen. Schließlich kann es sich ein Millionär viel eher leisten, Aktien für 1 000 DM zu kaufen, die plötzlich unter Kursdruck geraten können, als jemand, der eben seine Lehre abgeschlossen hat und erst am Anfang seiner beruflichen Entwicklung steht.

Die von *Arrow* und *Pratt* entwickelte Kennzahl der absoluten Risikoaversion gestattet uns nun, Risikonutzenfunktionen daraufhin zu untersuchen, ob sie plausibles Risikoverhalten implizieren oder nicht. Wir brauchen nur zu berechnen, ob die erste Ableitung der Kennzahl $\text{ARA}(W_0)$ nach W_0 positiv, negativ oder null ist. Negatives Vorzeichen zeigt an, daß die absolute Risikoaversion um so kleiner ist, je reicher der Entscheidungsträger ist (abnehmende absolute Risikoaversion).

Betrachten wir beispielsweise die Nutzenfunktion $U(W_0) = \sqrt{W_0}$. Mit den Ableitungen $U'(W_0) = \frac{1}{2}W_0^{-\frac{1}{2}}$ und $U''(W_0) = -\frac{1}{4}W_0^{-\frac{3}{2}}$ erhalten wir

$$\text{ARA}(W_0) = \frac{1}{2}W_0^{-1} \quad \text{und} \quad \frac{d\text{ARA}(W_0)}{dW_0} = -\frac{1}{2}W_0^{-2}\,.$$

Wir können also sagen, daß es sich um eine plausible Nutzenfunktion handelt. Tabelle 3.20 zeigt beispielhaft einige Nutzenfunktionen und ihre Eigenschaften in bezug auf die absolute Risikoaversion. Man entnimmt daraus, daß quadratische Nutzenfunktionen kaum als besonders einleuchtend anzusehen sind, da sie zunehmende absolute Risikoabneigung implizieren. Etwas plausibler sind dagegen exponentielle Nutzenfunktionen, weil sie mit der Annahme einhergehen, daß die absolute Risikoaversion mit sich veränderndem Wohlstand wenigstens gleich bleibt.

Tabelle 3.20: Ausgewählte Nutzenfunktionen und absolute sowie relative Risikoabneigung

Nutzenfunktion	absolute Risikoaversion	relative Risikoaversion
$U(W_0) = W_0 - bW_0^2$	zunehmend	zunehmend
$U(W_0) = -e^{-bW_0}$	konstant	zunehmend
$U(W_0) = \sqrt{W_0}$	abnehmend	konstant
$U(W_0) = \ln W_0$	abnehmend	konstant

Relative Risikoaversion Eine weitere Eigenschaft der Nutzenfunktionen kann mittels der *relativen Risikoaversion*

$$\text{RRA}(W_0) = \text{ARA}(W_0) \cdot W_0$$

gemessen werden. Um diese Kennzahl anschaulich zu erläutern, setzen wir die Betrachtung des Beispiels fort, in dem jemand sein Vermögen in Höhe von 100 000 DM im Verhältnis 6:4 auf Sparbuch und Aktie aufteilt sowie plötzlich über die Verwendung weiterer 25 000 DM zu disponieren hat.

Wenn das neue Vermögen von 125 000 DM nun ebenfalls wieder im Verhältnis 6:4 aufgeteilt wird, so spricht man von *konstanter relativer Risikoaversion*. Steigt das Verhältnis auf beispielsweise 7:3, dann wird weniger Geld für die riskante Anlageform ausgegeben, und es ist von *zunehmender relativer Risikoaversion* die Rede. Wenn die Erhöhung des Reichtums den Investor schließlich dazu veranlassen sollte, sein Gesamtvermögen im Verhältnis 5:5 in Sparbuchform und Aktien zu halten, so würde man von *abnehmender relativer Risikoscheu* sprechen.

Will man etwa wissen, welche Eigenschaften die Nutzenfunktion $U(W_0) = \ln W_0$ besitzt, so ist es hilfreich, zunächst die ersten beiden Ableitungen zu bilden. Man erhält dann

$$U'(W_0) = W_0^{-1}$$

$$U''(W_0) = -W_0^{-2}.$$

Für die absolute und die relative Risikoaversion und ihre Veränderung aufgrund einer Erhöhung des ursprünglichen Vermögens ergibt sich hiermit

$$\text{ARA}(W_0) = W_0^{-1} \qquad \frac{d\text{ARA}(W_0)}{dW_0} = -W_0^{-2} < 0$$
$$\text{RRA}(W_0) = 1 \qquad \frac{d\text{RRA}(W_0)}{dW_0} = 0.$$

Die Nutzenfunktion $U(W_0) = \ln W_0$ impliziert also abnehmende absolute und konstante relative Risikoscheu, eine Einstellung, die man als recht plausibel akzeptieren kann.

3.4 Klassische Entscheidungsregeln

Bevor das Bernoulliprinzip von *von Neumann* und *Morgenstern* wiederentdeckt wurde, versuchte man, Entscheidungsprobleme unter Unsicherheit mit anderen Methoden zu lösen. Diese Konzepte zeichnen sich nicht dadurch aus, daß sie sich axiomatisch begründen lassen. Vielmehr gehen sie eher intuitiv an die Problemlösung heran. Grundsätzlich kann man die Vorgehensweise klassischer Regeln zur Lösung von Entscheidungsproblemen bei Unsicherheit als zweistufig bezeichnen.

1. Berechnung charakteristischer Kennzahlen

   Es bieten sich Erwartungswerte und Streuungsmaße an. Jedoch können beispielsweise auch Semivarianzen[17] oder Verlustwahrscheinlichkeiten[18] herangezogen werden.

[17]Die Varianz ist eine Kennzahl, welche positive Abweichungen vom Erwartungswert ebenso behandelt wie negative. Viele risikoscheue Investoren würdigen aber negative Abweichungen ganz anders als positive. Um diesem Umstand Rechnung zu tragen, kann man die Semivarianz verwenden. Will man sie berechnen, so definiert man

$$h_s = \left\{ \begin{array}{ll} x_s - \mathrm{E}[x] & \text{wenn } x_s < \mathrm{E}[x] \\ 0 & \text{wenn } x_s \geq \mathrm{E}[x] \end{array} \right\}$$

und

$$\text{Semivar}[\tilde{x}] = \sum_{s=1}^{S} h_s^2 \, q_s.$$

Es handelt sich also um den Erwartungswert der quadrierten negativen Abweichungen vom Mittelwert.

[18]Hierunter ist die Wahrscheinlichkeit zu verstehen, in der Zukunft Verluste in bestimmter Höhe hinnehmen zu müssen.

2. Ermittlung von Präferenzwerten für die miteinander konkurrierenden Lotterien

   Um die optimale Alternative bestimmen zu können, wird für jede Lotterie ein Präferenzwert berechnet, in den die zuvor ermittelten Kennzahlen "in plausibel erscheinender Weise" einfließen. Als besonders vorteilhaft gilt die Lotterie mit dem höchsten Präferenzwert.

3.4.1 μ–Regel und μ–σ–Prinzip

Entscheidung nach dem Erwartungswert Zur Lösung eines Entscheidungsproblems unter Risiko liegt es am nächsten, die Erwartungswerte der Lotterieresultate zu berechnen und diese ohne weiteres als Präferenzwerte zu benutzen. Dieses Konzept nennt man Erwartungswertprinzip oder auch μ–Prinzip. Seine Anwendung setzt natürlich voraus, daß die Konsequenzen der Entscheidungsalternativen kardinal gemessen werden können, so wie das beispielsweise bei den Cash–flows von unsicheren Investitionen der Fall ist. Der Präferenzwert einer Lotterie $[x_1, x_2, \ldots, x_S : q_1, q_2, \ldots, q_S]$ ergibt sich in diesem Fall zu

$$\Phi([x_1, x_2, \ldots, x_S : q_1, q_2, \ldots, q_S]) = \sum_{s=1}^{S} x_s q_s$$

oder in etwas kürzerer Schreibweise

$$\Phi([x_1, x_2, \ldots, x_S : q_1, q_2, \ldots, q_S]) = \mathrm{E}[x] \,. \tag{3.30}$$

Um die Arbeitsweise dieser Regel zu veranschaulichen, betrachten wir Tabelle 3.21. Hier werden die zustandsabhängigen Cash–flows zweier miteinander in Konkurrenz stehenden Investitionen gezeigt. Die erwarteten Cash–flows bei-

Tabelle 3.21: Zustandsabhängige Cash–flows zweier Investitionen

	Z_1 $q_1 = 0.1$	Z_2 $q_2 = 0.2$	Z_3 $q_3 = 0.3$	Z_4 $q_4 = 0.4$
A_1	50	40	90	30
A_2	50	60	30	80

der Investitionen belaufen sich auf

$$\begin{aligned} \mathrm{E}[x_1] &= 50 \cdot 0.1 + 40 \cdot 0.2 + 90 \cdot 0.3 + 30 \cdot 0.4 = 52 \\ \mathrm{E}[x_2] &= 50 \cdot 0.1 + 60 \cdot 0.2 + 30 \cdot 0.3 + 80 \cdot 0.4 = 58 \,. \end{aligned}$$

Da der Erwartungswert der Cash–flows bei der zweiten Alternative größer als der der ersten ist, hat die zweite Alternative den höheren Präferenzwert und verdient den Vorzug.

Die Vorgehensweise ist zwar sehr simpel, aber dennoch kaum zu empfehlen, es sei denn, man hätte es mit regelmäßig wiederkehrenden Entscheidungen zu tun, bei denen ständig mit den gleichen Wahrscheinlichkeitsverteilungen zu rechnen ist. Hier ließe sich das Erwartungswertprinzip insofern rechtfertigen, als man "auf lange Sicht" tatsächlich den Erwartungswert der Lotterieresultate erzielen würde.

Die Brauchbarkeit des Erwartungswertprinzips läßt sich schön mit der Feststellung in Zweifel ziehen, daß kaum jemand bereit ist, mehr als etwa 10 oder 20 DM zu riskieren, um am sogenannten *Petersburger Spiel* teilnehmen zu dürfen.[19] Dieses Spiel wird nach folgender Regel gespielt: Nachdem der Einsatz geleistet worden ist, wird eine Münze so lange geworfen, bis zum ersten Mal "Kopf" erscheint. Geschieht das beim s–ten Wurf, so erhält der Spieler 2^s DM ausgezahlt. Beschreibt man das *Petersburger Spiel* in der uns vertrauten Schreibweise, so handelt es sich um eine Lotterie mit der Struktur

$$[2^1, 2^2, \ldots, 2^S : 2^{-1}, 2^{-2}, \ldots, 2^{-S}] .$$

Die Wahrscheinlichkeit, daß das Spiel gleich beim ersten Wurf sein Ende findet, beträgt 50 % (oder 2^{-1}). Die Wahrscheinlichkeit, daß das Ereignis "Kopf" beim zweiten Wurf eintritt, ist 25 % (oder 2^{-2}) und so weiter. Da nicht ausgeschlossen ist, daß es unendlich lange dauert, bis zum ersten Male "Kopf" erscheint, beläuft sich der Erwartungswert der Lotterieergebnisse auf

$$\mathrm{E}[x] = \lim_{S \to \infty} \sum_{s=1}^{S} 2^s \cdot 2^{-s} = \infty .$$

Infolgedessen müßte ein Anhänger des Erwartungswertprinzips bereit sein, praktisch jeden beliebigen Preis zu zahlen, um an diesem Spiel teilnehmen zu dürfen. Wenn sich niemand findet, scheint es zumindestens keine strikten Anhänger dieser Regel zu geben.

Entscheidungen nach Erwartungswert und Streuung Dieses Prinzip spielt in der Investitions– und Finanzierungstheorie eine bedeutende Rolle. Die Präferenzwerte der Lotterien werden dabei auf der Grundlage von Erwartungswerten und Varianzen (oder Standardabweichungen) ermittelt. Man bezeichnet das Grundkonzept auch als μ–σ–Prinzip.

---

[19] Nach einer überzeugenden Erklärung dieses Phänomens hat wohl als erster der schweizerische Mathematiker und Jurist *Nikolaus Bernoulli* (1687–1759) gefragt. Er war ein Cousin *Daniel Bernoullis*.

Versucht man, dieses Konzept auf das in Tabelle 3.21 gegebene Beispiel anzuwenden, so muß man zunächst die Varianzen der Cash–flows berechnen. Diese ergeben sich zu

$$\begin{aligned}\operatorname{Var}[x_1] &= 0.1\cdot(50-52)^2+0.2\cdot(40-52)^2+0.3\cdot(90-52)^2+0.4\cdot(30-52)^2\\ &= 656\\ \operatorname{Var}[x_2] &= 0.1\cdot(50-58)^2+0.1\cdot(60-58)^2+0.3\cdot(30-58)^2+0.4\cdot(80-58)^2\\ &= 436\,.\end{aligned}$$

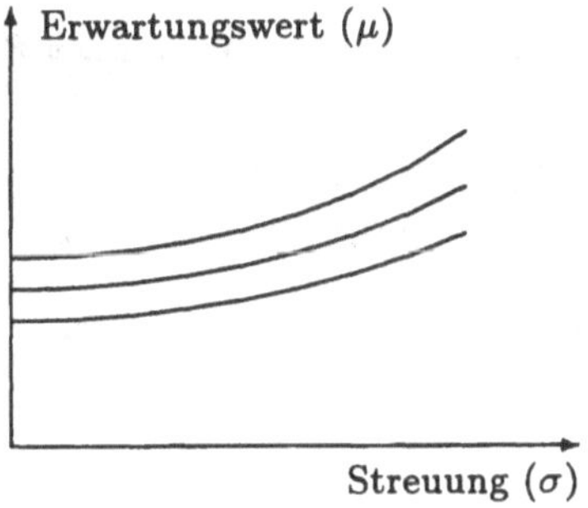

Abbildung 3.16: Iso–Präferenzkurven bei Risikoscheu

Welche Alternative nun im Einzelfall als optimal angesehen wird, wird von der Risikoeinstellung des Entscheidungsträgers bestimmt, die man unter Verwendung von Erwartungswerten und Streuungsmaßen mit Hilfe der Abbildungen 3.16 und 3.17 näher charakterisieren kann. Ein risikoscheuer Investor wird nur dann zur Übernahme eines höheren Risikos bereit sein, wenn er dafür durch die Aussicht auf höhere erwartete Cash–flows entschädigt wird. Die Iso–Präferenzkurven eines risikoaversen Entscheidungsträgers haben daher regelmäßig die in Abbildung 3.16 angegebene Form. Je weiter man sich im ersten Quadranten vom Ursprung entfernt, um so höher ist der Präferenzwert.

Auf der anderen Seite verzichtet ein risikofreudiger Entscheidungsträger auf ein gewisses Maß an erwarteten Cash–flows, wenn ihm dafür eine höhere Einkommenschance in Aussicht gestellt wird. Streuungsmaße signalisieren ja Abweichungen vom Mittelwert in beide Richtungen, und daher haben die Iso–Präferenzkurven eines das Risiko liebenden Investors im μ–σ–Koordinatensystem den in Abbildung 3.17 gezeigten Verlauf.

Das μ–σ–Prinzip besagt an sich nur, daß Erwartungswert und Streuung in die Berechnung von Präferenzwerten einfließen. Es läßt aber noch offen, in welcher Weise das geschieht. Eine konkrete Funktionsvorschrift, die μ und σ

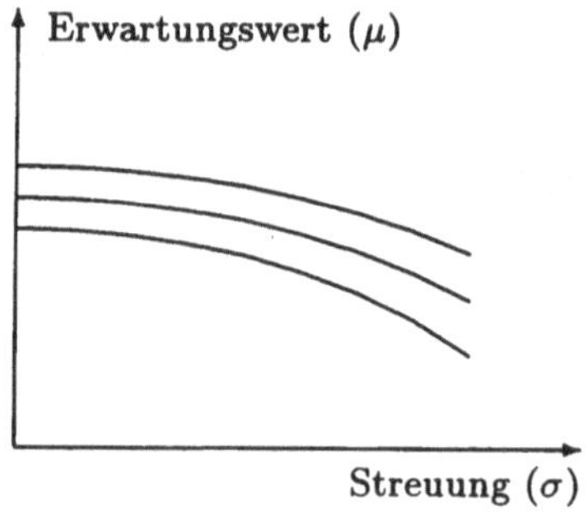

Abbildung 3.17: Iso–Präferenzkurven bei Risikofreude

eindeutig miteinander verknüpft, wird als *μ–σ–Regel* bezeichnet. Sie könnte für einen risikoscheuen Entscheidungsträger etwa die Form

$$\Phi([x_1, \ldots, x_S : q_1, \ldots, q_S]) = \mathrm{E}[x] - \alpha \operatorname{Var}[x] \qquad \text{mit } \alpha > 0$$

haben. Je höher die Streuung, um so geringer der Präferenzwert, wobei das Gewicht des Risikos für die Präferenzziffer durch den Parameter α zum Ausdruck gebracht wird. Für den Fall, daß der Entscheidungsträger das Risiko (besser: die Chance) positiv einschätzt, eignet sich womöglich

$$\Phi([x_1, \ldots, x_S : q_1, \ldots, q_S]) = \mathrm{E}[x] + \alpha \operatorname{Var}[x] \qquad \text{mit } \alpha > 0\,.$$

3.4.2 Verträglichkeit mit dem Bernoulliprinzip

In der Investitions– und Finanzierungstheorie spielt das μ–σ–Prinzip eine beachtliche Rolle, weil beispielsweise die Portfoliotheorie von *Markowitz* sowie die hierauf aufbauende Kapitalmarkttheorie in Gestalt des Capital Asset Pricing Models auf diesem Konzept beruht. Da die klassischen Regeln zwar möglicherweise intuitiv einleuchten, aber axiomatisch dennoch unbegründet sind, bietet sich die Frage an, ob sie mit der Nutzentheorie in der Tradition von *von Neumann* und *Morgenstern* verträglich sind.

Es gibt zwei Möglichkeiten, das klassische μ–σ–Prinzip mit der Erwartungsnutzentheorie in Einklang zu bringen. Entweder verlangt man, daß der Entscheidungsträger eine spezielle Nutzenfunktion besitzt, oder man setzt voraus, daß die Ergebnisverteilungen bestimmten Gesetzen gehorchen.

Spezielle Nutzenfunktionen Wir beschränken uns auf zwei ausgewählte Nutzenfunktionen.

Lineare Nutzenfunktion Zunächst betrachten wir einen Entscheidungsträger mit der Nutzenfunktion

$$U(x) = ax \qquad \text{mit } a > 0\,.$$

Hinter einer solchen Nutzenfunktion verbirgt sich ein *risikoneutraler* Entscheidungsträger, da die zweite Ableitung der Funktion null ist.[20] Abbildung 3.18 zeigt das Aussehen einer derartigen Funktion.

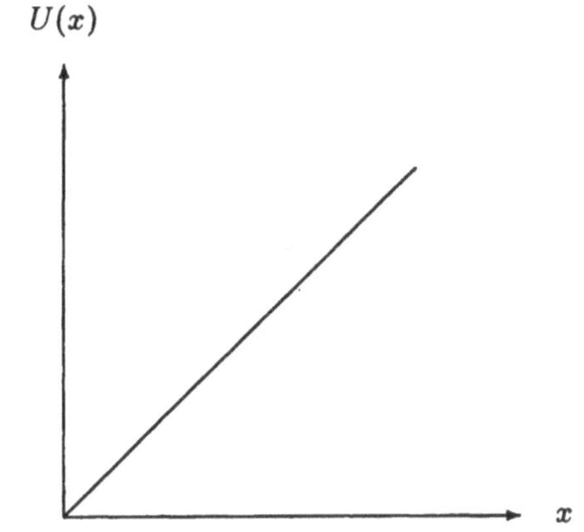

Abbildung 3.18: Lineare Nutzenfunktion

Für den Erwartungsnutzen einer Lotterie $[x_1, \ldots, x_S : q_1, \ldots, q_S]$ erhält man

$$\begin{aligned} U([x_1, \ldots, x_S : q_1, \ldots, q_S]) &= \sum_{s=1}^{S} U(x_s) q_s \\ &= \sum_{s=1}^{S} a x_s q_s \\ &= a \sum_{s=1}^{S} x_s q_s \\ &= a\,\mathrm{E}[x]\,. \end{aligned}$$

Man erkennt sofort, daß das nichts anderes ist als die positive Lineartransformation der Erwartungswertregel gemäß Gleichung (3.30). Daher können wir feststellen: Erwartungswertprinzip und von Neumann–Morgenstern–Nutzentheorie sind genau dann miteinander in Einklang, wenn der Entscheidungsträger risikoneutral ist.

[20] Vgl. Tabelle 3.19 auf Seite 130.

Quadratische Nutzenfunktion Jetzt analysieren wir eine quadratische Nutzenfunktion des Typs

$$U(x) = ax - bx^2 .$$

Das ist eine parabelförmige Nutzenfunktion, die je nach Vorzeichen von b sowohl Risikofreude als auch Risikoscheu repräsentieren kann. Wir konzentrieren uns hier aber auf den Fall der Risikoaversion, und in diesem Fall müssen wir $b > 0$ wählen. Dadurch erhalten wir nämlich eine nach unten offene Parabel wie in Abbildung 3.19.[21]

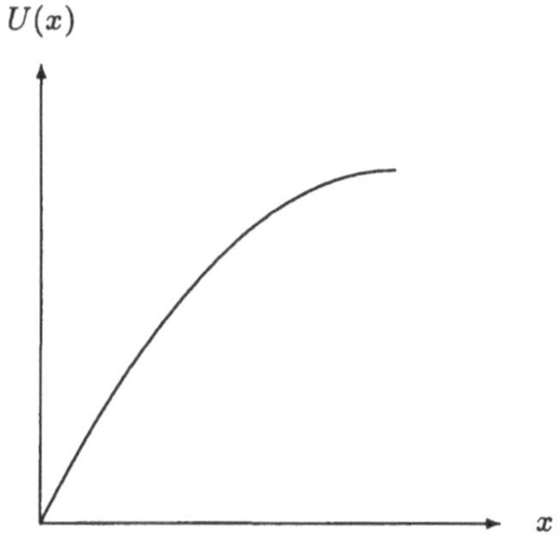

Abbildung 3.19: Quadratische Nutzenfunktion

Der Nutzen einer Lotterie ergibt sich in diesem Fall zu

$$\begin{aligned} U([x_1,\ldots,x_S : q_1,\ldots,q_S]) &= \sum_{s=1}^{S} U(x_s)q_s \\ &= \sum_{s=1}^{S} \left(ax_s - bx_s^2\right) q_s \\ &= a\sum_{s=1}^{S} x_s q_s - b\sum_{s=1}^{S} x_s^2 q_s \\ &= a\,\mathrm{E}[x] - b\sum_{s=1}^{S} x_s^2 q_s . \end{aligned} \tag{3.31}$$

[21] Wir müssen aber aufpassen, daß wir nicht in den fallenden Bereich der Parabel hineingeraten, denn sonst wäre eine unserer fundamentalen Annahmen verletzt. Das Monotonieaxiom verlangt, daß $U'(x) > 0$ ist. Aus diesem Grunde können nur Cash–flows bis zur Höhe von $\frac{a}{2b}$ zugelassen werden.

Für die Varianz schreibt man

$$\begin{aligned}
\mathrm{Var}[x] &= \sum_{s=1}^{S} (x_s - \mathrm{E}[x])^2 q_s \\
&= \sum_{s=1}^{S} \left(x_s^2 - 2x_s\mathrm{E}[x] + (\mathrm{E}[x])^2\right) q_s \\
&= \sum_{s=1}^{S} x_s^2 q_s - 2\mathrm{E}[x] \sum_{s=1}^{S} x_s q_s + (\mathrm{E}[x])^2 \sum_{s=1}^{S} q_s \\
&= \sum_{s=1}^{S} x_s^2 q_s - (\mathrm{E}[x])^2 ,
\end{aligned}$$

und Einsetzen dieses Ergebnisses in (3.31) liefert für den Erwartungsnutzen der Lotterie

$$U([x_1, \ldots, x_S : q_1, \ldots, q_S]) = a\,\mathrm{E}[x] - b\left((\mathrm{E}[x])^2 + \mathrm{Var}[x]\right) . \qquad (3.32)$$

Das ist eine μ–σ–Regel, die bei gegebener Nutzenfunktion auch hinsichtlich ihrer Parameter a und b eindeutig bestimmt ist, und wir können feststellen, daß das μ–σ–Prinzip mit der Erwartungsnutzentheorie verträglich ist, wenn der Entscheidungsträger eine quadratische Nutzenfunktion besitzt.[22] Leider müssen wir daran erinnern, daß solche Nutzenfunktionen ein nicht sehr plausibles Risikoverhalten implizieren, nämlich zunehmende absolute Risikoaversion.[23]

Normalverteilte Ergebnisse Bisher haben wir in bezug auf die Form der Wahrscheinlichkeitsverteilung keinerlei spezielle Annahmen getroffen. Sowohl das Bernoulliprinzip als auch die klassischen Entscheidungsregeln sind vor dem Hintergrund beliebiger Wahrscheinlichkeitsverteilungen dargestellt worden. Die Tatsache, daß wir uns auf diskrete Verteilungen beschränkt haben, hatte ausschließlich didaktische Gründe. Jetzt wollen wir davon ausgehen, daß die Ergebnisse der Lotterien normalverteilt sind.

In bezug auf die Nutzenfunktion des Entscheidungsträgers nehmen wir aber zunächst so gut wie keine Einschränkungen vor. Wir wollen lediglich verlangen, daß die Nutzenfunktion $U(x)$ beliebig oft nach x differenzierbar ist. Unter

[22]Die Nutzenfunktion (3.32) ist fallend in der Varianz, wie man sofort erkennen kann. Also ist ein Individuum mit dieser Nutzenfunktion risikoavers. Damit die Funktion nicht vollkommen unplausibel ist, müssen wir außerdem verlangen, daß sie im Erwartungswert steigend ist. Die Ableitung nach $\mathrm{E}[x]$ ist $a - 2b\,\mathrm{E}[x]$. Bereits oben hatten wir darauf hingewiesen, daß $x < \frac{a}{2b}$ gelten muß. Daraus folgt, daß dann auch $\mathrm{E}[x] < \frac{a}{2b}$ ist, so daß $a - 2b\,\mathrm{E}[x] > 0$ erfüllt ist.

[23]Vgl. oben Seite 139.

dieser Voraussetzung läßt sich der Nutzen eines Ergebnisses x mit Hilfe einer Taylor–Reihenentwicklung an der Stelle μ in der Form

$$U(x) = U(\mu) + U'(\mu)\frac{(x-\mu)^1}{1!} + U''(\mu)\frac{(x-\mu)^2}{2!} + U'''(\mu)\frac{(x-\mu)^3}{3!} + \dots$$

darstellen. Bildet man den Erwartungswert, so entsteht

$$\mathrm{E}\left[U(x)\right] = U(\mu) + U'(\mu)\frac{\mathrm{E}\left[(x-\mu)^1\right]}{1!} + U''(\mu)\frac{\mathrm{E}\left[(x-\mu)^2\right]}{2!} + U'''(\mu)\frac{\mathrm{E}\left[(x-\mu)^3\right]}{3!} + \dots$$

Nach diesen Vorbereitungen wollen wir von der Annahme Gebrauch machen, daß die Ergebnisse normalverteilt sind. Wie wir von Seite 108 wissen, bedeutet das

$$\mathrm{E}\left[(x-\mu)^k\right] = \begin{cases} 0 & \text{, wenn } k \text{ ungerade} \\ 1\cdot 3\cdot 5\cdot\ldots\cdot(k-1)\cdot\sigma^k & \text{, wenn } k \text{ gerade} \end{cases} .$$

Damit fällt jedes zweite Reihenglied fort, und wir haben nur noch

$$\mathrm{E}\left[U(x)\right] = U(\mu) + U''(\mu)\frac{\mathrm{E}\left[(x-\mu)^2\right]}{2!} + U''''(\mu)\frac{\mathrm{E}\left[(x-\mu)^4\right]}{4!} + \dots$$

oder nach Einsetzen

$$\mathrm{E}\left[U(x)\right] = U(\mu) + U''(\mu)\frac{1\cdot\sigma^2}{2!} + U''''(\mu)\frac{1\cdot 3\cdot\sigma^4}{4!} + \dots .$$

Diese Darstellung macht deutlich, daß der Erwartungsnutzen bei gegebener Nutzenfunktion ausschließlich von den Parametern μ und σ abhängt, wenn die Ergebnisse normalverteilt sind. Das gilt für jede Nutzenfunktion.

3.5 Stochastische Dominanz

Um Entscheidungen über risikobehaftete Alternativen zu treffen, kann man die in Abschnitt 3.2 dargestellte Erwartungsnutzentheorie benutzen. Eine wesentliche Anwendungsvoraussetzung dieses Konzeptes bestand darin, daß der Entscheidungsträger seine Nutzenfunktion entdecken beziehungsweise offenbaren muß. Nur dann ist es möglich, diejenige Alternative zu bestimmen, welche den Erwartungsnutzen maximiert.

Fehlt es an der Bereitschaft, die Nutzenfunktion zu offenbaren, so kommt man unter gewissen Umständen mit dem Konzept der stochastischen Dominanz weiter. Das ist ein Ansatz, der wesentlich weniger Voraussetzungen hinsichtlich der Nutzenvorstellungen des Entscheidungsträgers erfordert. Wir werden sehen, daß es verschiedene Grade von stochastischer Dominanz gibt. In der folgenden Diskussion beschränken wir uns auf die ersten zwei Grade stochastischer Dominanz, obwohl unter bestimmten Bedingungen auch höhere Grade Sinn machen. Immer aber muß beachtet werden, daß das Konzept nur für ganz bestimmte Klassen von Nutzenfunktionen gilt.

3.5.1 Stochastische Dominanz erster Ordnung

Voraussetzungen In ökonomischen Modellen wird in der Regel vorausgesetzt, daß Entscheidungsträger nicht gesättigt sind. In manchen Fällen reicht diese Voraussetzung, um unsichere Alternativen in eine Rangordnung zu bringen. Will man die Nichtsättigung mit Bezug auf ein Ergebnis x formalisieren, das als Cash–flow, Einkommen, Gewinn, Rendite oder ähnlich interpretiert werden kann, so könnte man

$$\delta > 0 \Longrightarrow U(x+\delta) > U(x)$$

schreiben. Für den Fall, daß die Nutzenfunktion stetig differenzierbar ist, ließe sich das auch in der Form

$$U'(x) > 0 \tag{3.33}$$

ausdrücken. Die Nutzenfunktion muß streng monoton steigen. Der Grenznutzen ist strikt positiv. Wir definieren nun: Eine Lotterie A_1 dominiert eine andere Lotterie A_2 nach dem Kriterium der stochastischen Dominanz erster Ordnung genau dann, wenn A_1 für *jede* streng monoton steigende Nutzenfunktion die bessere ist. Wir bezeichnen die stochastische Dominanz erster Ordnung (englisch: first degree stochastic dominance) mit $\succeq_{FSD}$.

Betrachten Sie nun das folgende Beispiel.

$$\begin{aligned} A_1 &= [100, 50, 0 : 0.333, 0.333, 0.333] \\ A_2 &= [100, 50, 0 : 0.167, 0.417, 0.417] \end{aligned}$$

Die erste Lotterie verspricht Ihnen Einnahmen in Höhe von 100 DM, 50 DM oder 0 DM, jeweils mit einer Wahrscheinlichkeit von einem Drittel. Bei der zweiten werden die gleichen Ergebnisse in Aussicht gestellt, aber mit anderen Wahrscheinlichkeiten. Die Niete und der Fünfzigmarkschein sind auch wieder gleich wahrscheinlich. Den Hundertmarkschein aber gibt es nur mit einer Chance von einem Sechstel. Vernünftigerweise wird man A_1 vorziehen, da sie die besseren Ergebnisse mit höherer Wahrscheinlichkeit verspricht.

In Abbildung 3.20 sind die Wahrscheinlichkeitsverteilungen beider Lotterien gezeichnet, wobei A_2 durch den gestrichelten und A_1 durch den durchgezogenen Linienzug repräsentiert wird. Dabei kann man klar erkennen, daß die

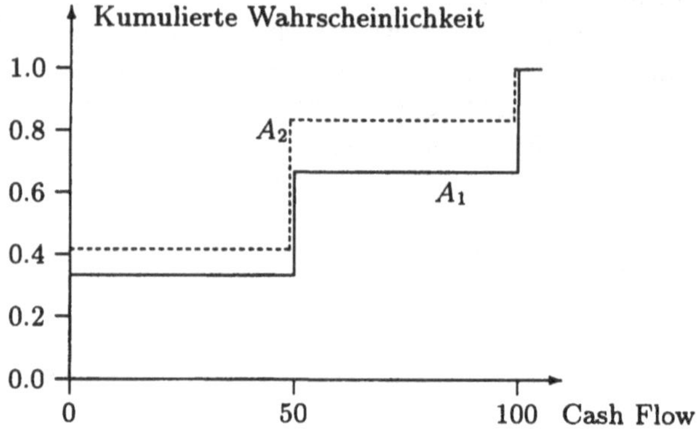

Abbildung 3.20: Diskrete Wahrscheinlichkeitsverteilungen

Funktionswerte der dominierenden Alternative *stets kleiner* sind als die Funktionswerte der dominierten Alternative.

Geht man davon aus, daß die Resultate der beiden Lotterien, zwischen denen hier zu entscheiden ist, kontinuierlich verteilt sind, so hätten wir eine Situation wie in Abbildung 3.21. Offensichtlich liegt die Wahrscheinlichkeitsverteilung $F(x)$ der Alternative A_1 niemals über der entsprechenden Funktion $G(x)$ der Alternative A_2, oder

$$\text{für alle } x \in [\underline{x}, \overline{x}] : G(x) - F(x) \geq 0 . \tag{3.34}$$

FSD–Regel Man sagt nun, daß A_1 nach dem Kriterium der stochastischen Dominanz erster Ordnung genau dann nicht schlechter als A_2 ist, wenn diese Bedingung erfüllt ist. Jeder Erwartungsnutzenmaximierer mit $U'(x) > 0$ präferiert A_1 gegenüber A_2 genau dann, wenn $G(x) \geq F(x) \, \forall x$. Oder:

$$G(x) - F(x) \geq 0 \, \forall x \quad \Longleftrightarrow \quad A_1 \underset{FSD}{\succsim} A_2 \tag{3.35}$$

Das wollen wir im folgenden beweisen.

Beweis *Zu diesem Zweck gehen wir davon aus, daß alle Ergebnisse im Intervall* $(\underline{x}, \overline{x})$ *liegen. Dann muß* $F(\overline{x}) = G(\overline{x}) = 1$ *und* $F(\underline{x}) = G(\underline{x}) = 0$ *sein.*

Treffen wir nun die Annahme, daß $A_1 \succsim A_2$, *so muß nach dem Konzept des Erwartungsnutzens*

$$E[U(x_{A_1})] - E[U(x_{A_2})] \geq 0$$

sein. Einsetzen der Verteilungsfunktionen führt zu

$$\int_{\underline{x}}^{\overline{x}} U(x)\, dF(x) - \int_{\underline{x}}^{\overline{x}} U(x)\, dG(x) \quad \geq \quad 0$$

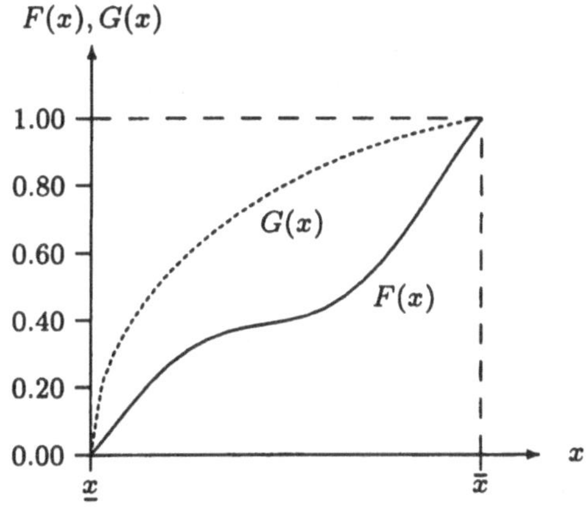

Abbildung 3.21: Stochastische Dominanz erster Ordnung

$$\int_{\underline{x}}^{\overline{x}} U(x)\,[dF(x) - dG(x)] \quad \geq \quad 0\,.$$

Partielles Integrieren liefert

$$U(x)\;[F(x) - G(x)]\,|_{\underline{x}}^{\overline{x}} - \int_{\underline{x}}^{\overline{x}} U'(x)\;[F(x) - G(x)]\;dx \geq 0$$

oder wegen $F(\overline{x}) = G(\overline{x}) = 1$ *und* $F(\underline{x}) = G(\underline{x}) = 0$ *einfach*

$$\int_{\underline{x}}^{\overline{x}} U'(x)\big[G(x) - F(x)\big]\,dx \geq 0\,. \tag{3.36}$$

Diese Ungleichung ist bei positivem Grenznutzen offensichtlich erfüllt, wenn die Bedingung (3.34) eingehalten ist. Damit ist (3.34) hinreichend für $A_1 \succsim_{FSD} A_2$.

Um die Notwendigkeit zu beweisen, müssen wir folgendes zeigen: Wenn die Bedingung $G(x) - F(x) \geq 0$ *nicht überall eingehalten ist, so gibt es eine Nutzenfunktion* $U(x)$ *mit positivem Grenznutzen* $U'(x)$, *so daß* $A_1 \prec A_2$. *Zu diesem Zweck nehmen wir an, daß es ein* x_0 *mit* $\underline{x} \leq x_0 < \overline{x}$ *gibt, so daß*

$$\begin{aligned} G(x) - F(x) &< 0 \qquad \text{wenn } \underline{x} \leq x \leq x_0 \\ G(x) - F(x) &\geq 0 \qquad \text{wenn } x_0 < x \leq \overline{x}\,. \end{aligned}$$

Nun betrachte man die Nutzenfunktion

$$U(x) = \begin{cases} \gamma e^{(x-x_0)/\gamma} & \text{wenn } x \leq x_0 \\ \frac{1}{\gamma}[1 - e^{-\gamma(x-x_0)}] & \text{wenn } x > x_0 \end{cases}$$

und ihre erste Ableitung

$$U'(x) = \begin{cases} e^{(x-x_0)/\gamma} & \text{wenn } x \leq x_0 \\ e^{-\gamma(x-x_0)} & \text{wenn } x > x_0 \end{cases} .$$

Der Ausdruck $e^{-\gamma(x-x_0)}$ wird für $x > x_0$ mit zunehmendem γ immer kleiner und nähert sich für $\gamma \to \infty$ dem Grenzwert 0. Dagegen ist $e^{(x-x_0)/\gamma}$ für $x \leq x_0$ eine in γ wachsende Funktion, die sich bei $\gamma \to \infty$ dem Grenzwert 1 nähert. Setzt man das und die Voraussetzungen in (3.36) ein, so erhält man

$$E[U(x_{A_1})] - E[U(x_{A_2})] = \int_{\underline{x}}^{x_0} e^{(x-x_0)/\gamma}[G(x) - F(x)]\, dx + \int_{x_0}^{\overline{x}} e^{-\gamma(x-x_0)}[G(x) - F(x)]\, dx .$$

Dieser Ausdruck wird für genügend großes γ negativ, so daß $A_1 \prec A_2$ folgt. Damit können wir den Beweis abschließen. □

Man kann übrigens auch zeigen, daß gilt:

$$G(x) - F(x) \geq 0 \forall x \quad \Longrightarrow \quad \mathrm{E}_F[x] \geq \mathrm{E}_G[x] .$$

In Worten: Das Kriterium der stochastischen Dominanz erster Ordnung impliziert, daß der Erwartungswert der mit F verteilten Zufallsvariablen mindestens so groß wie der Erwartungswert der mit G verteilten Zufallsvariablen ist. Allerdings gilt nicht die Umkehrung. Aus $\mathrm{E}_F[x] \geq \mathrm{E}_G[x]$ folgt also *nicht* $A_1 \underset{FSD}{\succsim} A_2$. Die stochastische Dominanz erster Ordnung ist also im Vergleich mit der μ–Regel das vorsichtigere Prinzip. Es ist allgemeingültiger, da es im Einklang mit jeder vernünftigen Nutzenfunktion steht. Gleichzeitig ist es nur sehr beschränkt anwendbar, da in den meisten Fällen weder $G(x) - F(x) \geq 0$ für *alle* x noch $F(x) - G(x) \geq 0$ für *alle* x gilt.

3.5.2 Stochastische Dominanz zweiter Ordnung

Voraussetzungen Während bisher nur vorausgesetzt wurde, daß der Entscheidungsträger nicht gesättigt werden kann, gehen wir jetzt einen Schritt weiter. Wir unterstellen, daß er darüber hinaus strikt risikoavers ist. Man erinnere sich daran, daß in diesem Fall die zweite Ableitung der Nutzenfunktion negativ sein muß.[24] Das bedeutet

$$U'(x) > 0 \quad \text{und} \quad U''(x) < 0 . \tag{3.37}$$

[24]Vgl. oben Seite 130.

Weitere Einschränkungen, beispielsweise hinsichtlich des Ausmaßes der Risikoabneigung oder in bezug auf die Veränderung von absoluter oder relativer Risikoaversion bei steigendem Wohlstand, werden nicht vorgenommen. In vielen Fällen reicht diese Voraussetzung aber, um unsichere Alternativen in eine Rangfolge zu bringen. Wir definieren: Eine Lotterie A_1 dominiert eine andere Lotterie A_2 nach dem Kriterium der stochastischen Dominanz zweiter Ordnung genau dann, wenn A_1 für jede Nutzenfunktion, die (3.37) erfüllt, die bessere ist. Wir bezeichnen die stochastische Dominanz zweiter Ordnung (englisch: second degree stochastic dominance) mit $\underset{SSD}{\succsim}$.

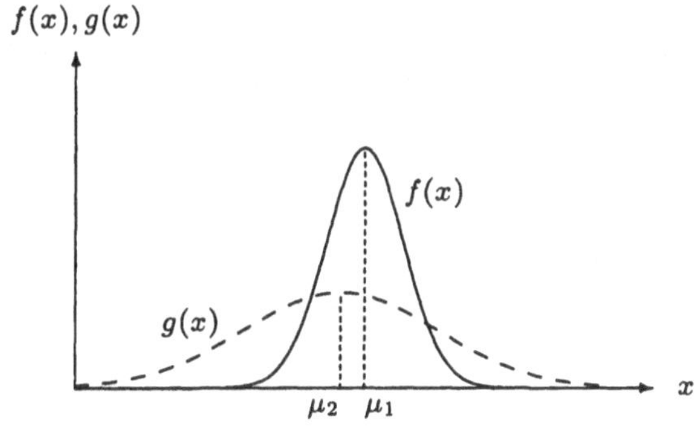

Abbildung 3.22: Stochastische Dominanz zweiter Ordnung (Dichtefunktionen)

Beginnen wir damit, uns eine anschauliche Vorstellung von der stochastischen Dominanz zweiter Ordnung zu machen. Betrachten Sie zu diesem Zweck Abbildung 3.22. Sie zeigt die Dichtefunktionen der Ergebnisse zweier Lotterien A_1 und A_2. Es handelt sich um Gaußverteilungen mit unterschiedlichem Erwartungswert μ und voneinander abweichenden Standardabweichungen σ. A_1 wird durch die durchgezogen gezeichnete Funktion $f(x)$, A_2 durch die gestrichelt gezeichnete Funktion $g(x)$ repräsentiert.

Hätten beide Lotterien den gleichen Erwartungswert, wäre also $\mu_1 = \mu_2$, so würde ein risikoscheuer Entscheidungsträger A_1 als die weniger riskante Lotterie vorziehen. Da nun aber darüber hinaus auch noch der Erwartungswert der ersten Lotterie größer als der Erwartungswert der zweiten Zufallsvariablen ist ($\mu_1 > \mu_2$), ist die Rangordnung $A_1 \succ A_2$ erst recht plausibel.

Der Grund für die Überlegenheit von A_1 gegenüber A_2 wird noch deutlicher, wenn man sich die Wahrscheinlichkeitsverteilungen in Abbildung 3.23 ansieht. Auch hier repräsentiert die durchgezogene Funktion $F(x)$ die erste Lotterie und die gestrichelt gezeichnete Funktion $G(x)$ die zweite Lotterie. Die schattierte

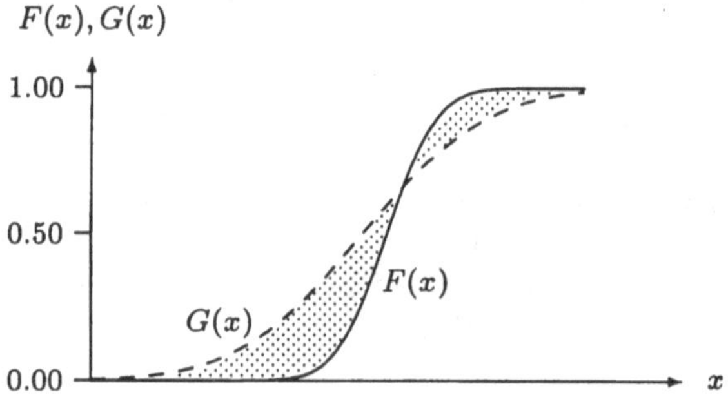

Abbildung 3.23: Stochastische Dominanz zweiter Ordnung (Wahrscheinlichkeitsverteilungen)

Fläche links des Schnittpunktes beider Funktionen ist wesentlich größer als die entsprechende Fläche rechts des Schnittpunktes. Bildet man nun das Integral über die Differenz zwischen $G(x)$ und $F(x)$, gewinnt man eine Funktion, die an keiner Stelle negative Werte annimmt, vgl. Abbildung 3.24.

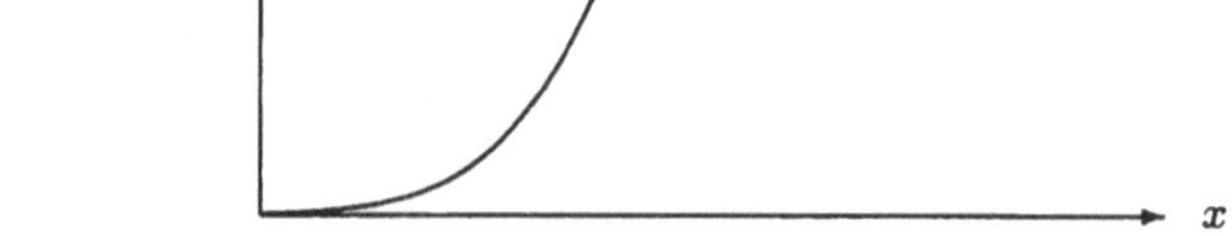

Abbildung 3.24: Stochastische Dominanz zweiter Ordnung

SSD-Regel Nach diesen Vorbereitungen können wir das Kriterium stochastischer Dominanz zweiter Ordnung zu formulieren versuchen: A_1 ist nach dieser Regel genau dann nicht schlechter als A_2, wenn das Integral der Differenz zwischen den Wahrscheinlichkeitsverteilungen an keiner Stelle negativ ist. Jeder Erwartungsnutzenmaximierer mit $U'(x) > 0$ und $U''(x) < 0$ präferiert

A_1 gegenüber A_2 genau dann, wenn $\int_{-\infty}^{x}[G(z) - F(z)]\,dz \geq 0$. Oder:

$$\int_{-\infty}^{x} [G(z) - F(z)]\,dz \geq 0 \quad \Longleftrightarrow \quad A_1 \underset{SSD}{\succeq} A_2 \,. \tag{3.38}$$

Das ist im folgenden zu beweisen.

Beweis *Wieder gehen wir davon aus, daß alle Ergebnisse im Intervall* $(\underline{x}, \overline{x})$ *liegen. Dann ist* $F(\overline{x}) = G(\overline{x}) = 1$ *sowie* $F(\underline{x}) = G(\underline{x}) = 0$.

Wenn nun $A_1 \succeq A_2$*, so muß nach dem Erwartungsnutzenkonzept*

$$E[U(x_{A_1})] - E[U(x_{A_2})] \geq 0$$

sein. Berechnung der Erwartungswerte führt auf

$$\int_{\underline{x}}^{\overline{x}} U(x)\,[dF(x) - dG(x)] \geq 0 \,. \tag{3.39}$$

Partielles Integrieren liefert

$$U(x)\,[F(x) - G(x)]|_{\underline{x}}^{\overline{x}} - \int_{\underline{x}}^{\overline{x}} U'(x)\,[F(x) - G(x)]\,dx \geq 0 \,,$$

was man wegen $F(\overline{x}) = G(\overline{x}) = 1$ *und* $F(\underline{x}) = G(\underline{x}) = 0$ *zu*

$$- \int_{\underline{x}}^{\overline{x}} U'(x)\,[F(x) - G(x)]\,dx \geq 0$$

vereinfachen kann. Nochmaliges partielles Integrieren ergibt

$$-U'(x) \int_{\underline{x}}^{x} [F(z) - G(z)]\,dz \Big|_{\underline{x}}^{\overline{x}} + \int_{\underline{x}}^{\overline{x}} U''(x) \int_{\underline{x}}^{x} [F(z) - G(z)]\,dz\,dx \geq 0 \,.$$

Wegen $\int_{\underline{x}}^{\underline{x}} F(z)\,dz = \int_{\underline{x}}^{\underline{x}} G(z)\,dz = 0$ *schreibt man dafür einfacher*

$$- U'(x) \int_{\underline{x}}^{\overline{x}} [F(z) - G(z)]\,dz + \int_{\underline{x}}^{\overline{x}} U''(x) \int_{\underline{x}}^{x} [F(z) - G(z)]\,dz\,dx \geq 0 \,. \tag{3.40}$$

Im Falle stochastischer Dominanz zweiter Ordnung sind sowohl der erste Term für $U'(x) > 0$ *als auch der zweite Term für* $U''(x) < 0$ *nicht–negativ. Damit erweist sich (3.38) als hinreichend für* $A_1 \underset{SSD}{\succeq} A_2$.

Um die Notwendigkeit zu beweisen, nehmen wir an, daß es ein x_0 mit $\underline{x} \leq x_0 < \overline{x}$ gibt, so daß

$$\int_{\underline{x}}^{x} [G(z) - F(z)]\, dz < 0 \qquad \text{wenn } \underline{x} \leq x \leq x_0$$

$$\int_{\underline{x}}^{x} [G(z) - F(z)]\, dz \geq 0 \qquad \text{wenn } x_0 < x \leq \overline{x}\,.$$

Wenn wir nun eine Nutzenfunktion mit $U'(x) > 0$ und $U''(x) < 0$ angeben können, die zu der Relation $A_1 \prec A_2$ führt, dann ist $\int_{\underline{x}}^{x}[G(z) - F(z)]\, dz \geq 0$ eine notwendige Voraussetzung für $A_1 \underset{SSD}{\succeq} A_2$. Als geeignet erweist sich die Nutzenfunktion

$$U(x) = -\frac{1}{\gamma^2}\, e^{-\gamma(x-x_0)} \qquad \text{mit } \gamma > 0$$

mit

$$\begin{aligned} U'(x) &= \frac{1}{\gamma}\, e^{-\gamma(x-x_0)} \\ U''(x) &= -e^{-\gamma(x-x_0)}\,, \end{aligned}$$

denn für positives γ ist $U'(x)$ immer positiv, während $U''(x)$ stets negativ ist. Der Grenzwert von $U''(x)$ für $\gamma \to \infty$ geht gegen null, wenn $x < x_0$ ist, und wächst über alle Grenzen, wenn $x > x_0$ ist. Einsetzen in (3.40) führt auf

$$\begin{aligned} E[U(x_{A_1})] - E[U(x_{A_2})] &= -\frac{1}{\gamma}\, e^{-\gamma(\overline{x}-x_0)} - \int_{\underline{x}}^{\overline{x}} e^{-\gamma(x-x_0)} \int_{\underline{x}}^{x_0} [F(z) - G(z)] dz\, dx \\ &\quad - \int_{\underline{x}}^{\overline{x}} e^{-\gamma(x-x_0)} \int_{x_0}^{\overline{x}} [F(z) - G(z)] dz\, dx\,. \qquad (3.41) \end{aligned}$$

Wählt man γ genügend groß, so kann man dafür sorgen, daß (3.41) negativ wird. Das aber würde tatsächlich $A_1 \prec A_2$ implizieren, was unseren Beweis beendet. □

4 Arbitragetheorie

In diesem Kapitel geht es um die Bewertung unsicherer Investitionen mit Hilfe der Arbitragetheorie. Das ist ein Konzept, bei dem man den fairen Preis ermittelt, indem man auf die Preise von Finanztiteln zurückgreift, die an einem perfekt funktionierenden Kapitalmarkt gehandelt werden. Wenn Sie die vorangegangenen Kapitel dieses Buches aufmerksam durchgearbeitet haben, dann ist Ihnen die Arbitragetheorie bereits mehrmals begegnet. Dort haben wir sie aber immer unter der Annahme dargestellt, daß sichere Zahlungen zu bewerten sind. Jetzt führen wir Unsicherheit in die Analyse ein.

Ebenso wie in den früheren Abschnitten zur Arbitragetheorie gilt auch hier, daß dieser Ansatz nicht dazu in der Lage ist, *alle* Preise zu bestimmen. Die Arbitragetheorie macht nur Aussagen über die Konsistenz eines Preissystems. Betrachtet man die Preise gewisser Finanztitel aber als Bewertungsbasis, so müssen die Preise anderer Wertpapiere zu diesen Basispreisen in ganz bestimmten Relationen stehen, die man aus Arbitragefreiheitsbedingungen ableiten kann. Diese Bedingungen sind von den Zeit- und Risikopräferenzen der handelnden Individuen ganz unabhängig. Es wird lediglich vorausgesetzt, daß die Marktteilnehmer ungesättigt sind.

Unsicherheit bedeutet im jetzt interessierenden Zusammenhang, daß der Investor nicht genau vorhersagen kann, wie groß die Rückflüsse sind, die die Investitionen in der Zukunft abwerfen werden. Der einfachste Fall, an den man dabei denken kann, wird durch ein *Zwei-Zeitpunkt-Zwei-Zustands-Problem* beschrieben.

Betrachten wir beispielsweise einen Menschen, der in der Lotterie 50 000 DM gewonnen hat und mit dem Gedanken spielt, sich für diesen Betrag ein Grundstück zu kaufen, um es nach einem Jahr wieder zu verkaufen. Er wird von zwei Bekannten beraten, von denen der eine als Optimist und der andere als Pessimist bekannt ist. Der Optimist schätzt, daß man das Grundstück in einem Jahr für 60 000 DM veräußern kann; der Pessimist ist dagegen davon überzeugt, daß der Wert des Grundstücks auf 45 000 DM fallen wird. Welchen Preis sollte man unter diesen Umständen für das Grundstück höchstens bezahlen?

Abbildung 4.1 beschreibt die Entscheidungssituation graphisch. Der Investor erwartet für den Zeitpunkt $t = 1$ mit Wahrscheinlichkeit q einen Rückfluß in Höhe von X_1 und mit Wahrscheinlichkeit $(1 - q)$ einen Rückfluß in Höhe von X_2. Ist der Preis I_0 für eine solche Wahrscheinlichkeitsverteilung der Rückflüsse

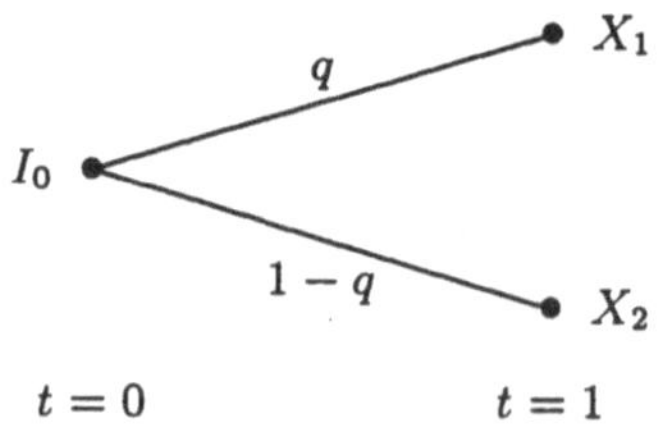

Abbildung 4.1: Unsichere Investition

angemessen oder nicht? Um die Antwort geben zu können, müßte man den fairen Preis P_0 kennen. Wäre dieser nämlich bekannt, so könnte man eine einfache Entscheidungsregel benutzen:

$$\begin{aligned} P_0 > I_0 &\implies \text{Investition durchführen} \\ P_0 \leq I_0 &\implies \text{Investition ablehnen .} \end{aligned}$$

Die Regel bedient sich eines Preisvergleichs. Von zwei Alternativen entscheidet man sich für die preisgünstigere. Die Aufgabe, die wir lösen müssen, ist damit klar umrissen. Sie lautet: Wie ermittelt man den fairen Preis einer Investition mit unsicheren Rückflüssen?

Methodisch gibt es verschiedene Wege, die man gehen kann, um den fairen Preis für Ansprüche auf künftige Zahlungen zu berechnen. In diesem Kapitel konzentrieren wir uns auf die sogenannte arbitragefreie Bewertung. Sie werden feststellen, daß sich erstaunlich viele Parallelen zur Diskussion unter Sicherheit ziehen lassen.

Fast noch erstaunlicher ist die Tatsache, daß man sich mit Hilfe der Arbitragetheorie unter Unsicherheit wesentliche Ergebnisse der Finanzierungstheorie mühelos erschließen kann. Wir werden uns auf die Diskussion um die optimale Kapitalstruktur[1] und die Optionspreistheorie[2] konzentrieren. Ohne im Rahmen dieses Buches die Möglichkeit zu haben, diese Themen wirklich erschöpfend zu behandeln, werden wir uns den jeweiligen Kern der Überlegungen mit Hilfe der Arbitragetheorie erarbeiten können.

[1] Vgl. unten Seite 239 ff.
[2] Vgl. unten Seite 293 ff.

4.1 Annahmen

Als zeitlichen Bezugsrahmen für unser Modell benutzen wir die Zeitpunkte $t = 0$ (heute) und $t = 1$ (in einem Jahr). Wir gehen davon aus, daß an einem Kapitalmarkt Finanztitel gehandelt werden, für die man heute Preise zu zahlen hat und die ihren Inhabern das Recht verleihen, in einem Jahr Zahlungen zu empfangen, deren Höhe vom Eintritt eines Zustandes abhängt. Wir werden davon sprechen, daß die Finanztitel Ansprüche auf zustandsabhängige Zahlungen darstellen. Im Zeitpunkt $t = 1$ können genau S Zustände $Z_1, \ldots, Z_S$ eintreten. Die Zahl der Zustände, welche die Welt im Zeitpunkt $t = 1$ annehmen kann, läßt sich abzählen. Der Zustandsraum ist also diskret und endlich.

Wer den Finanztitel j erwirbt, bekommt in einem Jahr einen Betrag in Höhe von $X_{j1}, \ldots, X_{jS}$, je nachdem welcher Zustand eintritt. Wir werden die charakteristische Verteilung der Rückflüsse eines Finanztitels im folgenden der Einfachheit wegen mit X_j bezeichnen. Der Käufer des Finanztitels muß an den Veräußerer heute einen Preis bezahlen, den wir in der Form $p(X_j)$ notieren werden.

Kauft jemand vom Finanztitel j nicht bloß ein einziges Stück, sondern n_j Einheiten, so besitzt er zustandsabhängige Ansprüche in Höhe von $n_j \cdot X_j$. Dafür muß er das entsprechende Vielfache des Preises zahlen, d.h. $n_j \cdot p(X_j)$. Diese Notierung verwenden wir, wenn der Erwerber die Finanztitel *einzeln* kauft. Erwirbt er sie dagegen als Paket oder *Portfolio*, so hat er ebenfalls Anspruch auf $n_j \cdot X_j$. Den Preis, den er dann zahlt, wollen wir jedoch in der Form $p(n_j X_j)$ schreiben.

Um unsere Notationsvereinbarungen abzuschließen, ist noch der Fall zu besprechen, daß es unterschiedliche Finanztitel j mit $j = 1, \ldots, J$ gibt. Kauft jemand jeweils mehrere Titel der Art j, so läßt sich ein solches Portfolio durch den Vektor $(n_1, \ldots, n_J)$ eindeutig charakterisieren. Die Ansprüche aus einem derartigen Portfolio belaufen sich auf $\sum_{j=1}^{J} n_j X_j$. Der Betrag, den der Investor bezahlen muß, hängt wieder davon ab, ob er die Titel einzeln oder als Paket erwirbt. Im ersten Fall schreiben wir $\sum_{j=1}^{J} n_j \cdot p(X_j)$, im zweiten $p\left(\sum_{j=1}^{J} n_j X_j\right)$.

Nach der Beschreibung der Notation, die wir im folgenden benutzen werden, können wir uns den Annahmen zuwenden, auf denen unser Marktmodell beruht. Wir empfehlen unserem Leser, diese Annahmen mit den entsprechenden Prämissen zu vergleichen, die wir unter Sicherheit eingeführt hatten.[3]

1. **Bedingte homogene Erwartungen:** Alle Marktteilnehmer sind sich darüber einig, welche Zahlung der j–te Titel seinem Inhaber verspricht, wenn der s–te Zustand eintritt.

[3] Vgl. oben Seite 40 f. und 64 f.

Tabelle 4.1: Finanztitel und Zustände

Titel	Zustand 1	2	3
1	100 DM	100 DM	105 DM
2	107 DM	100 DM	107 DM

Betrachten Sie in diesem Zusammenhang Tabelle 4.1. Dort sehen Sie eine Welt mit drei möglichen Zuständen und zwei Finanztiteln. Versetzen Sie sich in den Zeitpunkt $t = 1$ und konzentrieren Sie sich auf den ersten Titel. Wenn Sie nur diesen im Blick haben, so können Sie den ersten vom zweiten Zustand nicht unterscheiden, denn als Besitzer des ersten Titels bekommen Sie in jedem der beiden Zustände 100 DM. Ähnlich ist es beim zweiten Titel. Hier bekommen Sie 107 DM, gleichgültig ob der erste oder der dritte Zustand eintritt. Welcher der drei Zustände Wirklichkeit geworden ist, kann man nur entscheiden, wenn man die Rückflüsse beider Titel anschaut.

2. Unbedingte homogene Erwartungen: Alle Marktteilnehmer sind sich vollkommen darüber einig, welche Zustände die Welt im Zeitpunkt $t = 1$ nicht annehmen wird.

Werfen Sie jetzt einen Blick auf Tabelle 4.2. Dort sehen Sie auch eine Welt mit drei möglichen Zuständen. Die Tabelle informiert aber nicht über die Zahlungen, die einzelne Titel beim Eintritt der Zustände versprechen. Vielmehr enthält sie Informationen über die Eintrittswahrscheinlichkeiten der Zustände aus der Sicht von zwei Investoren.

Tabelle 4.2: Zustände und Eintrittswahrscheinlichkeiten

Investor	Zustand 1	2	3
1	0.40	0.25	0.35
2	0.10	0.80	0.10

Bei Gültigkeit der Annahme darf es keinen Investor geben, der einen der drei Zustände für unmöglich hält, ihm also eine Wahrscheinlichkeit von null zumißt. Was dagegen sehr wohl auftreten darf, zeigt die Tabelle 4.2 ganz deutlich. Jeder Marktteilnehmer kann das Eintreten eines künftigen Zustandes für unterschiedlich wahrscheinlich halten. Infolgedessen gibt es auch nicht notwendigerweise übereinstimmende Vorstellungen von den Erwartungswerten und Varianzen künftiger Einnahmen aus Finanztiteln.

3. Reibungsloser Markt: Die Finanztitel sind beliebig teilbar. Es gibt weder Transaktionskosten noch Steuern noch irgendwelche Marktzutrittsbeschränkungen. Auch Leerverkäufe sind ohne weiteres zulässig.

4. Kompetitiver Markt: Die Struktur des Marktes ist atomistisch. Es gibt sehr viele Anbieter und Nachfrager. Aufgrund ihrer großen Zahl verhalten sie sich wie Mengenanpasser und nehmen die Marktpreise der Finanztitel als gegeben.

5. Keine Arbitragegelegenheiten: Kein einziger Marktteilnehmer besitzt die Möglichkeit, durch bloße Umschichtung seines in Finanztiteln gebundenen Vermögens beliebig reich zu werden. Um zu begreifen, was das genau bedeutet, müssen wir den Begriff der Arbitragegelegenheit neu definieren, da wir jetzt der Unsicherheit Rechnung tragen müssen.

4.2 Arbitragegelegenheiten

In den ersten beiden Kapiteln dieses Buches haben Sie bereits Arbitragegelegenheiten unter Sicherheit kennengelernt. Jetzt wenden wir uns ganz ähnlichen Bedingungen unter Unsicherheit zu. Betrachten Sie dazu Tabelle 4.3. Sie sehen dort einen Kapitalmarkt mit vier Finanztiteln, die zustandsabhängige Zahlungen für drei verschiedene Situationen vorsehen, die im Zeitpunkt $t = 1$ eintreten können.

Tabelle 4.3: Ein Kapitalmarkt voller Arbitragegelegenheiten

	Zustand			
Titel	Z_1	Z_2	Z_3	Preis
1	200	50	100	92.50
2	100	200	50	125.00
3	50	100	100	77.50
4	50	50	200	76.00

In diesem Beispiel gibt es zwei verschiedene Typen von Arbitragegelegenheiten, die wir im folgenden kennenlernen wollen.

Arbitragegelegenheit vom Typ 1 Wir betrachten zunächst Portfolios, die im Zeitpunkt $t = 1$ mit Sicherheit keine Ausgaben verursachen und mit positiver Wahrscheinlichkeit Einnahmen einbringen. Solche Portfolios wollen wir dann als Arbitragegelegenheiten bezeichnen, wenn sie einen negativen Preis besitzen. In formaler Schreibweise bezeichnen wir also Portfolios $(n_1, \ldots, n_J)$ als Arbitragegelegenheiten, wenn gilt

$$\sum_{j=1}^{J} n_j X_{js} \geq 0 \qquad \forall\, s, \tag{4.1}$$

$$n_j X_{js} > 0 \qquad \text{für mindestens ein } s \text{ und} \tag{4.2}$$

$$\sum_{j=1}^{J} n_j p(X_j) < 0. \tag{4.3}$$

Sichere Einnahmen, die weniger als nichts kosten Zunächst wollen wir versuchen, ein Portfolio zu konstruieren, das im Zeitpunkt $t = 1$ mit Sicherheit Einnahmen in Höhe von 100 DM einbringt und im Zeitpunkt $t = 0$ negative Kosten in Höhe von 10 DM verursacht. Für ein solches Portfolio gilt mit den Daten aus Tabelle 4.3

$$92.50 \cdot n_1 + 125.00 \cdot n_2 + 77.50 \cdot n_3 + 76.00 \cdot n_4 = -10.$$

Hinsichtlich des Zeitpunktes $t = 1$ muß für die drei Zustände gelten

$$\begin{array}{rcrcrcrcl} 200 \cdot n_1 & + & 100 \cdot n_2 & + & 50 \cdot n_3 & + & 50 \cdot n_4 & = & 100 \\ 50 \cdot n_1 & + & 200 \cdot n_2 & + & 100 \cdot n_3 & + & 50 \cdot n_4 & = & 100 \\ 100 \cdot n_1 & + & 50 \cdot n_2 & + & 100 \cdot n_3 & + & 200 \cdot n_4 & = & 100 \end{array}.$$

Kombiniert man das mit der ersten Gleichung, so entsteht ein lineares inhomogenes Gleichungssystem, das eine eindeutige Lösung besitzt. Damit gelingt die Konstruktion des gewünschten Arbitrageportfolios. Es besitzt die Struktur

$$(n_1, n_2, n_3, n_4) = \left(\frac{102}{7}, -\frac{666}{7}, 234, -100 \right).$$

Daß das Portfolio tatsächlich die gewünschten Eigenschaften besitzt, zeigt Tabelle 4.4.

Wahrscheinliche Einnahmen, die weniger als nichts kosten Als nächstes wollen wir den Versuch unternehmen, ein Portfolio zu finden, das hinsichtlich des Zeitpunktes $t = 1$ mit positiver Wahrscheinlichkeit bei genau einem Zustand Einnahmen verspricht und auf keinen Fall Ausgaben verursacht. Auch dieses Portfolio soll heute negative Kosten in Höhe von 10 DM verursachen. Die Einnahmen sollen sich für den Fall, daß der erste Zustand eintritt, auf 100 DM belaufen.

Wegen der Forderung, daß das Portfolio kostenlos sein soll, gilt wieder

$$92.50 \cdot n_1 + 125.00 \cdot n_2 + 77.50 \cdot n_3 + 76.00 \cdot n_4 = -10.$$

Tabelle 4.4: Sichere Einnahmen mit negativem Preis

Titel	Menge	Zahlung im Zustand			Preis
		1	2	3	
1	$\frac{102}{7}$	2914.29	728.57	1457.14	1347.86
2	$-\frac{666}{7}$	-9514.29	-19028.57	-4757.14	-11892.86
3	234	11700.00	23400.00	23400.00	18135.00
4	-100	-5000.00	-5000.00	-20000.00	-7600.00
Summe		100.00	100.00	100.00	-10.00

Will man im Zeitpunkt $t = 1$ bei Eintritt des Zustandes $s = 1$ 100 DM und sonst nichts haben, so muß

$$\begin{array}{rcrcrcrcr} 200 \cdot n_1 & + & 100 \cdot n_2 & + & 50 \cdot n_3 & + & 50 \cdot n_4 & = & 100 \\ 50 \cdot n_1 & + & 200 \cdot n_2 & + & 100 \cdot n_3 & + & 50 \cdot n_4 & = & 0 \\ 100 \cdot n_1 & + & 50 \cdot n_2 & + & 100 \cdot n_3 & + & 200 \cdot n_4 & = & 0 \end{array}$$

erfüllt sein. Auch das ergibt in Verbindung mit der Preisgleichung ein lineares inhomogenes Gleichungssystem, das eine eindeutige Lösung hat. Wir erhalten dieses Mal

$$(n_1, n_2, n_3, n_4) = \left(\frac{39}{7}, -\frac{232}{7}, 81, -35\right).$$

Die entsprechende Proberechnung findet man in Tabelle 4.5.

Positive Mindesteinnahmen mit negativem Preis Abschließend suchen wir mit der nun bereits bekannten Methode nach einem Portfolio, das im Zeitpunkt $t = 1$ zustandsabhängige Einnahmen in Höhe von 20 DM, 30 DM oder 40 DM verspricht und im Zeitpunkt $t = 0$ einen Preis in Höhe von -10 DM besitzt. Der Erwerber dieses Portfolios erhält für die Übernahme des "Risikos", das ihm Mindesteinnahmen von 20 DM beschert, eine Prämie in Höhe von 10 DM.

Daher muß für den Zeitpunkt $t = 0$ die Gleichung

$$92.50 \cdot n_1 + 125.00 \cdot n_2 + 77.50 \cdot n_3 + 76.00 \cdot n_4 = -10$$

Tabelle 4.5: Wahrscheinliche Einnahmen mit negativem Preis

Titel	Menge	Zahlung im Zustand			Preis
		1	2	3	
1	$\frac{39}{7}$	1114.29	278.57	557.14	515.36
2	$-\frac{232}{7}$	-3314.29	-6628.57	-1657.14	-4142.86
3	81	4050.00	8100.00	8100.00	6277.50
4	−35	-1750.00	-1750.00	-7000.00	-2660.00
Summe		100.00	0.00	0.00	-10.00

erfüllt sein, während für den Zeitpunkt $t = 1$ die Bedingungen

$$\begin{array}{rcrcrcrcl} 200 \cdot n_1 & + & 100 \cdot n_2 & + & 50 \cdot n_3 & + & 50 \cdot n_4 & = & 20 \\ 50 \cdot n_1 & + & 200 \cdot n_2 & + & 100 \cdot n_3 & + & 50 \cdot n_4 & = & 30 \\ 100 \cdot n_1 & + & 50 \cdot n_2 & + & 100 \cdot n_3 & + & 200 \cdot n_4 & = & 40 \end{array}$$

gelten müssen. Das jetzt relevante Gleichungssystem hat die Lösung

$$(n_1, n_2, n_3, n_4) = \left(\frac{367}{70}, -\frac{3656}{105}, \frac{2567}{30}, -\frac{73}{2}\right),$$

wie die Proberechnung gemäß Tabelle 4.6 beweist.

Tabelle 4.6: Positive Mindesteinnahmen mit negativem Preis

Titel	Menge	Zahlung im Zustand			Preis
		1	2	3	
1	$\frac{367}{70}$	1048.57	262.14	524.29	484.96
2	$-\frac{3656}{105}$	-3481.90	-6963.81	-1740.96	-4352.38
3	$\frac{2567}{30}$	4278.33	8556.67	8556.67	6631.42
4	$-\frac{73}{2}$	-1825.00	-1825.00	-7300.00	-2774.00
Summe		20.00	30.00	40.00	-10.00

Arbitragegelegenheit vom Typ 2 Jetzt wollen wir Portfolios betrachten, die sich hinsichtlich der Cash–flows, die sie im Zeitpunkt $t = 1$ versprechen, nicht voneinander unterscheiden. Von einer Arbitragegelegenheit wollen wir dann sprechen, wenn der Preis des duplizierenden Portfolios vom Preis des duplizierten Portfolios abweicht, wenn also gilt

$$\sum_{j=1}^{J} n_j p(X_j) \neq p\left(\sum_{j=1}^{J} n_j X_j\right) . \tag{4.4}$$

Wählen wir beispielsweise in Tabelle 4.3 willkürlich den vierten Titel aus und erklären ihn zum "Portfolio", das mit Hilfe des ersten bis dritten Titels rekonstruiert werden soll. Dann lauten die Duplikationsbedingungen für die drei in $t = 1$ zu erwartenden Zustände

$$\begin{array}{rcrcrcr} 200 \cdot n_1 & + & 100 \cdot n_2 & + & 50 \cdot n_3 & = & 50 \\ 50 \cdot n_1 & + & 200 \cdot n_2 & + & 100 \cdot n_3 & = & 50 \\ 100 \cdot n_1 & + & 50 \cdot n_2 & + & 100 \cdot n_3 & = & 200 \end{array} .$$

Wieder haben wir ein lineares inhomogenes Gleichungssystem erhalten, das mit

$$(n_1, n_2, n_3) = \left(\frac{1}{7}, -\frac{20}{21}, \frac{7}{3}\right)$$

eine eindeutige Lösung besitzt. Der Preis für das duplizierende Portfolio beläuft sich auf

$$\begin{aligned} \sum_{j=1}^{3} n_j p(X_j) &= \frac{1}{7} \cdot 92.50 - \frac{21}{20} \cdot 125.00 + \frac{7}{3} \cdot 77.50 \\ &= 75.00 \text{ DM} . \end{aligned}$$

Das ist genau eine DM weniger als der Preis, zu dem der vierte Titel tatsächlich gehandelt wird. Die Richtigkeit dieses Ergebnisses läßt sich in Tabelle 4.7 nachrechnen.

Durch Kauf des "zu billigen" äquivalenten Portfolios und gleichzeitigen Verkauf des "zu teuren" duplizierten Titels könnte man für sichere Einnahmen im Zeitpunkt $t = 0$ sorgen, die keinerlei Ausgaben im Zeitpunkt $t = 1$ nach sich zögen. Auch das wäre eine sichere Arbitragemöglichkeit.

Man käme zu keinem wesentlich anderen Ergebnis, wenn man sich entschlösse, den ersten Titel mit Hilfe der Titel Nr. zwei bis vier zu rekonstruieren.[4] Daraus läßt sich die Erkenntnis ziehen, daß es auf die Wahl der Bewertungsbasis nicht ankommt. Welche Basis man aussucht, um einen Titel zu duplizieren, bleibt willkürlich.

[4]Das Gleichungssystem würde die Form

$$\begin{array}{rcrcrcr} 100 \cdot n_2 & + & 50 \cdot n_3 & + & 50 \cdot n_4 & = & 200 \\ 200 \cdot n_2 & + & 100 \cdot n_3 & + & 50 \cdot n_4 & = & 50 \\ 50 \cdot n_2 & + & 100 \cdot n_3 & + & 200 \cdot n_4 & = & 100 \end{array}$$

Tabelle 4.7: Duplikation eines Finanztitels zu einem abweichenden Preis

Titel	Menge	Zahlung im Zustand			Preis
		1	2	3	
1	$\frac{1}{7}$	28.57	7.14	14.29	13.21
2	$-\frac{20}{21}$	-95.24	-190.47	-47.62	-119.04
3	$\frac{7}{3}$	116.67	233.33	233.33	180.83
Summe		50.00	50.00	200.00	75.00

4.3 Dominanz– und Wertadditivitätstheorem

Wenn wir unterstellen, daß alle Individuen ungesättigt sind, so gibt es niemanden, der eine Arbitragegelegenheit ungenutzt ließe. Wer eine solche Chance entdeckt, der bedient sich ihrer und vermehrt auf diese Weise seinen Wohlstand. Rationales Verhalten unterstellt, würden Arbitragegeschäfte ohne jede Hemmung vorgenommen werden. Und der Reichtum der Arbitrageure würde nur dann aufhören zu wachsen, wenn die Arbitragegelegenheiten verschwinden.

Die Tätigkeit der Arbitrageure bestünde darin, ständig und hemmungslos die *zu billigen* Titel zu kaufen und gleichzeitig die *zu teuren* Titel zu verkaufen. Dabei entstünde ein doppelter Druck auf die Preise, der die *zu billigen* Titel teurer und die *zu teuren* Titel billiger werden ließe. Dieser Prozeß hielte solange an, bis es keine zu teuren oder zu billigen Titel mehr gäbe.

Das führt uns ebenso wie unter Sicherheit zu zwei wichtigen Ergebnissen. Das erste, welches wir *Dominanztheorem* nennen, besagt: Wenn ein Portfolio im Zeitpunkt $t = 1$ mit Sicherheit keine Ausgaben und mit positiver Wahrscheinlichkeit Einnahmen verspricht, dann muß es einen positiven Preis haben.

---

annehmen und auf die Lösung

$$(n_2, n_3, n_4) = \left(\frac{20}{3}, -\frac{49}{3}, 7\right)$$

führen. Der Preis des den ersten Titel duplizierenden Portfolios beliefe sich auf

$$\sum_{j=2}^{4} n_j p(X_j) = \frac{20}{3} \cdot 125.00 - \frac{49}{3} \cdot 77.50 + 7 \cdot 76.00 = 99.50 \text{ DM} .$$

Das äquivalente Portfolio wäre deutlich teurer als der duplizierte Titel. Also läge es nahe, den ersten Titel zum Preise von 92.50 DM zu kaufen und das duplizierende Portfolio zu verkaufen.

Oder

$$q\left(\sum_{j=1}^{J} n_j X_{js} \geq 0\right) = 1 \text{ und } q\left(\sum_{j=1}^{J} n_j X_{js} > 0\right) > 0 \Longrightarrow \sum_{j=1}^{J} n_j p(X_j) > 0\,.$$

Das zweite Ergebnis ist uns aus der Analyse von Arbitragegelegenheiten unter Sicherheit ebenfalls bekannt. Wir nennen es *Wertadditivitätstheorem* und schreiben es in der Form

$$p\left(\sum_{j=1}^{J} n_j X_j\right) = \sum_{j=1}^{J} n_j p(X_j). \tag{4.5}$$

Es besagt: Der Preis eines Portfolios muß ebenso groß sein wie die Summe der Preise aller Titel, die in ihm enthalten sind. Das bedeutet zugleich, daß die Preisfunktion linear ist. Das Theorem ist von extremer Bedeutung für grundlegende Resultate der Investitions- und Finanzierungstheorie.

4.4 Arbitragevoraussetzungen

4.4.1 Reine Wertpapiere und Marktwertpapiere

Im folgenden wollen wir klären, wie man feststellen kann, ob ein Kapitalmarkt arbitragefrei ist. Zu diesem Zweck führen wir den Begriff des *reinen Wertpapiers* ein, den wir im Zusammenhang mit mehrperiodigen Entscheidungen unter Sicherheit bereits einmal benutzt haben.[5] Solche Wertpapiere sind Modellkonstruktionen, die sich im Zwei-Zeitpunkt-Fall dadurch auszeichnen, daß sie für ihren Inhaber eine Einnahme in Höhe von 1 DM bedeuten, falls der Zustand s eintritt, während bei anderen Zukunftsentwicklungen nichts gezahlt wird. Formal ist also ein reines Wertpapier durch

$$X_{js} = \begin{cases} 1 & \text{für genau ein } s \\ 0 & \text{sonst} \end{cases}$$

gekennzeichnet. Demgegenüber stellen *Marktwertpapiere* Ansprüche auf Zahlungen bei mehr als einem Zustand dar. Indessen lassen sich Marktwertpapiere immer als Portfolios interpretieren, die aus einer geeigneten Mischung reiner Wertpapiere bestehen. Ob man den in Tabelle 4.3 aufgeführten Titel Nr. 1 oder

[5] Die Idee des reinen Wertpapiers geht auf *Debreu* und *Arrow* zurück, weswegen man diese Titel auch als *Arrow-Debreu*-Papiere bezeichnet. Gérard Debreu war Wirtschaftsnobelpreisträger des Jahres 1983.

200 Stück	reine Wertpapiere vom Typ	$(1,0,0)$	und
50 Stück	reine Wertpapiere vom Typ	$(0,1,0)$	und
100 Stück	reine Wertpapiere vom Typ	$(0,0,1)$	

kauft, ist im Ergebnis genau dasselbe. Mit dem Symbol π_s bezeichnen wir den Preis eines reinen Wertpapiers. Das ist jener Preis, den man heute zu zahlen hat, um Anspruch auf Einnahmen in Höhe von 1 DM im Zeitpunkt $t = 1$ zu erwerben, falls dann der Zustand s eintritt. Aus dem Dominanztheorem folgt ohne weiteres, daß die Preise reiner Wertpapiere positiv sein müssen. Anderenfalls existieren Arbitragegelegenheiten.

In bezug auf einen Kapitalmarkt, an dem J verschiedene Marktwertpapiere gehandelt werden, die zustandsabhängige Einnahmen für S verschiedene Zukunftslagen versprechen, sagen wir nun, daß dieser Markt arbitragefrei ist, wenn es einen Preisvektor $(\pi_1, \ldots, \pi_S)$ mit $\pi_s \geq 0 \, \forall s$ gibt, so daß

$$\sum_{s=1}^{S} X_{js}\pi_s = p(X_j) \quad \forall j \tag{4.6}$$

erfüllt ist. Eine solche Situation ist beispielsweise in Tabelle 4.8 gegeben. Diese unterscheidet sich von Tabelle 4.3 nur an einer einzigen Stelle. Der Preis des vierten Titels ist 1 DM kleiner als zuvor. Wir können aber den Preisvektor

Tabelle 4.8: Ein Kapitalmarkt ohne Arbitragegelegenheiten

	Zustand			
Titel	Z_1	Z_2	Z_3	Preis
1	200	50	100	92.50
2	100	200	50	125.00
3	50	100	100	77.50
4	50	50	200	75.00

$(\pi_1, \pi_2, \pi_3) = (0.25, 0.45, 0.20)$ angeben, der die in Bedingung (4.6) genannte Eigenschaft erfüllt. Es gilt nämlich in der Tat

$$\begin{array}{rcrcrcr} 200 \cdot 0.25 & + & 50 \cdot 0.45 & + & 100 \cdot 0.20 & = & 92.50 \\ 100 \cdot 0.25 & + & 200 \cdot 0.45 & + & 50 \cdot 0.20 & = & 125.00 \\ 50 \cdot 0.25 & + & 100 \cdot 0.45 & + & 100 \cdot 0.20 & = & 77.50 \\ 50 \cdot 0.25 & + & 50 \cdot 0.45 & + & 200 \cdot 0.20 & = & 75.00 \end{array} .$$

Wie können wir nun sicher sein, daß es genau dann keine Arbitragegelegenheiten gibt, wenn (4.6) erfüllt ist? Ein Weg, um solche Sicherheit zu gewinnen, würde darin bestehen, daß wir mit den Daten aus Tabelle 4.8 den Versuch machen, Arbitrageportfolios zu konstruieren, und feststellen, daß diese Versuche scheitern. Damit hätten wir die ökonomische Intuition gewonnen, daß die Preise der Marktwertpapiere sich entweder zueinander im Gleichgewicht befinden oder nicht. Für einen strengen Beweis indessen müssen wir nachweisen, daß es entweder einen Preisvektor $(\pi_1, \ldots, \pi_S)$ gibt, der Gleichung (4.6) erfüllt, oder ein Vektor $(n_1, \ldots, n_J)$ existiert, für den gilt

$$\sum_{j=1}^{J} n_j X_{js} \geq 0 \quad \forall s \quad \text{und} \tag{4.7}$$

$$\sum_{j=1}^{J} n_j p(X_j) < 0 . \tag{4.8}$$

Die vorstehenden Relationen beschreiben ein Arbitrageportfolio, das in jedem denkbaren Zustand, der im Zeitpunkt $t = 1$ eintreten kann, nicht–negative Rückflüsse einbringt, und im Zeitpunkt $t = 0$ einen negativen Preis besitzt. Tatsächlich läßt sich ein solcher Beweis führen.

Minkowski–Farkas–Lemma *In der Funktionalanalysis gibt es einen Trennungssatz, der zu Ehren der Mathematiker J. Farkas und Hermann Minkowski als Minkowski–Farkas–Lemma bezeichnet wird. Dieser Satz besagt: Ist eine Matrix*

$$X = \begin{pmatrix} X_{11} & \ldots & X_{1s} & \ldots & X_{1S} \\ \cdots & \cdots & \cdots & \cdots & \cdots \\ X_{j1} & \ldots & X_{js} & \ldots & X_{jS} \\ \cdots & \cdots & \cdots & \cdots & \cdots \\ X_{J1} & \ldots & X_{Js} & \ldots & X_{JS} \end{pmatrix}$$

und ein Vektor

$$p = \begin{pmatrix} p_1 \\ \vdots \\ p_J \end{pmatrix}$$

gegeben, so gibt es genau zwei Möglichkeiten. Entweder existiert ein Vektor $\pi = (\pi_1, \ldots, \pi_S)$ *mit* $\pi \geq 0$, *so daß*

$$X\pi = p$$

gilt. Dann sprechen wir ökonomisch von Arbitragefreiheit. Oder es existiert ein Vektor $n = (n_1, \ldots, n_J)$, *so daß sowohl*

$$p'n < 0$$

als auch

$$X'n \geq 0$$

erfüllt ist. Dann sagen wir, daß eine Arbitragegelegenheit gegeben ist.

4.4.2 Eindeutigkeit des Preissystems

Die Annahme, daß es keine Arbitragegelegenheiten gibt, ist mit der Existenz eines Systems nicht–negativer Preise für reine Wertpapiere identisch. Wir müssen nun noch klären, unter welchen Bedingungen dieses Preissystem eindeutig ist. Es empfiehlt sich, drei Fälle zu unterscheiden.

Unvollständiger Kapitalmarkt Zunächst betrachten wir Situationen, in denen die Zahl der am Markt gehandelten Titel kleiner ist als die Zahl der relevanten Zustände, $J < S$. Schauen Sie zu diesem Zweck Tabelle 4.9 an. Hier ist das Preissystem nicht eindeutig, weil wir unter Verwendung von (4.6)

Tabelle 4.9: Ein unvollständiger Kapitalmarkt ohne Arbitragegelegenheiten

	Zustand			
Titel	Z_1	Z_2	Z_3	Preis
1	200	50	100	92.50
2	100	200	50	125.00

auf nur zwei Gleichungen mit drei Unbekannten kommen,

$$\begin{aligned} 200 \cdot \pi_1 &+ 50 \cdot \pi_2 &+ 100 \cdot \pi_3 &= 92.50 \\ 100 \cdot \pi_1 &+ 200 \cdot \pi_2 &+ 50 \cdot \pi_3 &= 125.00 \quad . \end{aligned}$$

Man kann beliebig viele Preisvektoren (π_1, π_2, π_3) finden, die vorstehendes Gleichungssystem befriedigen, beispielsweise $(0.25, 0.45, 0.20)$ oder aber auch $(0.30, 0.45, 0.10)$, um nur zwei zu nennen. Dieser Markt bietet zwar keine Arbitragegelegenheit, aber trotzdem ist das Preissystem der reinen Wertpapiere grundsätzlich nicht eindeutig.

Tabelle 4.10: Ein unvollständiger Kapitalmarkt mit Arbitragegelegenheiten

	Zustand			
Titel	Z_1	Z_2	Z_3	Preis
1	200	50	100	92.50
2	200	50	100	93.50

Eine ganz andere Situation haben wir in Tabelle 4.10 vor uns. Es handelt sich um einen unvollständigen Kapitalmarkt mit Arbitragegelegenheit. Diese ist so offenkundig, daß Erläuterungen überflüssig sind. Das Gleichungssystem

$$\begin{array}{rcrcrcl} 200 \cdot \pi_1 & + & 50 \cdot \pi_2 & + & 100 \cdot \pi_3 & = & 92.50 \\ 200 \cdot \pi_1 & + & 50 \cdot \pi_2 & + & 100 \cdot \pi_3 & = & 93.50 \end{array}$$

ist nicht lösbar, weil sich beide Gleichungen widersprechen. Anders gesagt: Der Vektor (π_1, π_2, π_3) mit $\pi_s > 0 \, \forall s$ existiert nicht.

Vollständiger Kapitalmarkt Jetzt betrachten wir Situationen, in denen die Zahl der am Markt gehandelten Titel ebenso groß ist wie die Zahl der relevanten Zustände, $J = S$. Ein Beispiel ist in Tabelle 4.11 gegeben.

Tabelle 4.11: Ein vollständiger Kapitalmarkt ohne Arbitragegelegenheiten

	Zustand			
Titel	Z_1	Z_2	Z_3	Preis
1	200	50	100	92.50
2	100	200	50	125.00
3	50	100	100	77.50

Man bezeichnet einen solchen Kapitalmarkt als vollständig, wenn erstens $J = S$ und zweitens $|\mathbf{X}| \neq 0$. Die quadratische Matrix der Cash–flows muß also regulär sein. In diesem Fall können wir nämlich das Gleichungssystem

$$X\pi = p$$

eindeutig nach π auflösen, weil die Inverse der Cash–flow–Matrix X^{-1} existiert. Man erhält auf diese Weise

$$\begin{aligned} X^{-1}X\pi &= X^{-1}p \\ \pi &= X^{-1}p. \end{aligned}$$

Mit den Zahlen aus Tabelle 4.11 ergibt das

$$\begin{aligned} \begin{pmatrix} \pi_1 \\ \pi_2 \\ \pi_3 \end{pmatrix} &= \begin{pmatrix} 200 & 50 & 100 \\ 100 & 200 & 50 \\ 50 & 100 & 100 \end{pmatrix}^{-1} \cdot \begin{pmatrix} 92.50 \\ 125.00 \\ 77.50 \end{pmatrix} \\ &= \begin{pmatrix} \frac{1}{175} & \frac{1}{525} & -\frac{1}{150} \\ -\frac{1}{350} & \frac{1}{175} & 0 \\ 0 & -\frac{1}{150} & \frac{1}{75} \end{pmatrix} \cdot \begin{pmatrix} 92.50 \\ 125.00 \\ 77.50 \end{pmatrix} \\ &= \begin{pmatrix} 0.25 \\ 0.45 \\ 0.20 \end{pmatrix}. \end{aligned}$$

Man mache sich aber klar, daß die Existenz der Inversen noch nicht dafür garantiert, daß der Kapitalmarkt arbitragefrei ist. Denn es kann durchaus der Fall eintreten, daß einzelne Elemente des π–Vektors negativ sind. In diesem Fall hätten wir eine Verletzung des Dominanztheorems, und es gäbe eine Arbitragegelegenheit. Ein Beispiel liefert Tabelle 4.12. Die Preise der Marktwertpapiere

Tabelle 4.12: Ein vollständiger Kapitalmarkt mit Arbitragegelegenheiten

	Zustand			
Titel	Z_1	Z_2	Z_3	Preis
1	200	50	100	190.00
2	100	200	50	60.00
3	50	100	100	90.00

sind zwar sämtlich positiv. Für die reinen Wertpapiere ermittelt man aber das Preissystem

$$\begin{pmatrix} \pi_1 \\ \pi_2 \\ \pi_3 \end{pmatrix} = \begin{pmatrix} \frac{1}{175} & \frac{1}{525} & -\frac{1}{150} \\ -\frac{1}{350} & \frac{1}{175} & 0 \\ 0 & -\frac{1}{150} & \frac{1}{75} \end{pmatrix} \cdot \begin{pmatrix} 190.00 \\ 60.00 \\ 90.00 \end{pmatrix} = \begin{pmatrix} 0.60 \\ -0.20 \\ 0.80 \end{pmatrix}$$

und hat tatsächlich eine Arbitragegelegenheit. Würde das reine Wertpapier gehandelt werden, welches im Zustand $s = 2$ eine Deutsche Mark verspricht, so wäre sein Preis negativ. Aus den Marktwertpapieren der Tabelle 4.12 kann man aber ohne weiteres ein Portfolio konstruieren, das sich nach außen nicht von diesem reinen Wertpapier unterscheiden läßt.

Sucht man vor dem gleichen Hintergrund nach weiteren Arbitragegelegenheiten, so findet man etwa das Portfolio $(n_1, n_2, n_3) = (-\frac{8}{35}, \frac{11}{21}, \frac{1}{15})$. Wer dieses Portfolio "kauft", dem winken mit Eintritt des zweiten Zustandes 100 DM und mit Eintritt der beiden anderen Zustände 10 DM. Der Erwerb dieser "Lotterie", bei der man nichts verlieren, sondern nur gewinnen kann, ist nicht bloß kostenlos. Vielmehr erhält man sogar noch eine Prämie in Höhe von 6 DM, wie Tabelle 4.13 zeigt.

Übervollständiger Kapitalmarkt Von einem übervollständigen Kapitalmarkt wird gesprochen, wenn mehr Titel gehandelt werden als relevante Zustände zu unterscheiden sind, $J > S$. Unter der Voraussetzung, daß Cash–flows

Tabelle 4.13: Mindesteinnahmen mit negativem Preis

Titel	Menge	Zahlung im Zustand			Preis
		1	2	3	
1	$-\frac{8}{35}$	-45.71	-11.43	-22.86	-43.43
2	$\frac{11}{21}$	52.38	104.76	26.19	31.43
3	$\frac{1}{15}$	3.33	6.67	6.67	6.00
Summe		10.00	100.00	10.00	-6.00

und Preise von S Titeln linear unabhängig sind, gibt es auf einem solchen Kapitalmarkt $J - S$ redundante Finanztitel. Diese sind insoweit überflüssig, als ihre Cash–flows mit einem Portfolio rekonstruiert werden können, das aus einer Menge von S beliebig ausgewählten Titeln besteht.

Ist der Markt arbitragefrei, so wählt man beliebige S Titel aus und ermittelt das System der Preise der reinen Wertpapiere ebenso wie unter den Bedingungen eines vollständigen Kapitalmarktes ohne Arbitragegelegenheiten.

Falls man dagegen nicht sicher ist, ob ein Markt arbitragefrei ist, so empfiehlt sich folgendes Vorgehen: Zunächst wählt man S beliebige Marktwertpapiere aus, deren Cash–flows linear unabhängig sind. Aus dieser willkürlich gewählten *Basis* berechnet man ein System von Preisen für reine Wertpapiere. Anschließend prüft man, ob

1. alle Elemente des Vektors $(\pi_1, \ldots, \pi_S)$ positiv sind und
2. die Preise aller nicht zur Basis gehörenden, redundanten Marktwertpapiere der Bedingung

$$\sum_{s=1}^{S} X_{js}\pi_s = p(X_j)$$

   gehorchen.

Sollte auch nur eine der beiden Bedingungen verletzt sein, so existieren Arbitragegelegenheiten. Anderenfalls ist der Markt arbitragefrei.

4.5 State Preference Model

Im Rahmen der Zustands–Präferenz–Theorie (englisch: state preference model) versucht man, die Preise für Ansprüche auf zustandsabhängige Rückflüsse zu erklären. Im Gegensatz zum Capital Asset Pricing Model, das wir unten darstellen werden,[6] konzentriert man sich aber hier insbesondere auf die Preise reiner Wertpapiere.

4.5.1 Annahmen

Zu diesem Zweck betrachten wir ein repräsentatives Individuum, das unter Unsicherheit über seinen optimalen Konsumplan zu entscheiden hat. Um die Analyse übersichtlich zu halten, untersuchen wir ein Modell mit den Zeitpunkten $t = 0$ (heute) und $t = 1$ (in einem Jahr). Im übrigen benutzt man fast dieselben Annahmen wie im Rahmen des Capital Asset Pricing Models.[7]

Ausstattung der Investoren In einer Volkswirtschaft gibt es I Individuen, von denen jedes über eine Anfangsausstattung mit Konsumgütern und Finanztiteln verfügt. Der Bestand an Konsumgütern, den die i–te Person heute besitzt, beläuft sich auf $\bar{C}_0^i$ mit $i = 1, \ldots, I$, so daß man das gesamte Angebot an Konsumgütern in der Form $\sum_{i=1}^{I} \bar{C}_0^i$ schreiben kann.

Die Menge an Konsumgütern, die das i–te Individuum im Zeitpunkt $t = 0$ tatsächlich verbraucht, bezeichnen wir mit C_0^i, so daß wir die gesamte heutige Nachfrage nach Konsumgütern mit $\sum_{i=1}^{I} C_0^i$ erfassen können. Der Handel mit Konsumgütern findet im Zeitpunkt $t = 0$ zum Preise ψ_0 statt, während sich der Konsumgüterpreis eine Periode später auf ψ_1 beläuft. Inflation sei ausgeschlossen, so daß wir den Konsumgüterpreis unabhängig vom Zeitpunkt als ψ schreiben können.

Jede Person besitzt neben Konsumgütern im Zeitpunkt $t = 0$ eine Anfangsausstattung mit reinen Wertpapieren $\bar{n}_1, \ldots, \bar{n}_S$. Wer n_s reine Wertpapiere hält, besitzt im Zeitpunkt $t = 1$ Anspruch auf Einnahmen in Höhe von n_s DM, falls der Zustand s eintritt, $s = 1, \ldots, S$. Diese werden in $C_{1s} = \frac{n_s}{\psi}$ Konsumgüter eingetauscht und verbraucht.

Das Portfolio aus reinen Wertpapieren, welches das i–te Individuum im Zeitpunkt $t = 0$ tatsächlich hält, wird mit $n_1^i, \ldots, n_S^i$ bezeichnet. Der Handel findet auf der Basis exogen vorgegebener Preise statt, wobei π_s für den Preis eines Finanztitels steht, der bei Eintritt des s–ten Zustandes Einnahmen in Höhe von 1 DM verbrieft.

Man beachte, daß wir die Existenz eines risikolosen Wertpapiers nicht direkt annehmen. Wer jedoch im Zeitpunkt $t = 1$ sichere Einnahmen in Höhe von 1 DM erzielen will, kann für jeden Zustand vorsorgen und von allen reinen Wertpapieren je eine Einheit erwerben. Damit wird indirekt unterstellt, daß

---

[6] Seite 181 ff.

[7] Vgl. unten Seite 182 ff.

ein risikoloser Zinssatz existiert. Er beläuft sich auf

$$r_f = \frac{1}{\sum_{s=1}^{S} \pi_s} - 1 . \tag{4.9}$$

Nutzenfunktionen Es wird davon ausgegangen, daß sich der i–te Entscheidungsträger rational im Sinne der Erwartungsnutzentheorie verhält. Er soll also eine Nutzenfunktion des Typs

$$U^i = \mathrm{E}\,[U^i(C_0, C_1)]$$

besitzen, in bezug auf die angenommen wird, daß der Grenznutzen mit steigendem Konsum abnimmt, also $\partial U/\partial C > 0$ und $\partial^2 U/\partial C^2 < 0$. Im Gegensatz zum Capital Asset Pricing Model wird jedoch nicht vorausgesetzt, daß der Entscheidungsträger dem μ–σ–Prinzip folgt. Die hier verwendete Nutzenfunktion ist also allgemeiner als jene, welche man im Rahmen des Capital Asset Pricing Models benutzt.

Homogene Erwartungen Alle Marktteilnehmer sind sich darüber einig, daß der s–te Finanztitel Zahlungen in Höhe von 1 DM verspricht. Sie haben ferner einmütige Vorstellungen darüber, welche Zustände die Welt im Zeitpunkt $t = 1$ nicht einnehmen wird.

Hinsichtlich der Eintrittswahrscheinlichkeiten für die möglichen Zustände der Welt mögen alle Marktteilnehmer voneinander verschiedene Vorstellungen haben. Insofern besitzt die Zeit–Zustands–Präferenz–Theorie weniger Struktur als das Capital Asset Pricing Model.

Marktannahmen Es wird davon ausgegangen, daß die Märkte reibungslos und kompetitiv sind. Das bedeutet: Finanztitel und Konsumgüter sind beliebig teilbar. Es gibt weder Transaktionskosten noch Steuern noch Marktzutrittsbeschränkungen. Leerverkäufe sind zulässig. Alle Marktteilnehmer verhalten sich wie Mengenanpasser und nehmen die Preise der Konsumgüter und Finanztitel als gegeben. Es existieren keine Arbitragegelegenheiten.

4.5.2 Entscheidung über Konsum und Investition

Formalisierung des Entscheidungsproblems Wir betrachten nun einen repräsentativen Investor. Dieser versucht, einen Konsumplan unter Unsicherheit zu optimieren, und muß dabei Budgetrestriktionen beachten. Lassen wir aus Gründen der Bequemlichkeit den einen bestimmten Investor kennzeichnenden Index i fort, so können wir das Entscheidungsproblem in der Form

$$\max_{C_0, n_1, \ldots, n_S} \mathrm{E}\,[U(C_0, C_1)] \tag{4.10}$$

$$\text{u.d.N.} \qquad \psi C_0 + \sum_{s=1}^{S} n_s \pi_s = \psi \bar{C}_0 + \sum_{s=1}^{S} \bar{n}_s \pi_s \tag{4.11}$$

$$\psi C_{1s} = n_s \, \forall s \, . \tag{4.12}$$

darstellen. Entscheidungsvariable sind der heutige Konsum C_0 sowie die Mengen der Finanztitel $n_1, \ldots, n_S$. Mit Hilfe dieser Variablen legt der Investor über (4.12) auch seinen künftigen Konsum fest. Die Nebenbedingung (4.11) stellt sicher, daß im Zeitpunkt $t = 0$ nicht mehr für Konsumgüter und Finanztitel ausgegeben wird als an Anfangsausstattung vorhanden ist. Wir verwenden nun den Preis der Konsumgüter als Numéraire (Geldrecheneinheit) und wählen $\psi = 1$. Außerdem setzen wir (4.12) in Gleichung (4.11) ein. Damit reduziert sich das Entscheidungsproblem zu

$$\max_{C_0, n_1, \ldots, n_S} \mathrm{E}\left[U(C_0, C_1)\right] \tag{4.13}$$

$$\text{u.d.N.} \qquad C_0 + \sum_{s=1}^{S} C_{1s} \pi_s = \bar{C}_0 + \sum_{s=1}^{S} \bar{n}_s \pi_s \, . \tag{4.14}$$

Lagrangefunktion und Bedingungen erster Ordnung Die diesem Problem entsprechende Lagrangefunktion lautet

$$\mathcal{L} = \mathrm{E}\left[U(C_0, C_1)\right] + \kappa \left(C_0 + \sum_{s=1}^{S} C_{1s} \pi_s - \bar{C}_0 - \sum_{s=1}^{S} \bar{n}_s \pi_s \right) .$$

Unter Verwendung von $\sum_{s=1}^{S} U(C_0, C_{1s}) q_s$ für den Erwartungsnutzen und unter nochmaligem Rückgriff auf (4.12) kann man das Entscheidungsproblem auch in der Form

$$\max_{C_0, C_{11}, \ldots, C_{1S}} \mathcal{L} = \max_{C_0, C_{11}, \ldots, C_{1S}} \sum_{s=1}^{S} U(C_0, C_{1s}) q_s + \kappa \left(C_0 + \sum_{s=1}^{S} C_{1s} \pi_s - \bar{C}_0 - \sum_{s=1}^{S} \bar{n}_s \pi_s \right)$$

schreiben. Um die Optimallösung zu bestimmen, müssen wir die partiellen Ableitungen nach $C_0, C_{11}, \ldots, C_{1S}$ sowie κ bilden und null setzen. Das führt auf

$$\frac{\partial \mathcal{L}}{\partial C_0} = \frac{\partial U}{\partial C_0} + \kappa = 0 \tag{4.15}$$

$$\frac{\partial \mathcal{L}}{\partial C_{1s}} = \frac{\partial U}{\partial C_{1s}} q_s + \kappa \pi_s = 0 \quad \forall s \tag{4.16}$$

$$\frac{\partial \mathcal{L}}{\partial \kappa} = C_0 + \sum_{s=1}^{S} C_{1s}\pi_s - \bar{C}_0 - \sum_{s=1}^{S} \bar{n}_s \pi_s = 0\,. \tag{4.17}$$

Aus Gründen schreibtechnischer Bequemlichkeit verwenden wir im folgenden

$$U'(C_0) = \frac{\partial U}{\partial C_0} \quad \text{und} \quad U'(C_{1s}) = \frac{\partial U}{\partial C_{1s}}$$

für den Grenznutzen des Konsums in den Zeitpunkten $t = 0$ beziehungsweise $t = 1$.

4.5.3 Preise zustandsabhängiger Ansprüche

Sicht des repräsentativen Investors Um zu klären, von welchen wirtschaftlichen Determinanten die Preise reiner Wertpapiere bestimmt werden, konzentrieren wir uns auf Gleichung (4.16). Summieren über alle S Zustände ergibt

$$\begin{aligned} \sum_{s=1}^{S} U'(C_{1s})q_s + \kappa \sum_{s=1}^{S} \pi_s &= 0 \\ \mathrm{E}\left[U'(C_1)\right] + \kappa \sum_{s=1}^{S} \pi_s &= 0\,. \end{aligned}$$

Hier steht $\mathrm{E}\left[U'(C_1)\right]$ für den erwarteten Grenznutzen aus dem Konsum im Zeitpunkt $t = 1$. Löst man nach κ auf und setzt wieder in (4.16) ein, so erhält man

$$U'(C_{1s})\,q_s - \frac{\mathrm{E}\left[U'(C_1)\right]}{\sum_{s=1}^{S} \pi_s}\,\pi_s = 0$$

und nach elementarer Umformung unter Berücksichtigung von (4.9)

$$\pi_s = q_s \cdot \frac{1}{1+r_f} \cdot \frac{U'(C_{1s})}{\mathrm{E}\left[U'(C_1)\right]}\,. \tag{4.18}$$

Beim Interpretieren dieser Gleichung ist Vorsicht geboten. Sie sagt uns nichts darüber, wovon die Preise reiner Wertpapiere in einem funktionalen Sinne abhängen. Wir haben nicht etwa eine Theorie gefunden, die darüber informiert, wie sich Preise für zustandsabhängige Zahlungsansprüche auf Märkten bilden. Eine solche Theorie war mit der hier gewählten Vorgehensweise auch gar nicht zu gewinnen. Denn wir haben nur das individuelle Entscheidungsproblem eines repräsentativen Investors bestimmt und sind dabei von exogen vorgegebenen Preisen ausgegangen. Sehr wohl aber können wir sagen: Im Optimum herrscht Äquivalenz zwischen dem Preis eines zustandsabhängigen Finanztitels und drei multiplikativ miteinander verknüpften Tatbeständen, und zwar der Wahrscheinlichkeit, daß im Zeitpunkt $t = 1$ der Zustand s eintritt, dem Zinssatz für risikolose Kapitalanlagen und dem Grenznutzen einer Einheit zusätzlichen Konsums beim Zustand s, bezogen auf den erwarteten Grenznutzen. Ob man also die Eintrittswahrscheinlichkeit des fraglichen Zustandes, den risikolosen Zins und die Nutzenfunktion des repräsentativen Investors kennt oder ob der Preis bekannt ist, ist dasselbe. In den drei genannten Größen steckt dieselbe Information wie im Preis.

Gleichgewichtsbetrachtung Wenn wir erkennen wollen, wovon die Preise im Gleichgewicht bestimmt werden, so müssen wir die Ebene rein individuellen Entscheidungsverhaltens verlassen und eine gesamtwirtschaftliche Betrachtung vornehmen. Dabei gehen wir davon aus, daß der Marktmechanismus dafür sorgt, daß Angebot und Nachfrage über die Preise ausgeglichen werden. Bezeichnen wir mit $\sum_{i=1}^{I} C_{1s}^{i}$ das Vermögen einer Volkswirtschaft, wenn im Zeitpunkt $t = 1$ der Zustand s eintritt, so entspricht das dem gesamtwirtschaftlichen Angebot und der gesamtwirtschaftlichen Nachfrage zugleich, denn im Gleichgewicht gibt es weder unbefriedigte Nachfrage noch Angebotsüberschuß. Im Gleichgewicht muß die aggregierte Nachfrage aller Investoren dem Angebot $\sum_{i=1}^{I} C_{1s}^{i}$ entsprechen.

Ist nun jeder Investor für den anderen repräsentativ, so unterscheiden sie sich auch nicht in ihren Kapitalanlageentscheidungen voneinander. Bezeichnet α den Anteil am gesamten Volksvermögen, den ein einzelner Investor im Optimum besitzt, so muß infolgedessen

$$C_{1s} = \alpha \sum_{i=1}^{I} C_{1s}^{i}$$

gelten, und man kann damit anstelle von (4.18) auch

$$\boxed{\pi_s = q_s \cdot \frac{1}{1+r_f} \cdot \frac{U'(\alpha \sum_{i=1}^{I} C_{1s}^{i})}{\mathrm{E}\left[U'(\alpha \sum_{i=1}^{I} C_{1}^{i})\right]}} \tag{4.19}$$

schreiben. Im Gegensatz zu (4.18) erklärt aber nun (4.19), wovon die Preise zustandsabhängiger Finanztitel bestimmt werden. Da der Grenznutzen annahmegemäß mit steigendem Argument fällt und $\sum_{i=1}^{I} C_{1s}^{i}$ als Ausdruck für den zustandsabhängigen Reichtum der Volkswirtschaft angesehen werden kann, gilt: Der Preis, den man für einen im Zeitpunkt $t = 1$ bei Eintritt des Zustandes s fälligen Anspruch zu zahlen hat, ist um so höher,

1. je ärmer die Volkswirtschaft ist,

2. je höher die Eintrittswahrscheinlichkeit des Zustandes ist und

3. je niedriger der risikolose Zinssatz ist.

Wer mit Hilfe von (4.19) den Preis ermitteln will, den man fairerweise für einen zustandsabhängigen Anspruch zahlt, der muß den zustandsabhängigen Reichtum der Volkswirtschaft, die Eintrittswahrscheinlichkeit des Zustandes und den risikolosen Zins schätzen sowie darüber hinaus die Nutzenfunktion des repräsentativen Investors kennen.

5 Capital Asset Pricing Model

Im vorigen Kapitel ging es um die Frage, ob und wie man Investitionen oder Finanztitel, die in der Zukunft unsichere Rückflüsse versprechen, bewerten kann, indem man auf die Preise von anderen Finanztiteln zurückgreift, die an einem perfekt funktionierenden Kapitalmarkt gehandelt werden. Im Zentrum dieser Analyse stand die Frage, ob ein bestimmter Finanztitel in Relation zu anderen am Kapitalmarkt gehandelten Titeln ökonomisch "vernünftig" bewertet ist oder nicht.

Die Arbitragetheorie interessiert sich jedoch nicht notwendigerweise für den gesamten Kapitalmarkt. Sie richtet ihr Augenmerk vielmehr auf eine verhältnismäßig kleine Zahl von Finanztiteln und untersucht, ob deren Preise relativ zueinander im Gleichgewicht sind oder nicht. Im Gegensatz dazu geht es jetzt um die Frage, wie man die Preise für alle Ansprüche auf unsichere Rückflüsse erklären kann, die an einem Kapitalmarkt gehandelt werden. Das bekannteste Modell mit dieser Zwecksetzung ist das "Capital Asset Pricing Model" (CAPM). Es wurde in den 60er Jahren von *John Lintner*, *Jan Mossin* und *William F. Sharpe*[1] entwickelt.

Eine für das CAPM entscheidende Grundlage war die Theorie der Portefeuille–Auswahl (portfolio selection), die *Harry M. Markowitz*[2] in den 50er Jahren entworfen hatte. Dieses Konzept versetzte Investoren in den Stand, unsicherheitsbehaftete Wertpapiere ("Aktien") so auszuwählen, daß für ein gegebenes Risikoniveau die zu erwartenden Gewinne maximiert werden.

Die Grundidee bestand darin, Risikomischung (Diversifikation) zu betreiben, also Wertpapiere auszuwählen, die sich hinsichtlich ihrer Kursentwicklung nicht gleich verhalten. Bekanntlich sollte man nicht "alle Eier in einen Korb" legen. Auf Aktien übertragen, heißt das, daß man ein großes Risiko eingeht, wenn man sein Vermögen für einen einzigen Titel verausgabt. Denn geht es mit dieser Branche bergab, so sind Verluste unausweichlich. Der Investor trägt ein weitaus geringeres Risiko, wenn er die Hälfte seines Geldes in der einen und die andere Hälfte seines Vermögens in der anderen Branche anlegt. Denn Verlustsituationen in der einen Branche sind nicht notwendigerweise mit roten Zahlen in dem anderen Geschäftszweig gekoppelt. *Dieter Schneider* hat in diesem Zusammenhang das etwas drastische Beispiel eines Familienvaters angeführt, der

[1] William F. Sharpe wurde im Jahre 1990 mit dem Wirtschaftsnobelpreis ausgezeichnet.
[2] Harry M. Markowitz wurde im gleichen Jahr wie William F. Sharpe Nobelpreisträger.

die Hälfte seines Geldes für Aktien einer Polstermöbelfabrik ausgibt und die andere Hälfte in Aktien einer Munitionsfabrik steckt. Ein solcher Investor mag sich nicht besonders moralisch verhalten, wenn er darauf setzt, daß entweder "Frieden" oder "Krieg" herrscht. Aber er betreibt eine nicht ganz unintelligente Form der Risikodiversifikation.

In der Literatur pflegt man das CAPM in der Weise zu entwickeln, daß man zunächst die Theorie der Portefeuille–Auswahl darstellt und daraus das Capital Asset Pricing Model herleitet. Dieser Weg wurde erstmals von *William F. Sharpe* gegangen und ist didaktisch durchaus bewährt. Vor dem Hintergrund des in dem vorliegenden Buch benutzten Konzeptes liegt er jedoch nicht sehr nahe. Das ist der Grund, warum wir uns von den im Schrifttum üblichen Leitlinien zunächst fernhalten werden. Wir werden statt dessen einen methodischen Ansatz benutzen, der allen Lesern, die dieses Buch systematisch durchgearbeitet haben, bereits bestens bekannt ist. Diesen Weg hat erstmals *Jan Mossin* beschritten.

Die Herleitung des Capital Asset Pricing Models auf dem hier bevorzugten Wege hat Vor– und Nachteile zugleich. Sie entspricht ihrer schematischen Struktur nach einem Konzept, das in der mikroökonomischen Theorie üblich ist. Das sehen wir als Vorteil, zumal man halbwegs sicheren Boden unter den Füßen behält, wenn man sich die Aufgabe stellen würde, das Modell in seinen Details zu verändern. Der Nachteil besteht darin, daß die Herleitung im einzelnen etwas unanschaulich ist.

Wir wollen unseren Lesern aus diesem Grunde den "bequemeren Weg zum CAPM" nicht ganz vorenthalten und werden ihn im Anschluß als Exkurs darstellen. Wer sofort dort weiterlesen will, muß Seite 210 aufschlagen. Der Leser wird dort eine sehr eingängige Skizze finden, wie man das CAPM auch herleiten könnte. Eine vollständige Herleitung wird dort jedoch ebensowenig gebracht, wie in den meisten Lehrbüchern zum CAPM, die diesen Weg gehen. Wer an einer rigorosen Herleitung interessiert ist, muß hier weiterlesen.

5.1 Annahmen

Wir beginnen – wie üblich – mit den Annahmen und werden daran anschließend ein Entscheidungsproblem analysieren, das Sie in seiner Grundstruktur bereits im ersten Kapitel kennengelernt haben. Und zwar wird es um die Frage gehen, wieviel ein Entscheidungsträger heute und wieviel er später konsumieren sollte. Tatsächlich ist die zu lösende Optimierungsaufgabe jetzt allerdings komplizierter, weil nicht nur entschieden werden muß, *wieviel* man heute spart, sondern *in welcher Form* man die Ersparnisse am besten anlegt. Dabei wird sich aber zeigen, daß die für das CAPM charakteristische Bewertungsgleichung nichts anderes als eine logische Schlußfolgerung aus den Optimalitätsbedingungen dieses Entscheidungsproblems darstellt.

Im Rahmen der nachfolgenden Modellbetrachtungen gehen wir im wesentlichen wieder von denselben Annahmen aus wie bereits vorher bei der Arbitragetheorie. Deshalb werden wir die schon bekannten Annahmen verhältnismäßig kurz darstellen und uns nur mit den zusätzlichen oder verschärften Annahmen ausführlicher auseinandersetzen.

Unsere Modellwelt besteht wie gewohnt aus zwei Perioden. Zu Beginn der ersten Periode (im Zeitpunkt $t = 0$) werden alle Entscheidungen getroffen. Am Anfang der zweiten Periode (im Zeitpunkt $t = 1$) werden die "Früchte" der Entscheidungen geerntet, und anschließend wird konsumiert.

Ausstattung und Handlungsmöglichkeiten der Investoren

Anfangsausstattung Es wird davon ausgegangen, daß es in einer Volkswirtschaft I Individuen gibt, die im Zeitpunkt $t = 0$ Entscheidungen über ihre Konsumpläne zu treffen haben. Jede Person besitzt eine Anfangsausstattung mit Konsumgütern und Finanzmitteln, die wie folgt spezifiziert wird.

$\bar{C}_0^i \geq 0$ ist die Ausstattung mit Konsumgütern, welche die i–te Person im Zeitpunkt $t = 0$ besitzt, $i = 1, \ldots, I$. Die Menge aller Konsumgüter, die in der Volkswirtschaft insgesamt vorhanden ist, stellt das heutige Angebot an Konsumgütern dar und beläuft sich auf $\sum_{i=1}^{I} \bar{C}_0^i$.

Keine Person ist dazu verpflichtet, genau seine persönliche Ausstattung mit Konsumgütern auch tatsächlich zu verbrauchen. Vielmehr kann man Konsumgüter dazukaufen oder auch verkaufen. Die Menge der Konsumgüter, die das i–te Individuum im Zeitpunkt $t = 0$ wirklich verbraucht, bezeichnen wir mit C_0^i, so daß sich die gesamte Nachfrage nach Konsumgütern in der Form $\sum_{i=1}^{I} C_0^i$ schreiben läßt.

Der Handel mit Konsumgütern im Zeitpunkt $t = 0$ findet zu einem Preise ψ_0 statt. Im Zeitpunkt $t = 1$ beläuft sich der Güterpreis auf ψ_1. Wir unterstellen, daß es keine Inflation gibt, und können daher den Zeitindex fortlassen. Also schreiben wir nur noch ψ.

Die Individuen der Volkswirtschaft besitzen im Zeitpunkt $t = 0$ nicht nur Konsumgüter, sondern auch Finanzmittel in Form von Wertpapieren. Es gibt insgesamt J verschiedene Finanztitel mit noch näher zu charakterisierenden Eigenschaften.

Der nullte Finanztitel stellt ein risikoloses Wertpapier dar, das seinem Inhaber im Zeitpunkt $t = 1$ sichere Einnahmen in Höhe von $X_0 = 1$ DM verspricht und im Zeitpunkt $t = 0$ zum Preise $p(X_0) = \frac{1}{1+r_f}$ gehandelt wird. r_f heißt risikoloser Zins. Die Anzahl sicherer Finanztitel, welche der i–te Marktteilnehmer als Anfangsausstattung besitzt, wird durch $\bar{n}_0^i$ bezeichnet.

Bei allen anderen Wertpapieren handelt es sich um riskante Finanztitel, und zwar insoweit, als ihre Inhaber Ansprüche auf Zahlungen haben, die ihrer Höhe nach zustandsabhängig sind. Der j–te Titel mit $j = 1, \ldots, J$ verspricht im Zeitpunkt $t = 1$ Zahlungen in Höhe $X_{j1}, \ldots, X_{jS}$, je nachdem welcher Zustand eintritt. Falls im Zeitpunkt $t = 1$ der s–te Zustand realisiert wird, so erhält man aus dem Besitz einer Einheit des j–ten Titels Cash–flows in Höhe von X_{js}. Der Erwartungswert des Cash–flows des j–ten Finanztitels wird mit $\mathrm{E}[X_j]$ bezeichnet, wobei X_j für die Zufallsvariable steht, welche die Werte $X_{j1}, \ldots, X_{jS}$ annehmen kann. Die Kovarianz zwischen den Cash–flows der beiden Wertpapiere j und k wird ganz entsprechend mit $\mathrm{Cov}[X_j, X_k]$ bezeichnet. In der gleichen Weise werden wir auch mit einigen anderen Zufallsvariablen umgehen.

Der für alle Marktteilnehmer identische Preis dieses Finanztitels beläuft sich auf $p(X_j)$, und $\bar{n}_j^i$ steht für die Menge des j–ten Finanztitels, mit denen der i–te Marktteilnehmer im Zeitpunkt $t = 0$ ausgestattet ist. Wir lassen den Querstrich über dem Symbol fort, wenn wir die Menge des j–ten Finanztitels ansprechen wollen, die das Individuum tatsächlich bis zum Zeitpunkt $t = 1$ hält.

Unter Verwendung der angegebenen Symbole beläuft sich die *Konsumgüterausstattung* der i–ten Person im Zeitpunkt $t = 0$ auf

$$\bar{C}_0^i \,,$$

während die *Finanzmittelausstattung*

$$\bar{n}_0^i \frac{1}{1+r_f} + \sum_{j=1}^{J} \bar{n}_j^i \, p(X_j)$$

beträgt. Will man die *Gesamtausstattung eines Individuums* anschreiben, so muß man sich entscheiden, ob man das in Form von Geld– oder Konsumgütereinheiten tun möchte. Geht man den ersten Weg, so heißt es

$$\psi \bar{C}_0^i + \bar{n}_0^i \frac{1}{1+r_f} + \sum_{j=1}^{J} \bar{n}_j^i \, p(X_j) \,. \tag{5.1}$$

Ein Individuum, das keinerlei Ersparnis bilden will, kann im Zeitpunkt $t = 0$ nach dem Verkauf aller seiner Finanztitel Konsumgüterausgaben in Höhe des durch den Ausdruck (5.1) beschriebenen Betrages tätigen. Sind die Konsumgüterausgaben für $t = 0$ dagegen kleiner als dieser Betrag, so ist das Individuum Sparer und Investor zugleich. Die Ersparnisse werden in Finanztitel investiert. Personen mit relativ geringer Zeitpräferenzrate werden nicht nur ihre Erstausstattung an Finanztiteln halten, sondern einen Teil ihrer Konsumgüterausstattung verkaufen und dafür weitere Finanztitel erwerben, um später mehr konsumieren zu können. Individuen mit hohen Zeitpräferenzraten werden hingegen einen Teil ihrer Finanztitelausstattung veräußern, um für die Gegenwerte Konsumgüter einzutauschen, die sie jetzt konsumieren können.

Unsere Symbolik eignet sich auch dafür, das in der Volkswirtschaft vorhandene *Angebot an riskanten Finanztiteln vom Typ j* formal zu beschreiben. In mengenmäßiger Schreibweise hieße es

$$\sum_{i=1}^{I} \bar{n}_j^i ,$$

während man bei wertmäßiger Darstellung mit dem Preis $p(X_j)$ zu multiplizieren hätte,

$$\sum_{i=1}^{I} \bar{n}_j^i \, p(X_j) .$$

Zustandsabhängiger künftiger Konsum Das Konsumniveau, welches sich eine Person im Zeitpunkt $t = 1$ leisten kann, hängt davon ab, welche Finanztitel sie im Zeitpunkt $t = 0$ gehalten hat und welcher Zustand im Zeitpunkt $t = 1$ eintritt. Die Finanztitel eines Investors werfen im Zeitpunkt $t = 1$ zustandsabhängige Rückflüsse in Höhe von

$$n_0^i X_0 + \sum_{j=1}^{J} n_j^i X_{js}$$

ab und sind damit ihrer Höhe nach unsicher, solange man nicht weiß, welcher Zustand s im Zeitpunkt $t = 1$ eintreten wird. Das gleiche gilt für die Menge der Konsumgüter, die sich der i–te Marktteilnehmer aufgrund dieser Einnahmen aus Finanztiteln leisten kann. Sie sind zustandsabhängig und belaufen sich auf

$$C_{1s}^i = \frac{n_0^i + \sum_{j=1}^{J} n_j^i X_{js}}{\psi} . \tag{5.2}$$

Hierbei haben wir die Tatsache benutzt, daß $X_0 = 1$ DM ist.

Nutzenfunktionen

Es wird davon ausgegangen, daß alle Marktteilnehmer Konsumpläne zu realisieren wünschen, mit denen sie ihren individuellen Nutzen maximieren. Die Nutzenvorstellungen der Individuen sind nicht identisch, folgen aber denselben Grundsätzen.

Axiome Wir unterstellen, daß alle Entscheidungsträger sich rational im Sinne des Bernoulliprinzips verhalten, also darin übereinstimmen, daß sie ihren Erwartungsnutzen maximieren wollen. Im einzelnen beruht also das im folgenden zu entwickelnde Modell darauf, daß sämtliche Personen in der Volkswirtschaft die nachfolgend aufgeführten Axiome akzeptieren:

1. Vergleichbarkeitsaxiom Bezüglich zweier Ergebnisse x_1 und x_2 ist jeder Entscheidungsträger dazu in der Lage anzugeben, welches Resultat er vorzieht oder ob er beide Ergebnisse als gleich einschätzt, also entweder $x_1 \succeq x_2$ oder $x_1 \sim x_2$ oder $x_1 \preceq x_2$. Etwas Viertes ist ausgeschlossen.

2. Transitivitätsaxiom Wenn jemand x_1 mindestens so gut findet wie x_2 und gleichzeitig x_2 nicht schlechter als x_3 eingeschätzt wird, dann sollte die betreffende Person auch x_1 mindestens so attraktiv finden wie x_3.

3. Stetigkeitsaxiom Wenn $x_1 \succ x_2 \succ x_3$, dann gibt es für jeden eine (individuelle) Wahrscheinlichkeit, für die gilt $x_2 \sim [x_1, x_3 : q, 1-q]$.

4. Beschränkungsaxiom In der Skala möglicher Handlungskonsequenzen gibt es für jede Person ein bestes und ein schlechtestes Resultat, $\overline{x}$ beziehungsweise $\underline{x}$.

5. Dominanzaxiom Wenn jemand die Präferenzrelation $\overline{x} \succ \underline{x}$ besitzt, so sollte er eine Lotterie $[\overline{x}, \underline{x} : q_1, 1-q_1]$ höher schätzen als eine Lotterie $[\overline{x}, \underline{x} : q_2, 1-q_2]$, wenn $q_1 > q_2$ ist, also das attraktivere Resultat mit größerer Wahrscheinlichkeit versprochen wird.

6. Unabhängigkeitsaxiom Falls zwischen zwei Resultaten die Präferenzrelation $x_1 \succeq x_2$ herrscht, so muß die gleiche Relation auch für zwei Lotterien gelten, die sich nur dadurch voneinander unterscheiden, daß x_1 an die Stelle von x_2 tritt. Das heißt $[x_1, x_3 : q, 1-q] \succeq [x_2, x_3 : q, 1-q]$.

7. Monotonie Wir nehmen an, daß kein Mitglied der Volkswirtschaft gesättigt ist. Aus diesem Grunde gilt für alle betrachteten Personen: Falls $\delta > 0 \Longrightarrow (C_0 + \delta, C_1) \succ (C_0, C_1)$ und $(C_0, C_1 + \delta) \succ (C_0, C_1)$.

8. Konkave Nutzenfunktionen Als wir im ersten Kapitel dieses Buches das hier zu diskutierende Entscheidungsproblem unter Sicherheit analysierten, haben wir mit der Annahme gearbeitet, daß die Indifferenzlinien der Entscheidungsträger im C_0–C_1–Raum konvex zum Ursprung verlaufen.[3] Diese

[3] Vgl. oben Seite 35.

Annahme hat zusammen mit einer geeigneten Prämisse über die Budgetrestriktionen dafür gesorgt, daß der optimale Konsumplan eines Investors *eindeutig* ist. Um das gleiche Ziel – nämlich Eindeutigkeit der optimalen Konsumpläne – auch bei Unsicherheit zu erreichen, unterstellen wir jetzt, daß die Nutzenfunktion *konkav* ist. Damit wird ebenfalls Eindeutigkeit der optimalen Lösungen sichergestellt. Wir nennen eine Nutzenfunktion dann strikt konkav, wenn für alle α mit $0 < \alpha < 1$

$$U\Big(\alpha C_0 + (1-\alpha)C_1\Big) > \alpha\, U(C_0) + (1-\alpha)\, U(C_1) \qquad \forall\, C_0, C_1$$

gilt. Konkave Nutzenfunktionen haben zwei wichtige Eigenschaften, auf die wir kurz hinweisen wollen, bevor wir mit der Beschreibung weiterer Annahmen unseres Modells fortfahren. Zum einen implizieren konkave Nutzenfunktionen stets strikte Risikoaversion, wie wir uns an anderer Stelle bereits klargemacht haben;[4] zum anderen implizieren sie aber auch abnehmenden Grenznutzen sowie konvexe Indifferenzkurven.[5]

9. Regularität Der Einfachheit halber wird unterstellt, daß die Nutzenfunktionen aller Entscheidungsträger stetig sind und zweimal differenziert werden können. Ferner wird angenommen, daß Erwartungswerte des Nutzens gebildet werden können und auch die Argumente unter dem Erwartungswertoperator zweimal differenzierbar sind. Diese Annahme soll sicherstellen, daß optimale Konsumpläne mit Hilfe der Differentialrechnung bestimmt werden können.

Spezifizierung der Nutzenfunktion Da davon auszugehen ist, daß der Konsum im Zeitpunkt $t = 0$ sicher ist, während der Konsum im Zeitpunkt $t = 1$ zustandsabhängig ist, benötigen wir eine intertemporale Nutzenfunktion, die wir für den i-ten Entscheidungsträger grundsätzlich in der Form

$$U^i = \mathrm{E}\Big[U^i(C_0, C_1)\Big]$$

schreiben wollen. Wir verwenden also Bernoulli-Nutzenfunktionen für alle Mitglieder der Volkswirtschaft. Um die Nutzenfunktionen weiter zu spezifizieren,

[4]Vgl. oben Seite 130 f.

[5]Den Beweis dafür wollen wir hier nicht führen, aber in seiner Struktur zumindest andeuten. Eine Nutzenfunktion vom Typ $U = U(C_0, C_1)$ stellt eine Funktion mit zwei Veränderlichen (C_0 und C_1) dar. Hätte man eine Funktion mit nur einer Veränderlichen vor sich, so würde man von Konkavität sprechen, wenn die zweite Ableitung negativ wäre. Im Falle zweier Veränderlicher definiert man Konkavität über das negative Vorzeichen des totalen Differentials bei zweimaliger Ableitung. Von konvexen Indifferenzkurven spricht man dann, wenn die erste Ableitung der Grenzrate der Substitution ($\frac{\partial U/\partial C_0}{\partial U/\partial C_1}$) nach dem heutigen Konsum negativ ist. Vergleicht man die jeweiligen Eigenschaften im Detail, so kann man nachweisen, daß konkave Nutzenfunktionen konvexe Indifferenzkurven implizieren.

wollen wir davon ausgehen, daß alle Personen ihre Entscheidungen bezüglich des unsicheren Konsums auf der Grundlage von Erwartungswerten und Varianzen treffen, also Nutzenfunktionen des Typs

$$U^i = U^i\Big(C_0, \mathrm{E}\,[C_1], \mathrm{Var}\,[C_1]\Big) \tag{5.3}$$

verwenden. Wie wir uns früher klargemacht haben, ist eine solche Spezialisierung mit dem Bernoulliprinzip unter zwei alternativen Voraussetzungen verträglich:[6]

1. Entweder wird davon ausgegangen, daß die Entscheidungsträger quadratische Risikonutzenfunktionen besitzen.

2. Oder man unterstellt, daß die unsicheren Konsumgütermengen im Zeitpunkt $t = 1$ normalverteilt sind. Dann müßten in unserem Fall auch die Rückflüsse der Finanztitel–Portfolios normalverteilt sein.

Man beachte, daß der funktionale Zusammenhang zwischen Nutzen und Erwartungswerten sowie Varianzen in (5.3) nicht genau festgelegt ist. Allerdings muß wegen des Monotonieaxioms

$$\frac{\partial U^i}{\partial \mathrm{E}\,[C_1^i]} > 0 \tag{5.4}$$

und wegen der Konkavität des Nutzens und der daraus folgenden strikten Risikoaversion

$$\frac{\partial U^i}{\partial \mathrm{Var}\,[C_1^i]} < 0 \tag{5.5}$$

gelten.

Homogene Erwartungen

Alle Marktteilnehmer sind sich darüber einig, welche Zahlungen der j–te Titel seinem Inhaber verspricht, wenn die s–te Zukunftslage eintritt. Ferner herrscht Einigkeit darüber, welche Zustände die Welt im Zeitpunkt $t = 1$ mit Sicherheit nicht einnehmen wird. Insoweit handelt es sich bezüglich des Informationsstandes der in der Volkswirtschaft agierenden Personen um genau dieselben Annahmen wie diejenigen, die wir im Rahmen der Arbitragetheorie getroffen hatten.[7]

Jetzt gehen wir aber bezüglich der Homogenität noch einen wesentlichen Schritt weiter, indem wir annehmen, daß die Eintrittswahrscheinlichkeiten der

---

[6] Vgl. dazu oben Seite 146 ff.

[7] Vgl. oben Seite 159.

möglichen Zustände von allen Marktteilnehmern gleich eingeschätzt werden. Das bedeutet im Gegensatz zur Arbitragetheorie, daß alle handelnden Personen mit identischen Erwartungswerten und Varianzen rechnen.[8] Wenn man eine derart starke Annahme verwendet, so empfiehlt es sich, darüber nachzudenken, ob sie wenigstens im Kern plausibel gemacht werden kann. Das gelingt möglicherweise dann, wenn man darauf vertraut, daß Informationen, die für die Bewertung von Finanztiteln relevant sind, schnell durch den Markt diffundieren und die Marktteilnehmer (auf die es ankommt) annähernd gleiche intellektuelle Fähigkeiten besitzen, diese Informationen zu verarbeiten.

Marktannahmen

Wir unterstellen ebenso wie in der Arbitragetheorie, daß das Marktgeschehen reibungslos abläuft und daß an kompetitiven Märkten gehandelt wird. Finanztitel und Konsumgüter sind also beliebig teilbar. Es gibt weder Transaktionskosten noch Steuern und auch keine Marktzutrittsbeschränkungen. Leerverkäufe sind zulässig. Aufgrund der atomistischen Struktur des Marktes verhalten sich alle Personen wie Mengenanpasser und nehmen die Marktpreise als gegeben. Schließlich wird angenommen, daß die Märkte im Gleichgewicht keinerlei Arbitragegelegenheiten mehr bieten.

5.2 Entscheidung über Konsum und Investition

5.2.1 Lagrangeansatz und Bedingungen erster Ordnung

Ausgangsproblem Nach all diesen Vorbereitungen können wir das Entscheidungsproblem eines einzelnen Marktteilnehmers formal beschreiben. Jedes Individuum hat das Ziel, einen Konsumplan so zu bestimmen, daß seine Nutzenfunktion maximiert wird. Dieser Konsumplan ist hinsichtlich des Zeitpunktes $t = 0$ sicher und in bezug auf den Zeitpunkt $t = 1$ unsicher. Bei der Wahl des Konsumplans müssen Budgetbeschränkungen für die Zeitpunkte $t = 0$ und $t = 1$ beachtet werden. Verwenden wir die im Zusammenhang mit der Prämissenbeschreibung bereits eingeführten Symbole und lassen dabei den einen bestimmten Investor kennzeichnenden Index i fort, so können wir das Entscheidungsproblem in der Form

[8] Am Rande sei darauf aufmerksam gemacht, daß wir diese Annahme in versteckter Form schon bei der Diskussion der Nutzenfunktionen eingeführt haben. Sonst hätten wir eigentlich sowohl beim Erwartungswert- als auch beim Varianzoperator den Index i anbringen müssen.

$$\max_{C_0,n_0,\ldots,n_J} U(C_0, \mathrm{E}[C_1], \mathrm{Var}[C_1]) \tag{5.6}$$

$$\text{u.d.N.} \quad \psi C_0 + \frac{n_0}{1+r_f} + \sum_{j=1}^{J} n_j p(X_j) = \psi \bar{C}_0 + \frac{\bar{n}_0}{1+r_f} + \sum_{j=1}^{J} \bar{n}_j p(X_j) \tag{5.7}$$

$$\psi C_{1s} = n_0 + \sum_{j=1}^{J} n_j X_{js} \tag{5.8}$$

darstellen.

Die Entscheidungsvariablen des Investors sind sein heutiger Konsum C_0 sowie die Finanztitelmengen $n_0, n_1, \ldots, n_J$. Über diese Variablen legt er wegen (5.2) auch den zustandsabhängigen Konsum im Zeitpunkt $t = 1$ fest. Die Nebenbedingung (5.7) besagt, daß das Budget im Zeitpunkt $t = 0$ ausgeglichen sein muß. Die Ausgaben für Finanztitelkäufe und das Konsumgut müssen dem Vermögen entsprechen, das das Individuum als Grundausstattung mitbringt. Bedingung (5.8) stellt Äquivalenz zwischen den zustandsabhängigen Konsumausgaben im Zeitpunkt $t = 1$ und den unsicheren Rückflüssen aus dem Finanztitelbestand her.

Um die Darstellung etwas zu vereinfachen, verwenden wir den Preis der Konsumgüter als Numéraire. Wir definieren $\psi = 1$, weswegen wir das obige Optimierungsproblem auch in der Form

$$\max_{C_0,n_0,\ldots,n_J} U(C_0, \mathrm{E}[C_1], \mathrm{Var}[C_1]) \tag{5.9}$$

$$\text{u.d.N.} \quad C_0 + \frac{n_0}{1+r_f} + \sum_{j=1}^{J} n_j p(X_j) = \bar{C}_0 + \frac{\bar{n}_0}{1+r_f} + \sum_{j=1}^{J} \bar{n}_j p(X_j) \tag{5.10}$$

$$C_{1s} = n_0 + \sum_{j=1}^{J} n_j X_{js} \tag{5.11}$$

schreiben können.

Entwicklung des Lagrangeansatzes Auf dem Wege zu dem dieser Optimierungsaufgabe entsprechenden Lagrangeansatz können wir noch eine weitere Vereinfachung vornehmen. Wir formulieren den Erwartungswert und die Varianz des künftigen Konsums entsprechend der Nebenbedingung (5.11) und integrieren die so gewonnenen Ausdrücke in die Nutzenfunktion. Das hat den Vorteil, daß man nur noch die Nebenbedingung (5.10) in die Lagrangefunktion aufnehmen muß.

Erwartungswert des künftigen Konsums Um den Erwartungswert des künftigen Konsums zu berechnen, verwenden wir (5.11) und bilden auf beiden Seiten den Erwartungswert. Das ergibt

$$\begin{aligned} \mathrm{E}[C_1] &= \mathrm{E}\left[n_0 + \sum_{j=1}^{J} n_j X_j\right] \\ &= n_0 + \sum_{j=1}^{J} n_j \, \mathrm{E}[X_j] . \end{aligned} \tag{5.12}$$

Varianz des künftigen Konsums Auf entsprechende Weise erhält man für die Varianz

$$\begin{aligned} \mathrm{Var}[C_1] &= \mathrm{E}\left[(C_1 - \mathrm{E}[C_1])^2\right] \\ &= \mathrm{E}\left[\left(n_0 + \sum_{j=1}^{J} n_j X_j - n_0 - \sum_{j=1}^{J} n_j \, \mathrm{E}[X_j]\right)^2\right] \\ &= \mathrm{E}\left[\left(\sum_{j=1}^{J} n_j \Big(X_j - \mathrm{E}[X_j]\Big)\right)^2\right] \\ &= \sum_{j=1}^{J}\sum_{k=1}^{J} n_j n_k \mathrm{Cov}[X_j, X_k] . \end{aligned} \tag{5.13}$$

Wem es nicht so leicht fällt, dieses Resultat nachzuvollziehen, dem sei empfohlen, den speziellen Fall zu betrachten, in dem es nur $J = 2$ riskante Finanztitel gibt. Dann lautet die vorletzte Zeile

$$\mathrm{Var}[C_1] = \mathrm{E}\left[\big(n_1(X_1 - \mathrm{E}[X_1]) + n_2(X_2 - \mathrm{E}[X_2])\big)^2\right] ,$$

was man zu

$$\begin{aligned} \mathrm{Var}[C_1] = \mathrm{E}\Big[& n_1 n_1 (X_1 - \mathrm{E}[X_1])(X_1 - \mathrm{E}[X_1]) \\ & + n_1 n_2 (X_1 - \mathrm{E}[X_1])(X_2 - \mathrm{E}[X_2]) \\ & + n_2 n_1 (X_2 - \mathrm{E}[X_2])(X_1 - \mathrm{E}[X_1]) \\ & + n_2 n_2 (X_2 - \mathrm{E}[X_2])(X_2 - \mathrm{E}[X_2])\Big] \end{aligned}$$

umformt, indem man ausmultipliziert. Wendet man den Erwartungswertoperator auf die vier Summanden einzeln an und berücksichtigt zugleich, daß

$$\mathrm{E}\left[(X_j - \mathrm{E}[X_j])(X_k - \mathrm{E}[X_k])\right] = \mathrm{Cov}[X_j, X_k] ,$$

so kann man dafür auch

$$\begin{aligned}\operatorname{Var}[C_1] &= n_1 n_1 \operatorname{Cov}[X_1, X_1] + n_1 n_2 \operatorname{Cov}[X_1, X_2] \\ &\quad + n_2 n_1 \operatorname{Cov}[X_2, X_1] + n_2 n_2 \operatorname{Cov}[X_2, X_2]\end{aligned}$$

schreiben. Diese Gleichung läßt sich bei Verwendung des Summenoperators schließlich in die Form

$$\operatorname{Var}[C_1] = \sum_{j=1}^{2} \sum_{k=1}^{2} n_j n_k \operatorname{Cov}[X_j, X_k]$$

bringen. Gleichung (5.13) stellt nur die Verallgemeinerung für $J \geq 2$ Finanztitel dar.

Lagrangefunktion Die Lagrangefunktion mit nur einer einzigen Nebenbedingung lautet dann unter Berücksichtigung von (5.12) und (5.13)

$$\begin{aligned}\mathcal{L} &= U(C_0, \operatorname{E}[C_1], \operatorname{Var}[C_1]) \\ &+ \kappa \left(C_0 + \frac{n_0}{1+r_f} + \sum_{j=1}^{J} n_j p(X_j) - \bar{C}_0 - \frac{\bar{n}_0}{1+r_f} - \sum_{j=1}^{J} \bar{n}_j p(X_j) \right),\end{aligned}$$

wobei $\operatorname{E}[C_1]$ und $\operatorname{Var}[C_1]$ jetzt nur noch Platzhalter sind. Nach (5.12) und (5.13) stehen sie für

$$\operatorname{E}[C_1] = n_0 + \sum_{j=1}^{J} n_j \operatorname{E}[X_j] \tag{5.14}$$

und

$$\operatorname{Var}[C_1] = \sum_{j=1}^{J} \sum_{k=1}^{J} n_j n_k \operatorname{Cov}[X_j, X_k]. \tag{5.15}$$

Bedingungen erster Ordnung Bildet man die partiellen Ableitungen nach $C_0, n_0, \ldots, n_J$ und κ und setzt diese null, so erhält man das nachstehende Gleichungssystem

$$\frac{\partial \mathcal{L}}{\partial C_0} = \frac{\partial U}{\partial C_0} + \kappa = 0 \tag{5.16}$$

$$\frac{\partial \mathcal{L}}{\partial n_0} = \frac{\partial U}{\partial \operatorname{E}[C_1]} + \frac{\kappa}{1+r_f} = 0 \tag{5.17}$$

$$\begin{aligned}\frac{\partial \mathcal{L}}{\partial n_j} &= \frac{\partial U}{\partial \operatorname{E}[C_1]} \operatorname{E}[X_j] + \frac{\partial U}{\partial \operatorname{Var}[C_1]} \cdot \left(2 \sum_{k=1}^{J} n_k \operatorname{Cov}[X_j, X_k] \right) \\ &\quad + \kappa p(X_j) = 0 \quad j = 1, \ldots, J\end{aligned} \tag{5.18}$$

$$\frac{\partial \mathcal{L}}{\partial \kappa} = \left(C_0 + \frac{n_0}{1+r_f} + \sum_{j=1}^{J} n_j p(X_j) \right.$$
$$\left. - \bar{C}_0 - \frac{\bar{n}_0}{1+r_f} - \sum_{j=1}^{J} \bar{n}_j p(X_j) \right) = 0\,. \qquad (5.19)$$

Vermutlich ist es hilfreich, zur Entstehungsweise der Gleichungen (5.17) und (5.18) noch einige Hinweise zu geben. Will man die Nutzenfunktion nach n_0 differenzieren, so muß man sich klarmachen, daß n_0 im Erwartungswert der künftigen Cash–flows $\mathrm{E}[C_1]$ enthalten ist, vgl. Gleichung (5.14). Aus diesem Grunde leitet man zunächst nach $\mathrm{E}[C_1]$ ab und multipliziert anschließend noch mit der inneren Ableitung des Erwartungswertes nach n_0. Diese beträgt 1.

Entsprechend ist vorzugehen, wenn man die Nutzenfunktion nach n_j zu differenzieren hat. Hier ist zu beachten, daß n_j sowohl im Erwartungswert der künftigen Cash–flows als auch in der Varianz der künftigen Cash–flows enthalten ist, vgl. Gleichungen (5.14) und (5.15). Die innere Ableitung des Erwartungswertes nach n_j beträgt $\mathrm{E}[X_j]$. Die innere Ableitung der Varianz nach n_j erfordert etwas mehr Aufmerksamkeit. Um das Ergebnis in (5.18) nachzuvollziehen, betrachte man Tabelle 5.1.

Tabelle 5.1: Kovarianz–Matrix

	1	$\cdots$	j	$\cdots$	J
1			$n_1 n_j \mathrm{Cov}[X_1, X_j]$		
$\vdots$			$\vdots$		
j	$n_j n_1 \mathrm{Cov}[X_j, X_1]$	$\cdots$	$n_j n_j \mathrm{Cov}[X_j, X_j]$	$\cdots$	$n_j n_J \mathrm{Cov}[X_j, X_J]$
$\vdots$			$\vdots$		
J			$n_J n_j \mathrm{Cov}[X_J, X_j]$		

Das ist eine Matrix, deren Elemente vom Typ $n_j n_k \mathrm{Cov}[X_j, X_k]$ sind. Aus (5.15) folgt: Summiert man zeilen– und spaltenweise über sämtliche Elemente der Matrix, so ergibt das genau $\mathrm{Var}[C_1]$, die Varianz des künftigen Konsums. Wir haben in der Tabelle nun ausschließlich die Elemente hervorgehoben, die den Term n_j enthalten, weil alle anderen Elemente beim Differenzieren nach n_j wegfallen. Im "Kreuzungsbereich" der j–ten Zeile mit der j–ten Spalte steht ein Element, das wir auch in der Form $n_j^2 \mathrm{Cov}[X_j, X_j]$ schreiben können[9], während alle anderen Elemente, die uns interessieren, doppelt vorkommen, wenn man berücksichtigt, daß $\mathrm{Cov}[X_j, X_k] = \mathrm{Cov}[X_k, X_j]$ ist. Infolgedessen können wir

[9]Die Kovarianz $\mathrm{Cov}[X_j, X_j]$ ist nichts anderes als die Varianz $\mathrm{Var}[X_j]$. Jedoch machen wir hiervon im folgenden keinen Gebrauch.

die Summe der für das Differenzieren relevanten Matrixelemente in der Form der Hilfsgröße

$$A = n_j^2 \mathrm{Cov}\,[X_j, X_j] + 2 \sum_{\substack{k=1 \\ k \neq j}}^{J} n_k n_j \mathrm{Cov}\,[X_j, X_k]$$

schreiben. Differenziert man diese Hilfsgröße nun nach n_j, so erhält man

$$\begin{aligned} \frac{\partial A}{\partial n_j} = \frac{\partial \mathrm{Var}\,[C_1]}{\partial n_j} &= 2\,n_j \mathrm{Cov}\,[X_j, X_j] + 2 \sum_{\substack{k=1 \\ k \neq j}}^{J} n_k \mathrm{Cov}\,[X_j, X_k] \\ &= 2 \sum_{k=1}^{J} n_k \mathrm{Cov}\,[X_j, X_k]\,. \end{aligned}$$

Damit schließen wir die Erläuterungen zur Entstehungsweise der partiellen Ableitungen der Lagrangefunktion ab.

5.2.2 Analyse der Bedingungen erster Ordnung

Die Bedingungen erster Ordnung (5.16) bis (5.19) beschreiben die optimalen Handlungen des i–ten Individuums vollständig. Im Marktgleichgewicht müssen die Handlungen sämtlicher Individuen miteinander kompatibel sein. Das ist dann der Fall, wenn die nachgefragten Mengen genau den angebotenen Mengen entsprechen, wenn also für die Finanztitel

$$\sum_{i=1}^{I} n_j^i = \sum_{i=1}^{I} \bar{n}_j^i \qquad \forall j \tag{5.20}$$

gilt.[10] Natürlich sind es die Preise $p(X_0), \ldots, p(X_J)$, die sich so einstellen, daß ein Marktgleichgewicht herrscht.

Machen Sie sich zunächst mit dem Gedanken vertraut, daß *alle* Aussagen des CAPM in den Ausdrücken (5.16) bis (5.19) (für alle Individuen $i = 1, \ldots, I$) sowie in (5.20) enthalten sind! Alles, was zum CAPM noch zu sagen ist, entsteht durch Einsetzungen und Umformungen dieser Gleichungen. Und die Herleitung dieser Bedingungen war keineswegs schwierig, sondern bloß die Anwendung des üblichen Lagrange–Ansatzes. Auf diesem sicheren Boden werden wir nun weitergehen.

Wenn ein Computer die Nutzenfunktionen und Anfangsausstattungen aller Marktteilnehmer sowie die stochastischen Eigenschaften der Finanztitel kennen

[10] Auf Seite 201 wird erklärt, weshalb die entsprechende Gleichgewichtsbedingung für die Konsumgüter unter den Tisch fallen kann.

würde, so könnte er uns unmittelbar aus den Bedingungen (5.16) bis (5.19) und (5.20) das Marktresultat ausrechnen: die Gleichgewichtspreise und für jedes Individuum den Gegenwartskonsum sowie die nachgefragten Mengen an Finanztiteln.[11]

Weshalb kümmern wir uns noch weiter um das CAPM und überlassen den Rest nicht dem Computer? Zum einen, weil wir die Nutzenfunktionen und Erstausstattungen der Marktteilnehmer nicht kennen, und zum anderen (und das ist das entscheidende), weil wir auch ohne dieses Wissen allgemeine Aussagen über das Marktgleichgewicht aus unserem Gleichungssystem gewinnen können. Allerdings müssen wir noch einigen Schweiß aufwenden, um zu diesen Resultaten zu kommen.

Sicherer Zins und Zeitpräferenz Löst man Gleichung (5.16) nach κ auf und setzt das Ergebnis in Gleichung (5.17) ein, so erhält man nach geringfügiger Umformung

$$\boxed{\frac{\partial U/\partial C_0}{\partial U/\partial \mathrm{E}[C_1]} = 1 + r_f} \, ,$$

ein Ergebnis, das wir in sehr ähnlicher Form auch unter der Voraussetzung sicherer Zukunftserwartungen bekommen hatten. Im Optimum beläuft sich das Verhältnis des Grenznutzens von C_0 zum Grenznutzen des *erwarteten* C_1 auf den Wert $(1 + r_f)$.[12] Das intertemporale Konsum–Investitionskalkül des Investors bleibt somit auch unter der Bedingung unsicherer Rückflüsse erhalten. Konsumverzicht im Zeitpunkt $t = 0$ wird solange geleistet, bis die persönliche Zeitpräferenzrate mit dem risikolosen Zins übereinstimmt.

Erwartete Rendite eines unsicheren Titels Jetzt wollen wir ermitteln, welche Rendite der Investor von einem Engagement in einen unsicheren Finanztitel erwarten kann, wenn er sein Konsum–Investitions–Entscheidungsproblem gelöst hat. Zu diesem Zweck konzentrieren wir unsere Aufmerksamkeit auf Gleichung (5.18). Diese werden wir so umformen, daß eine Beziehung entsteht, die Antwort auf die gestellte Frage gibt. Die erforderlichen Umformungen sind

---

[11] Eine Voraussetzung dafür ist, daß die Zahl der zu bestimmenden Variablen und die der Gleichungen identisch ist. Da (5.18) aus J Gleichungen besteht, gibt es für jedes Individuum die $J + 3$ Gleichungen (5.16) bis (5.19). Zu diesen $I \cdot (J + 3)$ Gleichungen kommen die $J + 1$ Gleichungen vom Typ (5.20) hinzu. Insgesamt haben wir also $I \cdot (J + 3) + J + 1$ Gleichungen. Damit bestimmen wir $I \cdot (J + 3) + J + 1$ Variablen, nämlich $I \cdot (J + 1)$ individuelle Nachfragen nach Finanztiteln, I Nachfragen nach Konsumgütern, I Lagrange–Multiplikatoren (κ) sowie die $J + 1$ Preise der Finanztitel.

[12] Unter der Voraussetzung sicherer Zukunftserwartungen lautete das entsprechende Resultat

$$\frac{\partial U/\partial C_0}{\partial U/\partial C_1} = 1 + r \, ,$$

vgl. oben Seite 37.

algebraisch nicht besonders schwierig, aber doch ziemlich zeitraubend. Wer keine Lust hat, das jetzt nachzuvollziehen, der möge auf Seite 200 weiterlesen. Sonst vertiefe man sich in die Details.

Wir beginnen damit, (5.17) nach κ aufzulösen und das Ergebnis in (5.18) einzusetzen. Dann heißt es

$$\frac{\partial U}{\partial \mathrm{E}[C_1]}\,\mathrm{E}[X_j] + \frac{\partial U}{\partial \mathrm{Var}[X_j]} \cdot \left(2\sum_{k=1}^{J} n_k \mathit{Cov}[X_j, X_k]\right) - \frac{\partial U}{\partial \mathrm{E}[C_1]}(1+r_f)\,p(X_j) = 0\,,$$

was man rasch in die Form

$$\mathrm{E}[X_j] - (1+r_f)\,p(X_j) = -2\,\frac{\partial U/\partial \mathrm{Var}[C_1]}{\partial U/\partial \mathrm{E}[C_1]} \cdot \left(\sum_{k=1}^{J} n_k \mathrm{Cov}[X_j, X_k]\right) \tag{5.21}$$

bringen kann.

Einführung der Renditeschreibweise *Um die nächsten Schritte der algebraischen Manipulation von (5.21) vorzubereiten, führen wir den Begriff der Rendite ein. Dabei verstehen wir unter der zustandsabhängigen Rendite des j–ten Finanztitels die Differenz zwischen dem zustandsabhängigen Cash–flow und seinem Preis, bezogen auf den Preis, also*

$$r_{js} = \frac{X_{js} - p(X_j)}{p(X_j)} = \frac{X_{js}}{p(X_j)} - 1\,, \tag{5.22}$$

woraus man für die erwartete Rendite sofort

$$\mathrm{E}[r_j] = \frac{\mathrm{E}[X_j]}{p(X_j)} - 1 \tag{5.23}$$

gewinnt.

In (5.21) spielt die Kovarianz zwischen den Cash–flows des j–ten und des k–ten Titels $\mathit{Cov}[X_j, X_k]$ eine Rolle. Es empfiehlt sich zu klären, wie diese Kovarianz mit der Kovarianz der Renditen beider Titel zusammenhängt. Zu diesem Zweck gehen wir von deren Definition

$$\mathit{Cov}[r_j, r_k] = E\Big[\big(r_j - \mathrm{E}[r_j]\big)\big(r_k - \mathrm{E}[r_k]\big)\Big]$$

aus und formen wie folgt um:

$$\begin{aligned}
\mathrm{Cov}[r_j, r_k] &= \mathrm{E}\left[\left(\frac{X_j}{p(X_j)} - 1 - \frac{\mathrm{E}[X_j]}{p(X_j)} + 1\right)\left(\frac{X_k}{p(X_k)} - 1 - \frac{\mathrm{E}[X_k]}{p(X_k)} + 1\right)\right] \\
&= \mathrm{E}\left[\left(\frac{X_j - \mathrm{E}[X_j]}{p(X_j)}\right)\left(\frac{X_k - \mathrm{E}[X_k]}{p(X_k)}\right)\right] \\
&= \frac{1}{p(X_j)\,p(X_k)} \cdot \mathrm{E}\Big[\big(X_j - \mathrm{E}[X_j]\big)\big(X_k - \mathrm{E}[X_k]\big)\Big] \\
&= \frac{1}{p(X_j)\,p(X_k)} \cdot \mathrm{Cov}[X_j, X_k]\,.
\end{aligned} \tag{5.24}$$

Ausnutzen der Renditeschreibweise *Wir kommen nun auf (5.21) zurück und verändern zunächst nur die linke Seite, indem wir (5.23) nach* $\mathrm{E}[X_j]$ *auflösen und das Resultat in (5.21) einsetzen. Das ergibt nach geringfügiger Umformung*

$$p(X_j) \cdot \Big((1 + \mathrm{E}[r_j]) - (1 + r_f)\Big) = -2\,\frac{\partial U/\partial \mathrm{Var}[C_1]}{\partial U/\partial \mathrm{E}[C_1]} \cdot \left(\sum_{k=1}^{J} n_k \mathrm{Cov}[X_j, X_k]\right)$$

oder nach Division durch den Preis des j*–ten Titels*

$$E[r_j] - r_f = -2\,\frac{\partial U/\partial \mathrm{Var}[C_1]}{\partial U/\partial E[C_1]} \cdot \frac{\left(\sum_{k=1}^{J} n_k \mathrm{Cov}[X_j, X_k]\right)}{p(X_j)}. \tag{5.25}$$

Nun lösen wir (5.24) nach $\mathrm{Cov}[X_j, X_k]$ *auf und setzen in (5.25) ein. Das ergibt*

$$\begin{aligned} E[r_j] - r_f &= -2\,\frac{\partial U/\partial \mathrm{Var}[C_1]}{\partial U/\partial E[C_1]} \cdot \frac{\sum_{k=1}^{J} n_k\, p(X_j)\, p(X_k)\, \mathrm{Cov}[r_j, r_k]}{p(X_j)} \\ &= -2\,\frac{\partial U/\partial \mathrm{Var}[C_1]}{\partial U/\partial E[C_1]} \cdot \sum_{k=1}^{J} n_k\, p(X_k)\, \mathrm{Cov}[r_j, r_k]. \end{aligned} \tag{5.26}$$

Um das Ergebnis leichter nachvollziehen zu können, mag es wieder hilfreich sein, sich die Rechnung für den speziellen Fall $J = 2$ *anzusehen.*[13]

Einführung der relativen Portfolioanteile *Wenn man wissen will, wie groß der Betrag ist, den das Individuum im Optimum in Form von unsicheren Finanztiteln hält, so muß man die Mengen* n_j *mit ihren Preisen* $p(X_j)$ *multiplizieren und über alle riskanten Finanztitel summieren. Das ergibt* $\sum_{j=1}^{J} n_j\, p(X_j)$*, und wir wollen zunächst*

---

[13] Gleichung (5.25) würde die Form

$$\mathrm{E}[r_j] - r_f = -2\frac{\partial U/\partial \mathrm{Var}[C_1]}{\partial U/\partial \mathrm{E}[C_1]} \cdot \frac{n_1 \mathrm{Cov}[X_j, X_1] + n_2 \mathrm{Cov}[X_j, X_2]}{p(X_j)}$$

annehmen. Einsetzen von (5.24) führt zu

$$\begin{aligned} \mathrm{E}[r_j] - r_f &= -2\frac{\partial U/\partial \mathrm{Var}[C_1]}{\partial U/\partial \mathrm{E}[C_1]} \\ &\quad \frac{n_1\, p(X_j)\, p(X_1) \mathrm{Cov}[r_j, r_1] + n_2\, p(X_j)\, p(X_2) \mathrm{Cov}[r_j, r_2]}{p(X_j)} \\ &= -2\frac{\partial U/\partial \mathrm{Var}[C_1]}{\partial U/\partial \mathrm{E}[C_1]} \cdot \Big(n_1\, p(X_1) \mathrm{Cov}[r_j, r_1] + n_2\, p(X_2) \mathrm{Cov}[r_j, r_2]\Big) \\ &= -2\frac{\partial U/\partial \mathrm{Var}[C_1]}{\partial U/\partial \mathrm{E}[C_1]} \cdot \sum_{k=1}^{2} n_k\, p(X_k) \mathrm{Cov}[r_j, r_k]. \end{aligned}$$

annehmen, daß diese Summe ungleich null ist. Für den (wertmäßig) relativen Anteil, den der Entscheidungsträger in das j-te Wertpapier investiert, können wir dann

$$\omega_j = \frac{n_j\, p(X_j)}{\sum_{j=1}^{J} n_j\, p(X_j)} \tag{5.27}$$

schreiben. Natürlich addieren sich diese Anteile zu eins, denn

$$\begin{aligned} \sum_{j=1}^{J} \omega_j &= \sum_{j=1}^{J} \frac{n_j\, p(X_j)}{\sum_{j=1}^{J} n_j\, p(X_j)} \\ &= \frac{\sum_{j=1}^{J} n_j\, p(X_j)}{\sum_{j=1}^{J} n_j\, p(X_j)} \\ &= 1\,. \end{aligned}$$

Um uns mit dem Symbol ω_j vertraut zu machen, fragen wir nach der Rendite, die der Investor bei Eintritt des s-ten Zustandes erhält, wenn er den Betrag $\sum_{j=1}^{J} n_j\, p(X_j)$ riskant investiert. Wir nennen die zufallsabhängige Rendite aus dieser Investition r_{ms} und definieren

$$r_{ms} = \frac{\sum_{j=1}^{J} n_j\, X_{js}}{\sum_{j=1}^{J} n_j\, p(X_j)} - 1\,.$$

Sodann zeigen wir, daß wir die Rendite des Portfolios auch als gewogenes arithmetisches Mittel aus den Renditen der in ihm enthaltenen Titel schreiben können, wenn wir die in (5.27) definierten Anteile als Gewichte benutzen. Die Behauptung lautet also

$$r_{ms} = \sum_{j=1}^{J} \omega_j r_{js}\,. \tag{5.28}$$

Einsetzen von (5.27) und (5.22) in die Behauptung (5.28) ergibt

$$\begin{aligned} r_{ms} &= \sum_{j=1}^{J} \left(\frac{n_j\, p(X_j)}{\sum_{j=1}^{J} n_j\, p(X_j)} \cdot \frac{X_{js} - p(X_j)}{p(X_j)} \right) \\ &= \frac{1}{\sum_{j=1}^{J} n_j\, p(X_j)} \sum_{j=1}^{J} \left(n_j \left(X_{js} - p(X_j) \right) \right) \\ &= \frac{\sum_{j=1}^{J} n_j\, X_{js} - \sum_{j=1}^{J} n_j\, p(X_j)}{\sum_{j=1}^{J} n_j\, p(X_j)} \\ &= \frac{\sum_{j=1}^{J} n_j\, X_{js}}{\sum_{j=1}^{J} n_j\, p(X_j)} - 1\,, \end{aligned}$$

womit sich die Behauptung als richtig erweist. Aus (5.28) folgt sofort, daß die erwartete Rendite aus dem Portfolio riskanter Wertpapiere sich als

$$\mathrm{E}[r_m] = \sum_{j=1}^{J} \omega_j\, \mathrm{E}[r_j] \tag{5.29}$$

darstellen läßt.

Ausnutzen der relativen Portfolioanteile *Nach diesem Zwischenschritt kehren wir wieder zu unserem Ausgangspunkt zurück und multiplizieren die rechte Seite von (5.26) mit* $\sum_{k=1}^{J} n_k\, p(X_k) / \sum_{k=1}^{J} n_k\, p(X_k) = 1$. *Das führt auf*

$$\begin{aligned} \mathrm{E}[r_j] - r_f &= -2\,\frac{\partial U/\partial \mathrm{Var}[C_1]}{\partial U/\partial \mathrm{E}[C_1]} \cdot \frac{\sum_{k=1}^{J} n_k\, p(X_k)}{\sum_{k=1}^{J} n_k\, p(X_k)} \cdot \sum_{k=1}^{J} n_k\, p(X_k)\, \mathrm{Cov}[r_j, r_k] \\ &= -2\,\frac{\partial U/\partial \mathrm{Var}[C_1]}{\partial U/\partial \mathrm{E}[C_1]} \cdot \sum_{k=1}^{J} n_k\, p(X_k) \cdot \sum_{k=1}^{J} \frac{n_k\, p(X_k)}{\sum_{k=1}^{J} n_k\, p(X_k)}\, \mathrm{Cov}[r_j, r_k], \end{aligned}$$

was man unter Verwendung von (5.27) zu

$$E[r_j] - r_f = -2\,\frac{\partial U/\partial \mathrm{Var}[C_1]}{\partial U/\partial E[C_1]} \cdot \sum_{k=1}^{J} n_k\, p(X_k) \cdot \sum_{k=1}^{J} \omega_k\, \mathrm{Cov}[r_j, r_k] \qquad (5.30)$$

umformt.

Der letzte Term auf der rechten Seite ist die Kovarianz der Rendite des j-ten Titels mit der Rendite des Portfolios, das der hier betrachtete Investor aus allen riskanten Finanztiteln bildet, denn

$$\begin{aligned} \sum_{k=1}^{J} \omega_k\, \mathrm{Cov}[r_j, r_k] &= \sum_{k=1}^{J} \omega_k\, E\Big[\big(r_j - E[r_j]\big)\big(r_k - E[r_k]\big)\Big] \\ &= E\left[\big(r_j - E[r_j]\big)\left(\sum_{k=1}^{J} \omega_k r_k - \sum_{k=1}^{J} \omega_k\, E[r_k]\right)\right] \\ &= E\Big[(r_j - E[r_j])(r_m - E[r_m])\Big] \\ &= \mathrm{Cov}[r_j, r_m]. \end{aligned}$$

Setzt man dieses Ergebnis in (5.30) ein, so ist man dem Ziel schon sehr nahe, denn jetzt heißt es

$$E[r_j] - r_f = \underbrace{-2\,\frac{\partial U/\partial \mathrm{Var}[C_1]}{\partial U/\partial E[C_1]}}_{H} \cdot \sum_{k=1}^{J} n_k\, p(X_k) \cdot \mathrm{Cov}[r_j, r_m]. \qquad (5.31)$$

Um nach all diesen algebraischen Manipulationen zu dem gewünschten Ergebnis zu kommen, müssen wir uns noch mit dem Term in Gleichung (5.31) beschäftigen, der dort mit dem Symbol H gekennzeichnet ist. Zu diesem Zweck multiplizieren wir (5.31) auf beiden Seiten mit ω_j *und summieren über alle riskanten Finanztitel. Auflösen ergibt*

$$-2\,\frac{\partial U/\partial \mathrm{Var}[C_1]}{\partial U/\partial E[C_1]} = \frac{\sum_{j=1}^{J} \omega_j (E[r_j] - r_f)}{\sum_{j=1}^{J} \omega_j\, \mathrm{Cov}[r_j, r_m] \cdot \sum_{k=1}^{J} n_k\, p(X_k)}$$

$$
\begin{aligned}
&= \frac{\sum_{j=1}^{J} \omega_j E[r_j] - \sum_{j=1}^{J} \omega_j \, r_f}{Cov\left[\sum_{j=1}^{J} \omega_j r_j, r_m\right] \cdot \sum_{k=1}^{J} n_k \, p(X_k)} \\
&= \frac{E\left[\sum_{j=1}^{J} \omega_j r_j\right] - r_f \sum_{j=1}^{J} \omega_j}{Cov\left[\sum_{j=1}^{J} \omega_j r_j, r_m\right] \cdot \sum_{k=1}^{J} n_k \, p(X_k)} \\
&= \frac{E[r_m] - r_f}{Cov[r_m, r_m] \cdot \sum_{k=1}^{J} n_k \, p(X_k)} \\
&= \frac{E[r_m] - r_f}{Var[r_m] \cdot \sum_{k=1}^{J} n_k \, p(X_k)} \,. \qquad (5.32)
\end{aligned}
$$

Dabei haben wir uns der Tatsache bedient, daß sich die Summe der relativen Anteile ω_j zu eins addiert.

Das Ergebnis Einsetzen von (5.32) in Gleichung (5.31) führt nach elementarer Umformung auf das bedeutsame Zwischenergebnis

$$
\boxed{\mathrm{E}\,[r_j] = r_f + \frac{\mathrm{E}\,[r_m] - r_f}{\mathrm{Var}\,[r_m]} \cdot \mathrm{Cov}\,[r_j, r_m]} \,. \qquad (5.33)
$$

Wer die CAPM–Gleichung schon kennt, könnte meinen, daß er sie mit (5.33) bereits vor sich hat. Der Schein trügt jedoch, was klarer wird, wenn man wieder dazu übergeht, den Index i für den individuellen Marktteilnehmer mitzuschreiben, den wir im ganzen letzten Abschnitt aus reiner Bequemlichkeit fortgelassen haben.

Machen wir uns klar, daß jeder Investor sowohl eine andere Grundausstattung als auch eine andere Nutzenfunktion besitzen kann. Dann ist zunächst ja wohl auch nicht ausgeschlossen, daß im Optimum jeder Entscheidungsträger ein anderes Portfolio riskanter Finanztitel hält. Wir müssen also mit der Möglichkeit rechnen, daß für zwei Marktteilnehmer i_1 und i_2

$$
\omega_k^{i_1} \neq \omega_k^{i_2}
$$

gilt, woraus wegen (5.28) unmittelbar

$$
r_{ms}^{i_1} \neq r_{ms}^{i_2}
$$

folgen würde. Daher steht auf der rechten Seite von (5.33) auch nicht notwendigerweise für alle Marktteilnehmer dasselbe. Aus diesem Grunde schreiben wir unser Ergebnis für einen individuellen Investor lieber präzise in der Form

$$
\mathrm{E}\,[r_j] = r_f + \frac{\mathrm{E}\,[r_m^i] - r_f}{\mathrm{Var}\,[r_m^i]} \cdot \mathrm{Cov}\,[r_j, r_m^i] \,. \qquad (5.34)
$$

Ein rationaler Investor wird bei der Zusammensetzung seines Portfolios darauf achten, daß die Relation (5.34) zwischen den (erwarteten) Renditen erfüllt ist: Die Rendite des j-ten Finanztitels soll sich aus zwei Komponenten zusammensetzen, und zwar dem risikolosen Zins und einer Prämie. Die Prämie besteht ihrerseits aus zwei Komponenten, die multiplikativ miteinander verbunden sind. Der erste Term enthält neben dem risikolosen Zins den Erwartungswert und die Varianz derjenigen Rendite, die für das individuelle Portfolio aus riskanten Titeln charakteristisch ist. Die letzte Komponente schließlich ist die Kovarianz der Rendite des interessierenden Titels mit der Rendite des individuellen Portfolios aus allen riskanten Kapitalanlagen.

5.3 Gleichgewichtsanalyse

Wir wenden uns nun der Frage zu, ob und gegebenenfalls wie sich der von uns betrachtete Investor von allen anderen Investoren unterscheidet. Hierbei interessiert uns vor allem, in welchem Umfang und in welcher Mischung die Mitglieder der Volkswirtschaft riskante Finanztitel halten.

Um diese Fragen beantworten zu können, setzen wir die Existenz eines Marktgleichgewichts voraus. Das Gleichgewicht am Wertpapiermarkt wird durch

1. das Preissystem $p(X_0), p(X_1), \ldots, p(X_j)$ sowie
2. die von den Investoren bei Realisierung ihrer optimalen Pläne nachgefragten Mengen an Finanztiteln $n_0^i, n_1^i, \ldots, n_J^i$

beschrieben. Damit von einem Gleichgewicht gesprochen werden kann, müssen die nachgefragten Mengen genau den angebotenen Mengen entsprechen, also

$$\sum_{i=1}^{I} n_j^i = \sum_{i=1}^{I} \bar{n}_j^i \qquad \forall j\,. \tag{5.35}$$

Es läßt sich leicht zeigen, daß die Existenz eines Gleichgewichts auf den Finanztitelmärkten wegen des Walrasianischen Gesetzes immer auch Gleichgewicht auf dem Konsumgütermarkt bedeutet. Zu diesem Zweck greifen wir auf (5.10)

$$C_0^i + \frac{n_0^i}{1+r_f} + \sum_{j=1}^{J} n_j^i\, p(X_j) = \bar{C}_0^i + \frac{\bar{n}_0^i}{1+r_f} + \sum_{j=1}^{J} \bar{n}_j^i\, p(X_j)$$

zurück und summieren über alle Investoren. Bezeichnet man den Preis für einen sicheren Cash-flow in Höhe von $X_0 = 1$ mit $p(X_0) = \frac{1}{1+r_f}$ und sortiert die Terme neu, so entsteht

$$\sum_{i=1}^{I} C_0^i - \sum_{i=1}^{I} \bar{C}_0^i = \sum_{i=1}^{I}\sum_{j=0}^{J} \bar{n}_j^i\, p(X_j) - \sum_{i=1}^{I}\sum_{j=0}^{J} n_j^i\, p(X_j)\,.$$

Gleichgewicht auf den Finanztitelmärkten bedeutet, daß die rechte Seite vorstehender Gleichung den Wert null annimmt. Das aber impliziert sofort, daß das Angebot an Konsumgütern im Zeitpunkt $t = 0$ der Nachfrage entsprechen muß. Sonst würde die linke Seite der Gleichung nicht den Wert null annehmen. Für den Konsumgütermarkt des Zeitpunktes $t = 1$ kann man unter Rückgriff auf (5.11) ganz entsprechend argumentieren.[14]

Unter der Voraussetzung, daß alle Märkte im Gleichgewicht sind, lassen sich nun drei wichtige Theoreme beweisen.

5.3.1 Diversifikation

Das erste Theorem besagt, daß für jeden Investor

$$n_j^i > 0 \qquad \forall j = 1, \ldots, J \tag{5.36}$$

gelten muß. Die Nachfrage jedes Individuums nach riskanten Finanztiteln ist im Gleichgewicht positiv. Und präziser: Jeder Investor hält jeden riskanten Finanztitel. Es gibt kein einziges riskantes Wertpapier, das von irgendeinem Investor verschmäht wird. Aus diesem Grunde können wir sagen, daß jeder eine Strategie der Risikomischung oder Diversifikation betreibt.

Beweis *Um den Beweis nachzuvollziehen, erinnere man sich an Gleichung (5.26). Diese lautet für den i–ten Investor*

$$E[r_j] - r_f = -2\,\frac{\partial U^i/\partial \mathrm{Var}[C_1]}{\partial U^i/\partial E[C_1]} \cdot \sum_{k=1}^{J} n_k^i\, p(X_k)\, Cov[r_j, r_k]\,,$$

was man unter Verwendung von

$$H^i = -2\,\frac{\partial U^i/\partial \mathrm{Var}[C_1]}{\partial U^i/\partial E[C_1]}$$

zu

$$E[r_j] - r_f = \sum_{k=1}^{J} H^i\, n_k^i\, p(X_k)\, Cov[r_j, r_k]$$

[14] Hier spielt herein, daß der relative Preis zwischen gegenwärtigen und zukünftigen Konsumgütern willkürlich auf eins gesetzt wurde. Normalerweise kann man mit dem Gesetz von *Walras* nur einen einzigen Markt eliminieren.

umformt. Für J Finanztitel erhält man daher in Matrixschreibweise

$$\begin{pmatrix} E[r_1]-r_f \\ E[r_2]-r_f \\ \dots\dots\dots \\ E[r_J]-r_f \end{pmatrix} = \begin{pmatrix} Cov[r_1,r_1] & \dots & Cov[r_1,r_J] \\ Cov[r_2,r_1] & \dots & Cov[r_2,r_J] \\ \dots\dots & \dots & \dots\dots \\ Cov[r_J,r_1] & \dots & Cov[r_J,r_J] \end{pmatrix} \cdot \begin{pmatrix} H^i n_1^i\, p(X_1) \\ H^i n_2^i\, p(X_2) \\ \dots\dots\dots \\ H^i n_J^i\, p(X_J) \end{pmatrix}.$$

Geht man davon aus, daß die Kovarianzmatrix nicht singulär ist, so gilt

$$\begin{pmatrix} Cov[r_1,r_1] & \dots & Cov[r_1,r_J] \\ Cov[r_2,r_1] & \dots & Cov[r_2,r_J] \\ \dots\dots & \dots & \dots\dots \\ Cov[r_J,r_1] & \dots & Cov[r_J,r_J] \end{pmatrix}^{-1} \cdot \begin{pmatrix} E[r_1]-r_f \\ E[r_2]-r_f \\ \dots\dots\dots \\ E[r_J]-r_f \end{pmatrix} = \begin{pmatrix} H^i n_1^i\, p(X_1) \\ H^i n_2^i\, p(X_2) \\ \dots\dots\dots \\ H^i n_J^i\, p(X_J) \end{pmatrix}. \tag{5.37}$$

Von nun an ist die Argumentation einfach. Weil angenommen wurde, daß die Erwartungen aller Marktteilnehmer homogen sind, muß die komplette linke Seite des vorstehenden Gleichungssystems für jedermann identisch sein. Dort stehen nur Kovarianzen zwischen den Renditen der riskanten Titel, erwartete Renditen dieser Wertpapiere und der risikolose Zinssatz. In bezug auf alle diese Größen herrschen bei sämtlichen Mitgliedern der Volkswirtschaft annahmegemäß einmütige Vorstellungen. Wenn aber die linken Seiten des Gleichungssystems von den Investoren unabhängig sind, dann müssen auch die rechten Seiten für alle gleich sein. Also muß für zwei beliebige Marktteilnehmer i_1 und i_2

$$H^{i_1}\, n_j^{i_1}\, p(X_j) = H^{i_2}\, n_j^{i_2}\, p(X_j) \qquad \forall j$$

oder nach Division durch den – für beide identischen – Preis des Finanztitels

$$H^{i_1}\, n_j^{i_1} = H^{i_2}\, n_j^{i_2} \qquad \forall j \tag{5.38}$$

gelten. Nun erinnere man sich daran, daß wir von der Annahme ausgingen, jeder Investor sei ungesättigt und risikoscheu. Das bedeutet

$$\frac{\partial U^i}{\partial E[C_1]} > 0 \qquad \forall i$$

und

$$\frac{\partial U^i}{\partial \mathrm{Var}[C_1]} < 0 \qquad \forall i\,,$$

woraus

$$H^i = -2\,\frac{\partial U^i/\partial \mathrm{Var}[C_1]}{\partial U^i/\partial E[C_1]} > 0 \qquad \forall i$$

folgt. Gleichgewicht auf dem Wertpapiermarkt erfordert, daß das Angebot an Finanztiteln eines bestimmten Typs $\sum_{i=1}^{I} \bar{n}_j^i$ auch nachgefragt wird. Mindestens ein Investor i muß deshalb eine positive Nachfrage nach dem Titel j entfalten. Wegen (5.38) und $H^i > 0$ folgt aber aus der positiven Nachfrage eines einzigen Investors für alle Investoren $n_j^i > 0$. Damit ist der Beweis des Theorems erbracht. □

5.3.2 Gemeinsamer Fonds und Tobin–Separation

Soeben haben wir bewiesen, daß jeder Investor im Optimum eine Position einnimmt, bei der er jeden riskanten Finanztitel in positiver Menge hält. Das schließt nicht aus, daß die Investoren die riskanten Wertpapiere in ganz individueller Weise nachfragen. Immerhin besitzen sie ja nicht etwa identische Nutzenfunktionen, und daher könnte es sein, daß ein bestimmter Finanztitel von dem einen Investor sehr viel heftiger nachgefragt wird als von dem anderen. Das ist jedoch unter den hier getroffenen Annahmen nicht der Fall. Nennt man (vgl. Gleichung (5.27))

$$\omega_j^i = \frac{n_j^i\, p(X_j)}{\sum_{j=1}^J n_j^i\, p(X_j)}$$

den relativen Anteil am riskanten Portfolio, den der i–te Marktteilnehmer hält, so besagt das jetzt zu beweisende Theorem, daß diese Anteile bei allen Investoren übereinstimmen. ω_j^i ist unabhängig von i. Das kann man auch so schreiben, daß

$$\omega_j^i = \omega_j \quad \text{für alle Investoren } i \text{ und alle Wertpapiere } j\,. \tag{5.39}$$

Damit ist ω_j der Anteil, den das Wertpapier j im riskanten Teilportfolio *eines jeden Investors* ausmacht. Diese Einheitlichkeit in der Struktur der riskanten Teilportfolios ist sehr erstaunlich. Es ist so, als befänden sich alle riskanten Finanztitel in einem einheitlichen Wertpapierfonds (und zwar mit den Anteilen ω_j), von dem die einzelnen Investoren dann einen bestimmten Bruchteil erwerben. Dieser Teil des Wertpapierfonds ist dann aber auch schon das gesamte riskante Teilportfolio der Investoren. Sie kaufen keine einzelnen riskanten Finanztitel mehr dazu. Daher sprechen wir in bezug auf Gleichung (5.39) vom Theorem über den *gemeinsamen Fonds* (englisch: mutual fund theorem).

Beweis *Um den Beweis zu führen, definieren wir die inverse Kovarianzmatrix*

$$\begin{pmatrix} \vartheta_{11} & \dots & \vartheta_{1J} \\ \vartheta_{21} & \dots & \vartheta_{2J} \\ \dots & \dots & \dots \\ \vartheta_{J1} & \dots & \vartheta_{JJ} \end{pmatrix} = \begin{pmatrix} Cov[r_1, r_1] & \dots & Cov[r_1, r_J] \\ Cov[r_2, r_1] & \dots & Cov[r_2, r_J] \\ \dots & \dots & \dots \\ Cov[r_J, r_1] & \dots & Cov[r_J, r_J] \end{pmatrix}^{-1}.$$

Damit können wir das Gleichungssystem (5.37) in der Form

$$\sum_{k=1}^{J} \vartheta_{jk}\big(E[r_k] - r_f\big) = H^i\, n_j^i\, p(X_j) \qquad \forall\, j \tag{5.40}$$

schreiben. Man beachte, daß die Elemente der invertierten Kovarianzmatrix (ϑ_{jk}) für alle Investoren gleich sein müssen. Das folgt aus der Annahme, daß homogene

Erwartungen bestehen. Setzt man nun (5.27) und (5.32) in Gleichung (5.40) ein und vertauscht die Seiten, so entsteht

$$\omega_j^i \cdot \frac{E[r_m^i] - r_f}{\text{Var}[r_m^i]} = \sum_{k=1}^{J} \vartheta_{jk}\big(E[r_k] - r_f\big) \qquad \forall j\,. \tag{5.41}$$

Summiert man über alle riskanten Wertpapiere, so gewinnt man

$$\sum_{j=1}^{J} \omega_j^i \cdot \frac{E[r_m^i] - r_f}{\text{Var}[r_m^i]} = \sum_{j=1}^{J}\sum_{k=1}^{J} \vartheta_{jk}\big(E[r_k] - r_f\big)\,,$$

was sich zu

$$\frac{E[r_m^i] - r_f}{\text{Var}[r_m^i]} = \sum_{j=1}^{J}\sum_{k=1}^{J} \vartheta_{jk}\big(E[r_k] - r_f\big) \tag{5.42}$$

vereinfachen läßt, wenn man sich daran erinnert, daß für jeden Investor $\sum_{j=1}^{J} \omega_j^i = 1$ *gilt, weil sich die Summe der relativen Anteile immer zu eins addiert. Wenn aber die rechte Seite von Gleichung (5.42) für alle Investoren gleich ist, so muß das auch für die linke gelten. Aus diesem Grunde nimmt der Ausdruck*

$$\frac{E[r_m^i] - r_f}{\text{Var}[r_m^i]}$$

in bezug auf sämtliche Marktteilnehmer den gleichen Betrag an. Man bezeichnet diese Größe als den **Marktpreis des Risikos** *und verwendet dafür in der Regel das Symbol* λ,

$$\lambda = \frac{E[r_m] - r_f}{\text{Var}[r_m]}\,. \tag{5.43}$$

Einsetzen in Gleichung (5.41) führt zu dem Ergebnis

$$\omega_j^i = \frac{\sum_{k=1}^{J} \vartheta_{jk}\big(E[r_k] - r_f\big)}{\lambda} \qquad \forall j\,,$$

womit wir den Beweis abschließen können, da klar zu erkennen ist, daß die rechten Seiten für alle Investoren den gleichen Betrag annehmen müssen. □

Tobins Separationstheorem Das erstaunliche Ergebnis, daß im Marktgleichgewicht alle Individuen ein riskantes Wertpapierportfolio mit identischer Struktur halten, gleichgültig, welches Ausmaß an Risikoaversion sie an den Tag legen, wird als Portfolio– oder auch als Tobin–Separation bezeichnet.[15] Die Zusammensetzung des Portfolios aus riskanten Finanztiteln kann unabhängig von individuellen Eigenschaften der Kapitalanleger bestimmt werden.

[15] James Tobin wurde 1981 mit dem Wirtschaftsnobelpreis ausgezeichnet.

Um Mißverständnisse zu vermeiden, sei darauf hingewiesen, daß diese Aussage nur für einen – allerdings wesentlichen – Teil der hier zu treffenden Investitions- oder Sparentscheidung zutrifft. Die Investoren legen im hier analysierten Modell ihr Geld zum Teil sicher (zum Zinssatz r_f) und zum Teil riskant (zur erwarteten Marktrendite $\mathrm{E}[r_m]$) an. Welchen Anteil sie risikolos investieren, ist sehr wohl von ihrer Risikoeinstellung abhängig. Dabei gilt: je größer das Ausmaß der Risikoaversion, um so mehr wird zum sicheren Zinssatz angelegt.

Daß diese Behauptung richtig ist, läßt sich zeigen, indem man sich die bislang vernachlässigte Bedingung erster Ordnung (5.19)

$$\left(C_0^i + \frac{n_0^i}{1+r_f} + \sum_{j=1}^{J} n_j^i p(X_j) - \bar{C}_0^i - \frac{\bar{n}_0^i}{1+r_f} - \sum_{j=1}^{J} \bar{n}_j^i p(X_j) \right) = 0$$

für einen konkreten Entscheidungsträger anschaut. Löst man nach dem Betrag auf, den der Investor im Zeitpunkt $t = 0$ spart, und nennt diesen Betrag S^i, so entsteht

$$S^i = \frac{n_0^i}{1+r_f} + \sum_{j=1}^{J} n_j^i \, p(X_j) = \bar{C}_0^i + \frac{\bar{n}_0^i}{1+r_f} + \sum_{j=1}^{J} \bar{n}_j^i \, p(X_j) - C_0^i \, . \tag{5.44}$$

Nimmt man die Entscheidung über das Ausmaß des heutigen Konsums als gegeben, so ist zugleich auch der gesamte Sparbetrag S^i fixiert. Offen ist jedoch noch, welcher Anteil der Investitionssumme sicher beziehungsweise riskant angelegt wird. Um uns Klarheit zu verschaffen, spezialisieren wir (5.31) auf den i-ten Investor, lösen nach $\sum_{j=1}^{J} n_j^i \, p(X_j)$ auf und setzen in (5.44) ein. Das ergibt für die gesamte Investitionssumme nach geeigneter Umformung

$$S^i = \underbrace{\frac{n_0^i}{1+r_f}}_{\text{sichere Investition}} + \underbrace{\left(-\frac{1}{2} \cdot \frac{\mathrm{E}[r_j] - r_f}{\mathrm{Cov}[r_j, r_m]} \cdot \frac{\partial U^i / \partial \mathrm{E}[C_1]}{\partial U^i / \partial \mathrm{Var}[C_1]} \right)}_{\text{riskante Investition}} .$$

Offensichtlich hängt nun derjenige Betrag, welcher riskant angelegt wird, von der individuellen Grenzrate der Substitution

$$\frac{\partial U^i / \partial \mathrm{E}[C_1]}{\partial U^i / \partial \mathrm{Var}[C_1]}$$

ab. Man mache sich mit Hilfe von (5.4) und (5.5) klar, daß dieser Ausdruck für jeden ungesättigten und risikoscheuen Investor negativ sein muß und dem Betrag nach um so kleiner ist, je größer die Risikoaversion ist. Daraus folgt aber sofort, daß auch die riskante Investitionssumme um so kleiner ist, je stärker die Risikoabneigung ist. Entsprechend wird um so mehr in den sicheren Finanztitel investiert, wenn die gesamte Sparsumme S^i als gegeben angesehen wird.[16]

[16]Natürlich wird S^i nicht ganz unabhängig vom Grad der Risikoabneigung sein. Doch die Richtung der Umschichtung der Ersparnisse bleibt erhalten.

5.3.3 Marktportfolio

Das letzte der drei Theoreme bringt zum Ausdruck, daß es sich bei dem gemeinsamen Fonds (mutual fund), in den alle Marktteilnehmer investieren, um das sogenannte Marktportfolio handeln muß. Unter dem Marktportfolio ist die Summe aller am Markt vorhandenen riskanten Finanztitel zu verstehen. Sein Wert ist $\sum_{k=1}^{J}\sum_{i=1}^{I}\bar{n}_k^i\, p(X_k)$. Definieren wir den relativen Anteil, der insgesamt vom j–ten Wertpapier vorhanden ist, mit

$$\Omega_j = \frac{\sum_{i=1}^{I}\bar{n}_j^i\, p(X_j)}{\sum_{k=1}^{J}\sum_{i=1}^{I}\bar{n}_k^i\, p(X_k)} \tag{5.45}$$

und berücksichtigen wir ferner, daß die relativen Anteile am gemeinsamen Fonds riskanter Wertpapiere für alle Investoren gleich groß sind, so lautet das Theorem in formaler Schreibweise

$$\Omega_j = \omega_j \qquad \forall j\,.$$

Beweis *Der Beweis ist leicht zu führen und erfordert nur wenige algebraische Umformungen. Wegen der Markträumungsbedingung (5.35) wird aus Gleichung (5.45)*

$$\Omega_j = \frac{\sum_{i=1}^{I} n_j^i\, p(X_j)}{\sum_{k=1}^{J}\sum_{i=1}^{I} n_k^i\, p(X_k)}\,.$$

Der relative Anteil, den der i–te Anleger für Papiere vom Typ j ausgibt, ist wegen des Theorems über den gemeinsamen Fonds mit

$$\omega_j = \frac{n_j^i\, p(X_j)}{\sum_{k=1}^{J} n_k^i\, p(X_k)}$$

bestimmt. Der Betrag, den der i–te Investor für Titel vom Typ j ausgibt, beläuft sich demnach auf

$$n_j^i\, p(X_j) = \omega_j \sum_{k=1}^{J} n_k^i\, p(X_k)\,,$$

und Einsetzen führt auf

$$\begin{aligned}\Omega_j &= \frac{\sum_{i=1}^{I}\omega_j \sum_{k=1}^{J} n_k^i\, p(X_k)}{\sum_{i=1}^{I}\sum_{k=1}^{J} n_k^i\, p(X_k)}\\ &= \frac{\omega_j \sum_{i=1}^{I}\sum_{k=1}^{J} n_k^i\, p(X_k)}{\sum_{k=1}^{J}\sum_{i=1}^{I} n_k^i\, p(X_k)}\\ &= \omega_j\,.\end{aligned}$$

□

5.4 Ein vorläufiges Resümee

Es lohnt sich, die bisherigen Überlegungen und Ergebnisse in bündiger Form zusammenzufassen.

1. Wir haben im Rahmen eines Marktmodells unter Unsicherheit eine Reihe von *Annahmen* getroffen, die sich auf die Nutzenvorstellungen und den Informationsstand von Marktteilnehmern einerseits und die Funktionsweise von Güter– und Finanztitelmärkten andererseits beziehen.

   Hinsichtlich der Nutzenfunktionen der Marktteilnehmer haben wir im wesentlichen unterstellt, daß diese ungesättigt und risikoscheu sind. Außerdem sind wir davon ausgegangen, daß alle Personen gleich gut informiert sind und übereinstimmende Vorstellungen von den Erwartungswerten und Varianzen der Cash–flows haben, die die an den Kapitalmärkten gehandelten Finanztitel versprechen.

   In bezug auf die Funktionsweise der Märkte haben wir angenommen, daß diese reibungslos und atomistisch sind.[17]

2. Vor diesem Hintergrund haben wir einen Entscheidungsträger analysiert, der sein Budget auf Konsumgüter sowie verschiedene Finanztitel aufzuteilen hat. Der Wert seiner Finanztitel ist seine Ersparnis, und die Früchte der Ersparnisse wird er am Ende der Periode konsumieren. Das Ausmaß des künftigen Konsums ist sicher, soweit Vermögen zum risikolosen Zins angelegt wird, und unsicher, soweit Ersparnisse in Form von risikobehafteten Finanztiteln angelegt werden.

   Eine Analyse der individuellen Optimalitätsbedingungen führte uns zu dem Ergebnis, daß die zu erwartende Rendite aus einer Investition in einen riskanten Finanztitel sich auf

   $$\mathrm{E}[r_j] = r_f + \frac{\mathrm{E}[r_m^i] - r_f}{\mathrm{Var}[r_m^i]} \cdot \mathrm{Cov}[r_j, r_m^i]$$

   beläuft. In dieser Gleichung stellt r_m^i die zufallsabhängige Rendite dar, welche der repräsentative Investor aus demjenigen Teilbetrag seiner Ersparnisse erzielt, den er in Form von riskanten Finanztiteln investiert.

   Der optimale Konsumplan eines konkreten Investors könnte beispielsweise so aussehen, daß er 50 Einheiten des Konsumgutes sofort verbraucht und 100 000 DM spart. Davon investiert er 20 000 DM zum sicheren Zinssatz. Die restlichen 80 000 DM legt er in "Aktien" (riskanten Finanztiteln) an. Er kauft beispielsweise für 20 000 DM (25 % des riskanten Budgets) Aktien der Gesellschaft A und für 60 000 DM (75 % des riskanten Budgets)

[17] Der Deutlichkeit wegen sei daran erinnert, daß wir in einem einperiodigen Modellrahmen geblieben sind und Inflation ausgeschlossen haben.

Aktien der Firma B. Wenn die zufällige Rendite der A–Aktien 10 % beträgt, während B–Aktien 16 % abwerfen, so beläuft sich r_m^i für diesen Investor auf $0.25 \cdot 0.1 + 0.75 \cdot 0.16 = 14.5$ %.

Nun könnte man zunächst glauben, daß ein anderer Investor zwar ebenfalls A– und B–Aktien in sein riskantes Wertpapierportfolio aufnimmt, jedoch in anderen Anteilen, so daß sich seine zufallsabhängige Rendite r_m^i auf einen anderen Wert beläuft. Und sollte er gar völlig andere Aktien halten, so wäre es purer Zufall, wenn er dabei auf die gleiche Portfoliorendite kommt wie der erste Investor.

3. Im Rahmen einer Gleichgewichtsanalyse ließ sich jedoch das erstaunliche Ergebnis beweisen, daß *alle* Investoren den Teil ihrer Ersparnisse, den sie riskant investieren, in *vollkommen identischer* Weise anlegen. Alle erwerben Bruchteile des sogenannten *Marktportfolios*. Darunter ist die Gesamtmasse aller riskanten Finanztitel zu verstehen, die auf dem betrachteten Kapitalmarkt gehandelt werden.

   Wenn es beispielsweise insgesamt nur A– und B–Aktien gibt und deren Gesamtwert sich auf 100 Mio. DM beläuft, wovon 30 % auf die A–Aktien und 70 % auf die B–Aktien entfallen, dann teilen *alle* Marktteilnehmer den nicht sicher investierten Teil ihrer Ersparnisse im Verhältnis 30 zu 70 auf diese beiden Finanztitel auf.

   Um den Gleichgewichtsaspekt noch einmal zu betonen: Letztlich ist es der relative Preis zwischen der A– und der B–Aktie, der sich so einstellt, daß *alle* Marktteilnehmer mit der Aufteilung im Verhältnis 30 zu 70 zufrieden sind.

   Die Folge ist, daß die Rendite, welche ein Entscheidungsträger erwarten kann, der in den Finanztitel j investiert, sich auf

$$\boxed{\mathrm{E}[r_j] = r_f + \frac{\mathrm{E}[r_m] - r_f}{\mathrm{Var}[r_m]} \cdot \mathrm{Cov}[r_j, r_m]}$$

   belaufen muß. Jetzt aber stellt r_m die zufallsabhängige Rendite aus einer Investition in das Marktportfolio dar. Das ist die grundlegende Bewertungsgleichung des Capital Asset Pricing Models.

Leser, die der Herleitung des CAPM bis hierher gefolgt sind, ohne den im folgenden Abschnitt angebotenen bequemeren Weg zu nutzen, können auf Seite 221 weiterlesen. Vielleicht wollen sie jedoch das folgende auch als Illustration kennenlernen.

5.5 Exkurs: Bequemere Wege zum CAPM

Man kann einen Zugang zum CAPM finden, der in bezug auf die Herleitung des Ergebnisses anschaulicher ist als das Konzept, welches hier ab Seite 182 verwendet wurde. Zu diesem Zweck geht man in folgenden Schritten vor.

1. Zunächst muß man sich die wichtigsten Resultate der Portfolio–Theorie aneignen. Dabei geht es um die Frage, mit welcher Rendite und mit welchem Risiko jemand rechnen kann, der sein Vermögen nicht in einen einzigen Finanztitel, sondern in eine Mischung aus (riskanten) Finanztiteln investiert. Die Resultate der Portfolio–Theorie sind leicht eingängig und auch plausibel, wenn man sie sich zunächst an einfachen Beispielen klarmacht. Allerdings ist eine exakte Herleitung der Ergebnisse nicht so einfach und wird hier auch nicht geleistet.

2. Daran anschließend wenden wir uns der Frage zu, welche Rendite–Risiko–Positionen jemand erreichen kann, der einen Teil seines Vermögens riskant und den anderen Teil seines Vermögens sicher anlegt.

3. Nach diesen Vorbereitungen fragen wir, ob es bestimmte Mischungen aus riskanten und sicheren Kapitalanlagen gibt, die für risikoscheue Investoren besonders attraktiv sind, und zwar unabhängig vom Ausmaß ihrer Risikoaversion. Das führt auf die sogenannte *Kapitalmarktlinie.*

4. Um die im Falle der Risikoaversion optimale Form der Kapitalanlage zu realisieren, muß man den Teil seines Geldes, den man riskant anlegt, in einer ganz bestimmten Weise investieren. Die Analyse dieses Optimums führt direkt auf die CAPM–Gleichungen.

5.5.1 Einige wichtige Resultate der Portfolio–Theorie

Ein riskanter Finanztitel j verspricht eine Rendite mit dem Erwartungswert $\mathrm{E}[r_j]$ bei einem Risiko in Höhe von $\mathrm{Var}[r_j]$. Wenn an einem Kapitalmarkt mehrere unsichere Finanztitel gehandelt werden, so stellt sich die Frage, mit welcher Rendite und mit welchem Risiko jemand rechnen darf, der sein Vermögen in irgendeiner Weise auf diese riskanten Titel aufteilt. Wir bezeichnen solche Wertpapiermischungen als Portfolios und interessieren uns dafür, wovon die zu erwartende Rendite $\mathrm{E}[r_p]$ und das Risiko der Rendite dieses Portfolios $\mathrm{Var}[r_p]$ abhängen.

Zwei riskante Finanztitel Im einfachsten Fall besteht ein Wertpapierportfolio nur aus zwei riskanten Finanztiteln. Nennen wir den relativen Anteil, mit dem der j–te Titel in dem Portfolio enthalten ist, ω_j, so gilt für die zustandsabhängige Rendite eines Portfolios

$$r_{ps} = \omega_1 r_{1s} + \omega_2 r_{2s}. \tag{5.46}$$

Um den Erwartungswert der Portfoliorendite zu bestimmen, nimmt man auf beiden Seiten vorstehender Gleichung den Erwartungswert. Das ergibt

$$\mathrm{E}[r_p] = \omega_1 \mathrm{E}[r_1] + \omega_2 \mathrm{E}[r_2]. \tag{5.47}$$

Für die Varianz der Portfoliorendite erhält man

$$\mathrm{Var}[r_p] = \omega_1^2 \mathrm{Var}[r_1] + 2\omega_1\omega_2 \mathrm{Cov}[r_1, r_2] + \omega_2^2 \mathrm{Var}[r_2]. \tag{5.48}$$

Um zu diesem Ergebnis zu kommen, beginnt man mit der Definition der Varianz, setzt (5.46) sowie (5.47) ein und formt in geeigneter Weise um. Für die vor uns liegenden Aufgaben empfiehlt es sich, die letzte Gleichung noch in eine etwas andere Form zu bringen. Zu diesem Zweck erinnere man sich daran, daß $\mathrm{Cov}[r_j, r_j] = \mathrm{Var}[r_j]$ und $\mathrm{Cov}[r_j, r_k] = \mathrm{Cov}[r_k, r_j]$. Nutzt man das in geeigneter Weise aus, so kann man Gleichung (5.48) auch in der Form

$$\begin{aligned} \mathrm{Var}[r_p] &= \begin{array}{ccc} \omega_1\omega_1 \mathrm{Cov}[r_1, r_1] & + & \omega_1\omega_2 \mathrm{Cov}[r_1, r_2] \quad + \\ \omega_2\omega_1 \mathrm{Cov}[r_2, r_1] & + & \omega_2\omega_2 \mathrm{Cov}[r_2, r_2] \end{array} \\ &= \sum_{j=1}^{2}\sum_{k=1}^{2} \omega_j\omega_k \mathrm{Cov}[r_j, r_k] \end{aligned} \tag{5.49}$$

schreiben. Abbildung 5.1 zeigt, welche Rendite–Risiko–Positionen ein Investor einnehmen kann, wenn er zwei Finanztitel in unterschiedlichen Relationen in ein Portfolio aufnimmt. Das dort gezeichnete Bild ergibt sich typischerweise immer dann, wenn die Renditen der beiden beteiligten Papiere weder positiv noch negativ perfekt miteinander korrelieren.

Mehr als zwei riskante Finanztitel Von größerer praktischer Bedeutung ist natürlich der Fall, in dem man es mit Portfolios zu tun hat, die aus mehr als zwei riskanten Wertpapieren bestehen. Für die zustandsabhängige Rendite einer solchen Mischung gilt grundsätzlich

$$\begin{aligned} r_{ps} &= \omega_1 r_{1s} + \omega_2 r_{2s} + \ldots + \omega_J r_{Js} \\ &= \sum_{j=1}^{J} \omega_j r_{js}. \end{aligned} \tag{5.50}$$

Daraus gewinnt man leicht die erwartete Portfoliorendite mit

$$\mathrm{E}[r_p] = \sum_{j=1}^{J} \omega_j \mathrm{E}[r_j] \tag{5.51}$$

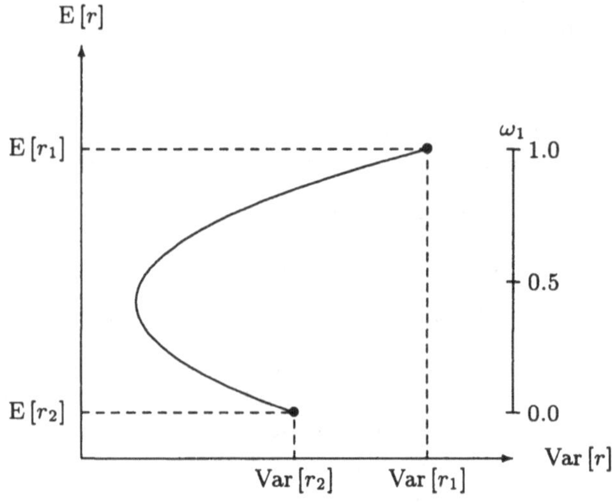

Abbildung 5.1: Rendite–Risiko–Positionen eines Portfolios aus zwei riskanten Finanztiteln

und ebenfalls ohne allzu viel Aufwand

$$
\begin{aligned}
\mathrm{Var}[r_p] \; = & \\
& \begin{array}{ccccccc}
\omega_1\omega_1 \mathrm{Cov}[r_1, r_1] & + & \omega_1\omega_2 \mathrm{Cov}[r_1, r_2] & + & \ldots & + & \omega_1\omega_J \mathrm{Cov}[r_1, r_J] \\
\omega_2\omega_1 \mathrm{Cov}[r_2, r_1] & + & \omega_2\omega_2 \mathrm{Cov}[r_2, r_2] & + & \ldots & + & \omega_2\omega_J \mathrm{Cov}[r_2, r_J] \\
\ldots\ldots\ldots\ldots & + & \ldots\ldots\ldots\ldots & + & \ldots & + & \ldots\ldots\ldots\ldots \\
\omega_J\omega_1 \mathrm{Cov}[r_J, r_1] & + & \omega_J\omega_2 \mathrm{Cov}[r_J, r_2] & + & \ldots & + & \omega_J\omega_J \mathrm{Cov}[r_J, r_J]
\end{array} \\
= & \sum_{j=1}^{J} \sum_{k=1}^{J} \omega_j \omega_k \mathrm{Cov}[r_j, r_k]. \qquad (5.52)
\end{aligned}
$$

Unter gewöhnlichen Umständen liegen die Rendite–Risiko–Positionen, die ein Investor erreichen kann, der Portfolios aus mehr als zwei Wertpapieren bildet, auf einer Fläche mit eierschalenförmiger Gestalt. Einen Eindruck vom typischen Aussehen einer solchen Fläche vermittelt Abbildung 5.2. Jede Position auf der dargestellten Fläche läßt sich verwirklichen, wenn man den Anteilsvektor $(\omega_1, \ldots, \omega_J)$ in geeigneter Weise wählt.

Der rechte Rand der Fläche ist gezackt. Jede der in der Abbildung gezeigten vier Eckstellen steht für einen der ursprünglichen Finanztitel. Darüber hinaus könnte es innerhalb der Fläche (aber nicht am linken Rand) einige weitere ursprüngliche Finanztitel geben. Vielleicht wollen Sie wissen, weshalb der linke

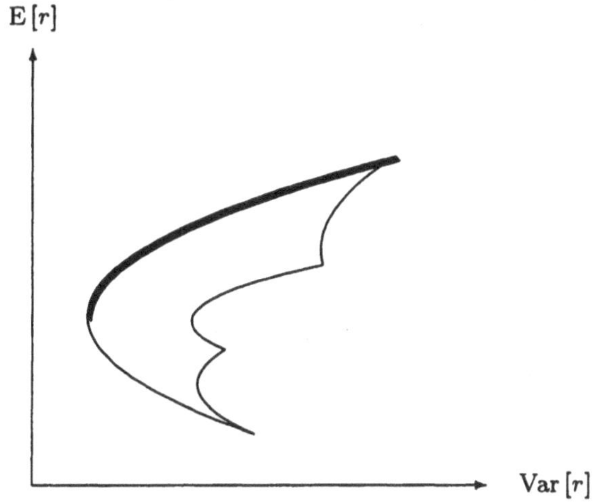

Abbildung 5.2: Rendite–Risiko–Positionen eines Portfolios aus vielen riskanten Finanztiteln (Eierschale)

Rand der Fläche so schön stetig und differenzierbar aussieht. Tatsächlich hat er diese Eigenschaften sogar. Vielleicht möchten Sie auch erfahren, welchem Punkte der Fläche welches Portfolio entspricht. Jedoch werden Sie hier auf keine dieser Fragen Antworten erhalten, da es reichen muß, das CAPM *einmal* rigoros herzuleiten.[18] Statt dessen sei der interessierte Leser aufgefordert, *Harry M. Markowitz* zu lesen, der diese Fragen als erster gelöst hat. Diejenigen unserer Leser, welche sich durch die Abschnitte 5.2 bis 5.4 durchgearbeitet haben, seien getröstet. *Markowitz* zu lesen, wäre nicht einfacher gewesen.

Der nördliche Rand der Eierschale ist in Form einer dicken Linie ausgezogen. Die auf dieser Linie befindlichen Portfolios sind besonders attraktiv, und zwar deswegen, weil sie für ein gegebenes Risiko $\mathrm{Var}[r_p]$ die jeweils größte erwartete Rendite $\mathrm{E}[r_p]$ versprechen. Man nennt die dicke Begrenzungslinie der Eierschale ihren *effizienten Rand*. Und wir können feststellen, daß alle "guten" Portfolios auf dem effizienten Rand liegen.

Welches der guten Portfolios für einen Investor optimal ist, hängt von der konkreten Gestalt seiner Rendite–Risiko–Indifferenzkurven ab. Sehr risikoscheue Personen werden eine Position mit geringerem Risiko und gleichzeitig bescheidener Renditeerwartung einnehmen. Weniger risikoscheue Investoren

[18] Siehe hierzu die Abschnitte 5.2 bis 5.4.

wählen dagegen eine weiter östlich liegende Position mit höherer Renditeerwartung und größerer Varianz.

5.5.2 Portfolios aus sicheren und riskanten Finanztiteln

Bisher haben wir nur Wertpapiermischungen betrachtet, die ausschließlich riskante Finanztitel enthalten. Jetzt gehen wir dazu über, eine risikolose Kapitalanlage einzubeziehen. Wir konstruieren ein Portfolio x dergestalt, daß es eine riskante Position[19] mit dem Anteil w und eine sichere Position mit dem Anteil $1 - w$ enthält. Den sicheren Zinssatz bezeichnen wir mit r_f, und die riskante Position möge eine zustandsabhängige Rendite in Höhe von r_{ps} versprechen. Dann ist die zustandsabhängige Rendite des neuen Portfolios mit

$$r_{xs} = w\, r_{ps} + (1 - w)\, r_f$$

definiert. Greift man bezüglich des Erwartungswertes auf (5.47) zurück, so ergibt sich

$$\begin{aligned} \mathrm{E}[r_x] &= w\,\mathrm{E}[r_p] + (1 - w)\, r_f \\ &= r_f + (\mathrm{E}[r_p] - r_f)\, w\,. \end{aligned} \tag{5.53}$$

Entsprechend kann man die Varianz der Rendite eines solchen Portfolios unter Zuhilfenahme von (5.48) bestimmen. Das ergibt zunächst

$$\mathrm{Var}[r_x] = w^2 \mathrm{Var}[r_p] + 2w(1 - w)\mathrm{Cov}[r_p, r_f] + (1 - w)^2 \mathrm{Var}[r_f].$$

Aufgrund der Tatsache, daß es sich bei r_f um eine sichere Verzinsung handelt, muß sowohl die Varianz $\mathrm{Var}[r_f]$ als auch die Kovarianz $\mathrm{Cov}[r_p, r_f]$ null sein.[20] Aus diesem Grunde verkürzt sich vorstehender Ausdruck zu

$$\mathrm{Var}[r_x] = w^2 \mathrm{Var}[r_p]\,,$$

was man mit dem Ergebnis

$$w = \frac{\mathrm{SD}[r_x]}{\mathrm{SD}[r_p]}$$

---

[19] Das kann entweder ein riskanter Finanztitel oder ein Portfolio aus riskanten Finanztiteln sein.

[20] Für die Varianz leuchtet das unmittelbar ein. Daß auch die Kovarianz den Wert null annehmen muß, folgt aus

$$\mathrm{Cov}[r_p, r_f] = \varrho_{r_p, r_f}\, \mathrm{SD}[r_p]\, \mathrm{SD}[r_f]$$

und der Tatsache, daß die Standardabweichung null ist.

nach w auflöst. Einsetzen in Gleichung (5.53) führt auf

$$\mathrm{E}[r_x] = r_f + \frac{\mathrm{E}[r_p] - r_f}{\mathrm{SD}[r_p]} \cdot \mathrm{SD}[r_x]. \tag{5.54}$$

Das ist ein interessantes Ergebnis: Wenn jemand einen Teil seines Geldes sicher und den Rest seines Vermögens riskant anlegt, so herrscht zwischen der zu erwartenden Rendite $\mathrm{E}[r_x]$ und dem übernommenen Risiko eine strikt *lineare Beziehung*, sofern man das Risiko über die Standardabweichung der Portfoliorendite $\mathrm{SD}[r_x]$ mißt. Abbildung 5.3 veranschaulicht diesen Zusammenhang.

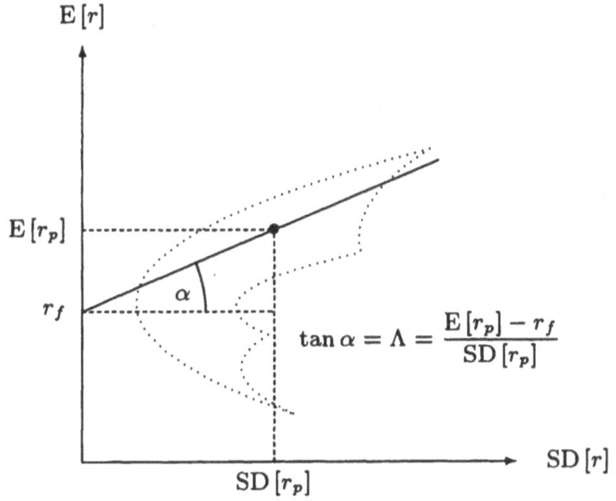

Abbildung 5.3: Linearer Rendite–Risiko–Zusammenhang bei Portfolios aus sicheren und riskanten Titeln

5.5.3 Kapitalmarktlinie

Betrachten Sie nun Abbildung 5.4. In dieser Zeichnung vereinigen sich der effiziente Rand der Eierschale und zwei Rendite–Risiko–Geraden, die man erreichen kann, wenn man riskante Positionen mit sicheren Positionen mischt. Konzentrieren Sie Ihre Aufmerksamkeit auf die gestrichelte Gerade und vergleichen Sie diese mit der durchgezogenen Geraden.

Jede Rendite–Risiko–Position auf der durchgezogenen Geraden ist für rational handelnde Investoren günstiger als irgendeine Rendite–Risiko–Position auf der gestrichelten Geraden. Denn bei vorgegebenem Risiko SD [r] versprechen alle Portfolios, die auf der durchgezogenen Geraden liegen, einen höheren Erwartungswert für die Renditen E [r]. Portfolios auf der durchgezogenen Geraden dominieren alle Portfolios auf der gestrichelten Geraden. Deswegen wird jeder Investor versuchen, sich so zu verhalten, daß er eine Position auf der durchgezogenen Geraden erreichen kann.

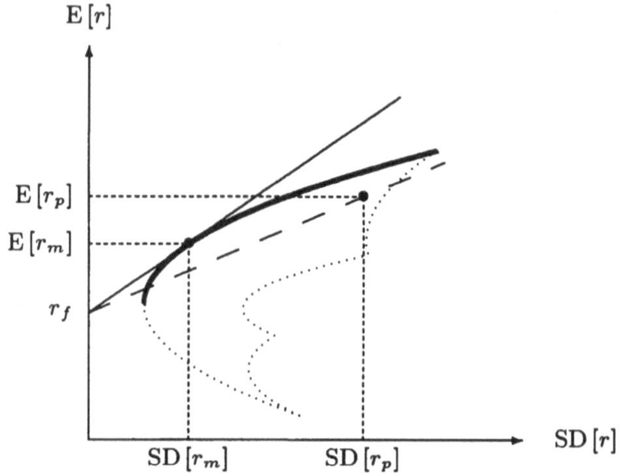

Abbildung 5.4: Kapitalmarktlinie

Wenn wir von der Annahme ausgehen, daß alle Mitglieder der Volkswirtschaft homogene Erwartungen in bezug auf die für die Finanztitel relevanten Daten haben, so sieht der effiziente Rand der Eierschale für alle Investoren identisch aus. Falls weiter davon ausgegangen wird, daß auch der risikolose Zins für alle Personen gleich ist, so muß jeder Marktteilnehmer eine Rendite–Risiko–Position auf derselben Tangente an die Eierschale anstreben. Welche Position auf der Tangente für einen Investor optimal ist, hängt zwar vom Ausmaß seiner Risikoabneigung ab. Entscheidend ist aber, daß die Optimallösungen sämtlicher Mitglieder der Volkswirtschaft auf derselben Tangente liegen. Diese so ausgezeichnete Tangente bezeichnet man als *Kapitalmarktlinie*.

Jenes riskante Portfolio, mit dem man die sichere Kapitalanlageform kombinieren muß, um auf die Kapitalmarktlinie zu kommen, ist also für alle Individuen identisch. Es ist so, als würden alle Investoren den riskanten Teil ihrer Wertpapierportfolios in einem einheitlichen Fonds (englisch: mutual fund) anlegen. Wir wollen dieses besondere Portfolio mit dem Index m kenntlich machen, seine erwartete Rendite mit E [r_m] und sein Risiko mit Var [r_m] beziehungsweise SD [r_m] bezeichnen. Wir nennen es das *Marktportfolio*.

5.5.4 Wertpapiermarktlinie

Um die Kapitalmarktlinie zu erreichen, muß man die risikolose Geldanlage offensichtlich mit einer riskanten Position derart mischen, daß die Steigung der Rendite–Risiko–Geraden maximiert wird. Die riskante Position stellt ihrerseits ein Portfolio dar, das ausschließlich aus riskanten Finanztiteln besteht, deren Anteile wir mit $\omega_1, \ldots, \omega_J$ bezeichnen, wobei $\sum_{j=1}^{J} \omega_j = 1$ gilt. Diese Anteile sind nun genau so zu bestimmen, daß die Steigung der Rendite–Risiko–Geraden

$$\Lambda(\omega) = \frac{\mathrm{E}\left[r_p\right] - r_f}{\mathrm{SD}\left[r_p\right]} = \frac{\mathrm{E}\left[\sum_{j=1}^{J} \omega_j r_j\right] - r_f}{\sqrt{\sum_{j=1}^{J} \sum_{k=1}^{J} \omega_j \omega_k \mathrm{Cov}\left[r_j, r_k\right]}}$$

möglichst groß wird. Diese Maximierungsaufgabe läßt sich lösen, indem man die Funktion $\Lambda(\omega)$ partiell nach den Variablen ω_j differenziert und die partiellen Ableitungen null setzt. Die Struktur des Portfolios, welches genau auf die Tangente der Eierschale (Kapitalmarktlinie) führt, ist dann durch den Lösungsvektor $\omega_1, \ldots, \omega_J$ eines Gleichungssystems aus J Gleichungen der Form

$$\frac{\partial \Lambda(\omega)}{\partial \omega_j} = 0 \qquad \forall j = 1, \ldots, J$$

festgelegt. Die Ableitungen erfordern einige Aufmerksamkeit. Wir schreiben zu diesem Zweck das Problem zunächst in der Form

$$\max_{\omega_1, \ldots, \omega_J} \Lambda(\omega) = \max_{\omega_1, \ldots, \omega_J} \frac{Z(\omega)}{N(\omega)}$$

und definieren

$$Z(\omega) = \mathrm{E}\left[r_p\right] - r_f = \sum_{j=1}^{J} \omega_j \Big(\mathrm{E}\left[r_j\right] - r_f\Big) \tag{5.55}$$

als den Zähler und

$$N(\omega) = \mathrm{SD}\left[r_p\right] = \sqrt{\mathrm{Var}\left[r_p\right]} = \sqrt{\sum_{j=1}^{J} \sum_{k=1}^{J} \omega_j \omega_k \mathrm{Cov}\left[r_j, r_k\right]} \tag{5.56}$$

als den Nenner. Sodann leiten wir Zähler und Nenner getrennt nach der Variablen ω_j ab. Das ergibt für den Zähler

$$\frac{\partial Z(\omega)}{\partial \omega_j} = \mathrm{E}\left[r_j\right] - r_f \tag{5.57}$$

und für den Nenner

$$\begin{aligned}\frac{\partial N(\omega)}{\partial \omega_j} &= 0.5\ (\mathrm{Var}[r_p])^{-0.5} \cdot 2 \sum_{k=1}^{J} \omega_k \mathrm{Cov}[r_k, r_j] \\ &= \frac{1}{\mathrm{SD}[r_p]} \sum_{k=1}^{J} \omega_k \mathrm{Cov}[r_k, r_j]. \end{aligned} \tag{5.58}$$

Den zweiten Term auf der rechten Seite formen wir noch etwas um:

$$\begin{aligned}\sum_{k=1}^{J} \omega_k \mathrm{Cov}[r_k, r_j] &= \omega_1 \mathrm{Cov}[r_1, r_j] + \ldots + \omega_J \mathrm{Cov}[r_J, r_j] \\ &= \omega_1 \mathrm{E}\Big[(r_1 - \mathrm{E}[r_1])(r_j - \mathrm{E}[r_j])\Big] + \\ &\qquad \ldots + \omega_J \mathrm{E}\Big[(r_J - \mathrm{E}[r_J])(r_j - \mathrm{E}[r_j])\Big] \\ &= \mathrm{E}\Big[\omega_1 (r_1 - \mathrm{E}[r_1])(r_j - \mathrm{E}[r_j]) + \\ &\qquad \ldots + \omega_J (r_J - \mathrm{E}[r_J])(r_j - \mathrm{E}[r_j])\Big] \\ &= \mathrm{E}\left[(r_j - \mathrm{E}[r_j]) \left(\sum_{k=1}^{J} \omega_k r_k - \sum_{k=1}^{J} \omega_k \mathrm{E}[r_k]\right)\right] \\ &= \mathrm{E}\Big[(r_j - \mathrm{E}[r_j])(r_p - \mathrm{E}[r_p])\Big] \\ &= \mathrm{Cov}[r_j, r_p]. \end{aligned}$$

Der Term $\sum_{k=1}^{J} \omega_k \mathrm{Cov}[r_k, r_j]$ ist also nichts anderes als die Kovarianz der Rendite des j-ten Finanztitels mit der Rendite des Gesamtportfolios. Nun können wir für die erste Ableitung des Nenners $N(\omega)$ nach dem Anteil ω_j auch

$$\frac{\partial N(\omega)}{\partial \omega_j} = \frac{1}{\mathrm{SD}[r_p]} \mathrm{Cov}[r_j, r_p] \tag{5.59}$$

schreiben. Mit Hilfe der Quotientenregel lautet endlich die partielle Ableitung

$$\begin{aligned}\frac{\partial \Lambda(\omega)}{\partial \omega_j} &= \left(N(\omega) \frac{\partial Z(\omega)}{\partial \omega_j} - Z(\omega) \frac{\partial N(\omega)}{\partial \omega_j}\right) \Big/ N^2(\omega) \\ &= \frac{\mathrm{SD}[r_p] \left(\mathrm{E}[r_j] - r_f\right) - \left(\mathrm{E}[r_p] - r_f\right) \frac{1}{\mathrm{SD}[r_p]} \mathrm{Cov}[r_j, r_p]}{\mathrm{Var}[r_p]}. \end{aligned}$$

Nullsetzen führt nach einigen Umstellungen auf

$$\mathrm{E}[r_j] = r_f + \frac{\mathrm{E}[r_p] - r_f}{\mathrm{Var}[r_p]} \mathrm{Cov}[r_j, r_p].$$

Schließlich hatten wir uns dazu entschieden, das gesuchte Portfolio mit dem Index m zu bezeichnen. Deshalb:

$$\boxed{\mathrm{E}[r_j] = r_f + \frac{\mathrm{E}[r_m] - r_f}{\mathrm{Var}[r_m]} \mathrm{Cov}[r_j, r_m]} .$$

Das ist die Grundform der CAPM-Renditegleichung.

5.5.5 Ein weiterer Zugang zum CAPM

Betrachten Sie Abbildung 5.5, und konzentrieren Sie Ihre Aufmerksamkeit auf die Position M, die das Marktportfolio repräsentiert. Wer in dieses Portfolio investiert, darf eine Rendite in Höhe von $\mathrm{E}[r_m]$ bei einem Risiko in Höhe von $\mathrm{SD}[r_m]$ erwarten. Der effiziente Rand der Eierschale und die Kapitalmarktlinie berühren sich genau im Punkte M, und aus diesem Grunde müssen die Steigungen der beiden Funktionen an dieser Stelle gleich groß sein. Ein Blick auf Gleichung (5.54) zeigt, daß die Steigung der Kapitalmarktlinie überall gleich ist und

$$s_1 = \frac{\mathrm{E}[r_m] - r_f}{\mathrm{SD}[r_m]} \tag{5.60}$$

beträgt.

Bedauerlicherweise kennen wir für den effizienten Rand der Eierschale keine differenzierbare Funktionsvorschrift vom Typ $\mathrm{E}[r_p] = f(\mathrm{SD}[r_p])$. Sonst könnten wir die Steigung des effizienten Randes an einem beliebigen Punkt leicht ermitteln. Um die Steigung am Tangentialpunkt dennoch zu berechnen, können wir uns jedoch eines Kunstgriffes bedienen.

Zu diesem Zweck untersuchen wir ein Portfolio P, welches den j-ten Finanztitel mit dem Anteil α und das Marktportfolio mit dem Anteil $(1 - \alpha)$ enthält. Die Rendite–Risiko–Positionen, welche man mit dem Portfolio P einnehmen kann, wenn man den Anteil α variiert, liegen auf der Kurve JMK in Abbildung 5.5. Eine Bewegung auf dieser Kurve von der Position M in Richtung auf die Position J wird dadurch erreicht, daß man $\alpha > 0$ wählt. An der Stelle M, deren Steigung uns interessiert, ist $\alpha = 0$. Man mache sich klar, daß der j-te Titel aus dem riskanten Portfolio P an dieser Stelle durchaus nicht vollkommen verschwunden ist, weil man dort das Marktportfolio hält und der j-te Titel darin natürlich enthalten ist. Läßt man die Position J nun aber allmählich aus dem Portfolio verschwinden, indem man $\alpha < 0$ wählt, so bewegt man sich von der Position M in Richtung auf die Position K. Genau an der Position M muß die Steigung des effizienten Randes der Eierschale mit der Steigung der Kurve JMK vollkommen übereinstimmen und

$$s_2 = \frac{d\,\mathrm{E}[r_p]}{d\,\mathrm{SD}[r_p]} = \left.\frac{d\,\mathrm{E}[r_p]/d\,\alpha}{d\,\mathrm{SD}[r_p]/d\,\alpha}\right|_{\alpha=0} \tag{5.61}$$

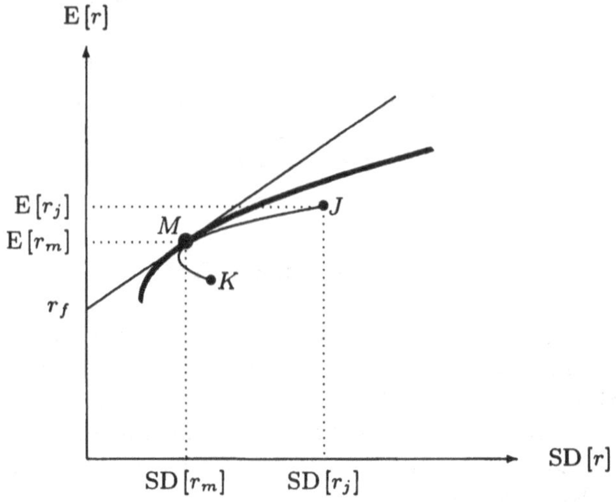

Abbildung 5.5: Mischung des Marktportfolios
mit einer riskanten Position

betragen.

Wir berechnen nun zunächst die zu erwartende Rendite des Portfolios P. Diese beläuft sich unter Verwendung von (5.47) auf

$$\mathrm{E}[r_p] = \alpha \, \mathrm{E}[r_j] + (1-\alpha)\, \mathrm{E}[r_m],$$

und für die Standardabweichung der Rendite dieses Portfolios bekommt man unter Rückgriff auf (5.48)

$$\begin{aligned} \mathrm{SD}[r_p] &= \left(\mathrm{Var}[r_p]\right)^{0.5} \\ &= \sqrt{\alpha^2 \,\mathrm{Var}[r_j] + 2\alpha(1-\alpha)\mathrm{Cov}[r_j, r_m] + (1-\alpha)^2 \,\mathrm{Var}[r_m]}. \quad (5.62) \end{aligned}$$

Bildet man die ersten Ableitungen beider Funktionen nach α, so erhält man

$$\begin{aligned} \frac{d\,\mathrm{E}[r_p]}{d\,\alpha} &= \mathrm{E}[r_j] - \mathrm{E}[r_m] \\ \frac{d\,\mathrm{SD}[r_p]}{d\,\alpha} &= 0.5\left(\mathrm{Var}[r_p]\right)^{-0.5} \cdot \Big(2\alpha\,\mathrm{Var}[r_j] + 2\,\mathrm{Cov}[r_j, r_m] - \\ &\quad 4\alpha\,\mathrm{Cov}[r_j, r_m] - 2\,\mathrm{Var}[r_m] + 2\alpha\,\mathrm{Var}[r_m]\Big). \end{aligned}$$

Nun interessieren wir uns ausschließlich für die Verhältnisse an der Stelle $\alpha = 0$. Da dort das Portfolio P dem Marktportfolio entspricht, muß

$$\left.\frac{d\,\mathrm{E}[r_p]}{d\alpha}\right|_{\alpha=0} = \mathrm{E}[r_j] - \mathrm{E}[r_m] \tag{5.63}$$

$$\begin{aligned}\left.\frac{d\,\mathrm{SD}[r_p]}{d\alpha}\right|_{\alpha=0} &= \left(\mathrm{Var}[r_p]\right)^{-0.5} \cdot \left(\mathrm{Cov}[r_j, r_m] - \mathrm{Var}[r_m]\right) \\ &= \frac{\mathrm{Cov}[r_j, r_m] - \mathrm{Var}[r_m]}{\mathrm{SD}[r_m]}\end{aligned} \tag{5.64}$$

gelten. Nun kann man beide Ergebnisse in (5.61) einsetzen und erhält dadurch einen Ausdruck für s_2. Berücksichtigt man ferner, daß im Tangentialpunkt s_1 und s_2 übereinstimmen müssen, so entsteht mit (5.60)

$$\frac{\mathrm{E}[r_m] - r_f}{\mathrm{SD}[r_m]} = \frac{\mathrm{E}[r_j] - \mathrm{E}[r_m]}{(\mathrm{Cov}[r_j, r_m] - \mathrm{Var}[r_m])/\mathrm{SD}[r_m]},$$

was man nach der erwarteten Rendite des j–ten riskanten Finanztitels auflöst,

$$\boxed{\mathrm{E}[r_j] = r_f + \frac{\mathrm{E}[r_m] - r_f}{\mathrm{Var}[r_m]} \cdot \mathrm{Cov}[r_j, r_m]}\,.$$

Das ist wieder die Grundform der CAPM–Renditegleichung.

5.6 Die CAPM–Gleichungen und ihre Varianten

Bisher haben wir keine einzige Aussage über die Gleichgewichtspreise (Barwerte) von Ansprüchen auf unsichere Rückflüsse gemacht. Vielmehr haben wir uns auf die Renditen konzentriert, die die Marktteilnehmer im Gleichgewicht erwarten dürfen, wenn sie in einen riskanten Finanztitel investieren. Wir werden unsere Aussagen über diese Renditen noch einmal zusammenfassen und präzisieren. Abschließend werden wir zeigen, daß es nur sehr geringer Anstrengungen bedarf, um von den Renditen der Finanztitel zu ihren Preisen zu kommen.

5.6.1 Renditegleichungen

Grundgleichung Die grundlegende Gleichung, welche wir dabei gefunden haben, lautet

$$\boxed{\mathrm{E}[r_j] = r_f + \underbrace{\frac{\mathrm{E}[r_m] - r_f}{\mathrm{Var}[r_m]} \cdot \mathrm{Cov}[r_j, r_m]}_{\text{Risikoprämie}}} \,. \tag{5.65}$$

Die erwartete Rendite aus einer Investition in den j–ten riskanten Finanztitel setzt sich aus dem risikolosen Zinssatz und einer Risikoprämie zusammen. Die Prämie besteht ihrerseits aus zwei Komponenten. Die erste ist der *Marktpreis des Risikos*,

$$\frac{\mathrm{E}[r_m] - r_f}{\mathrm{Var}[r_m]} \,,$$

der für alle riskanten Titel gleich groß ist. Die zweite ist die Kovarianz der Rendite des j–ten Titels mit der Rendite des Marktportfolios. Die Kovarianz bringt gleichsam die Menge des Risikos zum Ausdruck, welches der voll diversifizierte Anleger übernehmen muß, wenn er in den j–ten Titel investiert. Formel (5.65) wird in der Literatur auch als die Gleichung der *Wertpapiermarktlinie* bezeichnet.

Lambda–Form der Renditegleichung Auf Seite 205 hatten wir das Symbol λ für den Marktpreis des Risikos mit der Definitionsgleichung (5.43) eingeführt. Damit kann man (5.65) auch in der Form

$$\boxed{\mathrm{E}[r_j] = r_f + \lambda \cdot \mathrm{Cov}[r_j, r_m]} \tag{5.66}$$

schreiben.

Beta–Form der Renditegleichung Eine weitere, hierzu vollkommen analoge Darstellung ist die sogenannte Beta–Form der CAPM–Renditegleichung. Definieren wir zunächst

$$\beta_j = \frac{\mathrm{Cov}[r_j, r_m]}{\mathrm{Var}[r_m]} \,. \tag{5.67}$$

Einsetzen in die Grundgleichung (5.65) führt unmittelbar auf

$$\boxed{\mathrm{E}[r_j] = r_f + \underbrace{\Big(\mathrm{E}[r_m] - r_f\Big)}_{\text{Überrendite}} \cdot \beta_j} \,, \tag{5.68}$$

die Beta–Form der CAPM–Renditegleichung. Man erkennt, daß Beta zum Ausdruck bringt, wie die Rendite des j–ten Finanztitels auf Veränderungen der Rendite des gesamten Finanztitelmarktes $\mathrm{E}[r_m]$ reagiert. Ein Beta von 0.9 bringt beispielsweise zum Ausdruck: Falls die erwartete Rendite des Marktportfolios um 1 % steigt, so steigt die erwartete Rendite des j–ten Titels nur um 0.9 %.

Das Beta wird in (5.68) nicht nur mit der erwarteten Rendite des Marktportfolios, sondern auch mit dem negativen risikolosen Zins multipliziert. Die Differenz $(\mathrm{E}[r_m]-r_f)$ bezeichnet man als *Überrendite* (englisch: excess return).

Beta hat eine Eigenschaft, die bei der Zusammenstellung von risikobehafteten Finanztiteln zu Wertpapierportfolios außerordentlich nützlich ist. Bezeichnet man mit β_p das Beta eines Portfolios und mit β_j das Beta eines riskanten Finanztitels, so gilt immer

$$\beta_p = \sum_{j=1}^{J} \omega_j \beta_j ,$$

wobei ω_j hier der Anteil des j–ten Titels im Portfolio p ist. Das Portfolio–Beta ist stets eine Linearkombination der Wertpapier–Betas, wobei man mit den relativen Portfolioanteilen zu gewichten hat. Wir zeigen das für $J = 2$ riskante Titel und überlassen dem Leser die Verallgemeinerung auf $J > 2$ Wertpapiere. Wir beginnen mit den Definitionen

$$\beta_p = \frac{\mathrm{Cov}[r_p, r_m]}{\mathrm{Var}[r_m]} \tag{5.69}$$

$$r_{ps} = \omega_1 r_{1s} + \omega_2 r_{2s} \tag{5.70}$$

und setzen (5.70) in (5.69) ein. Das ergibt

$$\begin{aligned}
\beta_p &= \frac{\mathrm{Cov}[\omega_1 r_1 + \omega_2 r_2, r_m]}{\mathrm{Var}[r_m]} \\
&= \frac{\mathrm{E}\Big[\big(\omega_1(r_1 - \mathrm{E}[r_1]) + \omega_2(r_2 - \mathrm{E}[r_2])\big)(r_m - \mathrm{E}[r_m])\Big]}{\mathrm{Var}[r_m]} \\
&= \frac{\omega_1 \mathrm{E}\Big[(r_1 - \mathrm{E}[r_1])(r_m - \mathrm{E}[r_m])\Big] + \omega_2 \mathrm{E}\Big[(r_2 - \mathrm{E}[r_2])(r_m - \mathrm{E}[r_m])\Big]}{\mathrm{Var}[r_m]} \\
&= \frac{\omega_1 \mathrm{Cov}[r_1, r_m]}{\mathrm{Var}[r_m]} + \frac{\omega_2 \mathrm{Cov}[r_2, r_m]}{\mathrm{Var}[r_m]} \\
&= \omega_1 \beta_1 + \omega_2 \beta_2 ,
\end{aligned}$$

womit die Behauptung bewiesen ist.

5.6.2 Preisgleichungen

Bisher haben wir nur Renditegleichungen betrachtet und dabei gesehen, daß die zu erwartende Rendite eines Finanztitels um so größer ist, je größer sein Risikobeitrag $\mathrm{Cov}[r_j, r_m]$ ist. Ist dieses Ergebnis eigentlich ökonomisch "vernünftig"? Klingt es nicht widersinnig, wenn man sagt, daß die Rendite eines Engagements mit zunehmendem Risiko steigt? Wer das tatsächlich für problematisch hält, der verwechselt Rendite und Preis. Wir erinnern uns an den definitorischen Zusammenhang zwischen Preis und Rendite von Seite 196. Gleichung (5.23) lautete

$$\mathrm{E}[r_j] = \frac{\mathrm{E}[X_j]}{p(X_j)} - 1\,. \tag{5.71}$$

Es gibt also einen inversen Zusammenhang zwischen Rendite und Preis. Und es ist überhaupt nicht widersinnig, wenn man sagt, daß der Preis eines Finanztitels mit steigendem Risiko fällt. Es ist auch nicht schwer, sich den Anpassungsprozeß des Marktes vorzustellen, falls der Risikobeitrag $\mathrm{Cov}[r_j, r_m]$ eines einzelnen Titels aus irgendeinem Grunde zunehmen sollte. Aufgrund eines solchen Ereignisses wäre die Renditegleichung (5.65) verletzt. Die linke Seite wäre zu klein. Wenn aber die Rendite des Papiers zu klein ist, so wird der Titel nicht mehr nachgefragt. Und geht die Nachfrage zurück, so muß der Preis $p(X_j)$ fallen. Das jedoch hat nach (5.71) zur Folge, daß die Rendite steigt. Wenn die Rendite so weit gestiegen ist, daß Gleichung (5.65) erfüllt ist, dann ist der Markt wieder im Gleichgewicht.

Risikoadjustierung des Zinssatzes Wir wollen nun (5.71) und eine der Renditegleichungen benutzen, um auf eine erste Version der Preisgleichung zu kommen. Zu diesem Zweck setzen wir (5.71) in (5.66) ein und erhalten daraus nach geringfügiger Umformung

$$\boxed{p(X_j) = \frac{\mathrm{E}[X_j]}{1 + r_f + \lambda\,\mathrm{Cov}[r_j, r_m]}}\,. \tag{5.72}$$

Diese Gleichung besagt, daß man den Preis eines risikobehafteten Finanztitels erhält, wenn man den Erwartungswert der für ihn charakteristischen Rückflüsse mit einem risikoadjustierten Zinssatz diskontiert. Diese Risikoadjustierung hat in der Weise zu erfolgen, daß man den risikolosen Zins um eine Risikoprämie erhöht, die sich aus dem Marktpreis des Risikos und der Kovarianz zwischen der Rendite des betrachteten Titels und der Rendite des Marktportfolios ergibt.

Diese Bewertungsgleichung hat ihre Tücken. Um nämlich den Gleichgewichtspreis (Barwert) eines Finanztitels zu ermitteln, muß man die Kovarianz der Rendite des Marktportfolios mit der Rendite des interessierenden Finanztitels berechnen. Die Rendite dieses Finanztitels läßt sich aber nur richtig kalkulieren, wenn man seinen Gleichgewichtspreis kennt. Somit setzt die Bewertungsgleichung das, was man erst ermitteln will, als bereits bekannt voraus.

Risikoadjustierung der Rückflüsse Um eine befriedigendere Bewertungsgleichung als (5.72) zu erhalten, betrachten wir nun die Kovarianz zwischen der Rendite des j-ten Titels und der Rendite des Marktportfolios und drükken die Rendite des j-ten Titels in Abhängigkeit von seinem Preis und seinen unsicheren Rückflüssen aus. Das ergibt

$$\begin{aligned}
\operatorname{Cov}[r_j, r_m] &= \mathrm{E}\left[\left(\frac{X_j}{p(X_j)} - 1 - \frac{\mathrm{E}[X_j]}{p(X_j)} + 1\right)(r_m - \mathrm{E}[r_m])\right] \\
&= \mathrm{E}\left[\left(\frac{X_j - \mathrm{E}[X_j]}{p(X_j)}\right)(r_m - \mathrm{E}[r_m])\right] \\
&= \frac{1}{p(X_j)}\mathrm{E}\left[(X_j - \mathrm{E}[X_j])(r_m - \mathrm{E}[r_m])\right] \\
&= \frac{1}{p(X_j)}\operatorname{Cov}[X_j, r_m]\,. \qquad (5.73)
\end{aligned}$$

Einsetzen in (5.72) führt zu

$$\frac{\mathrm{E}[X_j]}{p(X_j)} = 1 + r_f + \lambda \cdot \frac{1}{p(X_j)}\operatorname{Cov}[X_j, r_m]\,,$$

was man nach Multiplikation mit $p(X_j)$ und elementarer Umstellung zu einer alternativen Darstellung des Gleichgewichtspreises eines riskanten Finanztitels umformt,

$$\boxed{p(X_j) = \frac{\mathrm{E}[X_j] - \lambda \operatorname{Cov}[X_j, r_m]}{1 + r_f}}\,. \qquad (5.74)$$

Um den Preis des j-ten Finanztitels zu ermitteln, nimmt man zunächst eine Risikoadjustierung der erwarteten Rückflüsse dieses Wertpapiers vor, indem man diese um das Produkt aus Marktpreis des Risikos und Kovarianz zwischen den Rückflüssen dieses Titels und der Marktrendite vermindert. Das Ergebnis, welches man als Sicherheitsäquivalent für die zu erwartenden Rückflüsse des j-ten Titels interpretieren kann, ist mit dem risikolosen Zinssatz zu diskontieren.

5.7 Erweiterungen des CAPM

Das Capital Asset Pricing Model beruht in seiner hier dargestellten Form auf ziemlich rigiden Annahmen. Beispielsweise wird unterstellt, daß ein risikoloser

Zinssatz existiert, daß es keine Steuern gibt und daß alle riskanten Kapitalanlagen an perfekt funktionierenden Märkten gehandelt werden. Ferner wird davon ausgegangen, daß alle Marktteilnehmer homogene Zukunftserwartungen besitzen. Das sind ziemlich einschneidende Voraussetzungen, so daß es naheliegt, die Annahmen zu lockern, um zu sehen, was sich an den Resultaten ändert.

Wir streben in dieser Hinsicht in unserem Text keine Vollständigkeit an, denken aber, daß ein Überblick nützlich ist.

5.7.1 CAPM ohne risikolosen Zins

Etwas ausführlicher werden wir uns mit dem Fall beschäftigen, in dem die Existenz eines risikolosen Zinses nicht vorausgesetzt wird. Um die Lösung dieses Problems nachzuvollziehen, betrachten Sie Abbildung 5.6. Dort sehen Sie die typische Eierschale und ihren effizienten Rand.[21]

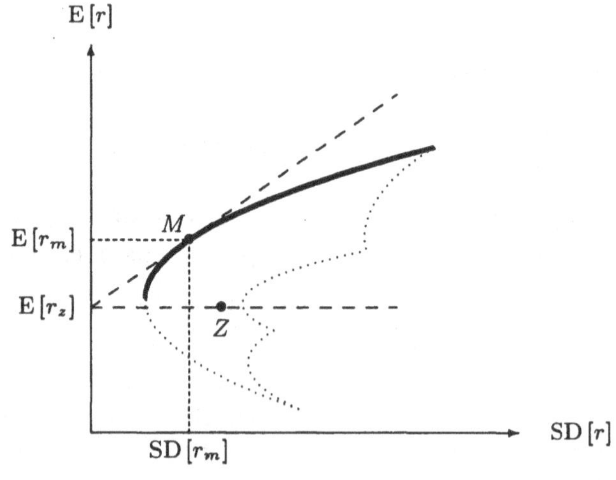

Abbildung 5.6: Zero Beta CAPM

Wir gehen nun davon aus, daß der Punkt M das Marktportfolio repräsentiert. Wer in dieses Portfolio investiert, darf eine Rendite in Höhe von $\mathrm{E}[r_m]$ bei einem Risiko von $\mathrm{SD}[r_m]$ erwarten. Wir unterstellen, daß es Portfolios Z gibt, für die

$$\mathrm{Cov}[r_z, r_m] = 0 \tag{5.75}$$

[21] Zum Verständnis dieser Abbildung siehe Seite 210 ff.

gilt, und nennen solche Positionen Zero–Beta–Positionen, gleichgültig ob es sich um einzelne Finanztitel oder um Portfolios handelt. Wenn mehrere Zero–Beta–Positionen existieren, so wählen wir diejenige mit dem geringsten Risiko $\mathrm{SD}[r_z]$ aus, also die Position Z in Abbildung 5.6. Im übrigen läßt sich zeigen, daß alle Zero–Beta–Positionen unabhängig von ihrem Risiko dieselbe erwartete Rendite $\mathrm{E}[r_z]$ aufweisen.[22]

Die Herleitung der CAPM–Renditegleichung folgt nun den gleichen Leitlinien, die wir auf Seite 219 f. benutzt haben. Wir haben dort zum einen die Steigung der *Kapitalmarktlinie* und zum anderen die Steigung des *effizienten Randes* der Eierschale bestimmt. In der Position M müssen beide Steigungen gleich sein. Gleichsetzen der Steigungen lieferte die CAPM–Gleichung. Die Steigung des effizienten Randes der Eierschale hatten wir dadurch gewonnen, daß wir ein Portfolio P aus dem riskanten Titel j und dem Marktportfolio gebildet hatten und uns für die Verhältnisse an der Stelle interessiert hatten, an der der riskante Titel gerade aus dem Portfolio P verschwindet.

Da eine Kapitalmarktlinie aber unter den nun angenommenen Bedingungen nicht mehr existiert, müssen wir diesen Weg jetzt zweimal gehen. Zum einen werden wir ein Portfolio P_1 betrachten, das aus dem Marktportfolio und der Position Z besteht, wobei wir uns auf die Verhältnisse an der Stelle konzentrieren werden, wo die Position Z gerade aus dem Portfolio P_1 verschwindet. Zum anderen werden wir ein Portfolio P_2 analysieren, das aus dem Marktportfolio und dem riskanten Titel j besteht, wobei wir uns lediglich für die Zusammenhänge an der Stelle interessieren, wo der j–te Titel aus dem Portfolio P_2 dergestalt verschwindet, daß genau das Marktportfolio übrigbleibt. Da das in beiden Fällen die Position M ist, müssen die Steigungen

$$s_1 = \left. \frac{d\,\mathrm{E}[r_{p_1}]/d\gamma}{d\,\mathrm{SD}[r_{p_1}]/d\gamma} \right|_{\gamma=0} \tag{5.76}$$

und

$$s_2 = \left. \frac{d\,\mathrm{E}[r_{p_2}]/d\alpha}{d\,\mathrm{SD}[r_{p_2}]/d\alpha} \right|_{\alpha=0} \tag{5.77}$$

übereinstimmen.

Wir untersuchen nun zunächst das Portfolio P_1, welches γ Anteile der Zero–Beta–Position und $(1-\gamma)$ Anteile des Marktportfolios enthält. Die zu erwartende Rendite dieses Portfolios beträgt unter Verwendung von (5.47)

$$\mathrm{E}[r_{p_1}] = \gamma\,\mathrm{E}[r_z] + (1-\gamma)\,\mathrm{E}[r_m]\,,$$

während man für das Risiko wegen (5.48)

$$\begin{aligned} \mathrm{SD}[r_{p_1}] &= \sqrt{\gamma^2\,\mathrm{Var}[r_z] + 2\gamma(1-\gamma)\,\mathrm{Cov}[r_z, r_m] + (1-\gamma)^2\,\mathrm{Var}[r_m]} \\ &= \sqrt{\gamma^2\,\mathrm{Var}[r_z] + (1-\gamma)^2\,\mathrm{Var}[r_m]} \end{aligned} \tag{5.78}$$

[22]Vgl. dazu Seite 229.

erhält. Um diese Vereinfachung vornehmen zu können, haben wir (5.75) benutzt. Jetzt bilden wir die ersten Ableitungen der beiden vorstehenden Funktionen nach γ,

$$\begin{aligned}
\frac{d\,\mathrm{E}[r_{p_1}]}{d\gamma} &= \mathrm{E}[r_z] - \mathrm{E}[r_m] \\
\frac{d\,\mathrm{SD}[r_{p_1}]}{d\gamma} &= 0.5\left(\mathrm{Var}[r_{p_1}]\right)^{-0.5} \cdot \left(2\gamma\,\mathrm{Var}[r_z] - 2\,\mathrm{Var}[r_m] + 2\gamma\,\mathrm{Var}[r_m]\right) \\
&= \frac{\gamma\,\mathrm{Var}[r_z] - \mathrm{Var}[r_m] + \gamma\,\mathrm{Var}[r_m]}{\mathrm{SD}[r_{p_1}]}\,.
\end{aligned}$$

Wir betrachten nun beide Ergebnisse unter der Voraussetzung, daß $\gamma = 0$ ist, und berücksichtigen, daß P_1 dann exakt dem Marktportfolio entspricht, und daher $\mathrm{SD}[r_{p1}] = \mathrm{SD}[r_m]$. Das ergibt

$$\begin{aligned}
\left.\frac{d\,\mathrm{E}[r_{p_1}]}{d\gamma}\right|_{\gamma=0} &= \mathrm{E}[r_z] - \mathrm{E}[r_m] \\
\left.\frac{d\,\mathrm{SD}[r_{p_1}]}{d\gamma}\right|_{\gamma=0} &= \frac{-\mathrm{Var}[r_m]}{\mathrm{SD}[r_m]} \\
&= -\mathrm{SD}[r_m]\,.
\end{aligned}$$

Setzt man diese Resultate in (5.76) ein, so bekommt man

$$s_1 = \frac{\mathrm{E}[r_m] - \mathrm{E}[r_z]}{\mathrm{SD}[r_m]}\,.$$

Als nächstes untersuchen wir ein Portfolio P_2, das den j–ten Finanztitel mit dem Anteil α und das Marktportfolio mit dem Anteil $(1-\alpha)$ enthält. Anschließend berechnen wir die zu erwartende Rendite $\mathrm{E}[r_{p_2}]$ sowie deren Risiko $\mathrm{SD}[r_{p_2}]$. Sodann bilden wir die ersten Ableitungen der entstehenden Funktionen nach α und konzentrieren uns auf die Resultate für den Fall $\alpha = 0$. Das führt uns, wie wir bereits wissen,[23] auf

$$s_2 = \frac{\mathrm{E}[r_j] - \mathrm{E}[r_m]}{(\mathrm{Cov}[r_j, r_m] - \mathrm{Var}[r_m])/\mathrm{SD}[r_m]}\,.$$

Endlich müssen wir noch beide Steigungen gleichsetzen und nach $\mathrm{E}[r_j]$ auflösen. Auf diese Weise bekommen wir

$$\boxed{\mathrm{E}[r_j] = \mathrm{E}[r_z] + \frac{\mathrm{E}[r_m] - \mathrm{E}[r_z]}{\mathrm{Var}[r_m]}\,\mathrm{Cov}[r_j, r_m]}\,, \qquad (5.79)$$

ein Ergebnis, das sich von der Grundform der CAPM–Gleichung einzig und allein dadurch unterscheidet, daß die erwartete Rendite der Zero–Beta–Position

[23] Vgl. oben Seite 219 f.

an die Stelle des risikolosen Zinssatzes tritt. Es ist üblich, mit Bezug auf Gleichung (5.79) vom *Zwei-Faktoren-Modell* zu sprechen.

Bei Gültigkeit dieser Gleichung läßt sich im übrigen nachweisen, daß die erwartete Rendite $\mathrm{E}[r_z]$ einer Zero–Beta–Position tatsächlich unabhängig von ihrem Risiko $\mathrm{SD}[r_z]$ sein muß. Denn gemäß Gleichung (5.79) muß

$$\mathrm{E}[r_z] = \mathrm{E}[r_z] + \frac{\mathrm{E}[r_m] - \mathrm{E}[r_z]}{\mathrm{Var}[r_m]} \mathrm{Cov}[r_z, r_m]$$

gelten. Der zweite Term fällt weg, weil die Kovarianz der Zero–Beta–Position mit dem Marktportfolio annahmegemäß null ist.

5.7.2 Andere Erweiterungen

Von den zahlreichen anderen Erweiterungen, die das CAPM inzwischen erfahren hat, seien im folgenden nur zwei beispielhaft herausgegriffen. Diese Modellvarianten werden hier jedoch aus Raumgründen nicht hergeleitet. Statt dessen beschränken wir uns auf eine Darstellung und Kommentierung der Ergebnisse.

CAPM mit Steuern In der ursprünglichen Form des CAPM werden Steuern vollkommen ausgeblendet. Die Folge einer derartigen Modellvereinfachung ist, daß es den Marktteilnehmern gänzlich gleichgültig ist, ob sie ihr Einkommen in Form von Dividenden, Zinsen oder (realisierten) Kursgewinnen erhalten. Tatsächlich werden in den meisten Ländern Kursgewinne aber anders besteuert als Zinsen oder Gewinnausschüttungen. Wenn man das berücksichtigt, so ist zu erwarten, daß die Besteuerung Einfluß auf die Gleichgewichtspreise von Finanztiteln hat. Wenn die Marktteilnehmer sich rational verhalten, so werden sie nicht ihr Einkommen vor Steuern, sondern ihr Einkommen nach Steuern im Blickwinkel haben.

Es ist davon auszugehen, daß unter Einschluß von Steuern keine Wertpapierlinie mehr existiert. Tatsächlich hängt die zu erwartende Rendite aus einem Engagement in den j–ten Titel nicht nur von dessen Beta, sondern auch von der Dividendenpolitik der hinter diesem Titel stehenden Firma ab. Manche Firmen werden ihren Aktionären die erzielten Gewinne in Form von Dividenden zukommen lassen, andere in Form von Kurssteigerungen. Das hat weitreichende Konsequenzen, weil nun nicht mehr davon auszugehen ist, daß alle Marktteilnehmer dasselbe Portfolio riskanter Finanztitel halten. *Tobins* Separationstheorem bricht also bei Berücksichtigung von Steuern zusammen.

Der Grund leuchtet ein, wenn man ein Steuersystem betrachtet, bei dem (wie in Deutschland) Kursgewinne milder besteuert werden als Zins– und Dividendeneinkünfte und es außerdem eine Einkommensteuerprogression gibt. Ein Gleichgewicht kommt unter solchen Voraussetzungen nur dann zustande, wenn

Investoren mit relativ niedrigem Steuersatz Wertpapiere halten, die hohe Dividenden versprechen, und wenn Investoren mit verhältnismäßig hohem persönlichen Steuersatz Aktien von Firmen erwerben, die ihre Gewinne in Form von Kurssteigerungen "ausschütten".

CAPM mit nicht gehandelten Kapitalanlagen Im Rahmen der ursprünglichen Fassung des CAPM geht man davon aus, daß alle sicheren und riskanten Kapitalanlagen (Finanztitel) an perfekt funktionierenden Märkten gehandelt werden. Das entspricht nicht der Realität.

Man denke beispielsweise an mittelständische Unternehmer, die ihre ganze Arbeitskraft und wesentliche Teile ihres privaten Vermögens in einen Betrieb einbringen, der in der Rechtsform einer Einzelunternehmung oder einer Personengesellschaft geführt wird. Ähnliches gilt für Einfamilienhäuser oder Eigentumswohnungen. Natürlich sind das auch riskante Kapitalanlagen, und es gibt selbstverständlich auch Märkte für solche Objekte. Aber sehr viele Personen besitzen Häuser oder Wohnungen, ohne auch nur mit dem Gedanken zu spielen, sie auf den Markt zu bringen, um das Portfolio ihrer riskanten Kapitalanlagen zu optimieren. Dabei spielen natürlich Transaktionskosten und nicht–finanzwirtschaftliche Aspekte eine bedeutende Rolle. Als letztes Beispiel für nicht gehandelte Kapitalanlagen möchten wir Investitionen nennen, die Eltern in die Ausbildung der ihnen anvertrauten Kinder stecken.

Ob man unter Berücksichtigung nicht–gehandelter Kapitalanlagen zu sehr viel anderen Ergebnissen kommt, hängt von mehreren Faktoren ab. Von großer Bedeutung ist das Verhältnis von gehandelten zu nicht–gehandelten Finanztiteln, darüber hinaus aber auch die Kovarianz der Rendite nicht–gehandelter Titel mit der Rendite des Portfolios gehandelter Titel sowie die Kovarianz der Rendite nicht–gehandelter Titel mit der Rendite des betrachteten Titels j. Entscheidend ist das Zusammenspiel zwischen all diesen Größen. Jedoch ist grundsätzlich nicht damit zu rechnen, daß *Tobins* Separationstheorem bestehen bleibt.

5.8 Empirische Befunde

Wir kehren jetzt zur Grundversion des CAPM zurück und stellen die Frage nach den wichtigsten Implikationen des Modells. Es wäre wünschenwert, wenn diese sich in der Empirie bewähren. Hiervon würden wir sprechen, wenn die Implikationen des CAPM durch empirische Beobachtungen (weitgehend) bestätigt werden. Sollten wir dagegen feststellen müssen, daß Modellkonsequenzen und empirische Befunde drastisch voneinander abweichen, so müßte man das Modell verwerfen und nach Verbesserungen suchen. Daraus ergibt sich die Struktur der nun folgenden Darstellungen.

Implikationen des CAPM Aus dem Capital Asset Pricing Model lassen sich drei Arten von Schlußfolgerungen ableiten. Diese betreffen zum einen das Verhalten von Investoren und zum anderen das Verhalten der Renditen von risikobehafteten Finanztiteln. In etwas plakativer Form kann man diese Modellimplikationen wie folgt zusammenfassen:

1. Alle Investoren betreiben perfekte Diversifikation.
2. Je höher das Marktrisiko (Beta) eines Finanztitels ist, um so größer sollte die Rendite sein, die man mit diesem Titel erzielt. Der Zusammenhang zwischen zu erwartender Rendite und dem Marktrisiko (Beta) ist linear und eindeutig bestimmt. Die Wertpapierlinie hat bei Gültigkeit des Grundmodells einen Ordinatenabschnitt von r_f und eine Steigung von $(\mathrm{E}[r_m] - r_f)$.
3. Die Übernahme von Risiko, das *nicht* Marktrisiko darstellt, wird nicht mit einem zusätzlichen Ertrag belohnt.

Man sollte sich an einem kleinen Beispiel klarmachen, was der letzte Punkt bedeutet. Nehmen wir an, daß Firma A typischerweise ein höheres Risiko repräsentiert als Firma B, und zwar dergestalt, daß für die Renditen der Aktien $\mathrm{Var}[r_A] > \mathrm{Var}[r_B]$ gilt. Bevor Sie das CAPM kennengelernt haben, dachten Sie vermutlich, daß risikoaverse Investoren dann in bezug auf Aktien der Firma A eine höhere Rendite verlangen als in bezug auf Firma B. Inzwischen wissen wir aber, daß es nicht auf die Varianz der Renditen eines Unternehmens ankommt, sondern auf das Kovarianzrisiko beziehungsweise Beta. Wenn beispielsweise die Erträge der Firma B mit denen des Marktportfolios hoch korreliert sind, dann ist die B–Aktie im Rahmen einer Politik der Risikomischung nicht so gut zu gebrauchen. Wir haben dann den Fall, daß $\mathrm{Cov}[r_B, r_m]$ groß ist, so daß auch β_B groß ist. Wenn dagegen die Erträge der Firma A sehr unabhängig von denen des Marktportfolios sind, dann muß β_A entsprechend klein sein. Angesichts der ganz unterschiedlichen Diversifizierungsmöglichkeiten, die beide Titel nun eröffnen, zeigt es sich, daß Firma A eine geringere Risikoprämie hat als Firma B, obwohl die Varianz der Rendite von A–Aktien größer ist.

5.8.1 Diversifikationsverhalten von Investoren

Offenkundig betreiben nicht *alle Investoren perfekte Diversifikation*. Vermutlich gibt es auf der Welt nicht einmal einen einzigen Investor, der das Marktportfolio hält. Daraus könnte man den Schluß ziehen, daß das CAPM widerlegt sei. Jedoch ist eine solche Schlußfolgerung vermutlich etwas voreilig.

Zunächst müßte man sich auf die Feststellung beschränken, daß *eine* Modellimplikation sich empirisch nicht bestätigen läßt. Das muß nicht zugleich auch bedeuten, daß alle weiteren Modellimplikationen zum Scheitern verurteilt sind. Darüber hinaus könnte man argumentieren, daß *zahlreiche Investoren ziemlich perfekt diversifiziert* seien, daß es sich dabei um die auf den Kapitalmärkten *ausschlaggebenden* Investoren handele und daß das CAPM daher das Investorenverhalten auf den Kapitalmärkten nicht sehr schlecht beschreibt. Das alles wirft natürlich die Frage auf, ob solch eine weiche Formulierung überhaupt noch eine testbare Hypothese darstellt.

Naive Diversifikation Es läßt sich allerdings zeigen, daß man nicht perfekt diversifiziert sein muß, um wesentliche Teile des Risikos zu vernichten. Um das zu sehen, beschäftigt man sich am besten mit naiver Diversifikation. Zu diesem Zweck betrachtet man das Entscheidungsproblem eines Investors, der ein Portfolio aus riskanten Kapitalanlagen zusammenzustellen hat, unter den folgenden stark vereinfachenden Bedingungen:

1. Die Renditen aller riskanten Finanztitel besitzen die gleiche Varianz, die mit $\overline{\text{Var}}$ gekennzeichnet sei.

2. Die Kovarianzen zwischen den Renditen der riskanten Finanztitel sollen ebenfalls alle gleich groß sein und mit $\overline{\text{Cov}}$ bezeichnet werden.

3. Der Investor betreibt eine außerordentlich einfache Politik. Bei der Aufteilung seines Vermögen auf insgesamt J Finanztitel wählt er für jedes Wertpapier den gleichen Anteil $\omega_j = \frac{1}{J}$.

Um die Varianz der Rendite eines Portfolios zu berechnen, das unter diesen Bedingungen gebildet wird, erinnern wir uns an (5.52) auf Seite 212 und bringen diese Gleichung zunächst in eine Form, die für unsere jetzigen Ziele etwas zweckmäßiger ist. Sie lautet dann

$$\begin{aligned} \text{Var}[r_p] &= \sum_{j=1}^{J}\sum_{k=1}^{J} \omega_j\omega_k \text{Cov}[r_j, r_k] \\ &= \sum_{j=1}^{J} \omega_j^2 \,\text{Var}[r_j] + \sum_{j=1}^{J}\sum_{\substack{k=1\\k\neq j}}^{J} \omega_j\omega_k \,\text{Cov}[r_j, r_k]. \end{aligned} \tag{5.80}$$

Die Ermittlung der Varianz der Portfoliorendite wird also in zwei Schritten durchgeführt. Zunächst berücksichtigt man nur die Varianzen, indem man die Tatsache nutzt, daß $\text{Cov}[r_j, r_j] = \text{Var}[r_j]$. Anschließend bezieht man die

Kovarianzen ein. Setzt man nun in Gleichung (5.80) entsprechend den hier getroffenen vereinfachenden Voraussetzungen ein, so ergibt sich

$$\mathrm{Var}\,[r_p] = J\left(\frac{1}{J}\right)^2 \overline{\mathrm{Var}} + J(J-1)\left(\frac{1}{J}\right)^2 \overline{\mathrm{Cov}},$$

was man leicht in die Form

$$\mathrm{Var}\,[r_p] = \left(\frac{1}{J}\right) \overline{\mathrm{Var}} + \left(1 - \frac{1}{J}\right) \overline{\mathrm{Cov}}$$

überführt.

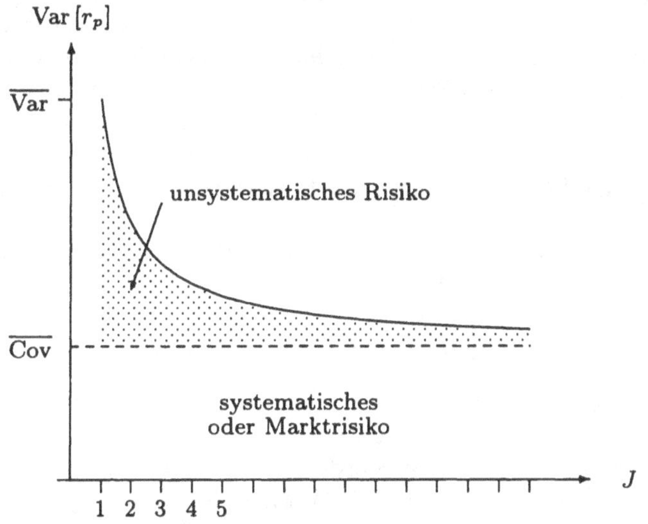

Abbildung 5.7: Risikoverminderung durch Diversifikation

Systematisches und unsystematisches Risiko Auch dann, wenn die Dinge bei nicht–naiver Anlagestrategie anders laufen, verdient die letzte Gleichung unsere Aufmerksamkeit, weil sie einen interessanten Zusammenhang sehr deutlich macht: Wer "alles auf eine Karte setzt", also sein Vermögen in ein einziges Wertpapier steckt, trägt ein großes Risiko, denn

$$\lim_{J\to 1} \mathrm{Var}\,[r_p] = \overline{\mathrm{Var}}\,.$$

Wer dagegen eine Politik der Risikomischung betreibt, kann die Gefahren seiner Anlagepolitik mit verhältnismäßig wenig Aufwand drastisch reduzieren. Für den Fall der "perfekten Diversifikation" kann er einen großen Teil des Risikos völlig vernichten,[24] denn

$$\lim_{J\to\infty} \text{Var}\,[r_p] = \overline{\text{Cov}}\,.$$

Man nennt denjenigen Teil des Risikos, welchen der Investor auch bei noch so perfekter Diversifizierung übernehmen muß, systematisches oder Marktrisiko.

Den Teil, welchen er durch intelligente Anlagepolitik vernichten kann, bezeichnet man dagegen als unsystematisches oder auch diversifizierbares Risiko, vgl. Abbildung 5.7. Die grundlegende Idee des CAPM ist, daß man nur für die Übernahme des systematischen Risikos eine Risikoprämie erwarten darf. Ein perfekter Kapitalmarkt entschädigt die Investoren nur für denjenigen Teil des Risikos, den sie bei intelligentem Anlageverhalten nicht selbst unter Kontrolle bringen können. Abbildung 5.7 zeigt, daß ein nennenswerter Teil des unsystematischen Risikos schon bei verhältnismäßig schwacher Risikomischung "weg-diversifiziert" werden kann.

5.8.2 Empirische Tests von Rendite–Risiko–Strukturen

Ex–ante– und Ex–post–Version des CAPM Schreibt man die Renditegleichung des CAPM in der Beta–Form, so lautet sie

$$\text{E}\,[r_j] = r_f + \Big(\text{E}\,[r_m] - r_f\Big)\,\beta_j\,. \tag{5.81}$$

In dieser Darstellung kann das CAPM aber nicht getestet werden, weil es auf den Erwartungen der Investoren aufbaut und die Erwartungen von Marktteilnehmern direkt nicht beobachtet werden können. Man spricht daher in bezug auf Gleichung (5.81) von der Ex–ante–Version des CAPM.

Um empirische Tests über die Zusammenhänge zwischen Rendite und Risiko durchzuführen, muß man Zeitreihen beobachtbarer Daten benutzen und geeignete ökonometrische Verfahren anwenden. Die methodischen Probleme, die dabei im einzelnen zu lösen sind, können wir hier nicht diskutieren. Aber wir wollen zumindest zeigen, was man (in der Regel) tut, um eine testbare Fassung des CAPM, die sogenannte Ex–post–Version, zu erhalten.

Man unterstellt, daß es sich bei einer Investition in einen riskanten Finanztitel um ein *faires Spiel* handelt. Das bedeutet: Im Durchschnitt einer genügend langen Beobachtungsreihe sollten die tatsächlich realisierten Renditen den erwarteten Renditen entsprechen. Ferner geht man davon aus, daß der Kapitalmarkt stationär ist, was bedeutet, daß sich die Verteilungsfunktionen der Renditen im Zeitablauf nicht ändern. Schließlich arbeitet man mit der Annahme, daß die Verteilungsfunktionen zeitlich unabhängig voneinander sind.

[24] Zu diesem Zweck müssen wir allerdings unterstellen, daß $\overline{\text{Var}} > \overline{\text{Cov}}$ ist.

Das heißt: Aus vergangenen Kursdaten können keine Schlüsse auf künftige Renditen gezogen werden. Bei Gültigkeit dieser drei Voraussetzungen lautet die Ex–post–Version des CAPM

$$r_{jt} = r_{ft} + (r_{mt} - r_{ft})\,\beta_j + \varepsilon_{jt}\,. \tag{5.82}$$

Die Symbole in dieser Gleichung haben die nachstehend beschriebene Bedeutung:

r_{jt}	Rendite des j–ten Titels im Zeitintervall von $t-1$ bis t,
r_{ft}	risikoloser Zins im Zeitintervall von $t-1$ bis t,
r_{mt}	Rendite des Marktportfolios im Zeitintervall von $t-1$ bis t,
β_j	$\mathrm{Cov}\,[r_{jt}, r_{mt}]/\mathrm{Var}\,[r_{mt}]$,
ε_{jt}	nicht beobachtbarer Störterm mit $\mathrm{E}\,[\varepsilon_{jt}] = 0$.

Zwischen der Ex–ante– und der Ex–post–Version des CAPM gibt es zwei wichtige Unterschiede. Die behauptete Linearität zwischen Rendite und Risiko besteht bei der Ex–post–Version nur noch im Durchschnitt und wird von einem Störterm überlagert. Ferner kann die Ex–post–Version im Gegensatz zur Ex–ante–Version eine negative Steigung besitzen.

Gewöhnlich bringt man Gleichung (5.82) noch in eine etwas andere Form, bevor man mit den Tests beginnt. Zu diesem Zweck subtrahiert man auf beiden Seiten den sicheren Zinssatz r_{ft} und fügt auf der rechten Seite den Term γ_0 hinzu. Dann heißt die Schätzgleichung

$$\begin{aligned} r_{jt} - r_{ft} &= \gamma_0 + (r_{mt} - r_{ft})\,\beta_j + \varepsilon_{jt} \\ &= \gamma_0 + \gamma_1\,\beta_j + \varepsilon_{jt}\,, \end{aligned} \tag{5.83}$$

wenn man $(r_{mt} - r_{ft})$ durch γ_1 ersetzt. Aus den Renditen des j–ten Titels, den Renditen des Marktportfolios, dem damit eindeutig bestimmten Beta sowie den risikolosen Zinssätzen werden nun γ_0 und γ_1 geschätzt. Falls das CAPM gültig ist, so darf man folgende Testresultate erwarten:

1. γ_0 sollte näherungsweise null sein. γ_1 sollte der Differenz zwischen der erwarteten Marktrendite und dem erwarteten risikolosen Zinssatz, $\mathrm{E}\,[r_m - r_f]$, entsprechen.

2. β_j sollte der einzige Faktor sein, der die Differenz $(r_{jt} - r_{ft})$ und damit die zu erwartende Rendite des j–ten Titels erklärt. Die Einbeziehung weiterer erklärender Variablen sollte keine nennenswerte Verbesserung des Regressionszusammenhanges ermöglichen.

3. Die Beziehung sollte in bezug auf Beta linear sein.

4. Über einen langen Zeitraum sollte $\mathrm{E}\,[r_m] > \mathrm{E}\,[r_f]$ sein. Auf lange Sicht müßte man also mit einer positiven Prämie rechnen können, wenn man in das Marktportfolio investiert.

Testergebnisse Seit Beginn der 70er Jahre sind so viele Tests durchgeführt und veröffentlicht worden, daß man sie kaum noch zählen kann. Die weitaus meisten Untersuchungen betreffen die US–amerikanischen Kapitalmärkte. Die Verhältnisse an den deutschen Finanzmärkten sind bisher vergleichsweise selten analysiert worden, was nicht nur mit der Tatsache erklärt werden kann, daß die Beschaffung geeigneter Daten hierzulande wesentlich schwieriger ist. Das enorme Interesse, welches man an den Tests hat, ist damit zu erklären, daß die Modellimplikationen hinsichtlich des Zusammenhangs zwischen Renditen und Risiken sowohl einfach als auch ökonomisch einleuchtend sind. Um so besser, wenn sich das Modell auch empirisch bestätigen läßt. Jedoch sind die Resultate nicht ganz so eindeutig. Man kann sie wie folgt zusammenfassen:

1. γ_0 ist signifikant größer als null, und γ_1 ist signifikant kleiner als es das CAPM voraussagt. Die charakteristischen Linien für riskante Finanztitel haben also tatsächlich einen höheren Ordinatenabschnitt und zugleich eine geringere Steigung als die theoretischen Wertpapierlinien. Das bedeutet: Finanztitel mit verhältnismäßig kleinem Beta versprechen höhere Renditen als man nach dem CAPM erwarten kann, und Finanztitel mit verhältnismäßig großem Beta rentieren sich nicht so stark wie man auf der Grundlage des CAPM annehmen müßte.

2. Beta ist nicht der einzige Risikofaktor, der die Renditen riskanter Finanztitel erklärt. Bezieht man im Rahmen multipler Regressionsanalysen weitere Faktoren mit ein, so kann man die Renditen besser erklären. Allerdings dominiert Beta alle anderen Faktoren ziemlich eindeutig.

3. Anpassungstests ergeben, daß zwischen den Renditen und Beta tatsächlich ein annähernd linearer Zusammenhang besteht.

4. γ_1 ist regelmäßig positiv, wenn man längere Zeiträume betrachtet. Also gilt zumindest auf lange Sicht $\mathrm{E}[r_m] > \mathrm{E}[r_f]$.

5. Wie bereits gesagt, ist Beta zwar der dominierende, aber doch nicht der einzige Faktor, mit dem man die Renditen riskanter Finanztitel erklären kann. Insbesondere sind folgende zusätzliche Einflüsse zu nennen:

   (a) Die Aktien von Unternehmen mit kleinem Kurs–Gewinn–Verhältnis (englisch: price earnings ratio) versprechen höhere Renditen als man aufgrund des CAPM voraussagen würde. Im Englischen spricht man von P/E–Effekt.

   (b) Die Aktien von kleinen Gesellschaften versprechen höhere Renditen als mit dem CAPM vereinbar ist. Man bezeichnet das als Größeneffekt (englisch: small firm size effect).

   (c) Die Aktien von Firmen mit hohen Dividenden rentieren sich höher als man aufgrund des CAPM erwarten würde.

(d) Bei den Renditen riskanter Finanztitel gibt es Saisoneffekte (Januareffekt, Wochenendeffekt), die man mit der Grundversion des CAPM nicht erklären kann.

Überprüfbarkeit des CAPM Im Jahre 1977 hat *Richard Roll* einen viel beachteten Aufsatz veröffentlicht, in dem er massiv in Frage stellte, ob man den Rendite–Risiko–Zusammenhang, den das CAPM behauptet, überhaupt empirisch überprüfen kann. Den wesentlichen Punkt in der Argumentation *Rolls* versteht man am besten, wenn man sich an die Herleitung des Zero–Beta–CAPM erinnert.[25]

Im Rahmen dieses Modells wurde folgendes gezeigt: Wenn kein risikoloser Zinssatz existiert, so ist es trotzdem möglich, die Gleichung für eine Wertpapierlinie zu entwickeln. Deren Positionen können dadurch erreicht werden, daß man *das Marktportfolio* mit einer *Zero–Beta–Position* mischt. In diesem Fall lautet die CAPM–Gleichung

$$\mathrm{E}[r_j] = \mathrm{E}[r_z] + \frac{\mathrm{E}[r_m] - \mathrm{E}[r_z]}{\mathrm{Var}[r_m]} \mathrm{Cov}[r_j, r_m] .$$

Unter einer Zero–Beta–Position versteht man hier ein Portfolio, welches relativ zum Marktportfolio eine Kovarianz von $\mathrm{Cov}[r_z, r_m] = 0$ besitzt.

Nun kann man zeigen, daß man auf eine dem äußeren Aussehen nach vollkommen gleichartige Beziehung kommt, wenn man statt des Marktportfolios irgendeine andere Position auf dem effizienten Rand der Eierschale wählt. Bezeichnen wir die charakteristischen Merkmale einer solchen risikoeffizienten Position mit $\mathrm{E}[r_e]$ und $\mathrm{Var}[r_e]$, so können wir auch jetzt wieder eine Position Z konstruieren, die ihr gegenüber eine Kovarianz von $\mathrm{Cov}[r_z, r_e] = 0$ besitzt. Natürlich ist die zu erwartende Rendite dieser Z–Position eine andere als diejenige, welche man gewinnt, wenn man mit dem Marktportfolio arbeitet. Aus diesem Grunde und der größeren Klarheit wegen wollen wir sie mit $\mathrm{E}[r_{z_e}]$ bezeichnen.

Auf dem gleichen Wege, den wir bei der Ableitung des Zero–Beta–CAPM oben auf Seite 226 beschritten haben, läßt sich herleiten, daß jede Mischung aus einer risikoeffizienten Position und einer dazu passenden Zero–Beta–Position zwangsläufig auf eine lineare Beziehung vom Typ

$$\mathrm{E}[r_j] = \mathrm{E}[r_{z_e}] + \frac{\mathrm{E}[r_e] - \mathrm{E}[r_{z_e}]}{\mathrm{Var}[r_e]} \mathrm{Cov}[r_j, r_e]$$

führen muß. Das aber hat weitreichende Folgen.

Das Marktportfolio, welches dem CAPM zugrunde liegt, umfaßt *alle* riskanten Kapitalanlagen des Marktes. Dazu gehören Aktien, Anleihen, Optionen,

[25] Vgl. oben Seite 226 ff.

Grund und Boden, Gebäude, Edelmetalle, landwirtschaftliche Produkte, Diamanten, Briefmarken und so weiter. Dieses Portfolio *richtig* zu bestimmen, ist derart aufwendig, daß es sich praktisch verbietet. Aus diesem Grunde ist man regelmäßig gezwungen, anstelle des wahren Marktportfolios mit Stellvertretern zu arbeiten. In der Regel wählt man Aktienindizes. Dann aber gibt es die vier in Tabelle 5.2 zusammengestellten Kombinationen.

Tabelle 5.2: Denkbare Szenarien in bezug auf Testergebnisse und die Validität des CAPM

	Marktportfolio effizient	Marktportfolio ineffizient
Stellvertreter effizient	CAPM gültig Test positiv	CAPM ungültig Test positiv
Stellvertreter ineffizient	CAPM gültig Test negativ	CAPM ungültig Test negativ

Wer die dort angegebenen Szenarien aufmerksam betrachtet, der erkennt: Das CAPM kann gültig sein, obwohl die Testergebnisse etwas anderes nahelegen. Umgekehrt ist aber auch möglich, daß das CAPM abzulehnen ist, obwohl die Testergebnisse für seine Validität sprechen. Der einzig legitime Weg, der aus diesem Dilemma heraushelfen würde, bestünde darin, zu überprüfen, ob das wirkliche Marktportfolio ex post effizient ist. Das aber ist praktisch kaum zu leisten.

Um Mißverständnisse zu vermeiden, sei betont: *Rolls* Kritik bedeutet nicht, daß das CAPM ungültig ist. Sie schärft nur den Sinn dafür, daß alle bisher vorgelegten – und vermutlich auch alle noch entstehenden – Testergebnisse mit Vorsicht zu interpretieren sind.

6 Theorie der Kapitalstruktur

Im Jahre 1958 publizierten *Franco Modigliani*[1] und *Merton H. Miller*[2] in der Zeitschrift 'American Economic Review' einen Aufsatz über "Kapitalkosten, Unternehmensfinanzierung und Investitionstheorie", mit dem sie eine fruchtbare Diskussion in Gang brachten und die Finanzierungstheorie grundlegend und nachhaltig beeinflußten. Die Thesen, die sie in dem inzwischen tausendfach zitierten Artikel aufstellten und bewiesen, beherrschten die Diskussion über viele Jahre, weil sie von zahlreichen Autoren als Herausforderung begriffen wurden und zu Widerspruch reizten. Die zentrale Behauptung lautete: Die Art der Finanzierung eines Unternehmens ist für den Erfolg eines Unternehmens ebenso wichtig wie das fünfte Rad am Wagen. Jedenfalls könne man durch eine Veränderung des Verhältnisses von Fremd- zu Eigenkapital weder den Marktwert des Unternehmens noch die durchschnittlichen Kapitalkosten beeinflussen.

Um das Gewicht der Aussage von *Modigliani* und *Miller* zu erfassen, mache man sich klar, welche Funktionen Manager besitzen. Nach landläufiger Vorstellung ist es die Aufgabe von *Marketingmanagern*, die Marketinginstrumente (Preis-, Produkt-, Kommunikations- und Distributionspolitik) so einzusetzen, daß die Gewinne des Unternehmens nachhaltig maximiert werden. Entsprechend sollen *Produktionsmanager* dafür sorgen, daß Standorte und Layoutsysteme, Qualitäten, personelle Ressourcen, Losgrößen, Fertigungsabläufe und Lagerhaltungssysteme in einer Weise ausgewählt werden, die das Streben nach Gewinn beziehungsweise die Minimierung der Kosten eines Unternehmens günstig beeinflussen. Ganz analog dazu müssen *Personalmanager* sich darum kümmern, die Auswahl und Entwicklung der Mitarbeiter eines Unternehmens, die Schaffung von Arbeitsbedingungen einschließlich der Gestaltung von Lohn- und Anreizsystemen in einer Weise zu bewirken, die nicht nur sozial, sondern auch ökonomisch effizient ist.

Bleibt man diesem Schema treu, so sollte es die Aufgabe der *Finanzmanager* sein, finanzwirtschaftliche Instrumente und Prozesse so auszuwählen und zu gestalten, daß dem Gewinnziel des Unternehmens in bestmöglicher Weise gedient wird. Eines der zentralen Themen in diesem Zusammenhang, sozusagen das Königsproblem der betrieblichen Finanzwirtschaft, ist das Verhältnis von

[1]Franco Modigliani wurde Wirtschaftsnobelpreisträger des Jahres 1985.

[2]Merton H. Miller erhielt den Nobelpreis im Jahre 1990.

Fremd- zu Eigenkapital, also die Bestimmung des günstigsten Verschuldungsgrades. Man könnte von den Finanzmanagern verlangen, ihren Beitrag zur Erreichung des Gewinnziels in der Weise zu leisten, daß sie die für Investitionen erforderlichen Finanzmittel zu möglichst niedrigen Kapitalkosten bereitstellen. Genau hier jedoch läßt sich nichts optimieren, jedenfalls dann nicht, wenn man den Ergebnissen von *Modigliani* und *Miller* folgt. Die Finanzmanager können also fünf gerade sein lassen und bei der nächsten Vorstandssitzung auf den Marketing–, Produktions- und Personalmanagern herumhacken, die für das Unternehmensergebnis wirklich verantwortlich sind. Das natürlich nur so lange, bis die Personalmanager auf die Idee kommen, daß man die überflüssigen Finanzmanager ebenso gut entlassen kann.

Modigliani und *Miller* standen - und stehen - mit ihren Ergebnissen im krassen Widerspruch zu dem, was man intuitiv für richtig hält, wenn man über die Finanzierungspolitik eines Unternehmens nachdenkt. Üblicherweise argumentiert man nämlich, daß ein niedriger Verschuldungsgrad teuer sei, weil man auf den Einsatz billigen Fremdkapitals verzichtet. Fremdkapital ist (zunächst) billiger als Eigenkapital, weil es mit Vorrang bedient wird und Ausfallrisiken daher gegenüber einer Eigentümerposition klein sind. Wegen der systematisch kleineren Risiken können und müssen sich Fremdkapitalgeber immer mit geringeren Renditen zufriedengeben als Eigenkapitalgeber. Andererseits gilt aber auch ein hoher Verschuldungsgrad als teuer, weil die Risiken für beide Kapitalgebergruppen mit steigender Verschuldung wachsen. Kreditgeber müssen befürchten, nicht oder wenigstens nicht in vollem Umfang befriedigt zu werden; Eigentümer müssen einkalkulieren, daß wegen Zahlungsunfähigkeit der Konkurs droht. Nimmt man beides zusammen, so liegt die Vermutung nahe, daß es irgendwo zwischen den Extremen zu hoher und zu niedriger Verschuldung ein besonders günstiges Verhältnis - die optimale Kapitalstruktur - gibt.

Mit dieser traditionellen These muß man brechen, wenn man den Ansatz von *Modigliani* und *Miller* akzeptiert. Sie leiten ihr Ergebnis aus einem Modell ab, das (wie jedes Modell) auf einer Reihe von Annahmen beruht, die die Wirklichkeit bewußt vereinfachen. Der Kern ihres Beweises war ein Arbitrageargument. Sie zeigten, daß man durch den Kauf und Verkauf von Wertpapieren risikolos beliebig reich werden kann, falls die durchschnittlichen Kapitalkosten zweier Firmen, die sich nur in bezug auf ihren Verschuldungsgrad voneinander unterscheiden, nicht übereinstimmen.

6.1 Annahmen

Der Modellaufbau, den *Modigliani* und *Miller* ihrer ursprünglichen Argumentation zugrunde legten, war ebenso wie ihre Beweisführung verhältnismäßig umständlich. Er beruhte auf Annahmen, die sich in der späteren Diskussion als zum Teil vernachlässigbar erwiesen. Wir verwenden die folgenden Prämissen:

1. Wir betrachten eine Ökonomie mit den beiden Zeitpunkten $t = 0$ ("heute") und $t = 1$ ("in einem Jahr"). Mit einem solchen Zwei–Zeitpunkt–Modell zu argumentieren, ist besonders einfach. Jedoch ließe sich diese strenge Annahme ohne weiteres lockern, indem man einen mehrperiodigen Modellansatz einführt.

2. Bezüglich des Zeitpunktes $t = 1$ herrscht Unsicherheit. Diese kommt zunächst darin zum Ausdruck, daß die Erträge der Investitionen, welche von einer Firma realisiert werden, nicht mit Sicherheit prognostiziert werden können. Im Zeitpunkt $t = 1$ können unterschiedliche Zustände $s = 1, \ldots, S$ auftreten, wobei angenommen wird, daß die Zahl der Zustände endlich ist.

3. Es gibt eine große Zahl von Investoren, die im Zeitpunkt $t = 0$ ihre Ersparnisse Firmen zur Verfügung stellen, indem sie Finanztitel kaufen. Das können Eigentümerpapiere ("Aktien") beziehungsweise Gläubigerpapiere ("Anleihen") sein. Die Firmen verwenden die Erlöse aus dem Verkauf dieser Wertpapiere, um damit Investitionen zu finanzieren. Im Gegenzug räumen sie den Kapitalgebern Ansprüche auf Zahlungen im Zeitpunkt $t = 1$ ein, die sie aus den Investitionserträgen bestreiten. Dabei wird den Gläubigern ein fester Betrag versprochen, während den Aktionären in Aussicht gestellt wird, daß sie den Restbetrag erhalten, welcher von den Investitionserträgen verbleibt, nachdem die Gläubiger befriedigt sind. Wenn die Investitionserträge nicht ausreichen, um die Gläubiger vollständig zu befriedigen, so erhalten diese alle Investitionserträge, und die Aktionäre gehen leer aus. Mehr als das, was die Investitionen der Firmen im Zeitpunkt $t = 1$ abwerfen, kann an die Kapitalgeber jedoch nicht verteilt werden. Privathaftung ist also ausgeschlossen.

4. Alle Finanztitel werden auf einem reibungslosen Kapitalmarkt gehandelt. Es gibt also weder Transaktionskosten im Zusammenhang mit dem Kauf oder Verkauf von Wertpapieren noch Steuern oder Handels- beziehungsweise Marktzutrittsbeschränkungen. Das schließt ein, daß auch Leerverkäufe zulässig sind.

5. Der Kapitalmarkt ist kompetitiv. Niemand besitzt eine marktbeherrschende Stellung. Jeder nimmt daher die Preise der Wertpapiere als gegeben.

6. Alle Marktteilnehmer haben identische Vorstellungen von den Einnahmen, die sie aus dem Besitz von Finanztiteln erwarten dürfen, wenn im

Zeitpunkt $t = 1$ der Zustand s eintritt. Es wird also von homogenen Zukunftserwartungen ausgegangen. Diese beziehen sich jedoch nicht notwendigerweise auch auf die Eintrittswahrscheinlichkeiten der Zustände im Zeitpunkt $t = 1$.

7. Es gibt keine Arbitragegelegenheiten.

8. Es existieren zwei Unternehmen, die sich *einzig und allein* in bezug auf ihre Kapitalstruktur unterscheiden. Diese beiden Firmen werden mit den Indizes L und U gekennzeichnet, wobei L für das verschuldete Unternehmen (englisch: levered firm) und U für das unverschuldete Unternehmen (englisch: unlevered firm) steht.

   Die Annahme ist besonders wichtig. Sie besagt, daß der Verschuldungsgrad der einzige Unterschied zwischen den beiden Unternehmen ist. Sie betreiben also die gleiche Investitionspolitik, stellen dieselben Produkte zu den gleichen Kosten her und verkaufen ihre Erzeugnisse zu identischen Bedingungen auf denselben Absatzmärkten. Eine derart weitgehende Übereinstimmung ist natürlich nur im Rahmen eines Gedankenexperimentes herstellbar. Aber wir brauchen sie, weil wir sonst nicht eindeutig beurteilen können, ob voneinander abweichende Kapitalkosten nun auf den Verschuldungsgrad oder auf irgendeine andere Ursache zurückzuführen sind.

6.2 Modigliani/Miller–Theorem

Die entscheidende These von *Modigliani* und *Miller* lautet, daß der Verschuldungsgrad eines Unternehmens ohne Einfluß auf seinen Marktwert ist.[3] Unter dem Marktwert des Unternehmens ist hier die Summe des Marktwerts der Aktien (Eigenkapital) und der Anleihen (Fremdkapital) zu verstehen. Der Verschuldungsgrad ist das Verhältnis von Fremd– zu Eigenkapital, wobei man beide Größen nicht anhand ihrer bilanziellen Werte, sondern ebenfalls mit Hilfe von Marktwerten mißt.

Um die These zu beweisen, kann man sehr verschiedene Wege gehen, von denen wir im folgenden zwei zeigen wollen. Zuvor müssen wir aber einige Symbole definieren. Wir verwenden:

V_0 Marktwert des gesamten Unternehmens

[3]Wenn Sie den Text kritisch lesen, werden Sie vielleicht fragen, was das mit den Kapitalkosten zu tun hat, die die Finanzmanager minimieren sollen. Tatsächlich kann man aber leicht zeigen, daß man mit Hilfe von Variationen des Verschuldungsgrades die Kapitalkosten genau dann nicht minimieren kann, wenn man den Marktwert des Unternehmens nicht maximieren kann. Vgl. dazu im einzelnen Seite 250 ff.

E_0	Marktwert des Eigenkapitals (englisch: equity)
$\tilde{E}_1$	Unsichere Ansprüche der Eigentümer im Zeitpunkt $t = 1$
D_0	Marktwert des Fremdkapitals (englisch: debt)
$\tilde{D}_1$	Unsichere Ansprüche der Gläubiger im Zeitpunkt $t = 1$
$\tilde{X}$	Unsichere Investitionserträge im Zeitpunkt $t = 1$.

Um Mißverständnisse zu vermeiden, versehen wir im folgenden alle unsicheren Größen mit einer Tilde. Da die Firma U nicht mit Fremdkapital finanziert ist, gilt $D_0^U = 0$ und $V_0^U = E_0^U$. Für das Unternehmen L lautet der definitorische Zusammenhang dagegen $V_0^L = E_0^L + D_0^L$. Da die beiden Unternehmen mit Ausnahme ihrer Kapitalstruktur vollkommen identisch sind, gilt annahmegemäß außerdem

$$X_s^U = X_s^L \quad \forall s \tag{6.1}$$

für beide Firmen.

6.2.1 CAPM und Irrelevanztheorem

Eine einfache Methode, die Irrelevanz der Kapitalstruktur zu beweisen, bedient sich der Ergebnisse des Capital Asset Pricing Models. Zu diesem Zweck erinnern wir uns an die grundlegende Bewertungsgleichung (5.74) von Seite 225, die folgende Form besaß:

$$p(\tilde{X}) = \frac{\mathrm{E}[\tilde{X}] - \lambda \operatorname{Cov}[\tilde{X}, \tilde{r}_m]}{1 + r_f} .$$

Um den Gleichgewichtspreis eines Finanztitels zu ermitteln, der im Zeitpunkt $t = 1$ unsichere Rückflüsse verspricht, ermittle man zunächst den Erwartungswert dieser Rückflüsse und nehme anschließend eine Risikoadjustierung vor, indem man den Erwartungswert um das Produkt aus dem Marktpreis des Risikos und der Kovarianz zwischen den Rückflüssen des Finanztitels und der Marktrendite vermindert. Das Resultat ist mit dem risikolosen Zinssatz zu diskontieren. Eben diese Gleichung nutzen wir jetzt, um die Marktwerte des Eigen– und des Fremdkapitals zu bestimmen.

Um das tun zu können, müssen wir jedoch die oben getroffenen Annahmen noch ein wenig verschärfen. Wir hatten unterstellt, daß alle Marktteilnehmer homogene Zukunftserwartungen haben, jedoch nicht angenommen, daß die Eintrittswahrscheinlichkeiten der Zustände im Zeitpunkt $t = 1$ von allen Investoren gleich eingeschätzt werden. Das aber müssen wir jetzt tun, da anderenfalls die Voraussetzungen des Capital Asset Pricing Models nicht erfüllt sind.

Eine weitere Verschärfung der oben genannten Annahmen wird durch die Verwendung des Capital Asset Pricing Models erzwungen, weil es auf der Voraussetzung beruht, daß entweder die Rückflüsse der Investitionen normalverteilt sind oder alle Marktteilnehmer quadratische Nutzenfunktionen besitzen.[4]

Zunächst können wir festhalten, daß der Marktwert des unverschuldeten Unternehmens U

$$V_0^U = E_0^U = \frac{\mathrm{E}[\tilde{X}] - \lambda \operatorname{Cov}[\tilde{X}, \tilde{r}_m]}{1 + r_f} \tag{6.2}$$

beträgt. Das *Modigliani/Miller*-Theorem ist bewiesen, wenn wir gezeigt haben, daß der Marktwert der verschuldeten Firma L ebenfalls durch den Ausdruck auf der rechten Seite von (6.2) gegeben ist. Das beweisen wir zunächst für den Fall, daß die Rückzahlung des Kredits der Firma L sicher ist, und anschließend unter Aufgabe dieser einschränkenden Annahme.

Risikolose Verschuldung Konzentrieren wir uns zunächst auf den Spezialfall risikoloser Verschuldung. Hierbei wird unterstellt, daß den Gläubigern Zahlungsversprechen nur in einem solchen Umfange gegeben werden, die im Zeitpunkt $t = 1$ mit Sicherheit erfüllt werden können. Bei risikoloser Verschuldung erhält man den Marktwert der Anleihen einfach aus

$$D_0^L = \frac{D_1}{1 + r_f}, \tag{6.3}$$

während der Marktwert der Aktien sich aus

$$E_0^L = \frac{\mathrm{E}[\tilde{E}_1] - \lambda \operatorname{Cov}[\tilde{E}_1, \tilde{r}_m]}{1 + r_f} \tag{6.4}$$

ergibt. Da annahmegemäß zur Befriedigung der Kapitalgeber ausschließlich Investitionserträge herangezogen werden und Privathaftung ausgeschlossen bleibt, gilt notwendigerweise

$$\begin{aligned} \tilde{E}_1 + D_1 &= \tilde{X} \quad \text{und} \\ \mathrm{E}[\tilde{E}_1] + D_1 &= \mathrm{E}[\tilde{X}] \,. \end{aligned}$$

Einsetzen und Umformen ergibt für den gesamten Marktwert des verschuldeten Unternehmens

$$\begin{aligned} V_0^L &= E_0^L + D_0^L \\ &= \frac{\mathrm{E}[\tilde{E}_1] - \lambda \operatorname{Cov}[\tilde{E}_1, \tilde{r}_m]}{1 + r_f} + \frac{D_1}{1 + r_f} \end{aligned}$$

[4]Vgl. oben Seite 188. Eine andere unserer oben getroffenen Annahmen könnten wir dagegen abschwächen. Anstelle der starken Annahme (6.1), $X_s^U = X_s^L$ für alle s, könnten wir nun die schwächere Annahme treffen, daß $\mathrm{E}[\tilde{X}^U] = \mathrm{E}[\tilde{X}^L]$ und $\operatorname{Cov}[\tilde{X}^U, \tilde{r}_m] = \operatorname{Cov}[\tilde{X}^L, \tilde{r}_m]$ gelte.

$$= \frac{\mathrm{E}[\tilde{E}_1] + D_1 - \lambda \operatorname{Cov}[\tilde{E}_1, \tilde{r}_m]}{1 + r_f}$$

$$= \frac{\mathrm{E}[\tilde{X}] - \lambda \operatorname{Cov}[\tilde{E}_1, \tilde{r}_m]}{1 + r_f}. \tag{6.5}$$

Nach all diesen Vorbereitungen läßt sich der Beweis nun rasch führen. Die Wahl des Verschuldungsgrades ist für den Marktwert des Unternehmens genau dann ohne Bedeutung, wenn

$$V_0^U = V_0^L .$$

Infolgedessen müssen wir zeigen, daß

$$\operatorname{Cov}[\tilde{X}, \tilde{r}_m] = \operatorname{Cov}[\tilde{E}_1, \tilde{r}_m],$$

denn nur wenn diese beiden Kovarianzen übereinstimmen, entsprechen die Gleichungen (6.2) und (6.5) einander. Der Beweis ist schnell geführt:

$$\begin{aligned}
\operatorname{Cov}[\tilde{E}_1, \tilde{r}_m] &= \mathrm{E}\left[(\tilde{E}_1 - \mathrm{E}[\tilde{E}_1])(\tilde{r}_m - \mathrm{E}[\tilde{r}_m])\right] \\
&= \mathrm{E}\left[(\tilde{E}_1 + D_1 - \mathrm{E}[\tilde{E}_1] - D_1)(\tilde{r}_m - \mathrm{E}[\tilde{r}_m])\right] \\
&= \mathrm{E}\left[(\tilde{X} - \mathrm{E}[\tilde{X}])(\tilde{r}_m - \mathrm{E}[\tilde{r}_m])\right] \\
&= \operatorname{Cov}[\tilde{X}, \tilde{r}_m].
\end{aligned}$$

Die notwendige Konsequenz lautet: Die Kapitalstruktur ist für den gesamten Marktwert eines Unternehmens irrelevant, wenn die Annahmen gelten, von denen man im Rahmen des Capital Asset Pricing Models ausgeht.

Riskante Verschuldung Bisher haben wir unterstellt, daß die Anleihe insofern sicher ist, als die Gläubiger ihre Schulden auch bei Eintritt der schlechtesten Zukunftslagen vollständig bezahlen können. Obwohl wir diese Annahme jetzt aufgeben, bleibt die Irrelevanzthese gültig. Der Wert des Fremdkapitals im Zeitpunkt $t = 0$ beläuft sich nunmehr auf

$$D_0^L = \frac{\mathrm{E}[\tilde{D}_1] - \lambda \operatorname{Cov}[\tilde{D}_1, \tilde{r}_m]}{1 + r_f}, \tag{6.6}$$

während sich für den Marktwert des Eigenkapitals dasselbe ergibt wie oben in Gleichung (6.4). Setzt man beides in die Definitionsgleichung für den Marktwert des gesamten Unternehmens ein, so erhält man

$$\begin{aligned}
V_0^L &= E_0^L + D_0^L \\
&= \frac{\mathrm{E}[\tilde{E}_1] - \lambda \operatorname{Cov}[\tilde{E}_1, \tilde{r}_m]}{1 + r_f} + \frac{\mathrm{E}[\tilde{D}_1] - \lambda \operatorname{Cov}[\tilde{D}_1, \tilde{r}_m]}{1 + r_f}
\end{aligned}$$

$$= \frac{\mathrm{E}[\tilde{E}_1 + \tilde{D}_1] - \lambda\left(\mathrm{Cov}[\tilde{E}_1, \tilde{r}_m] + \mathrm{Cov}[\tilde{D}_1, \tilde{r}_m]\right)}{1 + r_f}. \tag{6.7}$$

Da wir annahmegemäß Privathaftung ausschließen und die Kapitalgeber daher einzig und allein aus den Investitionserträgen befriedigt werden können, gilt jetzt

$$\begin{aligned} \tilde{E}_1 + \tilde{D}_1 &= \tilde{X} \quad \text{und} \\ \mathrm{E}[\tilde{E}_1 + \tilde{D}_1] &= \mathrm{E}[\tilde{X}]. \end{aligned}$$

Einsetzen in (6.7) führt zu

$$V_0^L = \frac{\mathrm{E}[\tilde{X}] - \lambda\left(\mathrm{Cov}[\tilde{E}_1, \tilde{r}_m] + \mathrm{Cov}[\tilde{D}_1, \tilde{r}_m]\right)}{1 + r_f} \tag{6.8}$$

für den gesamten Marktwert der verschuldeten Firma. Vergleicht man das mit dem gesamten Marktwert des unverschuldeten Unternehmens gemäß (6.2), so zeigt sich, daß beide genau dann übereinstimmen, wenn

$$\mathrm{Cov}[\tilde{E}_1, \tilde{r}_m] + \mathrm{Cov}[\tilde{D}_1, \tilde{r}_m] = \mathrm{Cov}[\tilde{X}, \tilde{r}_m]$$

ist. Auch das läßt sich wieder rasch beweisen, denn

$$\begin{aligned} &\mathrm{Cov}[\tilde{E}_1, \tilde{r}_m] + \mathrm{Cov}[\tilde{D}_1, \tilde{r}_m] \\ &= \mathrm{E}\left[(\tilde{E}_1 - \mathrm{E}[\tilde{E}_1])(\tilde{r}_m - \mathrm{E}[\tilde{r}_m])\right] \\ &\quad + \mathrm{E}\left[(\tilde{D}_1 - \mathrm{E}[\tilde{D}_1])(\tilde{r}_m - \mathrm{E}[\tilde{r}_m])\right] \\ &= \mathrm{E}\left[(\tilde{E}_1 - \mathrm{E}[\tilde{E}_1] + \tilde{D}_1 - \mathrm{E}[\tilde{D}_1]) \cdot (\tilde{r}_m - \mathrm{E}[\tilde{r}_m])\right] \\ &= \mathrm{E}\left[(\tilde{X} - \mathrm{E}[\tilde{X}])(\tilde{r}_m - \mathrm{E}[\tilde{r}_m])\right] \\ &= \mathrm{Cov}[\tilde{X}, \tilde{r}_m]. \end{aligned}$$

Damit erweist sich die Kapitalstruktur auch dann als irrelevant, wenn die Verschuldung ein Ausmaß annimmt, das Kredite unsicher werden läßt.

Da wir nun gezeigt haben, daß die Mischung der beiden prominentesten Wertpapiere – Aktien und Anleihen – keinerlei Auswirkungen auf den Marktwert des Unternehmens (und damit auf seine Kapitalkosten) hat, könnte ein Finanzmanager auf die Idee kommen, es mit zwei anderen Wertpapieren zu versuchen, zum Beispiel Aktien und Vorzugsaktien, Anleihen und Wandelanleihen und so weiter. Es wird alles nichts nutzen. In unseren Beweis gingen ja spezielle Voraussetzungen über die Eigenschaften von Aktien und Anleihen überhaupt nicht ein. Wir haben mit (6.4) und (6.6) nur zweimal die allgemeine

Bewertungsgleichung des Capital Asset Pricing Models verwendet, und die gilt für *alle* Wertpapiere. Und selbstverständlich erreicht der Finanzmanager auch dann nichts, wenn er das Unternehmen mit mehr als zwei verschiedenen Titeln finanziert. Wir müßten in einem solchen Fall einfach einen dieser Titel D und das Portfolio der restlichen Titel E nennen und hätten damit im Prinzip schon gezeigt, daß sich an V_0 nichts ändert, wenn man $D_0 = 0$ wählt, den einen Titel also nicht emittiert. Das setzen wir so fort, bis nur noch zwei Finanztitel übrigbleiben.

6.2.2 Arbitragetheorie und Irrelevanztheorem

Um die Irrelevanzthese zu beweisen, muß man nicht auf das CAPM zurückgreifen. Vielmehr gelingt der Beweis auch mit Hilfe der Arbitragetheorie, und diese Vorgehensweise ist wesentlich voraussetzungsärmer. So braucht man nicht zu unterstellen, daß alle Marktteilnehmer die Eintrittswahrscheinlichkeiten der sich im Zeitpunkt $t = 1$ manifestierenden Zukunftslagen gleich einschätzen. Ferner benötigt man weder die Annahme, daß die Rückflüsse der Investitionen normalverteilt sind, noch die Prämisse, daß die Marktteilnehmer quadratischen Nutzenfunktionen folgen. Man muß nicht einmal voraussetzen, daß die Investoren sich rational im Sinne des Bernoulliprinzips verhalten.

Um den Beweis führen zu können, gehen wir allerdings auch jetzt wieder davon aus, daß die Investitionserträge der unverschuldeten Firma ebenso groß sind wie diejenigen des verschuldeten Unternehmens,

$$X_s^U = X_s^L \quad \forall s\,, \tag{6.9}$$

wobei wir annehmen, daß die Zahl der im Zeitpunkt $t = 1$ möglichen Zustände endlich ist. Am Kapitalmarkt werden Aktien und Anleihen der Firmen U und L gehandelt. Im einzelnen verwenden wir folgende Symbole:

n_E	Zahl der Aktien eines Unternehmens
n_D	Zahl der Anleihen eines Unternehmens
$p(\tilde{x}_E)$	Marktwert der Aktie eines Unternehmens
$p(\tilde{x}_D)$	Marktwert der Anleihe eines Unternehmens
$\tilde{x}_E$	Anspruch aus dem Besitz einer Aktie im Zeitpunkt $t = 1$
$\tilde{x}_D$	Anspruch aus dem Besitz einer Anleihe im Zeitpunkt $t = 1$
$\tilde{X}$	Unsichere Investitionserträge im Zeitpunkt $t = 1$.

Jede Anleihe berechtigt ihren Inhaber, im Zeitpunkt $t = 1$ von dem verschuldeten Unternehmen die Zahlung eines festen Betrages d_1 zu verlangen. Aber es ist nicht sicher, ob die Firmenleitung dazu imstande sein wird, die Ansprüche der Gläubiger vollkommen zu befriedigen. Das ist nur möglich, wenn

$D_1 = n_D d_1 \leq \tilde{X}$. Sollten Zustände eintreten, in denen $n_D d_1 > \tilde{X}$ ist, so tritt Konkurs ein. In diesen Fällen gehen die Aktionäre leer aus, und die unzureichenden Investitionserträge $\tilde{X}$ werden so auf die Gläubiger verteilt, daß jeder mit der gleichen Quote $\tilde{X}/n_D$ befriedigt wird. Aus einer Anleihe erwachsen daher zustandsabhängige Ansprüche in Höhe von

$$\tilde{x}_D = \left\{ \begin{array}{ll} d_1 & \text{wenn } n_D d_1 \leq \tilde{X} \\ \tilde{X}/n_D & \text{wenn } n_D d_1 > \tilde{X} \end{array} \right\} . \tag{6.10}$$

Wieder ist wichtig zu betonen, daß die Gläubiger in keinem Fall mehr erhalten können, als insgesamt an Investitionserträgen im Zeitpunkt $t = 1$ zur Verfügung steht. Eine darüber hinausgehende Haftung (Privathaftung) ist ausgeschlossen. Aus dem Besitz einer Aktie erwachsen Ansprüche in Höhe von

$$\tilde{x}_E = \left\{ \begin{array}{ll} (\tilde{X} - n_D d_1)/n_E & \text{wenn } n_D d_1 \leq \tilde{X} \\ 0 & \text{wenn } n_D d_1 > \tilde{X} \end{array} \right\} . \tag{6.11}$$

Das bedeutet: Die Aktionäre erhalten im Zeitpunkt $t = 1$ nichts, falls der Konkursfall eintritt. Sie bekommen zu gleichen Teilen das, was nach Abzug der Schulden von den Investitionserträgen übrigbleibt, wenn die Geschäftsentwicklung günstiger verläuft. Da Privathaftung ausgeschlossen ist, muß notwendigerweise

$$\tilde{X} = n_D \tilde{x}_D + n_E \tilde{x}_E \tag{6.12}$$

gelten, vgl. Tabelle 6.1.

Tabelle 6.1: Ansprüche der Kapitalgeber im Zeitpunkt $t = 1$

Titel	Konkurs $n_D d_1 > \tilde{X}$	Kein Konkurs $n_D d_1 \leq \tilde{X}$
Summe der Anleihen	$\tilde{X}$	$n_D d_1$
Summe der Aktien	0	$\tilde{X} - n_D d_1$
Summe der Ansprüche	$\tilde{X}$	$\tilde{X}$

Unter dem Marktwert eines Unternehmens verstehen wir nun die Summe der Marktpreise aller von ihr ausgegebenen Finanztitel. Der Marktwert des verschuldeten Unternehmens beläuft sich auf

$$V_0^L = n_D^L\, p(\tilde{x}_D^L) + n_E^L\, p(\tilde{x}_E^L) . \tag{6.13}$$

Aufgrund der zentralen Annahme, daß Arbitragegelegenheiten nicht existieren, muß das Wertadditivitätstheorem gelten, vgl. Seite 167. Das bedeutet im vorliegenden Fall

$$V_0^L = p(n_D^L\, \tilde{x}_D^L + n_E^L\, \tilde{x}_E^L) ,$$

wofür man wegen (6.12) auch

$$V_0^L = p(\tilde{X}^L)$$

schreiben kann. Beide Firmen unterscheiden sich ausschließlich in bezug auf ihre Kapitalstruktur voneinander. Die zustandsabhängigen Investitionserträge dagegen stimmen überein. Deswegen können wir vorstehende Gleichung unter Verwendung von (6.9) auch als

$$V_0^L = p(\tilde{X}^U)$$

darstellen, woraus nach erneuter Anwendung von (6.12)

$$V_0^L = p\left(n_D^U \tilde{x}_D^U + n_E^U \tilde{x}_E^U\right)$$

oder wegen $n_D^U = 0$ und nochmaliger Anwendung des Wertadditivitätstheorems

$$\begin{aligned} V_0^L &= p(n_E^U \tilde{x}_E^U) \\ &= n_E^U p(\tilde{x}_E^U) \\ &= V_0^U \end{aligned}$$

wird. Damit haben wir über die Arbitragetheorie bewiesen, daß der Marktwert eines Unternehmens unabhängig von seinem Verschuldungsgrad ist. Weil wir spezifische Eigenschaften der Anleihe und der Aktie in unserem Beweis verwendet haben, ist unser Resultat nicht so unmittelbar auf andere Finanztitel übertragbar wie das entsprechende Ergebnis, das wir oben unter Verwendung des CAPM abgeleitet hatten. Man könnte den Beweis im übrigen auch hier so allgemein formulieren, daß er für alle Finanztitel gilt, die mit den Annahmen aus Abschnitt 6.1 verträglich sind. Wir haben außerdem gesehen, daß es sich bei der These von *Modigliani* und *Miller* im Grunde nur um einen Spezialfall des Wertadditivitätstheorems handelt.

6.2.3 Ergebnis

Man bezeichnet die These als das Irrelevanztheorem der Kapitalstruktur oder auch als *Modigliani/Miller*–Theorem,

$$\boxed{V_0^L = V_0^U}. \tag{6.14}$$

Wollte man das Theorem salopp formulieren, so könnte man sagen: Die Größe eines Kuchens bleibt davon unberührt, in wieviele Stücke man ihn schneidet und welche spezielle Form diese Stücke haben. An die Kapitalgeber werden unsichere Investitionserträge verteilt, und zwar ganz unabhängig davon, in welcher Weise das für die Durchführung der Investitionen erforderliche Kapital aufgebracht wird. Der Marktwert des Unternehmens ("die Größe des Kuchens") wird ausschließlich von der Wahrscheinlichkeitsverteilung der Investitionserträge bestimmt, nicht jedoch davon, wie Erträge und Risiken zwischen den Kapitalgebern aufgeteilt werden.

6.3 Abgeleitete Theoreme

Aus der grundlegenden These von *Modigliani* und *Miller* lassen sich zwei weitere Thesen ableiten. Die erste betrifft die Renditeforderungen der Eigentümer ("Aktionäre") in Abhängigkeit vom Verschuldungsgrad; die zweite bezieht sich auf die durchschnittlichen Kapitalkosten.

Gehen wir davon aus, daß Finanzmanager dafür zu sorgen haben, daß das Unternehmen liquide bleibt und das für Investitionszwecke benötigte Kapital so kostengünstig wie möglich beschafft wird. Ziel der finanzwirtschaftlichen Aktivitäten wäre damit die Minimierung der *durchschnittlichen Kapitalkosten* (englisch: weighted average cost of capital). Hierunter versteht man die Summe aus der mit der Eigenkapitalquote gewichteten Renditeforderung der Anteilseigner k_E und der mit der Fremdkapitalquote gewichteten Zinsforderung der Gläubiger k_D. Unter Verwendung der auf Seite 242 definierten Symbole schreiben wir für die durchschnittlichen Kapitalkosten

$$\mathrm{WACC} = k_E \, \frac{E_0}{E_0 + D_0} + k_D \, \frac{D_0}{E_0 + D_0} \,. \tag{6.15}$$

Man beachte, daß wegen der grundlegenden *Modigliani/Miller*–These für jeden beliebigen Verschuldungsgrad $E_0 + D_0 = V_0 = p(\tilde{X})$ sein muß.

6.3.1 Renditeforderung der Anteilseigner

Jetzt wollen wir das Verhältnis der beiden Parameter k_E und k_D genauer untersuchen. Zu diesem Zweck stellen wir uns zunächst eine Firma vor, die vollkommen eigenfinanziert ist. Der Wert der Aktien entspricht hier dem Marktwert des gesamten Unternehmens und kann in der Form

$$V_0 = E_0 = p(\tilde{X}) = \frac{\mathrm{E}\,[\tilde{X}]}{1 + k} \tag{6.16}$$

geschrieben werden. Hier repräsentiert der Satz k die *Renditeforderung der Eigentümer unter den Bedingungen der totalen Eigenfinanzierung*. Er enthält über den risikolosen Zinssatz hinaus eine Prämie für die Übernahme des *leistungswirtschaftlichen Risikos* (englisch: business risk). Über die Höhe dieser Prämie haben sich *Modigliani* und *Miller* im Jahre 1958, als ihr Aufsatz erschien, nicht detailliert geäußert. Jedoch lehrt uns das CAPM inzwischen, was man damals noch nicht wußte.[5] Sofern die Firma dazu übergeht, Fremdkapital aufzunehmen, muß die Renditeforderung der Eigentümer steigen, denn nun müssen sie über das leistungswirtschaftliche Risiko hinaus noch ein spezielles *finanzielles Risiko* (englisch: financial risk) tragen, das sich in zunehmender Varianz ihrer Renditen äußert, da die Kreditgeber bei den Rückzahlungen stets bevorzugt werden. Nennen wir die Prämie für die Übernahme des finanziellen Risikos η, so beläuft sich die Renditeforderung der Anteilseigner grundsätzlich auf

$$k_E = k + \eta\,, \tag{6.17}$$

wobei an dieser Stelle unserer Überlegungen noch offen ist, wovon die Höhe dieser Prämie bestimmt wird.

Betrachten wir statt dessen die Renditeforderung der Gläubiger k_D. Diese ist mindestens so hoch wie der risikolose Zins r_f , wird aber darüber hinausgehen müssen, falls die Kredite von Ausfallrisiken bedroht sind. Im Höchstfall erreicht k_D den Satz k, denn auch bei "hundertprozentiger" Fremdfinanzierung müssen die Gläubiger nicht mehr Risiken tragen als die Eigentümer im Falle völliger Eigenfinanzierung. Daher können wir

$$r_f \leq k_D \leq k$$

und in Verbindung mit unseren Überlegungen zur Renditeforderung der Eigentümer

$$r_f \leq k_D \leq k \leq k_E$$

festhalten. Diese Relationen sind damit zu erklären, daß die Gläubiger gegenüber den Anteilseignern grundsätzlich Vorrang genießen. Nun aber wollen wir auf die Prämie η zurückkommen, also die Prämie, welche Eigentümer für die Übernahme finanzieller Risiken verlangen. Zu diesem Zweck gehen wir davon aus, daß die Zinsforderung der Gläubiger mit k_D gegeben und der Marktwert

---

[5]Die CAPM–Preisgleichung (vgl. oben Seite 224) besagt, daß im Gleichgewicht

$$p(\tilde{X}) = \frac{\mathrm{E}\,[\tilde{X}]}{1 + r_f + \lambda\,\mathrm{Cov}\,[\tilde{r}, \tilde{r}_m]}$$

gelten muß, wobei $\tilde{X}$ für die unsicheren Erträge der Firmeninvestitionen und r für die unsicheren Renditen derselben Investitionen stehen. In diesem Kontext gilt demnach für den Satz k

$$k = r_f + \lambda\,\mathrm{Cov}\,[\tilde{r}, \tilde{r}_m]\,.$$

des Fremdkapitals durch

$$D_0 = n_D\, p(\tilde{x}_D) = \frac{n_D\, \mathrm{E}[\tilde{x}_D]}{1 + k_D} \tag{6.18}$$

definiert ist. Entsprechend beträgt der Marktwert des Eigenkapitals

$$E_0 = n_E\, p(\tilde{x}_E) = \frac{n_E\, \mathrm{E}[\tilde{x}_E]}{1 + k_E}\,. \tag{6.19}$$

Natürlich gilt $n_D\, \mathrm{E}[\tilde{x}_D] + n_E\, \mathrm{E}[\tilde{x}_E] = \mathrm{E}[\tilde{X}]$. Verwenden wir das und (6.17), so erhalten wir nach leichter Umformung

$$E_0\,(1 + k + \eta) = \mathrm{E}[\tilde{X}] - n_D\, \mathrm{E}[\tilde{x}_D]\,.$$

Hierfür läßt sich unter Benutzung von (6.16) und (6.18) auch

$$E_0\,(1 + k + \eta) = V_0\,(1 + k) - D_0\,(1 + k_D)$$

schreiben. Nun erinnern wir uns an das *Modigliani/Miller*–Theorem, daß der Marktwert eines Unternehmens unabhängig von der Verschuldung ist, womit wir

$$E_0\,(1 + k + \eta) = (E_0 + D_0)\,(1 + k) - D_0\,(1 + k_D)$$

erhalten, was sich mit dem Ergebnis

$$\eta = \Big(k - k_D\Big)\frac{D_0}{E_0}$$

nach η auflösen läßt. Die erforderliche Prämie für die Übernahme des finanziellen Risikos durch die Eigentümer ergibt sich also auf einem arbitragefreien Markt aus dem Produkt der Differenz zwischen dem Satz k und der Renditeforderung der Gläubiger k_D sowie dem Verschuldungsgrad D_0/E_0. Die Renditeforderung der Eigentümer muß sich daher wegen (6.17) auf

$$\boxed{k_E = k + \Big(k - k_D\Big)\frac{D_0}{E_0}} \tag{6.20}$$

belaufen. Sie ist bei gegebener Zinsforderung der Gläubiger eine lineare Funktion des Verschuldungsgrades.

6.3.2 Durchschnittliche Kapitalkosten

Wenden wir uns abschließend der Frage zu, wie die durchschnittlichen Kapitalkosten gemäß (6.15) auf Veränderungen des Verschuldungsgrades reagieren.

Zu diesem Zweck brauchen wir nur für k_E einzusetzen. Dabei erhält man

$$\text{WACC} = \left(k + \left(k - k_D\right)\frac{D_0}{E_0}\right)\frac{E_0}{E_0 + D_0} + k_D\,\frac{D_0}{E_0 + D_0},$$

was sich rigoros vereinfachen läßt, so daß

$$\boxed{\text{WACC} = k} \tag{6.21}$$

übrigbleibt. Damit ist der Beweis erbracht, daß unter den hier getroffenen Annahmen jeder Verschuldungsgrad die gleichen durchschnittlichen Kapitalkosten verursacht.

6.4 Kapitalstruktur und Steuern

Das *Modigliani/Miller*-Theorem beruht entscheidend auf der Annahme, daß der Betrag, den man insgesamt an die Kapitalgeber verteilen kann, unabhängig vom Verschuldungsgrad ist. Diese Voraussetzung geht in der Regel verloren, wenn man Steuern in die Analyse einbezieht. Diese Zusammenhänge sollen vor dem Hintergrund dreier einfacher Steuersysteme exemplarisch gezeigt werden.

Verfeinerung der Symbolik Dafür müssen wir einige Vorbereitungen treffen. Zu diesem Zweck werden wir auf unsere Überlegungen von Seite 247 ff. zurückkommen und zunächst die Symbolik ein wenig ändern. Das ist erforderlich, weil der Betrag, welchen der Schuldner im Zeitpunkt $t = 1$ an den Gläubiger zu zahlen hat, sich aus Zins- und Tilgungsleistungen zusammensetzt, die steuerlich in aller Regel uneinheitlich behandelt werden. Oben hatten wir die Summe aus beiden Beträgen mit dem Symbol d_1 bezeichnet. Jetzt soll

$$d_1 = z_1 + t_1$$

und

$$\begin{aligned} D_1 &= Z_1 + T_1 \\ &= n_D\,(z_1 + t_1) \end{aligned}$$

gelten, wobei z_1 für den Zinsanteil und t_1 für den Tilgungsanteil einer Anleihe beziehungsweise Z_1 und T_1 für die entsprechenden Beträge aller Anleihen eines Unternehmens stehen. Aus Gründen der Bequemlichkeit werden wir im folgenden die Tilden zur Kennzeichnung zufallsabhängiger Größen weglassen.

Rekapitulation der Beweistechnik Um zu sehen, welchen Einfluß bestimmte Steuersysteme auf das Irrelevanztheorem haben, wollen wir die oben auf Seite 248 benutzte Beweistechnik hier in schematischer Form rekapitulieren, um sie anschließend in entsprechender Weise wiederholen zu können. Das geschieht nur, um später Platz zu sparen.

$$\begin{aligned}
V_0^L &= n_D^L\, p(x_D^L) + n_E^L\, p(x_E^L) && \text{gemäß Definition} \\
&= p(n_D^L\, x_D^L + n_E^L\, x_E^L) && \text{wegen Wertadditivität} \\
&= p(X^L) && \text{wegen Gleichung (6.12)} \\
&= p(X^U) && \text{wegen Gleichung (6.9)} \\
&= p(n_D^U\, x_D^U + n_E^U\, x_E^U) && \text{wegen Gleichung (6.12)} \\
&= n_D^U\, p(x_D^U) + n_E^U\, p(x_E^U) && \text{wegen Wertadditivität} \\
&= n_E^U\, p(x_E^U) && \text{wegen } n_D^U = 0 \\
&= V_0^U && \text{gemäß Definition}\,.
\end{aligned}$$

Nach diesen Vorbereitungen können wir damit beginnen, drei Steuersysteme daraufhin zu analysieren, ob das *Modigliani/Miller*–Theorem unter ihrem Regime erhalten bleibt oder zusammenbricht.

6.4.1 Steuersystem 1 (Körperschaftsteuer)

Die Annahme, daß der Kapitalmarkt reibungslos funktioniert, wird aufgehoben. Statt dessen unterstellen wir jetzt, daß Unternehmen im Zeitpunkt $t = 1$ Körperschaftsteuer zu zahlen haben. Bemessungsgrundlage ist die Differenz zwischen den Investitionserträgen und den versprochenen Zinsen. Unter Verwendung des proportionalen Steuersatzes τ_k lautet die Körperschaftsteuergleichung daher

$$\mathrm{KSt} = \tau_k\,(X - Z_1)\,.$$

Diese Form der Besteuerung soll auch dann gelten, wenn die Bemessungsgrundlage negativ ist. Es wird also angenommen, daß das hier modellierte Steuergesetz geeignete Verlustrücktragsregelungen enthält.

Nun sind zwei Fälle zu unterscheiden: Entweder tritt Konkurs ein oder nicht. Die Anleihegläubiger werden in jedem Fall zuerst bedient, die Aktionäre nachrangig. Der Konkursfall ist dann gegeben, wenn die Investitionserträge, vermindert um die Körperschaftsteuer, kleiner sind als die Ansprüche der Anleihegläubiger, wenn also $X - \mathrm{KSt} < Z_1 + T_1$.

1. Bleibt der Konkursfall aus, so erhalten die Gläubiger Zins– und Tilgungszahlungen in der versprochenen Höhe. Das heißt

$$\text{Gläubiger:} \quad Z_1 + T_1\,.$$

Die Eigentümer dagegen bekommen zunächst die vollen Investitionserträge, müssen daraus aber sowohl die Einkünfte der Gläubiger als auch die Körperschaftsteuer bestreiten. Daher

$$\begin{aligned} \text{Eigentümer:} \quad & X - (Z_1 + T_1) - \text{KSt} \\ = \; & X - (Z_1 + T_1) - \tau_k\,(X - Z_1) \\ = \; & X\,(1 - \tau_k) - (Z_1 + T_1) + \tau_k\,Z_1\,. \end{aligned} \tag{6.22}$$

2. Sollte das Unternehmen dagegen in Konkurs geraten, so zahlt es (gegebenenfalls negative) Körperschaftsteuer und geht danach in die Hände der Gläubiger über, so daß diese

$$\begin{aligned} \text{Gläubiger:} \quad & X - \text{KSt} \\ = \; & X - \tau_k\,(X - Z_1) \\ = \; & X\,(1 - \tau_k) + \tau_k\,Z_1 \end{aligned} \tag{6.23}$$

erhalten, während die Aktionäre leer ausgehen.

Tabelle 6.2 zeigt die Ansprüche der beiden Kapitalgebergruppen im Zusammenhang und macht deutlich, daß sich der insgesamt zu verteilende Betrag grundsätzlich auf $X\,(1 - \tau_k) + \tau_k\,Z_1$ beläuft, gleichgültig, ob das Unternehmen insolvent wird oder nicht.

Tabelle 6.2: Ansprüche der Kapitalgeber im Zeitpunkt $t = 1$
bei Gültigkeit des Steuersystems 1

Kapitalgeber	Kein Konkurs	Konkurs
Gläubiger	$Z_1 + T_1$	$X(1 - \tau_k) + \tau_k Z_1$
Eigentümer	$X(1 - \tau_k) - (Z_1 + T_1) + \tau_k Z_1$	0
Summe	$X(1 - \tau_k) + \tau_k Z_1$	$X(1 - \tau_k) + \tau_k Z_1$

Das bedeutet aber, daß in der verschuldeten Firma mehr zu verteilen ist als in der unverschuldeten. Für die verschuldete Unternehmung haben wir nämlich eine Verteilungsmasse von

$$\begin{aligned} n_D^L\,x_D^L + n_E^L\,x_E^L &= X\,(1 - \tau_k) + \tau_k\,Z_1 \\ &= X\,(1 - \tau_k) + \tau_k\,n_D^L\,z_1\,, \end{aligned} \tag{6.24}$$

während bei der unverschuldeten Firma wegen $n_D^U = 0$ nur

$$\begin{aligned} n_D^U\,x_D^U + n_E^U\,x_E^U &= X\,(1 - \tau_k) + \tau_k\,n_D^U\,z_1 \\ n_E^U\,x_E^U &= X\,(1 - \tau_k) \end{aligned} \tag{6.25}$$

zur Verfügung steht. Nun läßt sich bereits erkennen, daß das Irrelevanztheorem unter dem Regime des Steuersystems 1 zusammenbricht. Es kann gezeigt werden, daß die fremdfinanzierte Firma einen höheren Marktwert als die eigenfinanzierte hat. Denn es gilt:

$$\begin{aligned}
V_0^L &= n_D^L\, p(x_D^L) + n_E^L\, p(x_E^L) && \text{gemäß Definition} \\
&= p(n_D^L\, x_D^L + n_E^L\, x_E^L) && \text{wegen Wertadditivität} \\
&= p\big(X^L\,(1-\tau_k) + \tau_k\, n_D^L\, z_1\big) && \text{wegen Gleichung (6.24)} \\
&= p\big(X^U\,(1-\tau_k) + \tau_k\, n_D^L\, z_1\big) && \text{wegen Gleichung (6.9)} \\
&= p(X^U\,(1-\tau_k)) + p(\tau_k\, n_D^L\, z_1) && \text{wegen Wertadditivität} \\
&= p(n_E^U\, x_E^U) + p(\tau_k\, n_D^L\, z_1) && \text{wegen Gleichung (6.25)} \\
&= n_E^U\, p(x_E^U) + p(\tau_k\, n_D^L\, z_1) && \text{wegen Wertadditivität} \\
&= V_0^U + p(\tau_k\, n_D^L\, z_1) && \text{gemäß Definition}\,.
\end{aligned}$$

Der Wert der verschuldeten Unternehmung ist um den Betrag $p(\tau_k\, n_D^L\, z_1)$ größer als der Marktwert der eigenfinanzierten Firma. Welche Höhe erreicht dieser Betrag? Er ist ebenso groß wie der Preis, den man im Zeitpunkt $t = 0$ für *sichere* Einnahmen in Höhe von $\tau_k\, n_D^L\, z_1$ bezahlt, die man im Zeitpunkt $t = 1$ erhält. Bei einem risikolosen Zinssatz von r_f muß daher

$$V_0^L = V_0^U + \frac{\tau_k\, n_D^L\, z_1}{1 + r_f}$$

sein. Das Steuersystem gibt Anreize zur hemmungslosen Verschuldung von Unternehmen.

6.4.2 Steuersystem 2 (Körperschaft– und Einkommensteuer)

Betrachten wir nun ein Steuersystem, in dem nicht nur Körperschaft–, sondern auch Einkommensteuer erhoben wird. Die Einkommensteuer erfaßt sowohl die Dividendeneinkünfte der Eigentümer als auch die Zinseinkünfte der Gläubiger. Im Falle der Dividendenbesteuerung wird aber die vom Unternehmen gezahlte Körperschaftsteuer auf die Einkommensteuer angerechnet. Das entspricht dem in Deutschland seit 1977 geltenden Recht.

Die Ansprüche der Kapitalgeber sind in Tabelle 6.3 zusammengefaßt und werden im folgenden erläutert.

1. Wenden wir uns zunächst dem Nicht–Konkursfall zu und konzentrieren uns auf die Gläubiger. Sie erhalten die versprochenen Zahlungen in Höhe

von $Z_1 + T_1$ und müssen den Zinsanteil versteuern. Das heißt bei einem Einkommensteuersatz von τ_e

$$\begin{aligned} \text{Gläubiger:} \quad & Z_1 + T_1 - \text{ESt} \\ = \quad & Z_1 + T_1 - \tau_e \, Z_1 \\ = \quad & Z_1 \, (1 - \tau_e) + T_1 \,. \end{aligned} \tag{6.26}$$

Die entsprechenden Einkünfte der Aktionäre ermittelt man, indem man von den Investitionserträgen ausgeht und abzieht, was an die Gläubiger und den Fiskus zu zahlen ist. Im Falle der Anrechnung der Körperschaftsteuer auf die Einkommensteuer ergibt das

$$\begin{aligned} & \text{Eigentümer:} & & X - (Z_1 + T_1) - \text{KSt} - \text{ESt} \\ \text{mit} \quad & \text{KSt} & = \; & \tau_k \, (X - Z_1) \\ & \text{ESt} & = \; & \tau_e \, (X - Z_1) - \text{KSt} \,. \end{aligned}$$

Einsetzen der Steuerartengleichungen und Umformen führt zu Ansprüchen der Eigentümer in Höhe von

$$\text{Eigentümer:} \quad (X - Z_1) \, (1 - \tau_e) - T_1 \,. \tag{6.27}$$

2. Wird das Unternehmen insolvent, so gehe man bezüglich der Nettoeinnahmen der Gläubiger in folgenden Gedankenschritten vor: Nachdem die Firma (unter Umständen negative) Körperschaftsteuer gezahlt hat, übernehmen die Gläubiger das Unternehmen und zahlen Einkommensteuer, wobei sie wie Aktionäre behandelt werden. Ihre Nettoeinnahmen belaufen sich daher auf

$$\begin{aligned} & \text{Gläubiger:} & & X - \text{KSt} - \text{ESt} \\ \text{mit} \quad & \text{KSt} & = \; & \tau_k \, (X - Z_1) \\ & \text{ESt} & = \; & \tau_e \, X - \text{KSt} \,. \end{aligned}$$

Einsetzen und Umformen führt zu Zahlungsansprüchen in Höhe von

$$\text{Gläubiger:} \quad X \, (1 - \tau_e) \,. \tag{6.28}$$

Die Eigentümer gehen im Konkursfall leer aus.

Betrachtet man, was nach Tabelle 6.3 insgesamt an die Kapitalgeber verteilt werden kann, so erkennt man, daß dieser Betrag offensichtlich vom Ausmaß der Verschuldung unabhängig ist. Daher gilt allgemein

$$n_D \, x_D + n_E \, x_E = X \, (1 - \tau_e) \,. \tag{6.29}$$

Nach diesen Vorbereitungen kann man leicht zeigen, daß das Irrelevanztheorem bei Gültigkeit des Steuersystems 2 erhalten bleibt, denn

Tabelle 6.3: Ansprüche der Kapitalgeber im Zeitpunkt $t = 1$ bei Gültigkeit des Steuersystems 2

Kapitalgeber	Kein Konkurs	Konkurs
Gläubiger	$Z_1(1-\tau_e)+T_1$	$X(1-\tau_e)$
Eigentümer	$(X-Z_1)(1-\tau_e)-T_1$	0
Summe	$X(1-\tau_e)$	$X(1-\tau_e)$

$$\begin{aligned}
V_0^L &= n_D^L\,p(x_D^L)+n_E^L\,p(x_E^L) && \text{gemäß Definition}\\
&= p(n_D^L\,x_D^L+n_E^L\,x_E^L) && \text{wegen Wertadditivität}\\
&= p\big(X^L(1-\tau_e)\big) && \text{wegen Gleichung (6.29)}\\
&= p\big(X^U(1-\tau_e)\big) && \text{wegen Gleichung (6.9)}\\
&= p(n_D^U\,x_D^U+n_E^U\,x_E^U) && \text{wegen Gleichung (6.29)}\\
&= p(n_E^U\,x_E^U) && \text{wegen } n_D^U=0\\
&= n_E^U\,p(x_E^U) && \text{wegen Wertadditivität}\\
&= V_0^U && \text{gemäß Definition}\,.
\end{aligned}$$

Wir stellen fest: Das Steuersystem 2 ist finanzierungsneutral in dem Sinne, daß es weder die Eigen– noch die Fremdfinanzierung diskriminiert.

6.4.3 Steuersystem 3 (Körperschaft–, Einkommen– und Gewerbeertragsteuer)

Eine weitere Annäherung an die in Deutschland herrschenden Verhältnisse erhalten wir, wenn wir auch noch die Gewerbeertragsteuer berücksichtigen. Zu diesem Zweck führen wir

$$\text{GESt} = \tau_g\,(X-\alpha\,Z_1)$$

als Gewerbeertragsteuergleichung ein. Bemessungsgrundlage der Gewerbeertragsteuer sind also die Investitionserträge, vermindert um einen Teil der vereinbarten Fremdkapitalzinsen. Nach geltendem Recht beträgt $\alpha = 0.5$, weil nach § 12 II GewStG nur die Hälfte der Dauerschuldzinsen abzugsfähig ist. Bis 1983 waren Dauerschuldzinsen überhaupt nicht abzugsfähig ($\alpha = 0$).

Um die Folgen der Einbeziehung von Gewerbesteuer auf das Irrelevanztheorem zu erkennen, gehen wir wieder die gleichen Wege wie zuvor.

1. Bleibt das Unternehmen vom Konkurs verschont, so erhalten die Gläubiger ebenso wie oben im Steuersystem 2

$$\text{Gläubiger:} \qquad Z_1\,(1-\tau_e)+T_1\,. \tag{6.30}$$

Sie haben Anspruch auf die mit ihnen vereinbarten Zins– und Tilgungsleistungen und sind hinsichtlich des Zinsanteils einkommensteuerpflichtig.

Bei den Eigentümern sind die Zusammenhänge etwas verwickelter. Die Unternehmensleitung muß zunächst die Gläubiger befriedigen und anschließend Gewerbe– und Körperschaftsteuer zahlen. Was dann noch übrigbleibt, unterliegt in der Privatsphäre der Eigentümer der Einkommenbesteuerung, wobei die Körperschaftsteuer angerechnet wird. Das bedeutet

$$\begin{array}{lll} & \text{Eigentümer:} & X-(Z_1+T_1)-\text{GESt}-\text{KSt}-\text{ESt} \\ \text{mit} & \text{GESt} & =\ \tau_g\,(X-\alpha\,Z_1) \\ & \text{KSt} & =\ \tau_k\,(X-Z_1-\text{GESt}) \\ & \text{ESt} & =\ \tau_e\,(X-Z_1-\text{GESt})-\text{KSt}\,. \end{array}$$

Einsetzen der Steuerartengleichungen und Umformen führt zu

$$X\big(1-\tau_e-\tau_g(1-\tau_e)\big)-Z_1\big(1-\tau_e-\alpha\tau_g(1-\tau_e)\big)-T_1\,,$$

wofür man bei Verwendung der Steuermultifaktoren

$$\begin{array}{lll} \tau_* & = & \tau_e+\tau_g(1-\tau_e) \qquad \text{und} \\ \tau_{**} & = & \tau_e+\alpha\tau_g(1-\tau_e) \end{array}$$

die bequemere Darstellung

$$\text{Eigentümer:} \qquad X\,(1-\tau_*)-Z_1\,(1-\tau_{**})-T_1 \tag{6.31}$$

erhält.

2. Geht das Unternehmen in Konkurs, so erhalten die Eigentümer nichts. Um die Einkünfte der Gläubiger für diesen Fall nachvollziehen zu können, stelle man sich folgenden Ablauf vor: Zunächst zahlt das Unternehmen (unter Umständen negative) Gewerbeertrag– und Körperschaftsteuer. Danach geht die Firma in die Hände der Gläubiger über, und es muß Einkommensteuer wie von Eigentümern gezahlt werden, weswegen die Körperschaftsteuer angerechnet wird,

$$\begin{array}{lll} & \text{Gläubiger:} & X-\text{GESt}-\text{KSt}-\text{ESt} \\ \text{mit} & \text{GESt} & =\ \tau_g\,(X-\alpha\,Z_1) \\ & \text{KSt}_t & =\ \tau_k\,(X-Z_1-\text{GESt}) \\ & \text{ESt} & =\ \tau_e\,(X-\text{GESt})-\text{KSt}\,. \end{array}$$

Setzt man die Steuerartengleichungen ein, so erhält man nach geeigneter Umformung für das Nettoeinkommen der Gläubiger der insolvent gewordenen Unternehmung bei erneuter Verwendung des Steuermultifaktors τ_*

$$\text{Gläubiger:} \qquad X\,(1-\tau_*) + \alpha\tau_g(1-\tau_e)\,Z_1\,. \tag{6.32}$$

Sieht man sich die Resultate zusammengefaßt in Tabelle 6.4 an, so erkennt man eine ähnliche Konstellation wie beim Steuersystem 1. Der insgesamt an alle Kapitalgeber zu verteilende Betrag beläuft sich unter dem hier diskutierten Steuerregime auf $X(1-\tau_*)+\alpha\tau_g(1-\tau_e)Z_1$ und ist damit vom Verschuldungsgrad abhängig. Je mehr Fremdkapitalzinsen das Unternehmen zu zahlen hat, um so mehr kann an alle verteilt werden.

Tabelle 6.4: Ansprüche der Kapitalgeber im Zeitpunkt $t = 1$ bei Gültigkeit des Steuersystems 3

Kapitalgeber	Kein Konkurs	Konkurs
Gläubiger	$Z_1\,(1-\tau_e)+T_1$	$X\,(1-\tau_*)+\alpha\tau_g(1-\tau_e)Z_1$
Eigentümer	$X\,(1-\tau_*)-Z_1\,(1-\tau_{**})-T_1$	0
Summe	$X\,(1-\tau_*)+\alpha\tau_g(1-\tau_e)Z_1$	$X\,(1-\tau_*)+\alpha\tau_g(1-\tau_e)Z_1$

In der mit Fremdkapital finanzierten Unternehmung gibt es daher eine Verteilungsmasse von

$$\begin{aligned} n_D^L\,x_D^L + n_E^L\,x_E^L &= X\,(1-\tau_*) + \alpha\tau_g(1-\tau_e)Z_1 \\ &= X\,(1-\tau_*) + \alpha\tau_g(1-\tau_e)\,n_D^L\,z_1\,, \end{aligned} \tag{6.33}$$

während man in der völlig eigenfinanzierten wegen $n_D^U = 0$ nur

$$\begin{aligned} n_D^U\,x_D^U + n_E^U\,x_E^U &= X\,(1-\tau_*) + \alpha\tau_g(1-\tau_e)\,n_D^U\,z_1 \\ n_E^U\,x_E^U &= X\,(1-\tau_*) \end{aligned} \tag{6.34}$$

verteilen kann. Infolgedessen bricht auch das Irrelevanztheorem zusammen.

$$\begin{aligned}
V_0^L &= n_D^L\, p(x_D^L) + n_E^L\, p(x_E^L) && \text{gemäß Definition}\\
&= p(n_D^L\, x_D^L + n_E^L\, x_E^L) && \text{wegen Wertadditivität}\\
&= p\Big(X^L\,(1-\tau_*) + \alpha\tau_g(1-\tau_e)\,n_D^L\,z_1\Big) && \text{wegen Gleichung (6.33)}\\
&= p\Big(X^U\,(1-\tau_*) + \alpha\tau_g(1-\tau_e)\,n_D^L\,z_1\Big) && \text{wegen Gleichung (6.9)}\\
&= p\big(X^U\,(1-\tau_*)\big) + p\big(\alpha\tau_g(1-\tau_e)\,n_D^L\,z_1\big) && \text{wegen Wertadditivität}\\
&= p(n_E^U\, x_E^U) + p\big(\alpha\tau_g(1-\tau_e)\,n_D^L\,z_1\big) && \text{wegen Gleichung (6.34)}\\
&= n_E^U\, p(x_E^U) + \alpha\, p\big(\tau_g(1-\tau_e)\,n_D^L\,z_1\big) && \text{wegen Wertadditivität}\\
&= V_0^U + \alpha\, p\big(\tau_g(1-\tau_e)\,n_D^L\,z_1\big) && \text{gemäß Definition}\,.
\end{aligned}$$

Wir können damit konstatieren, daß die Finanzierungsneutralität des Steuersystems 2 durch die Einbeziehung der Gewerbeertragsteuer wieder verlorengeht. Der Marktwert der fremdfinanzierten Firma erweist sich als größer als der Marktwert des unverschuldeten Unternehmens. Mit denselben Argumenten wie oben beim Steuersystem 1 erhält man das Resultat

$$V_0^L = V_0^U + \alpha\,\frac{p\Big(\tau_g(1-\tau_e)\,n_D^L\,z_1\Big)}{1+r_f}\,.$$

Diese Gleichung zeigt mit großer Deutlichkeit, daß die Intensität, mit der das gegenwärtig geltende Gewerbesteuerrecht der Fremdfinanzierung Vorschub leistet, direkt von dem Parameter α abhängt. Dieser Parameter bringt zum Ausdruck, mit welchem Anteilsprozentsatz Kreditzinsen bei der Ermittlung des Gewerbeertrages abgezogen werden dürfen. Dürfte man Zinsen überhaupt nicht subtrahieren ($\alpha = 0$), so wäre auch die Gewerbeertragsteuer finanzierungsneutral. Bedauerlicherweise hat der deutsche Gesetzgeber das Gewerbesteuergesetz im Jahre 1982 so geändert, daß die ursprünglich vorhandene Finanzierungsneutralität ab Erhebungszeitraum 1983 verlorenging. Seitdem werden gewerbesteuerpflichtige Firmen, die sich nicht verschulden, bestraft.

6.5 Kapitalstruktur und Konkurskosten

Das Irrelevanztheorem der Kapitalstruktur beruht in entscheidendem Maße auf der Prämisse, daß die Gesamtrückflüsse zweier Firmen, die sich nur hinsichtlich ihrer Verschuldung voneinander unterscheiden, gleich sind. Diese Identität der Beträge, die alles in allem an die Kapitalgeber verteilt werden können, kann im Falle der Besteuerung verlorengehen. Ebenso führt aber die Existenz von Konkurskosten im allgemeinen dazu, daß das Irrelevanztheorem zusammenbricht.

Im Grundmodell von *Modigliani* und *Miller* gibt es wegen der Annahme eines reibungslosen Kapitalmarktes keine Konkurskosten. Wenn ein Unternehmen nicht so viel erwirtschaftet, daß es die Ansprüche der Gläubiger vollständig befriedigen kann, so übernehmen die Gläubiger die Firma. Besondere Aufwendungen fallen jedoch dabei im Grundmodell nicht an. Der Konkurs erfolgt sozusagen kostenlos.

Diese Annahme ist realitätsfremd. Vielmehr sind die Kosten eines Insolvenzverfahrens erheblich, etwa für die erforderlichen Gerichtsverhandlungen sowie die Aufwendungen für den Konkursverwalter. Zu diesen direkten Konkurskosten treten dann aber auch noch indirekte Aufwendungen, deren Gewicht die direkten Kosten oft bei weitem übersteigt. Sobald sich nämlich abzeichnet, daß das Unternehmen von einer Insolvenz bedroht ist, ändern viele Beteiligte ihr Verhalten. Kunden wandern ab, weil sie befürchten, später keine Ersatzteile oder Serviceleistungen mehr zu erhalten. Lieferanten sind nur noch gegen Barzahlung zur Fortsetzung der Geschäftsbeziehungen bereit. Geschäftsführer ändern die Investitionspolitik, weil sie an ihre eigene Zukunft denken. Und Mitarbeiter beginnen damit, sich Arbeitsplätze bei anderen Firmen zu suchen.

Die Höhe der direkten und indirekten Konkurskosten als präzise Funktion vom Ausmaß der Verschuldung anzugeben, dürfte der Natur der Sache nach schwierig sein. Jedoch erscheint die Modellvorstellung vernünftig, daß die Konkurskosten mit steigender Verschuldung zunehmen. Bezieht man nun außerdem eine Körperschaftsteuer wie im Steuersystem 1 ein, so ergeben sich die Konkurskosten K zu

$$K = \left\{ \begin{array}{ll} 0 & \text{wenn } X - \text{KSt} > Z_1 + T_1 \\ K(Z_1 + T_1, X) & \text{wenn } X - \text{KSt} \leq Z_1 + T_1 \end{array} \right\} .$$

Dabei ist $K(Z_1 + T_1, X)$ für alle Zustände und Kreditvolumina positiv und nimmt mit steigendem Fremdkapital zu. Wir setzen ferner voraus, daß Konkurskosten nicht anfallen, wenn die Unternehmung vollkommen eigenfinanziert ist. Unter diesen Voraussetzungen belaufen sich die Ansprüche der Kapitalgeber im Zeitpunkt $t = 1$ auf die in Tabelle 6.5 genannten Zahlungen.

Tabelle 6.5: Ansprüche der Kapitalgeber im Zeitpunkt $t = 1$
bei Gültigkeit des Steuersystems 1 und Konkurskosten

Kapitalgeber	Kein Konkurs	Konkurs
Gläubiger	$Z_1 + T_1 - K$	$X(1 - \tau_k) + \tau_k Z_1 - K$
Eigentümer	$X(1 - \tau_k) - (Z_1 + T_1) + \tau_k Z_1$	0
Summe	$X(1 - \tau_k) + \tau_k Z_1 - K$	$X(1 - \tau_k) + \tau_k Z_1 - K$

Gegenüber den Bedingungen, die wir oben in Tabelle 6.2 untersucht hatten, ändert sich hier nur, daß die Konkurskosten bei den Ansprüchen der Gläubiger abgezogen werden. Infolgedessen beläuft sich aber nun die Summe aller Zahlungsansprüche in der fremdfinanzierten Firma auf

$$n_D^L x_D^L + n_E^L x_E^L = X(1-\tau_k) + \tau_k n_D^L z_1 - K^L , \qquad (6.35)$$

während sich der entsprechende Betrag für die eigenfinanzierte Firma wegen $n_D^U = 0$ mit

$$\begin{aligned} n_D^U x_D^U + n_E^U x_E^U &= X(1-\tau_k) + \tau_k n_D^U z_1 \\ n_E^U x_E^U &= X(1-\tau_k) \end{aligned} \qquad (6.36)$$

ergibt. Berechnet man auf dieser Grundlage die Marktwerte des verschuldeten beziehungsweise des unverschuldeten Unternehmens, so erhält man kein eindeutiges Ergebnis:

$$\begin{aligned} V_0^L &= n_D^L p(x_D^L) + n_E^L p(x_E^L) && \text{gemäß Definition} \\ &= p(n_D^L x_D^L + n_E^L x_E^L) && \text{wegen Wertadditivität} \\ &= p\Big(X^L(1-\tau_k) + \tau_k n_D^L z_1 - K^L\Big) && \text{wegen Gleichung (6.35)} \\ &= p(X^L(1-\tau_k)) + p(\tau_k n_D^L z_1) - p(K^L) && \text{wegen Wertadditivität} \\ &= p(X^U(1-\tau_k)) + p(\tau_k n_D^L z_1) - p(K^L) && \text{wegen Gleichung (6.9)} \\ &= p(n_E^U x_E^U) + p(\tau_k n_D^L z_1) - p(K^L) && \text{wegen Gleichung (6.36)} \\ &= n_E^U p(x_E^U) + p(\tau_k n_D^L z_1) - p(K^L) && \text{wegen Wertadditivität} \\ &= V_0^U + p(\tau_k n_D^L z_1) - p(K^L) && \text{gemäß Definition.} \end{aligned}$$

Dieses Resultat zeigt, daß der Marktwert des verschuldeten Unternehmens gegenüber seinem eigenfinanzierten Pendant durch den Barwert der Konkurskosten geschmälert wird. Gleichzeitig erkennt man aber, daß der Barwert der Steuerersparnisse in der fremdfinanzierten Firma diesem Nachteil entgegenwirkt. Ob sich nun allerdings steuerbedingte Vorteile und durch Konkurskosten bedingte Nachteile insgesamt zu einem Vor- oder Nachteil für die Fremdfinanzierung auswirken, läßt sich ohne genauere Vorstellungen vom Verlauf der Konkurskosten nicht angeben. Bei geeigneter Konkurskostenfunktion ist allerdings auch ein optimaler (den Marktwert maximierender) Verschuldungsgrad vorstellbar.

6.6 Einschätzung

Die Wahl des günstigsten Verhältnisses zwischen Fremd- und Eigenkapital ist eines der wichtigsten Probleme der Unternehmensfinanzierung. In der theoretischen Diskussion um diese Frage spielen die Thesen von *Modigliani* und *Miller* eine zentrale Rolle. Beide hatten im Jahre 1958 erstmals nachgewiesen, daß der Verschuldungsgrad unter den Bedingungen eines perfekten Kapitalmarktes gleichgültig ist. Der Marktwert eines Unternehmens sowie seine durchschnittlichen Kapitalkosten reagieren nicht auf Veränderungen des Verhältnisses zwischen Fremd- und Eigenkapital. Eine beliebig gewählte Kapitalstruktur ist so gut wie jede andere. Diese These von der Irrelevanz der Kapitalstruktur bricht jedoch im allgemeinen zusammen, wenn man Steuern und Konkurskosten in die Analyse einbezieht.

Wenn man die Thesen von *Modigliani* und *Miller* akzeptiert, so darf man vermuten, daß die Verschuldungsgrade der Unternehmen in der Empirie gleichverteilt sind. Das ist jedoch nicht der Fall. Vielmehr gibt es signifikante und über längere Zeiträume stabile Unterschiede zwischen den durchschnittlichen Kapitalstrukturen verschiedener Branchen. Ebenso ist bekannt, daß sich die durchschnittlichen Eigenkapitalquoten von Unternehmen verschiedener Länder zum Teil deutlich voneinander unterscheiden.

Ein Modell bewährt sich, wenn man seine Implikationen in der Realität bestätigt findet. Dagegen ist seine Brauchbarkeit negativ zu beurteilen, wenn die Schlußfolgerungen, die aus dem Modell zu ziehen sind, mit empirischen Befunden nicht übereinstimmen. So kann man beispielsweise die notorisch niedrigen Eigenkapitalquoten im Groß- und Einzelhandel mit Hinweis auf das Irrelevanztheorem ebensowenig erklären wie die Tatsache, daß deutsche Unternehmen in der Regel stärker verschuldet sind als US-amerikanische. Wir sollten daher feststellen, daß das Modell von *Modigliani* und *Miller* die Kapitalstrukturen der Unternehmen nicht ausreichend erklärt.[6]

Daraus könnte man den Schluß ziehen, daß man anstelle des *Modigliani/Miller*-Modells besser das traditionelle Modell zur Erklärung der Kapitalstruktur heranziehen sollte.[7] Diesen Schluß zogen in der Tat viele Ökonomen nach 1958. Jedoch handelt es sich um einen Fehlschluß, denn das traditionelle Modell wurde durch das *Modigliani/Miller*-Modell ein für allemal aus den Angeln gehoben. Das traditionelle Modell war nämlich ohnehin unbefriedigend, weil es von der Existenz von Kapitalmärkten völlig abstrahierte und kein Gleichgewichtsmodell war. *Modigliani* und *Miller* haben als erste untersucht, ob die

---

[6] Das *Modigliani/Miller*-Modell ist nicht im herkömmlichen Sinne falsifizierbar, da es ja nur behauptet, zur Kapitalstruktur sei nichts zu behaupten. Die tatsächlich beobachtbare Kapitalstruktur eines Unternehmens ist nach diesem Modell optimal, weil jeder Verschuldungsgrad optimal ist. Wir werten jedoch die Tatsache, daß in der Realität deutliche Muster zu erkennen sind, als empirisches Indiz gegen das Modell.

[7] Vgl. oben Seite 240.

traditionelle These im Rahmen einer Gleichgewichtsanalyse überlebt, und sie fanden heraus, daß sie stirbt.

An dieser Stelle ist eine Feststellung geboten. Modelle, die sich in der Empirie nicht bewähren, sind unbedingt verbesserungswürdig. Damit man ihnen die Aufgabe stellen kann, sich zu bewähren, müssen es aber erst einmal Modelle sein! Angenommen, es wäre so, daß man die traditionelle These immer wieder empirisch bestätigt hätte, dann hätte man 1958 entdeckt, daß man keine Ahnung hat, weshalb. Der Aufsatz von *Modigliani* und *Miller* sowie die daran anschließende Diskussion lieferten uns vor allem methodische Sicherheit, wie ein Modell zur Kapitalstruktur auszusehen hat und wie man es konstruiert. Ein Modell, das empirisch unbefriedigend ist, kann uns dann auch Orientierungshilfe geben, wenn wir nach den Gründen für die Widersprüche suchen.

Es muß an den Annahmen liegen, auf denen das Modell beruht. Bei einer solchen Annahme handelt es sich immer um Vereinfachungen realer Zusammenhänge, so daß ein Modell die Wirklichkeit nie genau, sondern immer nur näherungsweise erfaßt. Entdeckt man nun eine Diskrepanz zwischen Modellimplikation und Realität, so muß man daraus folgern, daß die eine oder andere Modellannahme zu grob gewählt war. Also wird man mit weniger weitreichenden Vereinfachungen arbeiten müssen, um die Widersprüche zwischen Theorie und Empirie abzubauen.

Das ist oben insoweit geschehen, als wir die Annahme eines reibungslosen Kapitalmarktes aufgegeben haben, indem wir Steuern und Konkurskosten in die Analyse einbezogen. Allerdings konnten wir in unseren Steuerbeispielen nur entweder das Irrelevanztheorem bestätigen (Steuersystem 2) oder die empirisch ebenfalls überhaupt nicht haltbare Hypothese eines maximalen Verschuldungsgrades herleiten (Steuersysteme 1 und 3). Ein weiterer Ansatz, der inzwischen häufig gewählt worden ist, besteht darin, die Annahme homogener Zukunftserwartungen fallen zu lassen. Wenn Informationen zwischen den Marktteilnehmern ungleich verteilt sind, dann wäre denkbar, daß die Verschuldungspolitik eines Unternehmens Signale über die Firma und ihre Investitionspolitik liefert, die auf andere Weise nicht oder zumindestens nicht so glaubwürdig übermittelt werden können.

7 Investitionen und CAPM

In diesem Kapitel geht es um die Frage, wie man riskante Investitionsprojekte vor dem Hintergrund des Capital Asset Pricing Models (CAPM) beurteilen sollte. Grundsätzlich läßt sich zwischen zwei grundverschiedenen Arten riskanter Investitionen unterscheiden, und zwar zwischen solchen, die an (perfekten) Kapitalmärkten gehandelt werden, und solchen, bei denen das nicht der Fall ist. Im Interesse sprachlicher Klarheit werden wir die ersten im folgenden als "Finanztitel", die zweiten dagegen als "Projekte" bezeichnen.

Das CAPM liefert einen Modellrahmen für Entscheidungen über riskante Investitionsprojekte, der sich durch große theoretische Geschlossenheit auszeichnet. Das Grundprinzip kapitalmarktorientierter Investitionsbeurteilung ist in der Überlegung zu sehen, daß sich ein Projekt nur dann lohnt, wenn es eine seinem Risiko entsprechende Rendite verspricht. Dabei wird das Risiko eines Projektes nicht isoliert erfaßt, indem beispielsweise die Varianz der Projektrückflüsse gemessen wird. Vielmehr wird davon ausgegangen, daß Investoren vernünftigerweise eine Politik der Risikodiversifizierung betreiben. Dann aber kommt es darauf an, welchen Beitrag ein Investitionsprojekt zum gesamten Investitionsrisiko des Entscheidungsträgers leistet. Dieser Beitrag, den ein Projekt im Verbund mit anderen Projekten zum Gesamtrisiko eines Investors leistet, sein sogenanntes *Kovarianzrisiko*, ist von ausschlaggebender Bedeutung.

Um Methodik und Probleme der kapitalmarktorientierten Investitionsbeurteilung in nachvollziehbarer Form darstellen zu können, empfiehlt sich ein stufenweises Vorgehen. Weil das CAPM in seiner Grundform ein Zwei–Zeitpunkt–Modell ist, beginnen wir mit der Analyse von Investitionsprojekten, die eine Nutzungsdauer von einem Jahr haben. Dabei werden wir zunächst unterstellen, daß die erforderliche Investitionsausgabe vollständig von Eigentümern finanziert wird. Das führt uns auf die Beurteilung einperiodiger eigenfinanzierter Projekte. Im Anschluß daran werden wir die Annahme aufheben, daß das zu beurteilende Projekt vollkommen eigenfinanziert wird. Statt dessen werden wir davon ausgehen, daß zwei Financiers das Projekt ermöglichen, wobei der eine (Fremdkapitalgeber) feste Ansprüche erhält, während sich der andere (Eigenkapitalgeber) mit den verbleibenden Überschüssen zufrieden geben muß. Wir untersuchen dann also einperiodige mischfinanzierte Projekte. Abschließend lösen wir uns von der ziemlich einengenden Annahme, daß riskante Investitionsprojekte eine Nutzungsdauer von nur einem Jahr haben, dringen also zur Beurteilung mehrperiodiger riskanter Investitionen vor.

7.1 Einperiodige eigenfinanzierte Projekte

Die folgenden Überlegungen beruhen auf der Vorstellung, daß ein bestimmtes Investitionsprojekt im Zeitpunkt $t = 0$ sichere Ausgaben in Höhe von I_0 verursacht und im Zeitpunkt $t = 1$ Rückflüsse verspricht, die in Form einer Wahrscheinlichkeitsverteilung $[X_1, \ldots, X_S : q_1, \ldots, q_S]$ beschrieben werden können. In einem Jahr tritt also einer von S Umweltzuständen ein, der dann eine eindeutige Realisation der Cash–flows des Projektes auslöst. Es wird unterstellt, daß die Investitionssumme vollständig von Eigentümern aufgebracht wird, die aufgrund dieser Finanzierungsleistung Ansprüche auf die ungeschmälerten Cash–flows des Projektes erwerben.

Im übrigen wird von den Prämissen ausgegangen, welche dem CAPM zugrunde liegen. Ohne diese Annahmen hier im einzelnen zu wiederholen,[1] sei hervorgehoben, daß alle Marktteilnehmer sich darüber einig sind, welche Zahlungen die am Kapitalmarkt gehandelten Finanztitel abwerfen, wenn die s–te Zukunftslage eintritt. Ferner herrschen einmütige Vorstellungen über die Eintrittswahrscheinlichkeiten aller für möglich erachteten Zukunftsentwicklungen.

Beispiel Um sowohl die Vorgehensweise im Detail zu verstehen als auch die mit ihr verbundene Schwierigkeit zu erkennen, betrachten wir ein konkretes Zahlenbeispiel. Ein Investitionsprojekt mit Anschaffungsausgaben in Höhe von $I_0 = 100$ DM verspricht die in Tabelle 7.1 angegebenen zustandsabhängigen Rückflüsse. Dabei werden drei Zustände unterschieden, die sich beispielsweise als konjunkturelle Überhitzung, normale Wirtschaftsentwicklung und Depression deuten lassen. Der risikolose Zinssatz beträgt 10 %.

7.1.1 Ein nicht ganz unproblematischer Ansatz

Bewertungsidee In der Literatur wird häufig vorgeschlagen, die zu erwartende Rendite des Investitionsprojektes mit derjenigen Rendite zu vergleichen, die man am Kapitalmarkt erzielen kann, wenn man das gleiche Kovarianzrisiko übernimmt. Ist die Marktrendite kleiner als die Projektrendite, so ist das Projekt günstig. Sonst ist es zu verwerfen. Es empfiehlt sich, diesen Ansatz zu präzisieren.

[1] Vgl. dazu oben Seite 182 ff.

Tabelle 7.1: Eigenfinanziertes einperiodiges Projekt

Zustand s	Wahrscheinlichkeit q_s	Cash-flow des Projektes X_s	Marktrendite r_{ms}
1	0.3	100	0.05
2	0.5	150	0.18
3	0.2	110	0.25

Zu diesem Zweck definieren wir die zustandsabhängige Projektrendite

$$R_s = \frac{X_s}{I_0} - 1$$

und weisen der Deutlichkeit darauf hin, daß es sich um eine Rendite handelt, die in bezug auf die tatsächlich zu leistenden Investitionsausgaben I_0 des Projektes definiert ist. Bildet man auf beiden Seiten der Definitionsgleichung die Erwartungswerte, so erhält man

$$\mathrm{E}[R] = \frac{\mathrm{E}[X]}{I_0} - 1 . \tag{7.1}$$

Die Botschaft des CAPM lautet nun, daß sich die dem Kovarianzrisiko des Projektes angemessene Marktrendite auf

$$\mathrm{E}[r] = r_f + \lambda \cdot \mathrm{Cov}[r, r_m] \tag{7.2}$$

beläuft.[2] In dieser Gleichung repräsentiert r ebenfalls die Rendite des Projektes. Im Gegensatz zu R ist r aber eine Rendite, die in bezug auf den Marktwert P_0 des Projektes definiert ist, das heißt

$$r_s = \frac{X_s}{P_0} - 1 \quad \text{und} \quad \mathrm{E}[r] = \frac{\mathrm{E}[X]}{P_0} - 1 ,$$

und daraus erwächst eine Schwierigkeit, auf die wir gleich noch genauer eingehen werden. Sieht man über das sich hier abzeichnende Problem zunächst einfach hinweg, so lautet die Entscheidungsregel auf der Basis von Renditen:

$$\begin{aligned} \mathrm{E}[R] > \mathrm{E}[r] \quad &\Longrightarrow \quad \text{Investition durchführen} \\ \mathrm{E}[R] \leq \mathrm{E}[r] \quad &\Longrightarrow \quad \text{Investition ablehnen} . \end{aligned}$$

[2] Vgl. oben Seite 222.

Anwendung auf das Beispiel Um die zu erwartende Rendite aus dem Investitionsprojekt zu kalkulieren, ermitteln wir zunächst die erwarteten Cash-flows aus

$$\mathrm{E}[X] = 0.3 \cdot 100 + 0.5 \cdot 150 + 0.2 \cdot 110 = 127$$

und anschließend

$$\mathrm{E}[R] = \frac{127}{100} - 1 = 27.00\,\%.$$

Will man nun die Marktrendite für das Investitionsprojekt berechnen, benötigt man den Marktpreis des Risikos

$$\lambda = \frac{\mathrm{E}[r_m] - r_f}{\mathrm{Var}[r_m]}.$$

Die erwartete Rendite des Marktportfolios beträgt

$$\mathrm{E}[r_m] = 0.3 \cdot 0.05 + 0.5 \cdot 0.18 + 0.2 \cdot 0.25 = 15.50\,\%,$$

während man für ihre Varianz

$$\begin{aligned} \mathrm{Var}[r_m] &= 0.3 \cdot (0.05 - 0.155)^2 + 0.5 \cdot (0.18 - 0.155)^2 + 0.2 \cdot (0.25 - 0.155)^2 \\ &= 0.005425 \end{aligned}$$

erhält. Daraus ergibt sich der Marktpreis des Risikos mit

$$\lambda = \frac{0.155 - 0.100}{0.005425} = 10.14.$$

Für die Beurteilung des Projektes entscheidend ist nun sein Kovarianzrisiko, $\mathrm{Cov}[r, r_m]$. Um es zu berechnen, müßte man die zustandsabhängigen Renditen des Projektes, bezogen auf seinen *Marktwert*, kennen. Dieser ist aber bedauerlicherweise unbekannt, so daß das hier verfolgte Beurteilungskonzept zu scheitern droht. Um im vorliegenden Kontext weiterzukommen, bleibt nichts anderes übrig, als anstelle der auf den (unbekannten) Marktwert bezogenen Renditen die auf die tatsächliche *Investitionsausgabe* bezogenen Renditen zu benutzen. Wir vertrauen also darauf, daß

$$\mathrm{Cov}[r, r_m] \approx \mathrm{Cov}[R, r_m]$$

ist. Die Ermittlung der für die Kovarianz der Projektrenditen mit den Marktrenditen relevanten Größen ist in Tabelle 7.2 vorgenommen. Daraus erhält man

$$\begin{aligned} \mathrm{Cov}[R, r_m] &= \mathrm{E}[R\, r_m] - \mathrm{E}[R] \cdot \mathrm{E}[r_m] \\ &= 0.05 - 0.27 \cdot 0.155 = 0.00815. \end{aligned}$$

Tabelle 7.2: Kovarianz zwischen Projekt- und Marktrendite (Projektrenditen auf die Investitionssumme bezogen)

s	q_s	R_s	$R_s q_s$	$r_{ms} q_s$	$R_s r_{ms} q_s$
1	0.3	0.00	0.00	0.015	0.000
2	0.5	0.50	0.25	0.090	0.045
3	0.2	0.10	0.02	0.050	0.005
			$\mathrm{E}[R] = 0.27$	$\mathrm{E}[r_m] = 0.155$	$\mathrm{E}[R\, r_m] = 0.050$

Aus alledem ergibt sich nun gemäß (7.2), daß der Investor bei dem zu übernehmenden Kovarianzrisiko eine Rendite in Höhe von (ungefähr!)

$$\mathrm{E}[r] \approx 0.1 + 10.14 \cdot 0.00815 = 18.26\,\%$$

verlangen sollte. Weil die tatsächlich zu erwartende Rendite mit 27.00 % deutlich höher liegt, handelt es sich um ein vorteilhaftes Projekt. Jedenfalls läßt sich am Kapitalmarkt bei gleichem Kovarianzrisiko nicht so eine hohe Rendite erzielen. Abbildung 7.1 zeigt den Zusammenhang graphisch. Die mit dem Kovarianzrisiko ansteigende Gerade ist die Wertpapiermarktlinie. Alle Investitionsprojekte, welche bei gegebenem Kovarianzrisiko Renditen versprechen, die oberhalb dieser Linie liegen, sind vorteilhaft. Alle Projekte, deren Renditen unterhalb der Linie liegen, sind dagegen ungünstig. Dabei zeigt sich: Es ist unvernünftig, Investitionsprojekte auf der Basis von Kapitalkosten zu beurteilen, die unabhängig davon ermittelt werden, wie groß das spezielle Kovarianzrisiko der Investition ist.

7.1.2 Vermeidung des Problems

Bewertungsidee Der im vorigen Abschnitt beschriebene Weg zur Beurteilung von einperiodigen eigenfinanzierten Projekten wird in der Literatur häufig empfohlen. Dabei tritt die Schwierigkeit auf, die Wertpapiermarktlinie konstruieren zu müssen, ohne den Marktwert des Investitionsprojektes zu kennen. Um dieses Problem zu vermeiden, empfiehlt es sich, den Marktwert des Investitionsprojektes unter Rückgriff auf die CAPM-Preisgleichung

$$\boxed{P_0 = \frac{\mathrm{E}[X] - \lambda \cdot \mathrm{Cov}[X, r_m]}{1 + r_f}} \tag{7.3}$$

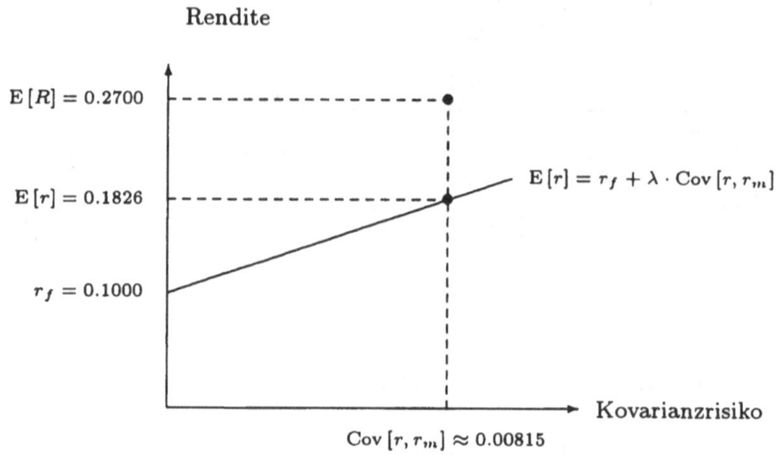

Abbildung 7.1: Erwartete und geforderte Rendite gemäß CAPM

zu berechnen.[3] Über die Frage, ob eine Investition günstig oder ungünstig ist, wird dann nicht mit Hilfe eines Vergleichs zwischen erwarteter und (bei gegebenem Kovarianzrisiko) zu fordernder Rendite entschieden. Statt dessen werden die tatsächlichen Investitionsausgaben mit dem (bei gegebenem Kovarianzrisiko) als fair anzusehenden Marktpreis verglichen, und die Entscheidungsregel lautet:

$$P_0 > I_0 \quad \Longrightarrow \quad \text{Investition durchführen}$$
$$P_0 \leq I_0 \quad \Longrightarrow \quad \text{Investition ablehnen .}$$

Tabelle 7.3: Kovarianz zwischen Cash–flows des Projekts und Marktrendite

s	q_s	$X_s q_s$	$r_{ms} q_s$	$X_s r_{ms} q_s$
1	0.3	30	0.015	1.5
2	0.5	75	0.090	13.5
3	0.2	22	0.050	5.5
		$\mathrm{E}[X] = 127$	$\mathrm{E}[r_m] = 0.155$	$\mathrm{E}[X\,r_m] = 20.5$

Anwendung auf das Beispiel Um die Vorgehensweise klarzumachen, gehen wir wieder von dem in Tabelle 7.1 angegebenen Beispiel aus. Die Inve-

[3] Vgl. Seite 225.

stitionsausgaben beliefen sich auf $I_0 = 100$, und der risikolose Zinssatz betrug $r_f = 10\ \%$. Da der Marktpreis des Risikos auf Seite 270 schon mit $\lambda = 10.14$ berechnet worden war, können wir uns auf die Ermittlung der Kovarianz zwischen den Cash–flows des Projektes und der Marktrendite beschränken. Diese ergibt sich mit den Zahlen aus Tabelle 7.3 zu

$$\mathrm{Cov}[X, r_m] = \mathrm{E}[X\, r_m] - \mathrm{E}[X] \cdot \mathrm{E}[r_m] = 20.5 - 127 \cdot 0.155 = 0.815\,.$$

Einsetzen in Gleichung (7.3) führt bereits auf den Marktwert des Projektes mit

$$P_0 = \frac{127 - 10.14 \cdot 0.815}{1 + 0.1} = 107.94\,.$$

Da sich die Ausgaben für das Projekt nur auf $I_0 = 100$ belaufen, ist die Investition als günstig anzusehen. Jedenfalls ist der Marktpreis für eine Investition mit denselben erwarteten Rückflüssen und demselben Kovarianzrisiko größer als 100 DM.

Kapitalkosten der Eigentümer Die Anteilseigner müssen sich fragen, ob sie ihr Kapital bei gegebenem Risiko besser in das Projekt oder in den risikolosen Finanztitel und das Marktportfolio investieren. Ihre Kapitalkosten bei der Beurteilung des Projektes entsprechen daher der Rendite, die sie am Kapitalmarkt erwarten dürfen, wenn sie ein vorgegebenes Kovarianzrisiko zu übernehmen bereit sind. Machen wir uns klar, daß es sich bei den Kapitalkosten, um jenen Zinssatz $\mathrm{E}[r]$ handelt, mit dem die erwarteten Projektrückflüsse diskontiert werden, so daß man ihren Marktwert erhält, so muß

$$P_0 = \frac{\mathrm{E}[X]}{1 + \mathrm{E}[r]}$$

beziehungsweise

$$\mathrm{E}[r] = \frac{\mathrm{E}[X]}{P_0} - 1$$

und mit den Zahlen unseres Beispiels

$$\mathrm{E}[r] = \frac{127}{107.94} - 1 = 17.65\,\%$$

gelten.[4] Man vergleiche dieses Ergebnis mit dem Resultat, das wir im vorigen Abschnitt mit $\mathrm{E}[r] \approx 18.26\ \%$ ermittelt hatten. Die nicht ganz unerhebliche

[4]Nichts anderes erhält man, wenn man zunächst die zustandsabhängigen Projektrenditen (bezogen auf den Marktwert) ausrechnet und anschließend den Erwartungswert bildet. Ein weiterer Weg, der noch umständlicher ist, besteht darin, die Kovarianz aus den zustandsabhängigen Projektrenditen und den Marktrenditen zu berechnen und anschließend in Gleichung (7.2) einzusetzen. Jedoch würde man auch hier über $\mathrm{E}[r] = r_f + \lambda \cdot \mathrm{Cov}[r, r_m] = 0.1 + 10.14 \cdot 0.00755 = 0.1765$ wieder nur dasselbe Ergebnis erhalten.

Differenz ist einzig und allein darauf zurückzuführen, daß wir oben das Kovarianzrisiko nur näherungsweise kalkuliert hatten. Die hiermit verbundene Verzerrung ist offensichtlich um so größer, je größer die Differenz zwischen Investitionsausgabe und Marktwert ist.

7.2 Einperiodige mischfinanzierte Projekte

Bisher sind wir davon ausgegangen, daß das zu bewertende Investitionsprojekt eigenfinanziert wird. Jetzt lassen wir diese problematische Annahme fallen. Statt dessen wollen wir unterstellen, daß sich an der Finanzierung des Projektes ein Kapitalgeber beteiligt, der von den Eigentümern am Ende der Nutzungsdauer die Zahlung eines festen Betrages verlangt. Dabei sind zwei Fälle zu unterscheiden: Entweder reichen die Cash–flows des riskanten Investitionsprojektes dazu aus, die Gläubiger auch in der schlechtesten aller denkbaren Zukunftsentwicklungen vollkommen zu befriedigen, oder nicht. Im ersten Fall sprechen wir von sicherer Fremdfinanzierung, im zweiten Fall von riskanter Fremdfinanzierung.

Im übrigen wollen wir weiterhin annehmen, daß die Voraussetzungen erfüllt sind, die zu den Standardergebnissen des Capital Asset Pricing Models führen.

7.2.1 Sichere Fremdfinanzierung

Beispiel Um die Argumentation anschaulich zu halten, knüpfen wir an das Beispiel an, welches wir im Zusammenhang mit der Diskussion eines völlig eigenfinanzierten Projektes benutzt hatten, vgl. oben Tabelle 7.1. Die Investitionsausgabe beläuft sich auch jetzt wieder auf $I_0 = 100$, und der risikolose Zinssatz beträgt $r_f = 10$ %. Während wir oben aber davon ausgingen, daß die Eigentümer den gesamten Investitionsbetrag alleine aufbringen, wollen wir jetzt annehmen, daß es einen Fremdkapitalgeber gibt, der bereit ist, im Zeitpunkt $t = 0$ den Betrag $D_0 = 70$ zur Verfügung zu stellen, wenn die Eigentümer sich dazu verpflichten, im Zeitpunkt $t = 1$ den Betrag $D_1 = D_0\,(1 + r_f) = 77$ zurückzuzahlen. Alle den Zeitpunkt $t = 1$ betreffenden Daten sind in Tabelle 7.4 zusammengestellt.

Bewertungsidee Um zu ermitteln, welchen Wert das Projekt für die Eigentümer hat, kann man einen zweistufigen Ansatz wählen. Die Anteilseigner würden, wenn sie der Realisation des Projektes zustimmen, nämlich aus zwei Quellen schöpfen. Zum einen erhalten sie von den Fremdkapitalgebern sofort den Kreditbetrag D_0, zum anderen behalten sie Ansprüche auf diejenigen

Tabelle 7.4: Mischfinanziertes einperiodiges Projekt (Sichere Fremdfinanzierung)

Zustand	Wahrschein-	Cash-flow			Markt-
	lichkeit	Projekt	Gläu-	Eigen-	rendite
			biger	tümer	
s	q_s	X_s	D_1	$X_s - D_1$	r_{ms}
1	0.3	100	77	23	0.05
2	0.5	150	77	73	0.18
3	0.2	110	77	33	0.25

Beträge, welche von den Projektrückflüssen verbleiben, nachdem die Kreditgeber bedient sind. Also beläuft sich der Marktwert aller den Eigentümern zufließenden Zahlungen aus dem Projekt auf

$$P_0 = D_0 + \frac{\mathrm{E}[X - D_1] - \lambda \cdot \mathrm{Cov}[X - D_1, r_m]}{1 + r_f}. \tag{7.4}$$

Auf der rechten Seite stehen die beiden Quellen, aus denen die Eigentümer schöpfen können: erstens der Kreditbetrag, den sie von den Fremdkapitalgebern erhalten, und zweitens der Marktwert der ihnen verbleibenden Ansprüche. Letztere sind unsicher und werden demzufolge mit Hilfe der CAPM-Preisgleichung bewertet. Um den Marktwert des Investitionsprojektes entsprechend dieser Bestimmungsgleichung auszurechnen, konzentrieren wir uns zunächst auf die Terme, deren Beträge wir schon kennen. Das sind $D_0 = 70$, $\lambda = 10.14$ und $r_f = 0.1$. Also brauchen wir noch den Erwartungswert der Restansprüche für die Eigentümer $\mathrm{E}[X - D_1]$ sowie die Kovarianz $\mathrm{Cov}[X - D_1, r_m]$. Um beide zu ermitteln, bedienen wir uns der Rechentabelle 7.5 und erhalten aus den dort angegebenen Werten $\mathrm{E}[X - D_1] = 50$ sowie

$$\begin{aligned} \mathrm{Cov}[X - D_1, r_m] &= \mathrm{E}[(X - D_1)\, r_m] - \mathrm{E}[X - D_1] \cdot \mathrm{E}[r_m] \\ &= 8.565 - 50 \cdot 0.155 = 0.815\,. \end{aligned}$$

Einsetzen all dieser Zwischenergebnisse in die Bewertungsgleichung (7.4) führt zu

$$P_0 = 70 + \frac{50 - 10.14 \cdot 0.815}{1 + 0.1} = 107.94\,.$$

Genau das gleiche Resultat hatten wir erhalten, als wir davon ausgegangen waren, daß das Projekt vollständig eigenfinanziert wird. Das gibt zu der Vermutung Anlaß, daß es bei der Beurteilung von Investitionsprojekten möglicherweise gleichgültig ist, wie diese finanziert werden. Das wollen wir im folgenden genauer untersuchen.

Tabelle 7.5: Kovarianz zwischen Ansprüchen der Eigentümer und Marktrendite

s	q_s	$(X_s - D_1)\, q_s$	$r_{ms}q_s$	$(X_s - D_1)r_{ms}q_s$
1	0.3	6.9	0.015	0.345
2	0.5	36.5	0.090	6.570
3	0.2	6.6	0.050	1.650
		$\mathrm{E}[X - D_1] = 50$	$\mathrm{E}[r_m] = 0.155$	$\mathrm{E}[(X - D_1)\, r_m] = 8.565$

Irrelevanz der Projektfinanzierung Im Falle einer sicheren Fremdfinanzierung ist der heute ausgelegte Kreditbetrag nichts anderes als der mit dem risikolosen Zins diskontierte Anspruch der Gläubiger, also

$$D_0 = \frac{D_1}{1 + r_f}\,.$$

Einsetzen in (7.4) führt auf

$$P_0 = \frac{D_1 + \mathrm{E}[X - D_1] - \lambda \cdot \mathrm{Cov}[X - D_1, r_m]}{1 + r_f}\,,$$

was man wegen der Tatsache, daß D_1 eine sichere Größe ist, in die Form

$$\begin{aligned} P_0 &= \frac{D_1 + \mathrm{E}[X] - D_1 - \lambda \cdot \mathrm{Cov}[X - D_1, r_m]}{1 + r_f} \\ &= \frac{\mathrm{E}[X] - \lambda \cdot \mathrm{Cov}[X - D_1, r_m]}{1 + r_f} \end{aligned} \tag{7.5}$$

Diese Gleichung kann noch vereinfacht werden, wenn man die Tatsache nutzt, daß sich die Kovarianz zweier Zufallsvariablen nicht dadurch ändert, daß man eine (oder auch beide) Zufallsvariable um feste Beträge (hier: D_1) vermindert.[5] Infolgedessen sind die Darstellungen (7.5) und (7.3) vollkommen äquivalent. Das aber ist ein bemerkenswertes Ergebnis und bestätigt unsere zunächst nur durch ein Zahlenbeispiel gewonnene Vermutung: Es zeigt sich, daß ein mischfinanziertes Projekt unter den Bedingungen des CAPM ebenso bewertet werden muß wie ein vollkommen eigenfinanziertes, sofern die Fremdfinanzierung als risikolos anzusehen ist.

7.2.2 Riskante Fremdfinanzierung

Beispiel Was ändert sich an unserem Resultat, wenn die Fremdfinanzierung eines Investitionsprojektes nicht risikolos ist? Zu diesem Zweck variieren wir

[5] Vgl. dazu Seite 96.

die obigen Beispielszahlen geringfügig. Unverändert wollen wir davon ausgehen, daß die Investitionsausgaben sich auf $I_0 = 100$ belaufen und der sichere Zins $r_f = 10\ \%$ beträgt. Im schlechtesten Fall, wenn nämlich der Zustand 1 eintritt, wirft das Projekt Bruttorückflüsse in Höhe von 100 ab. Nun wollen wir davon ausgehen, daß der Investor einem Fremdkapitalgeber für den Zeitpunkt $t = 1$ Ansprüche auf 105 DM einräumt, aber nur unter der Voraussetzung, daß die Cash–flows der Investition das hergeben. Sollten die Rückflüsse der Investition nicht ausreichen, um 105 DM zahlen zu können, so erhält der Kreditgeber maximal die Cash–flows des Projektes. Die Verteilung der aus dem Projekt zu erwartenden Einnahmen erfolgt daher so, wie in Tabelle 7.6 gezeigt.

Tabelle 7.6: Mischfinanziertes einperiodiges Projekt (Riskante Fremdfinanzierung)

Zustand	Wahrschein- lichkeit	Cash–flow			Markt- rendite
		Projekt	Gläu- biger	Eigen- tümer	
s	q_s	X_s	D_{1s}	$X_s - D_{1s}$	r_{ms}
1	0.3	100	100	0	0.05
2	0.5	150	105	45	0.18
3	0.2	110	105	5	0.25

Bewertungsidee Es gibt keinen vernünftigen Grund, das Investitionsprojekt aus der Sicht der Eigentümer jetzt mit völlig anderen Kategorien zu bewerten als vorher. Die Investition verkörpert im Falle ihrer Fremdfinanzierung für die Eigentümer nach wie vor zwei Verdienstquellen: Zum einen sind das die Mittel, welche die Fremdkapitalgeber heute dafür bezahlen, daß sie bei Eintritt des s–ten Zustandes Ansprüche in Höhe von D_{1s} erwerben. Zum anderen handelt es sich um den Wert derjenigen Einnahmen aus dem Projekt, die nach der Befriedigung der Gläubiger übrig bleiben. Nennen wir den ersten Teilbetrag D_0, so lautet die Bewertungsgleichung auch jetzt wieder

$$P_0 = D_0 + \frac{\mathrm{E}\,[X - D_1] - \lambda \cdot \mathrm{Cov}\,[X - D_1, r_m]}{1 + r_f}. \tag{7.6}$$

Im Gegensatz zur Bewertungsgleichung (7.4) ist D_1 jetzt aber eine Zufallsvariable.

Welchen Betrag werden die Fremdkapitalgeber nun zahlen, wenn man ihnen zustandsabhängige Ansprüche in Höhe von D_1 in Aussicht stellt? Wenn sie sich rational verhalten, werden sie ebenso rechnen wie Eigentümer und die

CAPM–Preisgleichung anwenden. Infolgedessen können wir

$$D_0 = \frac{\mathrm{E}[D_1] - \lambda \cdot \mathrm{Cov}[D_1, r_m]}{1 + r_f} \tag{7.7}$$

schreiben. Um den Marktwert des Fremdkapitals zu berechnen, können wir mit $\lambda = 10.14$ und $r_f = 10$ % wieder auf bekannte Größen zurückgreifen. Den noch fehlenden Erwartungswert $\mathrm{E}[D_1]$ und die Kovarianz $\mathrm{Cov}[D_1, r_m]$ ermitteln wir mit Hilfe von Tabelle 7.7.

Tabelle 7.7: Kovarianz zwischen Ansprüchen der Gläubiger und Marktrendite

s	q_s	$D_{1s}q_s$	$r_{ms}q_s$	$D_{1s}r_{ms}q_s$
1	0.3	30.0	0.015	1.50
2	0.5	52.5	0.090	9.45
3	0.2	21.0	0.050	5.25
		$\mathrm{E}[D_1] = 103.5$	$\mathrm{E}[r_m] = 0.155$	$\mathrm{E}[D_1\, r_m] = 16.2$

Für die Kovarianz ergibt sich mit den dort berechneten Zahlen

$$\begin{aligned} \mathrm{Cov}[D_1, r_m] &= \mathrm{E}[D_1\, r_m] - \mathrm{E}[D_1] \cdot \mathrm{E}[r_m] \\ &= 16.2 - 103.5 \cdot 0.155 = 0.1575\,. \end{aligned}$$

Einsetzen in die Bewertungsgleichung (7.7) der Gläubigeransprüche führt auf

$$D_0 = \frac{103.5 - 10.14 \cdot 0.1575}{1.1} = 92.64\,.$$

Um den Wert der Eigentümeransprüche zu kalkulieren, benötigen wir die Kovarianz der verbleibenden Zahlungen mit der Marktrendite. Diese berechnet man mit den Zahlen der Tabelle 7.8 aus

$$\begin{aligned} \mathrm{Cov}[(X - D_1), r_m] &= \mathrm{E}[(X - D_1)\, r_m] - \mathrm{E}[X - D_1] \cdot \mathrm{E}[r_m] \\ &= 4.3 - 23.5 \cdot 0.155 = 0.6575\,. \end{aligned}$$

Setzt man alles zusammen in die Bewertungsgleichung (7.6) ein, so bekommt man

$$\begin{aligned} P_0 &= 92.64 + \frac{23.5 - 10.14 \cdot 0.6575}{1.1} \\ &= 92.64 + 15.30 \\ &= 107.94\,, \end{aligned}$$

ein Ergebnis, das uns mittlerweile ziemlich bekannt vorkommt, weil wir den gleichen Betrag auch bei sicherer Verschuldung und im Falle der völligen Eigenfinanzierung erhalten hatten. Es scheint so, als ob es für die Beurteilung der Investition vollkommen gleichgültig sei, in welchem Ausmaß das Projekt mit Fremdkapital finanziert wird.

Tabelle 7.8: Kovarianz zwischen Ansprüchen der Eigentümer und Marktrendite

s	q_s	$(X_s - D_{1s})q_s$	$r_{ms}q_s$	$(X_s - D_{1s})r_{ms}q_s$
1	0.3	0.0	0.015	0.00
2	0.5	22.5	0.090	4.05
3	0.2	1.0	0.050	0.25
		$\mathrm{E}[X - D_1] = 23.5$	$\mathrm{E}[r_m] = 0.155$	$\mathrm{E}[(X - D_1)\, r_m] = 4.30$

Irrelevanz der Projektfinanzierung Auch das läßt sich, wie man vermuten wird, allgemein nachweisen. Die Ansprüche der Gläubiger belaufen sich im Falle der riskanten Verschuldung nach den Bewertungsgrundsätzen des CAPM auf

$$D_0 = \frac{\mathrm{E}[D_1] - \lambda \cdot \mathrm{Cov}[D_1, r_m]}{1 + r_f},$$

was nach Einsetzen in (7.6) und elementarer Vereinfachung auf

$$\begin{aligned} P_0 &= \frac{\mathrm{E}[D_1] - \lambda \cdot \mathrm{Cov}[D_1, r_m] + \mathrm{E}[X - D_1] - \lambda \cdot \mathrm{Cov}[X - D_1, r_m]}{1 + r_f} \\ &= \frac{\mathrm{E}[X] - \lambda \cdot \left(\mathrm{Cov}[X - D_1, r_m] + \mathrm{Cov}[D_1, r_m]\right)}{1 + r_f} \end{aligned}$$

führt. Vergleicht man dieses Ergebnis mit der Bewertungsgleichung (7.3), so zeigt sich, daß beide Ansätze genau dann identisch sein müssen, wenn

$$\mathrm{Cov}[X, r_m] = \mathrm{Cov}[X - D_1, r_m] + \mathrm{Cov}[D_1, r_m]$$

gilt. Daß dies grundsätzlich der Fall ist, wissen wir aber schon von Seite 96 und müssen es daher hier nicht noch einmal beweisen. Dafür wollen wir lieber das Ergebnis unserer Analyse festhalten: Unter den Bedingungen des Capital Asset Pricing Models kann man den fairen Preis eines Investitionsprojektes immer mit Hilfe von (7.3) berechnen, und zwar ganz unabhängig davon, wie das Projekt finanziert ist. Dieses Resultat deckt sich vollständig mit der Tatsache, daß bei Gültigkeit des CAPM das *Modigliani/Miller*-Theorem gelten muß.[6]

[6] Vgl. dazu oben Seite 243 ff.

7.3 CAPM und Arrow/Debreu–Preise

Bewertungsidee Ein rechentechnisch wesentlich einfacherer Ansatz zur Ermittlung des Marktwerts unsicherer Investitionsrückflüsse, den wir aus der Arbitragetheorie kennen,[7] besteht darin, die zustandsabhängigen Cash–flows des Investitionsprojektes mit den entsprechenden Preisen reiner Wertpapiere[8] zu multiplizieren und anschließend über alle Zustände summieren, also

$$\boxed{P_0 = \sum_{s=1}^{S} X_s \, \pi_s}\,. \tag{7.8}$$

Preis eines reinen Wertpapiers Um eine Bestimmungsgleichung für den Preis eines Wertpapiers aus der CAPM–Preisgleichung (7.3) abzuleiten, konzentrieren wir uns zunächst auf die Kovarianz $\mathrm{Cov}[X, r_m]$ und zeigen, daß

$$\mathrm{Cov}[X, r_m] = \mathrm{E}\Big[X\,(r_m - \mathrm{E}[r_m])\Big]$$

ist. Wir beginnen mit der Definition

$$\mathrm{Cov}[X, r_m] = \mathrm{E}\Big[(X - \mathrm{E}[X])(r_m - \mathrm{E}[r_m])\Big]$$

und multiplizieren aus. Das ergibt

$$\mathrm{Cov}[X, r_m] = \mathrm{E}\Big[X\,(r_m - \mathrm{E}[r_m]) - \mathrm{E}[X](r_m - \mathrm{E}[r_m])\Big]\,.$$

Wendet man den Erwartungswertoperator auf die beiden Summanden einzeln an, so erhält man

$$\begin{aligned}
\mathrm{Cov}[X, r_m] &= \mathrm{E}\Big[X\,(r_m - \mathrm{E}[r_m])\Big] - \mathrm{E}[X]\,\mathrm{E}\Big[(r_m - \mathrm{E}[r_m])\Big] \\
&= \mathrm{E}\Big[X\,(r_m - \mathrm{E}[r_m])\Big] - \mathrm{E}[X]\cdot 0 \\
&= \mathrm{E}\Big[X\,(r_m - \mathrm{E}[r_m])\Big]\,,
\end{aligned}$$

was wir zeigen wollten. Setzt man dieses Resultat in (7.3) ein, so lautet die Bewertungsgleichung

$$\begin{aligned}
P_0 &= \frac{\mathrm{E}[X] - \lambda\cdot\mathrm{E}[X\,(r_m - \mathrm{E}[r_m])]}{1 + r_f} \\
&= \frac{\mathrm{E}[X]}{1 + r_f} - \frac{\lambda\cdot\mathrm{E}[X\,(r_m - \mathrm{E}[r_m])]}{1 + r_f}
\end{aligned}$$

[7] Vgl. oben Seite 168.

[8] Da reine Wertpapiere auch als *Arrow/Debreu*–Wertpapiere bezeichnet werden, nennen wir ihre Preise hier *Arrow/Debreu*–Preise.

oder unter Verwendung der Realisationen zustandsabhängiger Cash–flows und Marktrenditen

$$P_0 = \frac{\sum_{s=1}^{S} X_s\, q_s}{1+r_f} - \frac{\lambda \sum_{s=1}^{S} X_s \left(r_{ms} - \mathrm{E}\left[r_m\right]\right) q_s}{1+r_f}\,.$$

Ein reines Wertpapier verspricht nun definitionsgemäß seinem Inhaber bei Eintritt des Zustandes s eine Einnahme in Höhe von 1 DM und bei Eintritt jedes anderen Zustandes nichts. Mithin gilt für einen solchen Titel

$$X_s = \begin{cases} 1 & \text{für genau ein } s \\ 0 & \text{sonst} \end{cases}\,.$$

Bezeichnet man den Marktwert eines reinen Wertpapiers mit π_s, so muß offenbar

$$\pi_s = \frac{1\, q_s}{1+r_f} - \frac{\lambda \cdot 1 \left(r_{ms} - \mathrm{E}\left[r_m\right]\right) q_s}{1+r_f}$$

gelten. Daraus gewinnt man leicht die Darstellung

$$\boxed{\pi_s = \frac{q_s}{1+r_f}\Big(1 - \lambda \left(r_{ms} - \mathrm{E}\left[r_m\right]\right)\Big)}$$

für den Preis eines reinen Wertpapiers.

Anwendung auf das Beispiel Wenden wir das auf unser Beispiel von Seite 269 an, für das sich der Marktpreis des Risikos auf $\lambda = 10.14$ und die erwartete Rendite des Marktportfolios auf $\mathrm{E}\left[r_m\right] = 0.155$ belief, so bekommen wir

$$\begin{aligned} \pi_1 &= \frac{0.3}{1.1} \cdot \Big(1 - 10.14 \cdot (0.05 - 0.155)\Big) = 0.5630 \\ \pi_2 &= \frac{0.5}{1.1} \cdot \Big(1 - 10.14 \cdot (0.18 - 0.155)\Big) = 0.3393 \\ \pi_3 &= \frac{0.2}{1.1} \cdot \Big(1 - 10.14 \cdot (0.25 - 0.155)\Big) = 0.0067\,. \end{aligned}$$

Einsetzen der relevanten Daten in Gleichung (7.8) führt auf das bereits bekannte Ergebnis

$$P_0 = 100 \cdot 0.5630 + 150 \cdot 0.3393 + 110 \cdot 0.0067 = 107.94\,.$$

Das scheint uns rechentechnisch der bei weitem bequemste Weg zu sein. Wir werden ihn daher zu nutzen versuchen, wenn es um die Beurteilung von Investitionen mit Nutzungsdauern von mehr als einem Jahr geht. Der Deutlichkeit halber wollen wir zuvor wiederholen: Unter den Bedingungen des CAPM ist dieser Bewertungsansatz ganz unabhängig davon, wie das Projekt finanziert ist.

7.4 Mehrperiodige Projekte

Bislang haben wir uns in diesem Kapitel ausschließlich mit der Beurteilung von Investitionen befaßt, die eine Nutzungsdauer von genau einem Jahr hatten. Diese unrealistische Einschränkung lag nahe, weil es sich bei der Standardversion des CAPM auch um ein Zwei-Zeitpunkt-Modell handelt. Nun wollen wir jedoch zu Investitionen mit längeren Nutzungsdauern übergehen. Da die vorangegangene Diskussion gezeigt hat, daß die Projektfinanzierung für die Beurteilung der Investitionen ohne Bedeutung ist, werden wir uns dabei auf den Fall der vollkommenen Eigenfinanzierung beschränken.

Beispiel Um die Überlegungen anschaulich halten zu können, beginnen wir mit der Beschreibung eines konkreten Zahlenbeispiels. Es wird ein Projekt betrachtet, das heute sichere Anschaffungsausgaben in Höhe von $I_0 = 100$ verlangt und sowohl im Zeitpunkt $t = 1$ als auch im Zeitpunkt $t = 2$ unsichere Rückflüsse verspricht. Wegen der weiteren Einzelheiten sei auf Abbildung 7.2 verwiesen.

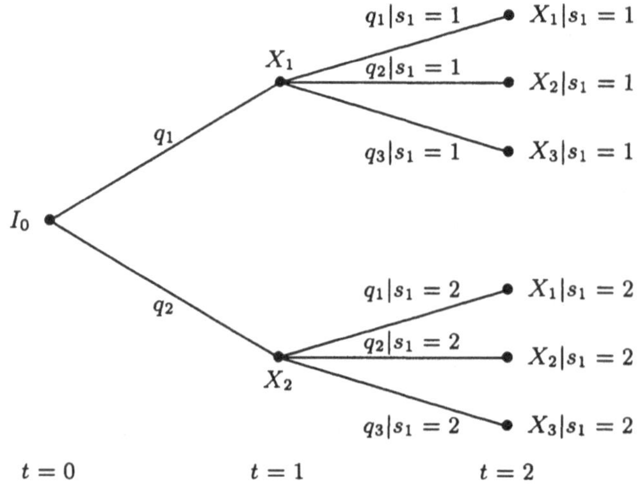

Abbildung 7.2: Mehrperiodige riskante Investition

Im Zeitpunkt $t = 1$ werden zwei verschiedene Zustände für möglich gehalten. Die entsprechenden Rückflüsse werden mit X_{s_1} und die dazugehörigen Wahrscheinlichkeiten mit q_{s_1} bezeichnet. Die konkreten Zahlenwerte für unser Beispiel einschließlich der Renditen des Marktportfolios sind in Tabelle 7.9

zusammengestellt. Der risikolose Zins für eine einperiodige Kapitalanlage soll sich auf $r_{f,1} = 0.08$ belaufen.

Tabelle 7.9: Rückflußverteilung einer Investition in $t = 1$

Zustand s_1	Cash–flow X_{s_1}	Wahrschein-lichkeit q_{s_1}	Markt-rendite $r_{m\,s_1}$
1	70	0.50	0.06
2	50	0.50	0.14

In bezug auf den Zeitpunkt $t = 2$ werden insgesamt sechs Zustände für denkbar gehalten, je drei für jeden der beiden Zustände in der Vorperiode. Der Cash–flow, mit dem zu rechnen ist, wenn zunächst der Zustand s_1 und anschließend der Zustand s_2 eintritt, wird mit $X_{s_2}|s_1$ bezeichnet. Ganz entsprechend lautet die Notation für die einem solchen Rückfluß zuzuordnende Wahrscheinlichkeit. Die konkreten Zahlenwerte für alle diese Größen sind einschließlich der jeweiligen Renditen des Marktportfolios in Tabelle 7.10 zusammengestellt. Der sichere Zinssatz für Kapitalanlagen in der zweiten Periode beläuft sich auf $r_{f,2} = 0.09$.

Tabelle 7.10: Rückflußverteilung einer Investition in $t = 2$

Zustand in $t = 1$ s_1	Zustand in $t = 2$ s_2	Cash–flow $X_{s_2}\|s_1$	Wahrschein-lichkeit $q_{s_2}\|s_1$	Markt-rendite $r_{m\,s_2}\|s_1$
1	1	110	0.3	0.05
1	2	80	0.6	0.15
1	3	40	0.1	0.09
2	1	30	0.4	0.08
2	2	90	0.5	0.17
2	3	50	0.1	0.02

7.4.1 Ein retrogrades Bewertungskonzept

Eine naheliegende Möglichkeit, das vorstehende Bewertungsproblem zu lösen, besteht darin, es zeitlich von hinten aufzurollen. Zu diesem Zweck versetzen wir uns gedanklich in den Zeitpunkt $t = 1$ und fragen danach, welchen Marktwert die im Zeitpunkt $t = 2$ zu erwartenden Rückflüsse des Projektes im Zeitpunkt $t = 1$ haben. Wenn diese Frage beantwortet ist, gehen wir zum Bewertungszeitpunkt $t = 0$ zurück.

Wir erinnern uns an die einperiodige Bewertungsgleichung (7.3) und schreiben sie für beliebige Zeitpunkte etwas präziser in der Form

$$P_t = \frac{\mathrm{E}[X_{t+1}] - \lambda_{t+1} \cdot \mathrm{Cov}[X_{t+1}, r_{m,t+1}]}{1 + r_{f,t+1}} . \tag{7.9}$$

In dieser Gleichung stehen $\mathrm{E}[X_{t+1}]$ für die erwarteten Cash–flows der Investition im Zeitpunkt $t+1$, das Symbol $r_{m,t+1}$ für die zustandsabhängige Rendite des Marktportfolios und $r_{f,t+1}$ für den Zins in bezug auf risikolose Kapitalanlagen, die man im Zeitpunkt t vornimmt. Der im Bewertungszeitpunkt relevante Marktpreis des Risikos ist

$$\lambda_{t+1} = \frac{\mathrm{E}[r_{m,t+1}] - r_{f,t+1}}{\mathrm{Var}[r_{m,t+1}]} .$$

Berechnungen für den Zeitpunkt t = 1

Wählt man $t = 1$ und setzt in Gleichung (7.9) ein, so bekommt man die spezielle Darstellung

$$P_1 = \frac{\mathrm{E}[X_2] - \lambda_2 \cdot \mathrm{Cov}[X_2, r_{m,2}]}{1 + r_{f,2}}$$

mit

$$\lambda_2 = \frac{\mathrm{E}[r_{m,2}] - r_{f,2}}{\mathrm{Var}[r_{m,2}]} .$$

In unserem Beispiel hängen nun allerdings alle diese Größen mit Ausnahme des risikolosen Zinssatzes davon ab, welcher Zustand im Zeitpunkt $t = 1$ eingetreten ist. Deswegen schreiben wir besser

$$P_1|s_1 = \frac{\mathrm{E}[X_2] - \lambda_2 \cdot \mathrm{Cov}[X_2, r_{m,2}]}{1 + r_{f,2}}\Big|s_1 . \tag{7.10}$$

Hiermit lassen sich die erforderlichen Berechnungen vornehmen.

$s_1 = 1$: Unter der Voraussetzung, daß im Zeitpunkt $t = 1$ der Zustand $s_1 = 1$ eingetreten ist, müssen wir die Daten aus dem oberen Teil der Tabelle 7.10 verwenden. Für die Erwartungswerte der Cash–flows und der Marktrenditen erhält man

$$\begin{aligned}(\mathrm{E}[X_2] \mid s_1 = 1) &= 0.3 \cdot 110 + 0.6 \cdot 80 + 0.1 \cdot 40 = 85 \\ (\mathrm{E}[r_{m,2}] \mid s_1 = 1) &= 0.3 \cdot 0.05 + 0.6 \cdot 0.15 + 0.1 \cdot 0.09 = 0.114 .\end{aligned}$$

Die Varianz der Marktrendite beläuft sich auf

$$(\text{Var}[r_{m,2}] \mid s_1 = 1) = 0.3 \cdot (0.05 - 0.114)^2 + \ldots + 0.1 \cdot (0.09 - 0.114)^2 = 0.002064\,,$$

woraus man einen Marktpreis des Risikos in Höhe von

$$(\lambda_2 | s_1 = 1) = \frac{0.114 - 0.09}{0.002064} = 11.63$$

ableitet. Nun brauchen wir noch die Kovarianz der Projektrückflüsse mit der Marktrendite. Diese ermitteln wir aus

$$\begin{aligned}(\text{Cov}[X_2, r_{m,2}] \mid s_1 = 1) &= \text{E}[X_2 \cdot r_{m,2}] - \text{E}[X_2] \cdot \text{E}[r_{m,2}] \\ &= 0.3 \cdot 110 \cdot 0.05 + 0.6 \cdot 80 \cdot 0.15 + 0.1 \cdot 40 \cdot 0.09 - 85 \cdot 0.114 \\ &= -0.48\,.\end{aligned}$$

Setzt man all diese die Daten in die Bewertungsgleichung (7.10) ein, so berechnet man für den (auf den Zeitpunkt $t = 1$ bezogenen) Marktwert der im Zeitpunkt $t = 2$ fälligen zustandsabhängigen Cash–flows des Projektes

$$(P_1 | s_1 = 1) = \frac{85 - 11.63 \cdot (-0.48)}{1.09} = 83.10\,.$$

$s_1 = 2$: Jetzt müssen wir die entsprechenden Kalkulationen für den Fall vornehmen, daß im Zeitpunkt $t = 1$ der Zustand $s_1 = 2$ eintritt. Das bedeutet, daß wir die Daten aus dem unteren Teil der Tabelle 7.10 zu benutzen haben. Im einzelnen erhalten wir bei analoger Vorgehensweise

$$\begin{aligned}(\text{E}[X_2] \mid s_1 = 2) &= 62, \\ (\text{E}[r_{m,2}] \mid s_1 = 2) &= 0.119, \\ (\text{Var}[r_{m,2}] \mid s_1 = 2) &= 0.002889, \\ (\lambda_2 \mid s_1 = 2) &= 10.04, \\ (\text{Cov}[X_2, r_{m,2}] \mid s_1 = 2) &= 1.332\end{aligned}$$

und den Marktwert der im Zeitpunkt $t = 2$ zu erwartenden Rückflüsse des Investitionsprojektes mit

$$(P_1 \mid s_1 = 2) = \frac{62 - 10.04 \cdot 1.332}{1.09} = 44.61\,.$$

Berechnungen für den Zeitpunkt t = 0

Nach all diesen Vorbereitungen können wir das Bewertungsproblem entscheidend vereinfachen. In reduzierter Form stellt es sich jetzt nämlich so dar, daß

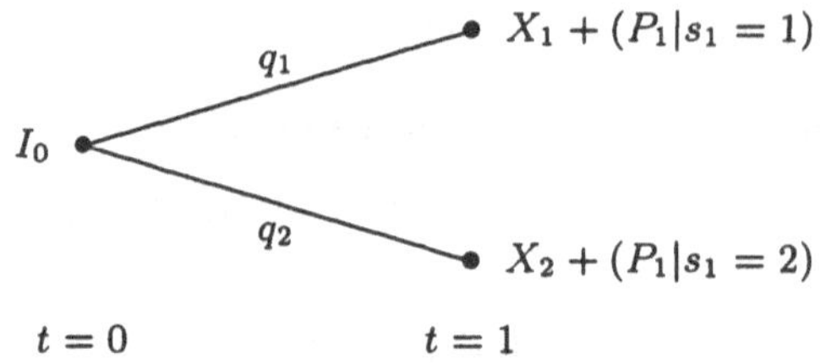

Abbildung 7.3: Reduzierte mehrperiodige riskante Investition

der Entscheider bei Bezahlung der Investitionsausgaben in Höhe von I_0 nur noch zustandsabhängige Ansprüche besitzt, die sämtlich im Zeitpunkt $t = 1$ fällig sind, vgl. Abbildung 7.3.

Die erwarteten "Rückflüsse" für den Zeitpunkt $t = 1$ belaufen sich in der reduzierten Form auf

$$\mathrm{E}[X + P_1] = 0.5 \cdot (70 + 83.10) + 0.5 \cdot (50 + 44.61) = 123.86\,,$$

während die erwartete Rendite des Marktportfolios

$$\mathrm{E}[r_{m,1}] = 0.5 \cdot 0.06 + 0.5 \cdot 0.14 = 0.1$$

bei einer Varianz von

$$\mathrm{Var}[r_{m,1}] = 0.5 \cdot (0.06 - 0.1)^2 + 0.5 \cdot (0.14 - 0.1)^2 = 0.0016$$

beträgt. Damit ergibt sich ein Marktpreis des Risikos in Höhe von

$$\lambda_1 = \frac{0.1 - 0.08}{0.0016} = 12.5\,,$$

und wir brauchen jetzt nur noch die Kovarianz der "Rückflüsse" des Projektes mit der Marktrendite. Diese ermitteln wir mit

$$\begin{aligned} \mathrm{Cov}[X + P_1, r_{m,1}] &= \mathrm{E}\left[(X + P_1) \cdot r_{m,1}\right] - \mathrm{E}\left[X + P_1\right] \cdot \mathrm{E}\left[r_{m,1}\right] \\ &= 0.5 \cdot (70 + 83.10) \cdot 0.06 + 0.5 \cdot (50 + 44.61) \cdot 0.14 - 123.86 \cdot 0.1 \\ &= -1.17\,. \end{aligned}$$

Einsetzen in die einperiodige Bewertungsgleichung des CAPM liefert den gesuchten Marktwert des Investitionsprojektes,

$$\begin{aligned} P_0 &= \frac{\mathrm{E}[X + P_1] - \lambda_1 \cdot \mathrm{Cov}[X + P_1, r_{m,1}]}{1 + r_{f,1}} \\ &= \frac{123.86 - 12.5 \cdot (-1.17)}{1.08} \\ &= 128.22\,. \end{aligned}$$

Da dieser Betrag deutlich größer ist als die erforderliche Investitionsausgabe, kommen wir zu dem Ergebnis, daß man das Projekt durchführen sollte.

7.4.2 CAPM und Arrow/Debreu–Preise im Mehrperiodenfall

Obwohl die retrograde Bewertungstechnik uns ziemlich sicher zum gewünschten Ergebnis führt, wollen wir uns noch einen zweiten Lösungsweg aneignen, der rechentechnische Vorteile mit sich bringen kann. Die Idee, der wir uns anvertrauen wollen, besteht darin, aus dem CAPM zunächst die Preise reiner Wertpapiere abzuleiten und diese anschließend auf die zustandsabhängigen Cash–flows eines mehrperiodigen Investitionsprojektes anzuwenden. Daß das im Prinzip möglich ist, hatten wir uns oben für den Einperiodenfall bereits klargemacht.[9] Dort hatten wir als Bestimmungsgleichung für den Preis eines reinen Wertpapiers

$$\pi_s = \frac{q_s}{1+r_f}\Big(1 - \lambda\left(r_{ms} - \mathrm{E}\left[r_m\right]\right)\Big) \tag{7.11}$$

gefunden. Hiervon ausgehend müssen wir nun entsprechende Bestimmungsgleichungen für den Mehrperiodenfall entwickeln. Dabei empfiehlt es sich, zwei Situationen zu unterscheiden. Entweder sind die in Gleichung (7.11) eingehenden Parameter stationär oder nicht. Bevor wir uns mit den Details beschäftigen, müssen wir aber noch eine zweckmäßige Symbolik für die nachfolgenden Betrachtungen vereinbaren. Es sei

$$\pi_{t_1,t_2,s}$$

der Preis, den der Inhaber eines *Arrow/Debreu*–Wertpapiers im Zeitpunkt t_1 zu zahlen hat, damit er Anspruch auf eine DM erwirbt, falls im Zeitpunkt t_2 der Zustand s eintritt.

Nichtstationäre CAPM–Parameter Mit einer solchen Situation haben wir es in dem bisher hier diskutierten Zahlenbeispiel zu tun. Die entscheidenden Parameter sind zeit– und zustandsabhängig. Unter diesen Bedingungen kann man die Preise der reinen Wertpapiere auch auf retrogradem Wege ermitteln. Dabei würde man zunächst aus

$$(\pi_{1,2,s_2} | \, s_1) = \frac{q_{s_2}}{1+r_{f,2}}\Big(1 - \lambda_2\left(r_{m,2\,s_2} - \mathrm{E}\left[r_{m,2}\right]\right)\Big)\Big| \, s_1$$

[9] Vgl. Seite 280 f.

die Preise

$$\begin{aligned}
(\pi_{1,2,1} \mid s_1 = 1) &= \frac{0.3}{1.09} \cdot \Big(1 - 11.63 \cdot (0.05 - 0.114)\Big) = 0.4801\,, \\
(\pi_{1,2,2} \mid s_1 = 1) &= \frac{0.6}{1.09} \cdot \Big(1 - 11.63 \cdot (0.15 - 0.114)\Big) = 0.3200\,, \\
(\pi_{1,2,3} \mid s_1 = 1) &= \frac{0.1}{1.09} \cdot \Big(1 - 11.63 \cdot (0.09 - 0.114)\Big) = 0.1173\,, \\
(\pi_{1,2,1} \mid s_1 = 2) &= \frac{0.4}{1.09} \cdot \Big(1 - 10.04 \cdot (0.08 - 0.119)\Big) = 0.5106\,, \\
(\pi_{1,2,2} \mid s_1 = 2) &= \frac{0.5}{1.09} \cdot \Big(1 - 10.04 \cdot (0.17 - 0.119)\Big) = 0.2239 \quad \text{und} \\
(\pi_{1,2,3} \mid s_1 = 2) &= \frac{0.1}{1.09} \cdot \Big(1 - 10.04 \cdot (0.02 - 0.119)\Big) = 0.1829
\end{aligned}$$

gewinnen. Man mache sich klar, daß es sich hier um Preise handelt, die im Zeitpunkt $t = 1$ (!) zu zahlen sind, wenn man Anspruch auf Rückflüsse in Höhe einer DM im Zeitpunkt $t = 2$ erwerben will. Jedoch werden wir gleich einen Weg angeben, auf dem man die entsprechenden Preise für den Zeitpunkt $t = 0$ bestimmen kann.

Um die Preise reiner Wertpapiere für Ansprüche zu kalkulieren, die im Zeitpunkt $t = 1$ erwartet werden, können wir in Analogie zu (7.11)

$$\pi_{0,1,s_1} = \frac{q_{s_1}}{1 + r_{f,1}} \Big(1 - \lambda_1 \left(r_{m,1\, s_1} - \mathrm{E}\left[r_{m,1}\right]\right)\Big)$$

benutzen und erhalten mit unseren Beispielszahlen

$$\begin{aligned}
\pi_{0,1,1} &= \frac{0.5}{1.08} \cdot \Big(1 - 12.5 \cdot (0.06 - 0.1)\Big) = 0.6944 \quad \text{und} \\
\pi_{0,1,2} &= \frac{0.5}{1.08} \cdot \Big(1 - 12.5 \cdot (0.14 - 0.1)\Big) = 0.2315\,.
\end{aligned}$$

Wollen wir nun abschließend noch feststellen, welche Preise für zustandsabhängige Ansprüche in Höhe von einer DM, die im Zeitpunkt $t = 2$ fällig sind, jetzt bezahlt werden müssen, so erinnern wir uns zweckmäßigerweise daran, wie wir oben bei der retrograden Bewertungstechnik vorgegangen sind. Bei folgerichtiger Anwendung dieses Konzeptes auf Ansprüche in Form reiner Wertpapiere führt das auf

$$(\pi_{0,2,s_2} \mid s_1) = (\pi_{1,2,s_2} \mid s_1) \cdot \pi_{0,1,s_1} \tag{7.12}$$

und mit unseren Beispielszahlen

$$\begin{aligned}
(\pi_{0,2,1} \mid s_1 = 1) &= 0.4801 \cdot 0.6944 = 0.3334\,, \\
(\pi_{0,2,2} \mid s_1 = 1) &= 0.3200 \cdot 0.6944 = 0.2222\,,
\end{aligned}$$

$$
\begin{aligned}
(\pi_{0,2,3} \mid s_1 = 1) &= 0.1173 \cdot 0.6944 = 0.0815\,, \\
(\pi_{0,2,1} \mid s_1 = 2) &= 0.5106 \cdot 0.2315 = 0.1182\,, \\
(\pi_{0,2,2} \mid s_1 = 2) &= 0.2239 \cdot 0.2315 = 0.0518 \quad \text{sowie} \\
(\pi_{0,2,3} \mid s_1 = 2) &= 0.1829 \cdot 0.2315 = 0.0423\,.
\end{aligned}
$$

Überprüfen wir abschließend, ob das so bestimmte Preissystem die in es gesetzten Erwartungen erfüllt. Zu diesem Zweck brauchen wir nur alle zeit- und zustandsabhängigen Cash–flows des Investitionsprojektes mit ihren jeweiligen *Arrow/Debreu*–Preisen zu multiplizieren und aufzuaddieren. Das ergibt

$$
\begin{aligned}
P_0 &= \pi_{0,1,1} X_1 + \pi_{0,1,2} X_2 \\
&\quad + (\pi_{0,2,1} \mid s_1 = 1) \cdot (X_1 \mid s_1 = 1) + \ldots + (\pi_{0,2,3} \mid s_1 = 2) \cdot (X_3 \mid s_1 = 2) \\
&= 0.6944 \cdot 70 + 0.2315 \cdot 50 \\
&\quad + 0.3334 \cdot 110 + 0.2222 \cdot 80 + 0.0815 \cdot 40 \\
&\quad + 0.1182 \cdot 30 + 0.0518 \cdot 90 + 0.0423 \cdot 50 \\
&= 128.22\,,
\end{aligned}
$$

was unseren Erwartungen vollkommen entspricht.

Hat nun die Bewertung von Investitionsprojekten über die Preise reiner Wertpapiere Vorteile gegenüber der ab Seite 283 beschriebenen Bewertungsmethode? Falls es nur um ein einziges Projekt geht, wird man diese Frage nicht positiv beantworten können, denn der Rechenaufwand wird nicht vermindert. Handelt es sich jedoch um mehrere Investitionsprojekte, so zahlt sich aus, daß man auf die wiederholte Berechnung von Kovarianzen zwischen Projektrückflüssen und Marktrenditen verzichten kann, weil die entsprechenden Informationen bereits im System der Preise reiner Wertpapiere enthalten sind.

Stationäre CAPM–Parameter Voll zum Tragen kommt dieser Vorteil aber erst, wenn man sich der ziemlich restriktiven Annahme bedient, daß alle Parameter, von denen die Preise reiner Wertpapiere abhängen, im Zeitablauf unveränderlich sind. Das erfordert sowohl gleichbleibende risikolose Zinsen als auch gleichbleibende Wahrscheinlichkeitsverteilungen der Renditen des Marktportfolios.

Beispiel Abbildung 7.4 beschreibt eine Investition mit einer Nutzungsdauer von zwei Jahren, wobei in jedem Jahr drei Zustände auftreten können, die man als Boom, normale Wirtschaftsentwicklung oder als Depression interpretieren könnte. Bei guter Konjunktur ist mit einer Marktrendite von 15 %, bei mäßiger Konjunktur mit 9 % und bei schlechter Entwicklung mit 4 % zu rechnen. Der risikolose Zins soll in jedem Jahr 8 % betragen. Die Wahrscheinlichkeiten für das Auftreten der drei Konjunkturlagen sind im Zeitablauf konstant und unabhängig (!) davon, wie die Wirtschaftsentwicklung in der gerade

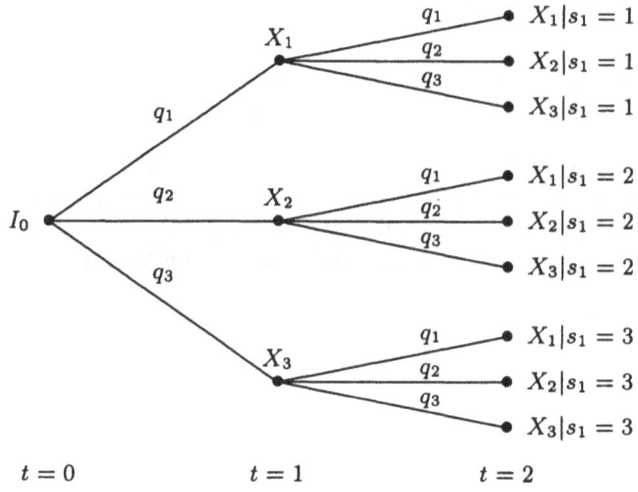

Abbildung 7.4: Mehrperiodige riskante Investition
(Stationäre CAPM–Parameter)

vergangenen Periode gewesen ist. Gute wird ebenso wie schlechte Konjunktur mit einer Wahrscheinlichkeit von jeweils 25 %, mittlere Wirtschaftsentwicklung dagegen mit 50 % erwartet.

Arrow/Debreu–Preise Ohne irgendwelche Informationen über Investitionsprojekte zu besitzen, kann man mit den angegebenen Daten bereits den Marktpreis des Risikos sowie die Preise der reinen Wertpapiere bestimmen. Man erhält für das erste Jahr

$$\begin{aligned} \mathrm{E}[r_m] &= 0.0925 \\ \mathrm{Var}[r_m] &= 0.00151875 \\ \lambda &= 8.23 \end{aligned}$$

und daraus

$$\begin{aligned} \pi_{0,1,1} &= \frac{0.25}{1.08} \cdot \Big(1 - 8.23 \cdot (0.15 - 0.0925)\Big) = 0.1219 \\ \pi_{0,1,2} &= \frac{0.50}{1.08} \cdot \Big(1 - 8.23 \cdot (0.09 - 0.0925)\Big) = 0.4725 \\ \pi_{0,1,3} &= \frac{0.25}{1.08} \cdot \Big(1 - 8.23 \cdot (0.04 - 0.0925)\Big) = 0.3315\,. \end{aligned}$$

Wegen der Stationarität des risikolosen Zinses sowie der Wahrscheinlichkeitsverteilung der Marktrendite muß

$$\pi_{t,t+1,s} = \pi_{0,1,s} \quad \forall\, s,t > 0\,.$$

gelten. Unter Verwendung von (7.12) kann man daraus unmittelbar alle weiteren hier benötigten *Arrow/Debreu*–Preise ableiten. Wir erhalten

$$\begin{aligned}
(\pi_{0,2,1} \,|\, s_1 = 1) &= 0.1219 \cdot 0.1219 = 0.0149 \\
(\pi_{0,2,2} \,|\, s_1 = 1) &= 0.4725 \cdot 0.1219 = 0.0576 \\
(\pi_{0,2,3} \,|\, s_1 = 1) &= 0.3315 \cdot 0.1219 = 0.0404 \\
(\pi_{0,2,1} \,|\, s_1 = 2) &= 0.1219 \cdot 0.4725 = 0.0576 \\
(\pi_{0,2,2} \,|\, s_1 = 2) &= 0.4725 \cdot 0.4725 = 0.2232 \\
(\pi_{0,2,3} \,|\, s_1 = 2) &= 0.3315 \cdot 0.4725 = 0.1566 \\
(\pi_{0,2,1} \,|\, s_1 = 3) &= 0.1219 \cdot 0.3315 = 0.0404 \\
(\pi_{0,2,2} \,|\, s_1 = 3) &= 0.4725 \cdot 0.3315 = 0.1566 \\
(\pi_{0,2,3} \,|\, s_1 = 3) &= 0.3315 \cdot 0.3315 = 0.1099\,.
\end{aligned}$$

Mit diesem Preissystem kann man nun jede beliebige Investition bewerten, die zu den Zeitpunkten $t = 1$ und $t = 2$ mit den genannten Wahrscheinlichkeiten zustandsabhängige Cash–flows verspricht.

Fortsetzung des Beispiels Im Detail wollen wir ein Projekt betrachten, das Investitionsausgaben in Höhe von $I_0 = 100$ verursacht und dessen zeit– und zustandsabhängige Cash–flows aus Tabelle 7.11 hervorgehen.

Tabelle 7.11: Rückflußverteilung einer mehrperiodigen Investition

Zu-stand	Zeitpunkte				Wahrschein-lichkeit
	$t=1$	$t=2$			
s	X_s	$X_s \,\vert\, s_1 = 1$	$X_s \,\vert\, s_1 = 2$	$X_s \,\vert\, s_1 = 3$	q_s
1	70	110	30	60	0.25
2	50	100	90	80	0.50
3	60	40	50	40	0.25

Der Marktwert dieses Projektes läßt sich nun leicht berechnen. Man muß nur die Cash–flows mit den Preisen der reinen Wertpapiere multiplizieren und über alle Zeitpunkte und Zustände addieren. Das ergibt mit den Beispielszahlen

$$\begin{aligned} P_0 &= \pi_{0,1,1}X_1 + \pi_{0,1,2}X_2 + \pi_{0,1,3}X_3 \\ &\quad +(\pi_{0,2,1}\,|\,s_1 = 1)\cdot(X_1\,|\,s_1 = 1) + \ldots + (\pi_{0,2,3}\,|\,s_1 = 3)\cdot(X_3\,|\,s_1 = 3) \\ &= 0.1219\cdot 70 + 0.4725\cdot 50 + 0.3315\cdot 60 \\ &\quad + 0.0149\cdot 110 + 0.0576\cdot 100 + 0.0404\cdot 40 \\ &\quad + 0.0576\cdot 30 + 0.2232\cdot 90 + 0.1566\cdot 50 \\ &\quad + 0.0404\cdot 60 + 0.1566\cdot 80 + 0.1099\cdot 40 \\ &= 110.07\,. \end{aligned}$$

Da der Marktwert des Projektes größer ist als die Investitionsausgaben, da also $P_0 > I_0$ ist, handelt es sich um eine vorteilhafte Kapitalanlage.

8 Optionspreistheorie

Optionen sind faszinierende Finanztitel. Sie geben ihrem Inhaber das Recht, bestimmte Gegenstände (z.B. Aktien, festverzinsliche Wertpapiere, Devisen, Edelmetalle und so weiter) innerhalb oder am Ende bestimmter Fristen zu bestimmten Preisen zu kaufen beziehungsweise zu verkaufen.

8.1 Grundbegriffe

Um sich mit Optionen beschäftigen zu können, muß man einige Grundbegriffe beherrschen. Man unterscheidet:

Kaufoptionen und Verkaufsoptionen Der Erwerber einer Kaufoption (eines Calls) hat das Recht, den Gegenstand von seinem Vertragspartner (dem "Stillhalter in Waren") zu kaufen. Dagegen darf der Inhaber einer Verkaufsoption (eines Puts) den Gegenstand an seinen Vertragspartner (den "Stillhalter in Geld") verkaufen. Wichtig ist, daß kein Optionsinhaber verpflichtet ist, das Optionsrecht tatsächlich zu nutzen. Man darf es ungenutzt verfallen lassen. Der Vertragspartner hingegen (der "Stillhalter") ist verpflichtet, das Optionsversprechen einzulösen, wenn der Optionsinhaber das will.

Europäische und amerikanische Optionen Kontrakte, die man nur am Ende der Optionsfrist ausüben darf, werden als europäisch bezeichnet. Amerikanische Optionen kann man dagegen an einem beliebigen Tage während der Optionsfrist nutzen. Man sagt daher auch, daß amerikanische Optionen gegenüber ihren europäischen Pendants das Recht der vorfristigen Ausübung beinhalten.

Optionen auf unterschiedliche Gegenstände Der einem Optionsgeschäft zugrunde liegende Gegenstand (englisch: underlying asset) kann alles sein, was einen Preis hat, zum Beispiel eine Aktie, ein festverzinsliches Wertpapier, Edelmetalle, landwirtschaftliche Produkte wie Weizen, Reis oder lebende Rinder und so weiter.

Basispreis Der Preis, welcher bei Ausübung der Option für den zugrunde liegenden Gegenstand zu zahlen ist, wird bei Abschluß des Optionsvertrages vereinbart. Man nennt ihn *Basis-* oder *Ausübungspreis* (englisch: strike price, exercise price).

Optionspreis Der Vertragspartner einer Person, die ein Optionsrecht erwerben will, begibt sich in eine etwas riskante Position. Stellen Sie sich vor, Sie besäßen 100 000 US-Dollar und der gegenwärtige Devisenkurs liege bei 1.65 DM je Dollar. Nun möchte jemand das Recht erwerben, diese 100 000 US-Dollar in einem halben Jahr von Ihnen zum Preis von 1.68 DM je Dollar (Basispreis) zu kaufen. Wenn Sie einen derartigen Vertrag schließen, so kann es sein, daß Sie das in einem halben Jahr heftig bedauern werden, zum Beispiel wenn der Dollarpreis auf 1.69 DM geklettert sein sollte. Dann müssen Sie nämlich zu 1.68 DM liefern und verlieren bei einem Volumen von 100 000 US-Dollar genau 1 000 DM. Vernünftigerweise werden Sie für die Übernahme eines solchen Risikos heute (im Zeitpunkt des Vertragsschlusses) eine angemessene Prämie verlangen. Diese Prämie nennen wir *Optionspreis*. Die Optionspreistheorie beantwortet die Frage, welchen Preis man für die Einräumung (den Erwerb) eines Optionsrechtes fordern (bieten) sollte.

Anwendungsfelder der Optionspreistheorie Nun ließe sich sagen, daß das eine ziemlich spezielle Fragestellung ist, denn Optionen haben zwar seit etwa zwanzig Jahren an den Kapitalmärkten dieser Welt enorm an Bedeutung gewonnen. Trotzdem kann man nicht sagen, daß sie die allerwichtigsten Finanztitel sind. Wenn die Bedeutung der Optionspreistheorie trotzdem als hoch eingeschätzt wird, so ist das damit zu erklären, daß man quasi jedem Finanztitel (also auch einer Aktie oder einer Anleihe) bescheinigen kann, daß er optionsähnlichen Charakter hat. Wie ist das zu erklären?

Was eine Option im Zeitpunkt ihrer Fälligkeit wert ist, kann man nicht genau vorhersagen. Entweder lohnt sich die Ausübung, oder sie lohnt sich nicht. Und wenn sich die Ausübung lohnt, so kann der daraus resultierende Gewinn klein und bescheiden oder aber auch beträchtlich sein. Salopp gesprochen, kauft man ein Lotterielos, das entweder gewinnt oder sich als Niete entpuppt. Etwas weniger salopp würde man sagen, daß eine Option einen zustandsabhängigen Anspruch (englisch: contingent claim) auf künftige Cash-flows gewährt. Genau das tun aber auch Aktien und (konkursgefährdete) Anleihen, Wandelschuldverschreibungen, Indexanleihen oder Bezugsrechte, um nur eine beispielhafte Auswahl zu geben. Und insoweit ist das Anwendungsfeld der Optionspreistheorie bedeutend größer, als es der Name suggeriert.

Theoretische Bewertung von Optionen Die wissenschaftliche Diskussion über den Preis, welchen man unter den Bedingungen eines perfekten Kapitalmarktes für eine Option (oder einen optionsähnlichen Finanztitel) bezahlen sollte, hat mit dem Artikel, den *Fischer Black* und *Myron Scholes* hierzu im Jahre 1973 veröffentlichten, einen gewaltigen Anstoß erfahren und ist heute nur noch mit Mühe zu überblicken. In dem vorliegenden Buch wollen und müssen wir uns darauf beschränken, eine kurze Einführung zu geben.

Zu diesem Zweck konzentrieren wir uns auf *europäische Optionen auf Aktien*. Dabei wird grundsätzlich davon ausgegangen, daß der Kurs des der Option zugrunde liegenden Gegenstandes, also der Aktie, während der Optionsfrist einem Zufallsprozeß folgt. Ein Zufallsprozeß ist nichts weiter als eine zeitliche Abfolge von Zufallsereignissen. Was die Art des Zufallsprozesses betrifft, sind in der Literatur vor allen Dingen drei verschiedene Varianten diskutiert worden.

1. Der denkbar einfachste Fall ist ein elementarer Bernoulliprozeß. Dieser zeichnet sich dadurch aus, daß der Aktienkurs während der Optionsfrist entweder mit Wahrscheinlichkeit q steigt oder mit Wahrscheinlichkeit $1-q$ fällt, vgl. Abbildung 8.1. Der heutige Aktienkurs S_0 geht also entweder nach oben (englisch: up) oder nach unten (englisch: down), weswegen wir die entsprechenden Veränderungsfaktoren mit u beziehungsweise d bezeichnen. Im übrigen gehen wir von unserer Gewohnheit, Preise von Finanztiteln in der Form $p(\cdot)$ zu schreiben, hier bewußt ab. Das Symbol S_0 für Aktienkurse ist üblicher Standard, womit man im Englischen an das Wort "stock" für Aktie anspielt. Im Falle der nach oben gerichteten Entwicklung beläuft sich der neue Aktienkurs auf $S_1 = S_0u$, sonst auf $S_1 = S_0d$.

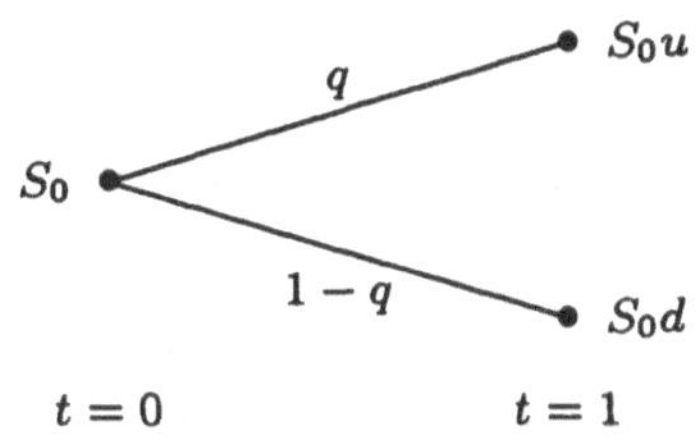

Abbildung 8.1: Bernoulliprozeß

Die Bewertung von Optionen ist bei dieser Annahme in einem Zwei–Zeitpunkt–Zwei–Zustands–Modell außerordentlich einfach und mit dem Instrumentarium, das wir uns im Rahmen der Arbitragetheorie angeeignet haben, ohne weiteres möglich, wenn der Markt vollständig ist.

2. Ein schwierigerer Fall ist gegeben, wenn man unterstellt, daß der Aktienkurs einem Binomialprozeß folgt, vgl. Abbildung 8.2. Man zerlegt die

Optionsfrist in Subperioden und nimmt an, daß eine Serie von Bernoulliprozessen aufeinander folgt, wobei davon ausgegangen wird, daß sowohl die Wahrscheinlichkeiten für die Veränderung der Aktienkurse als auch die Veränderungsraten selbst im Zeitablauf unveränderlich sind.

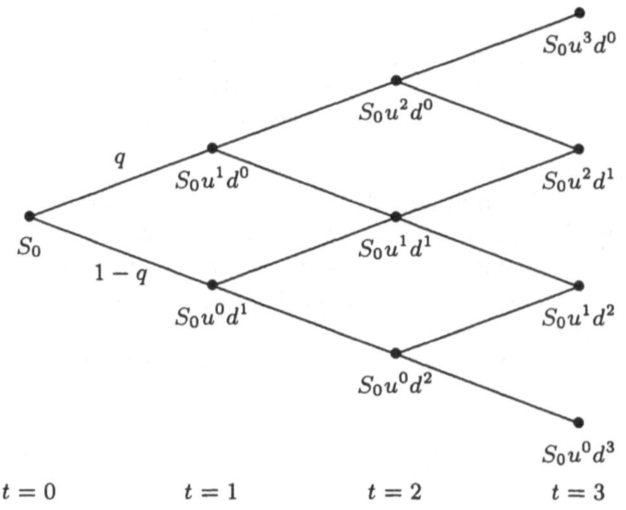

Abbildung 8.2: Binomialprozeß

Wir werden zeigen können, daß die im Rahmen des Zwei–Zeitpunkt–Zwei–Zustands–Modells gewonnene Bewertungstechnik in ein Binomial–Modell überführt werden kann, das auch wieder den Leitlinien der Arbitragetheorie gehorcht.

3. Methodisch ungleich komplizierter ist die Entwicklung einer Bewertungsgleichung für Optionen dann, wenn davon ausgegangen wird, daß der Aktienkurs keinem diskreten, sondern einem kontinuierlichen Zufallsprozeß folgt. Die berühmte *Black/Scholes*–Formel beruht auf der Annahme, daß der Aktienkurs ein stochastischer Prozeß ist, der mit Hilfe eines Wiener–Prozesses[1] beschrieben werden kann.

   Die ökonomische Bewertungsidee, welcher man hier folgt, ist absolut gleich und nutzt bekannte Ergebnisse der Arbitragetheorie. Das formale Instrumentarium ist vollkommen verschieden, und man muß viel Mühe investieren, um es sich anzueignen. Wir verzichten in diesem Buch darauf,

[1]Norbert Wiener (1894–1964), amerikanischer Mathematiker.

weil es uns in erster Linie auf den ökonomischen Hintergrund ankommt. Das erlaubt uns dann allerdings nicht, die *Black/Scholes*–Formel oder andere höchst interessante und nützliche Bewertungsgleichungen abzuleiten.

8.2 Zwei–Zeitpunkt–Zwei–Zustands–Modell

8.2.1 Annahmen

Zunächst werden wir den Preis einer europäischen Kaufoption unter außerordentlich einfachen Bedingungen ableiten. Wie bei jeder Modellanalyse beginnen wir mit der Darstellung der Annahmen.

1. Es wird eine Modellwelt mit den beiden Zeitpunkten $t = 0$ (heute) und $t = 1$ (in einem Jahr) zugrunde gelegt.

2. Hinsichtlich des Zeitpunktes $t = 1$ herrscht Unsicherheit insofern, als man nicht weiß, ob der Kurs einer Aktie, die heute zum Preise von S_0 notiert, den Wert S_0u oder den Wert S_0d annehmen wird. Andere Kursentwicklungen werden ausgeschlossen.

3. Es herrschen homogene Zukunftserwartungen hinsichtlich der im Zeitpunkt $t = 1$ möglichen Aktienkurse. Jedoch gibt es nicht notwendigerweise auch einmütige Vorstellungen hinsichtlich der Eintrittswahrscheinlichkeiten beider Zustände.

4. Am Kapitalmarkt werden neben den bereits genannten Aktien weitere Finanztitel gehandelt, und zwar Anleihen und (europäische) Optionen auf die Aktie. Die Anleihe (englisch: bond) notiert heute zum Preise B_0 und verspricht eine risikolose Verzinsung in Höhe von r_f. Die heutigen Preise der Optionen bezeichnen wir mit C_0, wenn es sich um einen Call handelt, und mit P_0, falls es um einen Put geht. Die Optionen verleihen ihren Inhabern das Recht, die Aktie im Zeitpunkt $t = 1$ zum Basispreis von K zu kaufen beziehungsweise zu verkaufen.

5. Der Kapitalmarkt ist reibungslos. Das bedeutet, es gibt weder Transaktionskosten noch Steuern und weder Marktzutrittsbeschränkungen noch sonstige Handelshemmnisse. Leerverkäufe sind ohne Einschränkungen erlaubt, und alle Finanztitel sind beliebig teilbar.

6. Der Kapitalmarkt ist kompetitiv. Niemand besitzt soviel Material, daß er aufgrund seines Volumens den Preis eines Finanztitels beeinflussen

könnte. Jeder Marktteilnehmer ist Mengenanpasser und verhält sich wie ein Preisnehmer.

7. Es gibt keine Arbitragegelegenheiten.

8.2.2 Europäischer Call

Zahlenbeispiel Um zu zeigen, wie man unter den genannten Voraussetzungen einen Call bewerten kann, beginnen wir mit einem Zahlenbeispiel. Der heutige Kurs einer Aktie sei $S_0 = 200$ und steige bis zum Ende des nächsten Jahres entweder auf $S_0u = 220$, woraus $u = 1.1$ folgt, oder er sinke auf $S_0d = 190$, was $d = 0.95$ bedeutet. Die Anleihe mit einem Nominalwert von 100 notiere zum Preis von $B_0 = 100$ und sei ein Jahr später zum Wert von 105 fällig, woraus sich eine risikolose Verzinsung von $r_f = 0.05$ ergibt. Die Kaufoption gestatte es, die Aktie im Zeitpunkt $t = 1$ zum Basispreis von $K = 205$ zu erwerben. Eintrittswahrscheinlichkeiten für das Steigen beziehungsweise Sinken des Aktienkurses können nicht angegeben werden.

Wir beginnen damit, uns zu fragen, welche zustandsabhängigen Zahlungen der Call im Zeitpunkt $t = 1$ verspricht. Nach Erwerb der Kaufoption haben wir das Recht (aber nicht die Pflicht), die Aktie im Zeitpunkt $t = 1$ zum Preis von 205 zu kaufen. Hierauf werden wir verzichten, falls die Aktie auf den Preis $S_0d = 190$ fällt. In diesem Fall wird unser Call wertlos. Sollte der Aktienkurs aber auf $S_0u = 220$ steigen, dann werden wir von unserem Optionsrecht selbstverständlich Gebrauch machen und einen Gewinn in Höhe von $220 - 205 = 15$ realisieren. Der Call verspricht also zustandsabhängige Cash–flows in Höhe von $C_u = 15$ oder $C_d = 0$, je nachdem ob der Aktienkurs steigt oder fällt. Welchen Preis sollte man für einen solchen Finanztitel heute bezahlen? Tabelle 8.1 faßt alle Informationen, die wir besitzen, übersichtlich zusammen.

Tabelle 8.1: Kaufoption im Zwei–Zeitpunkt–Zwei–Zustands–Modell

Titel	Cash–flow im Zustand		Preis
	Aktienkurs "up"	Aktienkurs "down"	
Aktie	220	190	200
Anleihe	105	105	100
Kaufoption	15	0	$C_0 =?$

Bewertung mit den Preisen reiner Wertpapiere Wer das Kapitel über Arbitragetheorie aufmerksam durchgearbeitet hat, erinnert sich, daß wir es mit einem vollständigen Kapitalmarkt zu tun haben. Das ist immer dann der Fall, wenn die Zahl der Finanztitel mit linear unabhängigen Cash–flows ebenso groß ist wie die Zahl der zu berücksichtigenden Zustände. Hier gibt es genau zwei Zustände ("up" und "down") und zwei Finanztitel (Aktie und Anleihe) mit linear unabhängigen künftigen Einnahmen. Und wir wissen aus der Arbitragetheorie, daß dann ein eindeutiges System von Preisen reiner Wertpapiere existiert. Wir verwenden

π_u Preis für 1 DM im Zustand "up" und
π_d Preis für 1 DM im Zustand "down" .

Damit können wir das Gleichungssystem

$$\begin{array}{rcrcl} 220\,\pi_u & + & 190\,\pi_d & = & 200 \\ 105\,\pi_u & + & 105\,\pi_d & = & 100 \end{array}$$

ansetzen. Die erste Gleichung beschreibt die zustandsabhängigen Cash–flows und den Preis der Aktie, die zweite Gleichung macht dasselbe für die Anleihe. Unter Verwendung der Cramerschen Regel ergibt sich für die Unbekannten dieses linearen inhomogenen Gleichungssystems

$$\pi_u = \frac{\begin{vmatrix} 200 & 190 \\ 100 & 105 \end{vmatrix}}{\begin{vmatrix} 220 & 190 \\ 105 & 105 \end{vmatrix}} = \frac{200 \cdot 105 - 190 \cdot 100}{220 \cdot 105 - 190 \cdot 105} = \frac{2000}{3150} = 0.6349$$

und

$$\pi_d = \frac{\begin{vmatrix} 220 & 200 \\ 105 & 100 \end{vmatrix}}{\begin{vmatrix} 220 & 190 \\ 105 & 105 \end{vmatrix}} = \frac{220 \cdot 100 - 200 \cdot 105}{220 \cdot 105 - 190 \cdot 105} = \frac{1000}{3150} = 0.3175\,.$$

Wenn der Markt arbitragefrei sein soll, so muß die Kaufoption zu einem Preis gehandelt werden, der sich ergibt, indem man die zustandsabhängigen Cash–flows dieses Titels mit den Preisen reiner Wertpapiere multipliziert und anschließend über alle Zustände summiert. Das führt auf

$$\begin{aligned} C_0 &= \pi_u\, C_u + \pi_d\, C_d \\ &= 0.6349 \cdot 15 + 0.3175 \cdot 0 = 9.52\,. \end{aligned}$$

Damit haben wir eine Bewertungsprozedur beschrieben, die erstens davon unabhängig ist, welche Risikoeinstellung der Investor hat, und zweitens keine Information über die Eintrittswahrscheinlichkeiten der beiden relevanten Umweltzustände ("up" und "down") verwendet. Man bezeichnet eine solche Form der Bewertung als *präferenzfrei*.

Bewertung über ein äquivalentes Portfolio Wenn der Kapitalmarkt vollständig ist, so kann man immer ein Portfolio bilden, das die gleichen zustandsabhängigen Cash–flows wie irgendein beliebiger dritter Finanztitel verspricht. Voraussetzung ist natürlich, daß die Cash–flows des zu rekonstruierenden Titels sich als Linearkombination der anderen am Markt gehandelten Titel darstellen lassen. Wir bezeichnen das die Kaufoption duplizierende Portfolio als *äquivalentes Portfolio* mit der Struktur (n_S, n_B), wobei diese beiden Symbole wie folgt definiert sind:

n_S Menge der im äquivalenten Portfolio enthaltenen Aktien,
n_B Menge der im äquivalenten Portfolio enthaltenen Anleihen.

Damit von Äquivalenz die Rede sein kann, muß offensichtlich

$$\begin{aligned} 220\,n_S &+ 105\,n_B &= 15 \\ 190\,n_S &+ 105\,n_B &= 0 \end{aligned}$$

gelten. Die erste Gleichung beschreibt die zustandsabhängigen Cash–flows des äquivalenten Portfolios für den Zustand "up", die zweite leistet dasselbe für den Zustand "down". Auch dieses Gleichungssystem löst man rasch mit Hilfe der Cramerschen Regel, wobei man die Lösungen

$$n_S = \frac{\begin{vmatrix} 15 & 105 \\ 0 & 105 \end{vmatrix}}{\begin{vmatrix} 220 & 105 \\ 190 & 105 \end{vmatrix}} = \frac{15 \cdot 105 - 105 \cdot 0}{220 \cdot 105 - 105 \cdot 190} = \frac{1575}{3150} = 0.5$$

und

$$n_B = \frac{\begin{vmatrix} 220 & 15 \\ 190 & 0 \end{vmatrix}}{\begin{vmatrix} 220 & 105 \\ 105 & 190 \end{vmatrix}} = \frac{220 \cdot 0 - 15 \cdot 190}{220 \cdot 105 - 105 \cdot 190} = \frac{-2850}{3150} = -0.9048$$

erhält. Will man aus dieser Struktur des äquivalenten Portfolios auf den arbitragefreien Preis der Kaufoption schließen, muß man folgende Überlegung anstellen. Der Call und das äquivalente Portfolio versprechen dieselben zustandsabhängigen Cash–flows. Sie lassen sich somit nach außen voneinander nicht unterscheiden. Aufgrund des "law of one price" müssen sie daher auch denselben Preis haben. Anderenfalls gäbe es eine Arbitragegelegenheit. Daher hat die Kaufoption im vorliegenden Beispielsfall einen Wert von

$$\begin{aligned} C_0 &= n_S\,S_0 + n_B\,B_0 \\ &= 0.5 \cdot 200 - 0.9048 \cdot 100 = 9.52\,, \end{aligned}$$

und auf genau diesen Betrag waren wir auch über die Preise der reinen Wertpapiere gekommen. Tabelle 8.2 macht deutlich, daß der Kauf von $n_s = 0.5$ Aktien und der (Leer–)Verkauf von $n_B = 0.9048$ Anleihen tatsächlich dieselben Cash–flows erzeugt wie die Kaufoption.

Tabelle 8.2: Kaufoption und äquivalentes Portfolio

Titel	Menge	Cash–flow im Zustand		Preis
		Aktienkurs "up"	Aktienkurs "down"	
Aktie	0.5000	110.00	95.00	100.00
Anleihe	-0.9048	-95.00	-95.00	-90.48
Portfolio		15.00	0.00	9.52

Eine präferenzfreie Bewertungsgleichung Vor dem Hintergrund des vorangehenden Zahlenbeispiels ist es sehr leicht, eine allgemeine Bewertungsgleichung für Optionen im Rahmen des Zwei–Zeitpunkt–Zwei–Zustands–Modells herzuleiten.

Wir beginnen mit den Cash–flows, die die Kaufoption im Zeitpunkt $t = 1$ verspricht. Diese belaufen sich auf

$$\begin{aligned} C_u &= \max(S_0 u - K, 0) \qquad \text{und} \\ C_d &= \max(S_0 d - K, 0) \,. \end{aligned}$$

Herleitung über die Preise reiner Wertpapiere Um die Bewertungsgleichung zu finden, brauchen wir nur

$$C_0 = \pi_u C_u + \pi_d C_d \tag{8.1}$$

zu schreiben und sind im Grunde schon fertig. Allerdings müssen wir die Preise der reinen Wertpapiere noch ausrechnen und einsetzen. Zu diesem Zweck setzen wir die beiden Gleichungen

$$\begin{aligned} S_0 u \pi_u \quad &+ \quad S_0 d \pi_d = S_0 \\ B_0(1+r_f)\pi_u \quad &+ \quad B_0(1+r_f)\pi_d = B_0 \end{aligned}$$

an. Offensichtlich kann man die erste Gleichung durch den heutigen Aktienkurs S_0, die zweite durch den gegenwärtigen Preis der Anleihe B_0 dividieren. Dadurch entsteht

$$\begin{aligned} u \pi_u \quad &+ \quad d \pi_d = 1 \\ (1+r_f)\pi_u \quad &+ \quad (1+r_f)\pi_d = 1 \quad . \end{aligned}$$

Wir definieren nun die beiden Aktienrenditen r_u und r_d dergestalt, daß

$$u = 1 + r_u \qquad \text{und} \qquad d = 1 + r_d\,,$$

und setzen in vorstehendes Gleichungssystem ein. Das führt zu

$$(1 + r_u)\,\pi_u + (1 + r_d)\,\pi_d = 1 \qquad (8.2)$$

$$(1 + r_f)\,\pi_u + (1 + r_f)\,\pi_d = 1\,. \qquad (8.3)$$

Die Cramersche Regel liefert nun für

$$\pi_u = \frac{\begin{vmatrix} 1 & 1 + r_d \\ 1 & 1 + r_f \end{vmatrix}}{\begin{vmatrix} 1 + r_u & 1 + r_d \\ 1 + r_f & 1 + r_f \end{vmatrix}} = \frac{(1 + r_f) - (1 + r_d)}{(1 + r_u)(1 + r_f) - (1 + r_d)(1 + r_f)}$$

$$= \frac{1}{1 + r_f}\,\frac{r_f - r_d}{r_u - r_d} \qquad (8.4)$$

und

$$\pi_d = \frac{\begin{vmatrix} 1 + r_u & 1 \\ 1 + r_f & 1 \end{vmatrix}}{\begin{vmatrix} 1 + r_u & 1 + r_d \\ 1 + r_f & 1 + r_f \end{vmatrix}} = \frac{(1 + r_u) - (1 + r_f)}{(1 + r_u)(1 + r_f) - (1 + r_d)(1 + r_f)}$$

$$= \frac{1}{1 + r_f}\,\frac{r_u - r_f}{r_u - r_d}\,. \qquad (8.5)$$

Einsetzen von (8.4) und (8.5) in die Ausgangsgleichung (8.1) ergibt nach geringfügiger Umformung

$$C_0 = \frac{1}{1 + r_f}\left(\frac{r_f - r_d}{r_u - r_d}\,C_u + \frac{r_u - r_f}{r_u - r_d}\,C_d\right).$$

Definiert man nun noch eine Zahl p, so daß gilt

$$p = \frac{r_f - r_d}{r_u - r_d} \qquad \text{und} \qquad 1 - p = \frac{r_u - r_f}{r_u - r_d}\,, \qquad (8.6)$$

dann lautet die Bewertungsgleichung

$$\boxed{C_0 = \frac{1}{1 + r_f}\left(p\,C_u + (1 - p)\,C_d\right)}\,. \qquad (8.7)$$

Prüfen wir das anhand der obigen Beispielszahlen nach. C_u und C_d waren mit 15 DM beziehungsweise 0 DM bereits bekannt. Die Zahl p ergibt sich mit

$$p = \frac{0.05 - (-0.05)}{0.10 - (-0.05)} = \frac{0.10}{0.15} = 0.6667\,,$$

so daß wir für den Preis der Kaufoption das erwartete Resultat

$$C_0 = \frac{1}{1.05} \cdot \Big(0.6667 \cdot 15 + 0.3333 \cdot 0\Big) = 9.52$$

erhalten.

Herleitung über das äquivalente Portfolio Man kann dieselbe Bewertungsformel auch über die Konstruktion des äquivalenten Portfolios gewinnen. Das Gleichungssystem, welches das äquivalente Portfolio definiert, lautet

$$\begin{array}{rcrcl} S_0(1+r_u)n_S &+& B_0(1+r_f)n_B &=& C_u \\ S_0(1+r_d)n_S &+& B_0(1+r_f)n_B &=& C_d \end{array} .$$

Das ist ein lineares inhomogenes Gleichungssystem mit den Unbekannten n_S und n_B als Strukturvariablen des äquivalenten Portfolios. Sie zu berechnen, gelingt wieder mit der Cramerschen Regel, was zu

$$n_S = \frac{\begin{vmatrix} C_u & B_0(1+r_f) \\ C_d & B_0(1+r_f) \end{vmatrix}}{\begin{vmatrix} S_0(1+r_u) & B_0(1+r_f) \\ S_0(1+r_d) & B_0(1+r_f) \end{vmatrix}} = \frac{C_u - C_d}{S_0(r_u - r_d)} \tag{8.8}$$

und

$$n_B = \frac{\begin{vmatrix} S_0(1+r_u) & C_u \\ S_0(1+r_d) & C_d \end{vmatrix}}{\begin{vmatrix} S_0(1+r_u) & B_0(1+r_f) \\ S_0(1+r_d) & B_0(1+r_f) \end{vmatrix}} = \frac{1}{B_0(1+r_f)} \, \frac{(1+r_u)C_d - (1+r_d)C_u}{r_u - r_d} \tag{8.9}$$

führt. Im Zeitpunkt $t = 0$ beläuft sich der Preis des äquivalenten Portfolios auf $n_S S_0 + n_B B_0$. Da sich die Kaufoption nach außen nicht von diesem Portfolio unterscheidet, muß aufgrund des "law of one price"

$$C_0 = n_S S_0 + n_B B_0 \tag{8.10}$$

gelten. Setzt man in diese Gleichung für die Strukturvariablen n_S und n_B gemäß (8.8) und (8.9) ein, so erhält man nach einigen Umformungen ebenfalls die Bewertungsgleichung (8.7).

Überprüfen wir mit obigen Beispielszahlen die Bestimmungsgleichungen für die Strukturvariablen, so bekommen wir

$$n_S = \frac{15 - 0}{200 \cdot (0.10 - (-0.05))} = 0.5$$

und

$$n_B = \frac{1}{100 \cdot 1.05} \cdot \frac{1.10 \cdot 0 - 0.95 \cdot 15}{0.10 - (-0.05)} = \frac{1}{105} \cdot \frac{-14.25}{0.15} = -0.9048\,,$$

also die erwarteten Ergebnisse.[2]

Pseudowahrscheinlichkeit Kommen wir nun noch einmal auf Gleichung (8.7) zurück und betrachten den Parameter p genauer. Solange man davon ausgehen kann, daß $r_d < r_f < r_u$, muß p eine Zahl zwischen 0 und 1 sein. Insofern kann p als Wahrscheinlichkeit interpretiert werden. Es ist auch vernünftig, von der Annahme $r_d < r_f < r_u$ auszugehen, da sonst Arbitragegelegenheiten existieren würden. Man stelle sich beispielsweise vor, daß $r_f < r_d < r_u$. Dann würde es genügen, sich zum risikolosen Zinssatz zu verschulden und in die Aktie zu investieren. Wäre andererseits $r_d < r_u < r_f$, so könnte man Arbitragegewinne erzielen, indem man Aktien leerverkauft und die Erlöse zum sicheren Zins investiert.

Im Gegensatz zur Eintrittswahrscheinlichkeit q wird die Zahl p jedoch nicht direkt *geschätzt*. Vielmehr läßt sie sich aus den Aktienrenditen r_u und r_d sowie dem risikolosen Zinssatz r_f *errechnen*. Dazu benötigt man weder die Präferenzstruktur der Marktteilnehmer noch Informationen über ihre individuellen Wahrscheinlichkeitsvorstellungen. Diese bleiben im Dunkeln, und deshalb kann p allenfalls als *Pseudowahrscheinlichkeit* interpretiert werden.

Man mache sich aber klar, daß die Pseudowahrscheinlichkeit als Eintrittswahrscheinlichkeit interpretiert werden kann, wenn man davon ausgeht, daß alle Anleger *risikoneutral* sind. In diesem Fall müßte nämlich der Erwartungswert der Aktienrendite dem risikolosen Zins entsprechen, und tatsächlich ist

$$p\,r_u + (1-p)\,r_d = \frac{r_f - r_d}{r_u - r_d}\,r_u + \frac{r_u - r_f}{r_u - r_d}\,r_d = r_f\,,$$

wie man leicht nachrechnet.

8.2.3 Europäischer Put

Die Bewertung von Verkaufsoptionen kann vollkommen analog zu dem Ansatz erfolgen, den wir auf den vergangenen Seiten für Kaufoptionen dargestellt haben.

Man beginnt damit, die zustandsabhängigen Cash–flows der Verkaufsoption im Zeitpunkt $t = 1$ zu ermitteln. Da ein Put das Recht gewährt, den zugrunde liegenden Gegenstand (die Aktie) zum Basispreis K zu verkaufen, muß für die

[2] Vgl. oben Seite 300.

zustandsabhängigen Cash–flows des Puts

$$\begin{aligned} P_u &= \max(K - S_0 u, 0) \quad \text{wenn } S_1 = S_0 u \qquad \text{und} \\ P_d &= \max(K - S_0 d, 0) \quad \text{wenn } S_1 = S_0 d \end{aligned}$$

gelten. Mit der gleichen Argumentation wie oben kann man vortragen, daß der Kapitalmarkt einzig und allein unter der Voraussetzung

$$\boxed{P_0 = \frac{1}{1+r_f}\Big(p\,P_u + (1-p)\,P_d\Big)}$$

frei von Arbitragegelegenheiten ist, wenn die Pseudowahrscheinlichkeit p ebenso wie in Gleichung (8.6) definiert ist.

8.3 Binomial–Modell

Wir verlassen jetzt das Zwei–Zeitpunkt–Zwei–Zustands–Modell und nähern uns einer realistischeren und damit komplizierteren Situation. Wir wollen annehmen, daß der Preis des der Option zugrunde liegenden Gegenstandes (Kurs der Aktie) einem Binomialprozeß wie in Abbildung 8.2 auf Seite 296 folgt und die Option nach $n \geq 2$ Teilschritten des Binomialprozesses fällig ist.

8.3.1 Annahmen

Um den Preis einer europäischen Kaufoption unter diesen veränderten Bedingungen abzuleiten, stützen wir uns auf folgende Annahmen.

1. Es wird eine Modellwelt mit mehreren Zeitpunkten $t = 0$ (heute) und $t = 1, \ldots, n$ (später) zugrunde gelegt.

2. Hinsichtlich aller Zeitpunkte $t \geq 1$ herrscht Unsicherheit insofern, als man nicht exakt weiß, zu welchem Kurs eine Aktie, die heute zum Preise von S_0 notiert, gehandelt werden wird. Die für möglich erachteten Kurse können jedoch genau angegeben werden, weil unterstellt wird, daß der Aktienkurs einem binomialen Prozeß mit den konstanten Veränderungsfaktoren $u = 1 + r_u$ beziehungsweise $d = 1 + r_d$ folgt.

3. Es herrschen homogene Zukunftserwartungen hinsichtlich der in den Zeitpunkten $t = 1, \ldots, n$ *möglichen* Aktienkurse. Jedoch gibt es keine einmütigen Vorstellungen hinsichtlich der Eintrittswahrscheinlichkeiten künftiger Zustände.

4. Am Kapitalmarkt werden neben den bereits genannten Aktien zu allen Zeitpunkten weitere Finanztitel gehandelt, und zwar Anleihen und (europäische) Optionen auf die Aktie. Die Anleihe verspricht jährlich eine gleichbleibende risikolose Verzinsung in Höhe von r_f. Die Optionen verleihen ihren Inhabern das Recht, die Aktie im Zeitpunkt $t = n$ zum Basispreis von K zu kaufen beziehungsweise zu verkaufen.

5. Der Kapitalmarkt ist reibungslos.

6. Der Kapitalmarkt ist kompetitiv.

7. Es gibt keine Arbitragegelegenheiten.

8.3.2 Europäischer Call

Zahlenbeispiel Um für Anschaulichlichkeit zu sorgen, setzen wir das oben auf Seite 298 begonnene Zahlenbeispiel fort. Der heutige Kurs einer Aktie sei $S_0 = 200$ und steige bis zum Ende der nächsten Periode entweder auf $S_0u = 220$, woraus $u = 1.1$ folgt, oder er sinke auf $S_0d = 190$, was $d = 0.95$ bedeutet. In der darauffolgenden Periode verändere sich der Kurs mit den gleichen Raten noch einmal, so daß entweder ein Kurs von $S_0uu = 242$ oder ein Kurs von $S_0ud = S_0du = 209$ oder aber ein Kurs von $S_0dd = 180.5$ erreicht wird, vgl. Abbildung 8.3. In jedem Zeitpunkt $t \leq 2$ kann man zum risikolosen Zinssatz $r_f = 0.05$ Kredit aufnehmen oder Geld anlegen. Die Kaufoption verbrieft das Recht, die beschriebene Aktie im Zeitpunkt $t = 2$ zum Basispreis von $K = 205$ zu erwerben.

Um das Bewertungsproblem zu lösen, fängt man zweckmäßigerweise wieder damit an, nach dem Wert der Kaufoption im Zeitpunkt der Fälligkeit zu fragen. Bezeichnet man die Cash–flows, die der Call im Zeitpunkt $t = 2$ verspricht, mit C_{uu}, C_{ud}, C_{du} oder C_{dd}, je nachdem ob der Kurs der zugrunde liegenden Aktie in der ersten Periode steigt ("up") oder sinkt ("down"), um in der zweiten Periode noch einmal zu steigen oder zu sinken, so gilt

$$
\begin{aligned}
C_{uu} &= \max(S_0uu - K, 0) &&= \max(242 - 205, 0) &&= 37 \\
C_{ud} &= \max(S_0ud - K, 0) &&= \max(209 - 205, 0) &&= 4 \\
C_{du} &= \max(S_0du - K, 0) &&= \max(209 - 205, 0) &&= 4 \\
C_{dd} &= \max(S_0dd - K, 0) &&= \max(180.5 - 205, 0) &&= 0 \quad .
\end{aligned}
$$

Das läßt sich graphisch so wie in Abbildung 8.4 darstellen. Dort sieht man, daß auch die Kaufoption einem Binomialprozeß folgt. Leider wissen wir jedoch zunächst noch nicht, welche Werte der Call in den Zeitpunkten $t = 0$ und $t = 1$ annimmt. Die Arbitragetheorie scheint uns zu verlassen, denn man hat – jedenfalls bei oberflächlicher Betrachtung – den Eindruck, daß der Kapitalmarkt

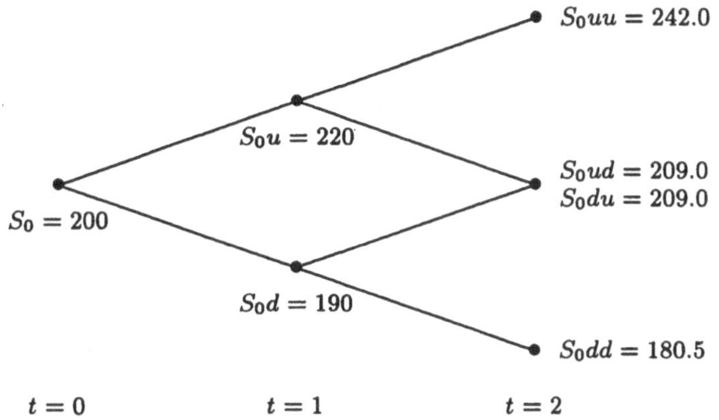

Abbildung 8.3: Binomialprozeß eines Aktienkurses

nicht vollständig sei, so daß wir keine Chance hätten, die Preise reiner Wertpapiere auszurechnen. Denn immerhin gibt es nur zwei Wertpapiere (die Aktie und die Anleihe), und wir haben es im Zeitpunkt $t = 2$ mit drei Zuständen zu tun. Eigentlich gibt es sogar vier Zustände oder "Zeitpfade", doch zwei davon (du und ud) führen zum gleichen Endergebnis.

Retrogrades Bewertungskonzept Um jetzt weiterzukommen, betrachte man Abbildung 8.5. Das ist nichts anderes als ein Ausschnitt aus Abbildung 8.4. Und man kann sehen, daß sich die Frage nach dem Wert der Kaufoption nach einer Aufwärtsbewegung der Aktie (C_u) unter Umständen mit Hilfe des Zwei–Zeitpunkt–Zwei–Zustandsmodells beantworten läßt, denn wenn der Aktienkurs im Zeitpunkt $t = 1$ erst einmal nach oben gegangen ist, so kann er nur noch einmal entweder steigen oder fallen. Daher liegt es nahe, zur Bestimmung von C_u sinngemäß auf Gleichung (8.7) zurückzugreifen. Das würde

$$
\begin{aligned}
C_u &= \frac{1}{1+r_f}\Big(p\,C_{uu} + (1-p)\,C_{ud}\Big) \\
&= \frac{1}{1.05}\cdot(0.6667\cdot 37 + 0.3333\cdot 4) = 24.76
\end{aligned}
$$

bedeuten. Entsprechend ergäbe sich für den Wert des Calls für den Fall, daß der Aktienkurs im Zeitpunkt $t = 1$ auf $S_d = 190$ gefallen ist,

$$
C_d = \frac{1}{1+r_f}\Big(p\,C_{du} + (1-p)\,C_{dd}\Big)
$$

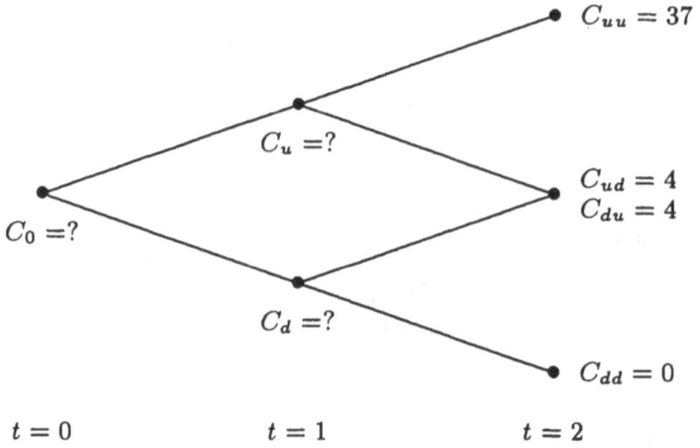

Abbildung 8.4: Kaufoption im Binomialmodell

$$= \frac{1}{1.05} \cdot (0.6667 \cdot 4 + 0.3333 \cdot 0) = 2.54\,.$$

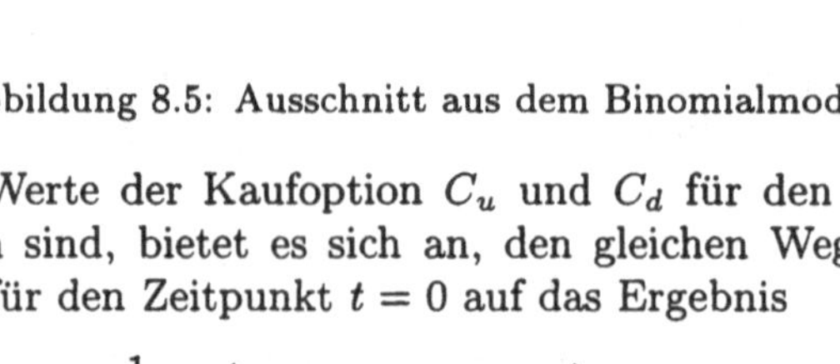

Abbildung 8.5: Ausschnitt aus dem Binomialmodell

Nachdem die Werte der Kaufoption C_u und C_d für den Zeitpunkt $t = 1$ berechnet worden sind, bietet es sich an, den gleichen Weg noch einmal zu beschreiten, was für den Zeitpunkt $t = 0$ auf das Ergebnis

$$\begin{aligned} C_0 &= \frac{1}{1+r_f}\Big(p\,C_u + (1-p)\,C_d\Big) \\ &= \frac{1}{1.05} \cdot (0.6667 \cdot 24.76 + 0.3333 \cdot 2.54) = 16.53 \end{aligned}$$

führt. Wenn man sich dieser "retrograden" (d.h. in der Zeit rückwärts schreitenden) Methode erst einmal verschrieben hat, so gelingt die Ermittlung des heutigen Werts der Option mit Hilfe eines verhältnismäßig mechanischen Rechenvorgangs. Jedoch ist Vorsicht geboten, weil die Methode zunächst höchstens intuitiv überzeugt. Jedenfalls haben wir keine Sicherheit, daß die gefundene Lösung auch wirklich arbitragefrei ist. Sich hier Klarheit zu verschaffen ist nicht nur wünschenswert, sondern dringend erforderlich.

Bewertung über die Preise reiner Wertpapiere Wollen wir dieses Ziel erreichen, so empfiehlt es sich, doch mit den Preisen reiner Wertpapiere zu arbeiten. Um diese aber berechnen zu können, muß der Markt vollständig sein. Sonst haben wir keine Chance. Also müssen wir unsere Aufmerksamkeit genau hierauf konzentrieren.

Obwohl wir im Rahmen der Arbitragetheorie mehrperiodige Problemstellungen nicht angesprochen haben, wissen wir, daß man einen Kapitalmarkt vollständig nennt, wenn es ebenso viele Finanztitel wie relevante Umweltzustände gibt. Dieser Satz ist präzisierungsbedürftig, denn wir stellten eben schon einmal fest, daß wir es mit nur zwei Finanztiteln, aber auf jeden Fall mit mehr als zwei Zuständen zu tun haben. Genauer wäre es, wenn wir sagen würden, daß es ebenso viele *Kontrakte über Finanztitel* geben muß wie relevante Umweltzustände. Und von solchen Kontrakten gibt es in der von uns modellierten Situation auf jeden Fall mehr als zwei. Um das zu sehen, betrachten Sie Tabelle 8.3.

Tabelle 8.3: Finanzkontrakte in einem Drei–Zeitpunkt–Modell

Kontrakt	Cash–flows im Zeitpunkt						Preis
	$t = 1$		$t = 2$				
	beim Zustand						
	u	d	uu	ud	du	dd	
Kassa Aktie	220	190					200
Kassa Anleihe	105	105					100
Termin Aktie	–220		242.00	209.00			0
Termin Anleihe	–105		110.25	110.25			0
Termin Aktie		–190			209.00	180.50	0
Termin Anleihe		–105			110.25	110.25	0

Sie erkennen in der Tabelle sechs Zustände und sechs Kontrakte mit linear unabhängigen Cash–flows. Das ist ein vollständiger Markt! Aber bevor wir aus ihm die Preise reiner Wertpapiere ableiten, sind einige Erläuterungen zu den Kontrakten erforderlich. Die ersten beiden Verträge sind Kassa–Kontrakte, die keiner weiteren Beschreibung bedürfen. Bei den anderen vier Kontrakten handelt es sich um Termingeschäfte. Das sind Verträge, die im Zeitpunkt

$t = 0$ geschlossen werden und für die man heute einen Preis in Höhe von null bezahlt. Der erste in Tabelle 8.3 angegebene Vertrag dieses Typs richtet sich auf die Aktie und wird *unbedingt* ausgeführt, wenn der Kurs der Aktie im Zeitpunkt $t = 1$ den Wert 220 annimmt (und im anderen Falle nicht). Unter dieser Voraussetzung *muß* der Käufer 220 DM bezahlen und bekommt dann im Zeitpunkt $t = 2$ entweder Cash–flows in Höhe von 242 oder aber nur 209. Der zweite Terminkontrakt auf die Aktie wird unter der Voraussetzung ausgeführt, daß der Kurs der Aktie im Zeitpunkt $t = 1$ auf 190 fällt. Die beiden weiteren in der Tabelle 8.3 angegebenen Terminkontrakte richten sich auf die Anleihe, sind aber ebenfalls vom Kurs der Aktie abhängig. Diese wird gegebenenfalls zum Preise von 105 erworben, verspricht dann aber ein Jahr später sichere Cash–flows in Höhe von $105 \cdot (1 + r_f) = 110.25$. Verwendet man für die Preise der reinen Wertpapiere die Symbole

π_u	Preis für 1 DM in $t = 1$ beim Zustand u,
π_d	Preis für 1 DM in $t = 1$ beim Zustand d,
π_{uu}	Preis für 1 DM in $t = 2$ beim Zustand uu,
π_{ud}	Preis für 1 DM in $t = 2$ beim Zustand ud,
π_{du}	Preis für 1 DM in $t = 2$ beim Zustand du und
π_{dd}	Preis für 1 DM in $t = 2$ beim Zustand dd,

so kann man das folgende Gleichungssystem aufstellen.

$$\begin{array}{rrrrrrl}
220\,\pi_u + & 190\,\pi_d + & 0\,\pi_{uu} + & 0\,\pi_{ud} + & 0\,\pi_{du} + & 0\,\pi_{dd} = & 200 \\
105\,\pi_u + & 105\,\pi_d + & 0\,\pi_{uu} + & 0\,\pi_{ud} + & 0\,\pi_{du} + & 0\,\pi_{dd} = & 100 \\
-220\,\pi_u + & 0\,\pi_d + & 242.00\,\pi_{uu} + & 209.00\,\pi_{ud} + & 0.00\,\pi_{du} + & 0.00\,\pi_{dd} = & 0 \\
-105\,\pi_u + & 0\,\pi_d + & 110.25\,\pi_{uu} + & 110.25\,\pi_{ud} + & 0.00\,\pi_{du} + & 0.00\,\pi_{dd} = & 0 \\
0\,\pi_u - & 190\,\pi_d + & 0.00\,\pi_{uu} + & 0.00\,\pi_{ud} + & 209.00\,\pi_{du} + & 180.50\,\pi_{dd} = & 0 \\
0\,\pi_u - & 105\,\pi_d + & 0.00\,\pi_{uu} + & 0.00\,\pi_{ud} + & 110.25\,\pi_{du} + & 110.25\,\pi_{dd} = & 0
\end{array}$$

Um es zu lösen, nutzt man sinnvollerweise seine spezielle Struktur. Man beginnt mit den beiden ersten Gleichungen

$$\begin{array}{rcrcl}
220\,\pi_u & + & 190\,\pi_d & = & 200 \\
105\,\pi_u & + & 105\,\pi_d & = & 100
\end{array}$$

und gewinnt aus ihnen die bereits bekannten Lösungen $\pi_u = 0.6349$ und $\pi_d = 0.3175$. Sodann konzentriert man sich auf die dritte und vierte Gleichung. Diese lauten

$$\begin{array}{rcrcrcl}
-220\,\pi_u & + & 242.00\,\pi_{uu} & + & 209.00\,\pi_{ud} & = & 0 \\
-105\,\pi_u & + & 110.25\,\pi_{uu} & + & 110.25\,\pi_{ud} & = & 0
\end{array}$$

oder nach Einsetzen von π_u und geringfügiger Umformung

$$\begin{array}{rcrcl}
242.00\,\pi_{uu} & + & 209.00\,\pi_{ud} & = & 139.68 \\
110.25\,\pi_{uu} & + & 110.25\,\pi_{ud} & = & 66.67\ .
\end{array}$$

Löst man das nach den beiden Unbekannten auf, so erhält man $\pi_{uu} = 0.4031$ und $\pi_{ud} = 0.2016$. Nun verbleiben noch die fünfte und sechste Gleichung

$$\begin{array}{rcrcrcl} -190\,\pi_d & + & 209.00\,\pi_{du} & + & 180.50\,\pi_{dd} & = & 0 \\ -105\,\pi_d & + & 110.25\,\pi_{du} & + & 110.25\,\pi_{dd} & = & 0 \end{array}$$

beziehungsweise nach Einsetzen für π_d und Umformung

$$\begin{array}{rcrcl} 209.00\,\pi_{du} & + & 180.50\,\pi_{dd} & = & 60.32 \\ 110.25\,\pi_{du} & + & 110.25\,\pi_{dd} & = & 33.33 \end{array} \quad ,$$

was uns die Lösungen $\pi_{du} = 0.2016$ und $\pi_{dd} = 0.1008$ bringt.

Die Bewertung der zustandsabhängigen Cash–flows der Kaufoption gelingt damit auch über die Preise der reinen Wertpapiere. Wir stellen diese noch einmal übersichtlich zusammen

$$\begin{array}{rclcrcl} \pi_u & = & 0.6349 & & \pi_{uu} & = & 0.4031 \\ & & & & \pi_{ud} & = & 0.2016 \\ \pi_d & = & 0.3175 & & \pi_{du} & = & 0.2016 \\ & & & & \pi_{dd} & = & 0.1008 \end{array}$$

und wenden sie dann einfach an. Auswerten der Bewertungsgleichung ergibt

$$\begin{aligned} C_0 &= \pi_{uu}\,C_{uu} + \pi_{ud}\,C_{ud} + \pi_{du}\,C_{du} + \pi_{dd}\,C_{dd} \\ &= 0.4031 \cdot 37 + 0.2016 \cdot 4 + 0.2016 \cdot 4 + 0.1008 \cdot 0 = 16.53\,, \end{aligned}$$

und das stimmt mit dem Resultat aus der retrograden Bewertungstechnik vollkommen überein.

Bewertung über ein äquivalentes Portfolio Um dasselbe Ergebnis mit Hilfe eines äquivalenten Portfolios zu finden, muß man sich zunächst klarmachen, daß der Call im Zeitpunkt $t = 1$ weder Ausgaben verursacht noch Einnahmen verspricht. Das muß natürlich auch für das äquivalente Portfolio gelten. Im übrigen muß es so konstruiert werden, daß es im Zeitpunkt $t = 2$ die gleichen zustandsabhängigen Cash–flows erzeugt wie die zu duplizierende Kaufoption.

Im Mehrperiodenfall zeigen sich nun aber äquivalente Portfolios von einer etwas anderen Seite als im Zwei–Zeitpunkt–Modell. Dort war es so, daß man im Zeitpunkt $t = 0$ das Portfolio zusammenstellte und bis zum Ende der Optionsfrist *in unveränderter Form* hielt. Das war sozusagen eine reine Strategie des Kaufens und Haltens. Im Mehrperiodenfall müssen wir regelmäßig davon ausgehen, daß *Anpassungen des Portfolios* erforderlich werden. Um das klarer werden zu lassen, setzen wir die Berechnungen an unserem Beispiel fort. Wir definieren zunächst zweckmäßige Symbole für die Strukturvariablen des äquivalenten Portfolios.

$n_{S,0}$	Menge der in $t = 0$ enthaltenen Aktien
$n_{B,0}$	Menge der in $t = 0$ enthaltenen Anleihen
$n^u_{S,1}$	Menge der in $t = 1$ beim Zustand u enthaltenen Aktien
$n^d_{S,1}$	Menge der in $t = 1$ beim Zustand d enthaltenen Aktien
$n^u_{B,1}$	Menge der in $t = 1$ beim Zustand u enthaltenen Anleihen
$n^d_{B,1}$	Menge der in $t = 1$ beim Zustand d enthaltenen Anleihen

Damit können wir ein Gleichungssystem aufstellen, das mit den Zahlen unseres Beispiels so aussieht wie nachstehend angegeben.

$$
\begin{aligned}
220\,n_{S,0} + 105\,n_{B,0} - 220\,n^u_{S,1} + 0.00\,n^d_{S,1} - 105.00\,n^u_{B,1} + 0.00\,n^d_{B,1} &= 0 \\
190\,n_{S,0} + 105\,n_{B,0} + 0\,n^u_{S,1} - 190.0\,n^d_{S,1} + 0.00\,n^u_{B,1} - 105.00\,n^d_{B,1} &= 0 \\
0\,n_{S,0} + 0\,n_{B,0} + 242\,n^u_{S,1} + 0.00\,n^d_{S,1} + 110.25\,n^u_{B,1} + 0.00\,n^d_{B,1} &= 37 \\
0\,n_{S,0} + 0\,n_{B,0} + 209\,n^u_{S,1} + 0.00\,n^d_{S,1} + 110.25\,n^u_{B,1} + 0.00\,n^d_{B,1} &= 4 \\
0\,n_{S,0} + 0\,n_{B,0} + 0\,n^u_{S,1} + 209.00\,n^d_{S,1} + 0.00\,n^u_{B,1} + 110.25\,n^d_{B,1} &= 4 \\
0\,n_{S,0} + 0\,n_{B,0} + 0\,n^u_{S,1} + 180.50\,n^d_{S,1} + 0.00\,n^u_{B,1} + 110.25\,n^d_{B,1} &= 0
\end{aligned}
$$

Die ersten beiden Gleichungen sorgen dafür, daß der Portfolioertrag im Zeitpunkt $t = 1$ null ist, gleichgültig ob der Zustand u oder der Zustand d eintritt. Die restlichen Gleichungen stellen sicher, daß das Portfolio im Zeitpunkt $t = 2$ die gleichen zustandsabhängigen Cash–flows hat wie die Kaufoption.[3]

Erneut kann man die spezielle Struktur dieses Gleichungssystems hervorragend nutzen, um auf bequeme Weise die Lösungen zu finden. Beispielsweise beginnen wir mit der dritten und vierten Gleichung. Diese lauten

$$
\begin{aligned}
242\,n^u_{S,1} + 110.25\,n^u_{B,1} &= 37 \\
209\,n^u_{S,1} + 110.25\,n^u_{B,1} &= 4 \quad ,
\end{aligned}
$$

woraus man leicht die Lösungen $n^u_{S,1} = 1$ und $n^u_{B,1} = -1.8594$ ableitet. Sodann betrachtet man die fünfte und sechste Gleichung, also

$$
\begin{aligned}
209.00\,n^d_{S,1} + 110.25\,n^d_{B,1} &= 4 \\
180.50\,n^d_{S,1} + 110.25\,n^d_{B,1} &= 0 \quad ,
\end{aligned}
$$

wofür man ebenso rasch die Lösungen $n^d_{S,1} = 0.1404$ und $n^d_{B,1} = -0.2298$ findet. Es verbleiben die ersten beiden Gleichungen des obigen Systems, die wir zunächst noch einmal wiederholen,

$$
\begin{aligned}
220\,n_{S,0} + 105\,n_{B,0} - 220\,n^u_{S,1} - 105.00\,n^u_{B,1} &= 0 \\
190\,n_{S,0} + 105\,n_{B,0} - 190\,n^d_{S,1} - 105.00\,n^d_{B,1} &= 0 \quad .
\end{aligned}
$$

Einsetzen der inzwischen berechneten Strukturvariablen ergibt nach elementaren Umformungen

[3]Vgl. Abbildung 8.4 auf Seite 308.

$$\begin{aligned} 220\, n_{S,0} &+ 105\, n_{B,0} = 24.76 \\ 190\, n_{S,0} &+ 105\, n_{B,0} = 2.54 \quad , \end{aligned}$$

was direkt auf die Lösungen $n_{S,0} = 0.7407$ und $n_{B,0} = -1.3162$ führt, womit endlich alle Strukturvariablen des äquivalenten Portfolios bestimmt sind. Übersichtlich zusammengestellt sieht das so aus:

$$\begin{array}{lclclcl} n_{S,0} & = & 0.7407 & & n^u_{S,1} & = & 1.0000 \\ & & & & n^d_{S,1} & = & 0.1404 \\ n_{B,0} & = & -1.3162 & & n^u_{B,1} & = & -1.8594 \\ & & & & n^d_{B,1} & = & -0.2298 \quad . \end{array}$$

Da die Preise der Terminkontrakte sich alle auf null belaufen, gewinnt man den Preis des äquivalenten Portfolios aus

$$n_{S,0}\, S_0 + n_{B,0}\, B_0 = 0.7407 \cdot 200 - 1.3162 \cdot 100 = 16.53\,,$$

und das entspricht genau wieder dem bereits zweimal ermittelten Preis der Kaufoption. Besonders überzeugend wäre nun, wenn man nachweisen würde, daß sich unser äquivalentes Portfolio nach außen hin tatsächlich nicht von dem Call unterscheidet. Um das zu überprüfen, verfolgen wir das Portfolio im Zeitablauf.

1. Gehen wir zunächst einmal davon aus, daß der Aktienkurs im Zeitpunkt $t = 1$ auf $S_0 u = 220$ steigt. In diesem Fall müssen wir das Portfolio in seiner Struktur neu gestalten, und zwar so, daß $n^u_{S,1} = 1$ und $n^u_{B,1} = -1.8594$. Wir müssen also

   $$n^u_{S,1} - n_{S,0} = 1.0000 - 0.7407 = 0.2593$$

   Stück Aktien dazukaufen. Das verursacht Ausgaben in Höhe von

   $$(n^u_{S,1} - n_{S,0}) \cdot S_0 u = 0.2593 \cdot 220 = 57.04\,.$$

   Gleichzeitig sollen wir aber den Bestand leerverkaufter Anleihen erhöhen, und zwar in Höhe von

   $$-(n^u_{B,1} - n_{B,0}) = -1.3162 + 1.8594 = 0.5432$$

   Stück. Das führt auf Einnahmen in Höhe von

   $$-(n^u_{B,1} - n_{B,0})\, B_0(1 + r_f) = 0.5432 \cdot 105 = 57.04\,,$$

   womit sich Einnahmen und Ausgaben genau ausgleichen. Die Anpassung des äquivalenten Portfolios erweist sich also als selbstfinanzierend; und wäre das nicht der Fall, so könnte man auch kaum von Äquivalenz des

Portfolios zur Kaufoption sprechen, da diese ja ebenfalls keine Zahlungen im Zeitpunkt $t = 1$ vorsieht.

Im Zeitpunkt $t = 2$ kann der Aktienkurs nun entweder auf $S_0uu = 242$ steigen oder aber auf $S_0ud = 209$ fallen. In jedem Fall haben wir einen Bestand von 1.8594 leerverkauften Anleihen. Das zwingt uns zu Rückkäufen der Anleihe zum nun herrschenden Kurs, was sichere Zahlungen in Höhe von

$$n_{B,1}^u\, B_0(1+r_f)^2 = -1.8594 \cdot 110.25 = -205$$

verursacht. Diese Ausgaben sind unvermeidlich. Da sich unser Aktienbestand auf $n_{S,1}^u = 1$ beläuft, können wir aber durch Verkauf dieses Titels Einnahmen erzielen. Die Differenz zwischen diesen Einnahmen und den unvermeidlichen Ausgaben beläuft sich je nach Zustand auf

$$n_{S,1}^u\, S_0uu + n_{B,1}^u\, B_0(1+r_f)^2 = 1 \cdot 242 - 1.8594 \cdot 110.25 = 37 \quad \text{oder}$$
$$n_{S,1}^u\, S_0ud + n_{B,1}^u\, B_0(1+r_f)^2 = 1 \cdot 209 - 1.8594 \cdot 110.25 = 4\,.$$

Das sind genau die Cash–flows, die auch der Inhaber der Option unter den entsprechenden Bedingungen erwarten darf.

2. Fällt der Aktienkurs nach Ablauf der ersten Periode auf $S_0d = 190$, so ist ebenfalls eine Anpassung des Portfolios angebracht. Wir müssen Teile unseres Aktienbestandes verkaufen, was zu Einnahmen in Höhe von

$$-(n_{S,1}^d - n_{S,0})\, S_0d = -(0.1404 - 0.7407) \cdot 190 = 114.07$$

führt. Gleichzeitig haben wir den Bestand der leerverkauften Anleihen zu reduzieren, was Ausgaben in Höhe von ebenfalls genau

$$(n_{B,1}^d - n_{B,0})\, B_0(1+r_f) = (-0.2298 + 1.3162) \cdot 105 = 114.07$$

verursacht, so daß sich die Anpassung wieder selbst finanziert. Damit belaufen sich die zustandsabhängigen Einnahmen im Zeitpunkt $t = 2$ je nach Aktienkursentwicklung auf

$$n_{S,1}^d\, S_0du + n_{B,1}^d\, B_0(1+r_f)^2 = 0.1404 \cdot 209 - 0.2298 \cdot 110.25 = 4 \quad \text{oder}$$
$$n_{S,1}^d\, S_0dd + n_{B,1}^d\, B_0(1+r_f)^2 = 0.1404 \cdot 180.5 - 0.2298 \cdot 110.25 = 0\,.$$

Damit ist gezeigt, daß das äquivalente Portfolio die Kaufoption auch im Mehrperiodenfall perfekt dupliziert.

Eine präferenzfreie Bewertungsgleichung für n Zeitpunkte Mit den Erfahrungen in bezug auf unser ausführlich diskutiertes Zahlenbeispiel bewaffnet, ist es nicht allzu schwer, eine allgemeine Bewertungsgleichung für den

Drei–Zeitpunkt–Fall zu entwickeln und daraus die Bewertungsgleichung für n Zeitpunkte abzuleiten.

Wir beginnen mit den Cash–flows, die der Call bei Fälligkeit verspricht. Sie beliefen sich für $n = 2$ auf

$$\begin{aligned} C_{uu} &= \max(S_0uu - K, 0)\,, \\ C_{ud} &= \max(S_0ud - K, 0)\,, \\ C_{du} &= \max(S_0du - K, 0) \qquad \text{und} \\ C_{dd} &= \max(S_0dd - K, 0)\,. \end{aligned}$$

Nennen wir k die Anzahl der Aufwärtsbewegungen des Aktienkurses während der Optionsfrist, so nimmt der Aktienkurs nach n Perioden den Wert

$$S^k = S_0u^kd^{n-k}$$

an, und die zustandsabhängigen Cash–flows der Kaufoption belaufen sich grundsätzlich auf

$$C^k = \max(S_0u^kd^{n-k} - K, 0)\,. \tag{8.11}$$

Von dieser Darstellung werden wir demnächst Gebrauch machen. Zunächst aber erinnern wir uns daran, daß sich

$$C_0 = \pi_{uu}C_{uu} + \pi_{ud}C_{ud} + \pi_{du}C_{du} + \pi_{dd}C_{dd} \tag{8.12}$$

aufgrund des Wertadditivitätstheorems als geeignete Bewertungsgleichung für die Kaufoption erwiesen hat. Um zu anderen Darstellungsformen für diese Bewertungsformel zu kommen, empfiehlt es sich, die Preise reiner Wertpapiere auszurechnen und einzusetzen. Danach können wir uns auf Umformungen beschränken.

Ebenso wie im Rahmen des Zahlenbeispiels ermitteln wir zunächst π_u und π_d. Hierfür können wir auf unsere Ergebnisse aus dem Zwei–Zeitpunkt–Zwei–Zustandsmodell zurückgreifen. Dort hatten wir aus dem Gleichungssystem

$$\begin{aligned} (1 + r_u)\,\pi_u + (1 + r_d)\,\pi_d &= 1 \\ (1 + r_f)\,\pi_u + (1 + r_f)\,\pi_d &= 1 \end{aligned} \tag{8.13}$$

die Lösungen

$$\pi_u = \frac{1}{1 + r_f}\,\frac{r_f - r_d}{r_u - r_d} \quad \text{und} \quad \pi_d = \frac{1}{1 + r_f}\,\frac{r_u - r_f}{r_u - r_d}$$

abgeleitet.[4] Man erinnere sich daran, daß r_u und r_d die einperiodigen Aktienrenditen bei Auf– und Abwärtsbewegung des Kurses waren.

Um nun die Preise π_{uu} und π_{ud} in allgemeiner Form zu gewinnen, müssen wir analog zu unserer Vorgehensweise im Zahlenbeispiel das Gleichungssystem

[4] Vgl. oben Seite 302.

$$\begin{array}{rcrcrcl} -S_0 u\,\pi_u & + & S_0 uu\,\pi_{uu} & + & S_0 ud\,\pi_{ud} & = & 0 \\ -B_0(1+r_f)\,\pi_u & + & B_0(1+r_f)^2\,\pi_{uu} & + & B_0(1+r_f)^2\,\pi_{ud} & = & 0 \end{array}$$

ansetzen. Dividieren der ersten Gleichung durch $S_0 u \pi_u$ beziehungsweise der zweiten Gleichung durch $B_0(1+r_f)\pi_u$ führt unter Verwendung der Aktienrenditen nach Umstellung zu

$$\begin{array}{rcrcl} (1+r_u)\,\frac{\pi_{uu}}{\pi_u} & + & (1+r_d)\,\frac{\pi_{ud}}{\pi_u} & = & 1 \\ (1+r_f)\,\frac{\pi_{uu}}{\pi_u} & + & (1+r_f)\,\frac{\pi_{ud}}{\pi_u} & = & 1 \;. \end{array}$$

Vergleicht man das mit dem Gleichungssystem (8.13), so erkennt man, daß sich für die Unbekannten $\frac{\pi_{uu}}{\pi_u}$ und $\frac{\pi_{ud}}{\pi_u}$ dieselben Lösungen wir für π_u und π_d ergeben müssen. Und daher können wir feststellen, daß

$$\pi_{uu} = \pi_u \pi_u \qquad \text{und} \qquad \pi_{ud} = \pi_u \pi_d$$

ist. Auf ganz entsprechende Weise kann man nachweisen, daß auch

$$\pi_{du} = \pi_d \pi_u \qquad \text{und} \qquad \pi_{dd} = \pi_d \pi_d$$

erfüllt sein müssen. Setzt man diese Resultate in die Ausgangsgleichung (8.12) ein, so entsteht

$$C_0 = \pi_u \pi_u C_{uu} + \pi_u \pi_d C_{ud} + \pi_d \pi_u C_{du} + \pi_d \pi_d C_{dd} \,.$$

Unter Rückgriff auf die Pseudowahrscheinlichkeit p gemäß (8.6) sowie die Tatsache, daß wegen des kommutativen Gesetzes $\pi_{ud} = \pi_{du}$ und $C_{ud} = C_{du}$ ist, gewinnt man hieraus die Darstellung

$$C_0 = \frac{1}{(1+r_f)^2}\left(p^2\, C_{uu} + 2\,p\,(1-p)\, C_{ud} + (1-p)^2\, C_{dd}\right).$$

Das läßt sich nun unter Verwendung von (8.11) in die Form

$$C_0 = \frac{1}{(1+r_f)^2}\left(p^2(1-p)^{2-2}C^2 + 2\,p^1(1-p)^{2-1}C^1 + p^0(1-p)^{2-0}C^0\right)$$

bringen. Die (Pseudo–)Binomialwahrscheinlichkeiten,[5] welche hier auftreten, kann man mit dem Binomialkoeffizienten auch noch eleganter schreiben, so daß mit Hilfe des Summenzeichens

$$C_0 = \frac{1}{(1+r_f)^2} \sum_{k=0}^{2} \binom{2}{k} p^k (1-p)^{2-k}\, C^k$$

[5] Vgl. oben Seite 103.

entsteht. Erinnert man sich nun schließlich noch an die Definition des zustandsabhängigen Cash–flows der Kaufoption in Gleichung (8.11), so heißt es

$$C_0 = \frac{1}{(1+r_f)^2} \sum_{k=0}^{2} \binom{2}{k} p^k (1-p)^{2-k} \max\left(S_0 u^k d^{2-k} - K, 0\right).$$

Was noch zu tun bleibt, ist die Verallgemeinerung auf $n \geq 2$ Perioden. Das führt zu

$$C_0 = \frac{1}{(1+r_f)^n} \sum_{k=0}^{n} \binom{n}{k} p^k (1-p)^{n-k} \max\left(S_0 u^k d^{n-k} - K, 0\right), \qquad (8.14)$$

und wir sind fast am Ziel. Wir haben aber noch die Möglichkeit, uns der etwas lästigen Maximumfunktion in vorstehender Gleichung zu entledigen. Dazu erinnern wir uns, was $\max(S_0 u^k d^{n-k} - K, 0)$ bedeutete. Es bringt zum Ausdruck, daß die Option genau dann ausgeübt wird, wenn der Aktienkurs nach n Teilperioden größer als der Ausübungspreis K ist. Da der Aktienkurs in jeder Teilperiode entweder mit dem Faktor u wächst oder mit dem Faktor d schrumpft,[6] gibt es ein kritisches k, bei dem der Kurs $S_0 u^k d^{n-k}$ gerade den Wert K erreicht oder erstmals überschreitet. Dieses kritische k nennen wir a. Der Kurs der Aktie muß also mindestens a–mal steigen (darf höchstens $(n-a)$–mal fallen), damit sich die Ausübung der Option lohnt. Dieses a wollen wir nun bestimmen. Dazu bedienen wir uns der Hilfsvariablen a', die durch die Gleichung

$$S_0 u^{a'} d^{n-a'} - K = 0$$

definiert ist. Logarithmieren und Auflösen nach a' ergibt

$$a' = \ln\left(\frac{K}{S_0 d^n}\right) \Big/ \ln\left(\frac{u}{d}\right).$$

In der Regel ist a' keine ganze Zahl, so daß wir als Untergrenze für k die kleinste ganze Zahl $a \geq a'$ annehmen. Damit kann man die Bewertungsgleichung in die Form

$$C_0 = \frac{1}{(1+r_f)^n} \sum_{k=a}^{n} \binom{n}{k} p^k (1-p)^{n-k} \left(S_0 u^k d^{n-k} - K\right)$$

[6] Diese Redeweise ist nicht ganz präzise, da d nicht notwendigerweise kleiner als eins sein muß.

bringen. Daraus entsteht durch Ausmultiplizieren die diskrete Optionspreisformel

$$\begin{aligned} C_0 &= S_0 \Bigg(\sum_{k=a}^{n} \binom{n}{k} \overbrace{p^k (1-p)^{n-k} \frac{u^k d^{n-k}}{(1+r_f)^n}}^{\text{Term 2}} \Bigg) \\ &\quad -K \frac{1}{(1+r_f)^n} \underbrace{\Bigg(\sum_{k=a}^{n} \binom{n}{k} p^k (1-p)^{n-k} \Bigg)}_{\text{Term 1}} . \end{aligned} \tag{8.15}$$

Wenn wir uns in dieser Formel Term 1 ansehen, so stellen wir fest, daß es sich um die *Binomialwahrscheinlichkeit*

$$B(a|n,p) = \sum_{k=a}^{n} \binom{n}{k} p^k (1-p)^{n-k}$$

handelt. Das ist die (Pseudo–)Wahrscheinlichkeit, mit der sich am Ende der Laufzeit die Ausübung der Option lohnt. Anders ausgedrückt: $B(a|n,p)$ ist die Summe der Einzelwahrscheinlichkeiten, mit der der Aktienkurs nach n Perioden mindestens so groß wie der Basispreis ist. Definieren wir nun noch[7]

$$p' = p \, \frac{u}{1+r_f} \qquad \text{und} \qquad 1-p' = (1-p) \, \frac{d}{1+r_f} \, ,$$

so vereinfacht sich Term 2 in Gleichung (8.15) zu

$$\text{Term } 2 = (p')^k (1-p')^{n-k} \, .$$

Mit dieser Substitution läßt sich dann auch der erste Klammerausdruck in (8.15) als Binomialwahrscheinlichkeit darstellen. Wir erhalten so eine schreibtechnisch elegante Darstellung des Optionspreises mit

$$\boxed{C_0 = S_0 \, B(a|n,p') - K \, \frac{1}{(1+r_f)^n} \, B(a|n,p)} \tag{8.16}$$

und haben damit schließlich unser Ziel erreicht. Man blättere zurück auf Seite 315 und mache sich klar, daß diese Formel nichts anderes ist als eine andere Darstellung der Ausgangsgleichung (8.12).

[7]Daß sich $p \, \frac{u}{1+r_f}$ und $(1-p) \, \frac{d}{1+r_f}$ zu eins addieren, springt nicht sofort ins Auge, läßt sich aber leicht nachrechnen, wenn man für p gemäß (8.6) einsetzt und $u = 1 + r_u$ sowie $d = 1 + r_d$ berücksichtigt.

Vergewissern wir uns abschließend, ob die Bewertungsgleichung mit den Daten unseres Zahlenbeispiels[8] zu dem bekannten Ergebnis führt. Wir beginnen damit, die Pseudowahrscheinlichkeiten p und p' auszurechnen, und erhalten

$$\begin{aligned} p &= \frac{r_f - r_d}{r_u - r_d} = \frac{0.05-(-0.05)}{0.10-(-0.05)} = 0.6667 \\ p' &= p\,\frac{u}{1+r_f} = 0.6667 \cdot \frac{1.10}{1.05} = 0.6984\,. \end{aligned}$$

Danach bestimmen wir die Mindestanzahl der Aufwärtsbewegungen, welche der Aktienkurs vollführen muß, damit sich die Ausübung lohnt. Für die Hilfszahl a' ergibt sich

$$a' = \ln\left(\frac{K}{S_0 d^n}\right) \Big/ \ln\left(\frac{u}{d}\right) = \ln\left(\frac{205}{200 \cdot 0.95^2}\right) \Big/ \ln\left(\frac{1.10}{0.95}\right) = 0.8682\,,$$

was $a = 1$ bedeutet. Der Aktienkurs muß also mindestens einmal nach oben gehen. Für die Binomialwahrscheinlichkeiten erhält man mit diesen Zahlen

$$B(a|n,p) = 2 \cdot 0.6667^1 \cdot (1-0.6667)^1 + 1 \cdot 0.6667^2 \cdot (1-0.6667)^0 = 0.8889$$

und

$$B(a|n,p') = 2 \cdot 0.6984^1 \cdot (1-0.6984)^1 + 1 \cdot 0.6984^2 \cdot (1-0.6984)^0 = 0.9090\,.$$

Damit berechnet man für den Wert der Kaufoption das bekannte Resultat

$$\begin{aligned} C_0 &= S_0\,B(a|n,p') - K\,\frac{1}{(1+r_f)^n}\,B(a|n,p) \\ &= 200 \cdot 0.9090 - 205 \cdot \frac{1}{1.05^2} \cdot 0.8889 \\ &= 16.53 \end{aligned}$$

und kann die Probe als geglückt ansehen.

8.3.3 Europäischer Put und Put–Call–Parität

Herleitung der Bewertungsgleichung Will man eine präferenzfreie Bewertungsgleichung für den europäischen Put im Rahmen des Binomialmodells entwickeln, so kann man genau den gleichen Weg einschlagen wie beim Call. Die Verkaufsoption zeichnet sich nach k Aufwärtsbewegungen des Aktienkurses durch zustandsabhängige Cash–flows in Höhe von

$$P^k = \max(K - S_0 u^k d^{n-k}, 0)\,.$$

[8] Vgl. dazu oben Seite 306.

aus. Unter der Voraussetzung, daß wir es mit einem vollständigen Kapitalmarkt zu tun haben, muß wegen des Wertadditivitätstheorems die Bewertungsgleichung

$$\begin{aligned} P_0 &= \frac{1}{(1+r_f)^n} \sum_{k=0}^{n} \binom{n}{k} p^k (1-p)^{n-k} P^k \\ &= \frac{1}{(1+r_f)^n} \sum_{k=0}^{n} \binom{n}{k} p^k (1-p)^{n-k} \max(K - S_0 u^k d^{n-k}, 0) \end{aligned}$$

gelten. Das ist vollkommen analog zu (8.14), und jede andere Bewertung eröffnet Arbitragegelegenheiten.

Will man jetzt noch die Maximumfunktion beseitigen, um zu einer etwas leichter zu lesenden Darstellung zu kommen, muß man die Höchstanzahl der Aufwärtsbewegungen des Aktienkurses bestimmen, damit sich die Ausübung der Verkaufsoption lohnt. Im Zusammenhang mit dem Call hatten wir die Mindestanzahl der Aufwärtsbewegungen bestimmt und dafür den Parameter a eingeführt. Natürlich hängen beide Zahlen miteinander zusammen, und es ist nicht allzu schwer zu zeigen, daß sich für den Put schließlich

$$\boxed{P_0 = K \frac{1}{(1+r_f)^n} \Big(1 - B(a|n,p)\Big) - S_0 \Big(1 - B(a|n,p')\Big)} \qquad (8.17)$$

ergibt. Alle Symbole sind ebenso wie in Gleichung (8.16) definiert. Die Herleitung selbst überlassen wir dem Leser.

Put–Call–Parität Einen sehr bequemen Zugang zur Bewertung von Puts findet man über die Put–Call–Parität. Sie hat den Vorteil, daß man ohne jede Annahme über den Zufallsprozeß auskommt, dem der Aktienkurs folgt. Allerdings muß der Marktwert des Calls bekannt sein, um sie nutzen zu können.

Die grundlegende Idee, welche hinter der Put–Call–Parität steckt, lautet so: Man kann Portfolios aus Aktien, risikolosen Anleihen, Kauf- und Verkaufsoptionen bilden, die bei Fälligkeit der Optionen mit Sicherheit weder Einnahmen verursachen noch Ausgaben erfordern. Um diesen ökonomischen Zusammenhang und seine Implikationen verstehen zu können, benutzen wir folgende Symbole:

B_0	Preis einer risikolosen Anleihe
C_0	Preis eines Calls
$\tilde{C}_T$	zufallsabhängiger Wert des Calls bei Fälligkeit
K	Basispreis
n_B	Menge der in einem Portfolio enthaltenen risikolosen Anleihen
n_C	Menge der in einem Portfolio enthaltenen Calls

n_P	Menge der in einem Portfolio enthaltenen Puts
n_S	Menge der in einem Portfolio enthaltenen Aktien
$p(\cdot)$	Preisfunktion
P_0	Preis eines Puts
$\tilde{P}_T$	zufallsabhängiger Wert des Puts bei Fälligkeit
r_f	risikoloser Zins
S_0	Preis einer Aktie
$\tilde{S}_T$	zufallsabhängiger Aktienkurs am Ende der Optionsfrist
T	Optionsfrist (in Jahren)
$\tilde{X}_T$	zustandsabhängige Cash–flows eines Portfolios

Unter Verwendung dieser Symbole nehmen wir die nachstehenden Definitionen vor:

$$C_0 = p(\tilde{C}_T) \tag{8.18}$$

$$\tilde{C}_T = \max(\tilde{S}_T - K, 0) \tag{8.19}$$

$$P_0 = p(\tilde{P}_T) \tag{8.20}$$

$$\tilde{P}_T = \max(K - \tilde{S}_T, 0) \tag{8.21}$$

$$S_0 = p(\tilde{S}_T) \tag{8.22}$$

Hierbei gehen wir davon aus, daß beide Optionen sowohl dieselbe Laufzeit als auch denselben Basispreis[9] besitzen. Um zu zeigen, daß ein Portfolio mit der behaupteten Eigenschaft existiert, wählen wir

$$n_S = 1 \qquad n_C = -1 \qquad n_P = 1 \qquad n_B = -\frac{K}{B_0(1+r_f)^T} \tag{8.23}$$

und untersuchen die zustandsabhängigen Cash–flows dieses Portfolios, $\tilde{X}_T$. Sie belaufen sich offensichtlich auf

$$\tilde{X}_T = n_S\,\tilde{S}_T + n_C\,\tilde{C}_T + n_P\,\tilde{P}_T + n_B\,B_0(1+r_f)^T .$$

Setzt man zunächst für die Strukturvariablen des Portfolios gemäß (8.23) ein, so entsteht

$$\tilde{X}_T = \tilde{S}_T - \tilde{C}_T + \tilde{P}_T - K ,$$

was man unter Verwendung von (8.19) und (8.21) leicht in die Form

$$\tilde{X}_T = \tilde{S}_T - \max(\tilde{S}_T - K, 0) + \max(K - \tilde{S}_T, 0) - K$$

bringt. Nun sind zwei Fälle zu unterscheiden, vgl. Tabelle 8.4.

[9] Es ist ohne große Schwierigkeiten möglich, auch Put–Call–Paritäten für voneinander abweichende Basispreise abzuleiten.

1. Wenn der Aktienkurs am Ende der Optionsfrist größer als der Basispreis ist, so lohnt sich die Ausübung des Calls, und der Put wird wertlos. Das bedeutet

$$\tilde{S}_T > K \Longrightarrow \tilde{X}_T = \tilde{S}_T - (\tilde{S}_T - K) + 0 - K = 0\,.$$

2. Ist dagegen der Basispreis mindestens so groß wie der Aktienkurs am Ende der Optionslaufzeit, so verfällt der Call, und es lohnt sich, den Put auszuüben. Gleichgültig, welche Kursentwicklung die Aktie nimmt, eine der beiden Optionen wird immer ausgeübt, während die andere ungenutzt bleibt. Daher

$$\tilde{S}_T \leq K \Longrightarrow \tilde{X}_T = \tilde{S}_T - 0 + (K - \tilde{S}_T) - K = 0\,.$$

Tabelle 8.4: Portfolio zur Put–Call–Parität

	Cash–flows im Zeitpunkt T		Preis
	$\tilde{S}_T > K$	$\tilde{S}_T \leq K$	
Aktie	$\tilde{S}_T$	$\tilde{S}_T$	S_0
Call	$-(\tilde{S}_T - K)$	0	$-C_0$
Put	0	$(K - \tilde{S}_T)$	P_0
Anleihe	$-K$	$-K$	$-K(1+r_f)^{-T}$
Portfolio	0	0	$S_0 - C_0 + P_0$ $-K(1+r_f)^{-T}$

In beiden Fällen sind also die zustandsabhängigen Cash–flows des Portfolios sicher und belaufen sich auf null. Für ein Portfolio, das im Zeitpunkt $T > 0$ weder Einnahmen noch Ausgaben mit sich bringt, wird auf einem arbitragefreien Markt ein Preis in Höhe von null bezahlt. Das folgt sofort aus dem Dominanztheorem. Daher muß für das hier betrachtete Portfolio

$$p(\tilde{X}_T) = p(\tilde{S}_T - \tilde{C}_T + \tilde{P}_T - K) = 0$$

sein. Wegen des Wertadditivitätstheorems gilt dann aber auch

$$p(\tilde{S}_T) - p(\tilde{C}_T) + p(\tilde{P}_T) - p(K) = 0\,,$$

was man aufgrund der Definitionen (8.18), (8.20), (8.22) und bei geeigneter Abzinsung des Basispreises auch so darstellen kann:

$$\boxed{S_0 - C_0 + P_0 - \frac{K}{(1+r_f)^T} = 0}\,.$$

Genau diese Gleichung bezeichnet man als Put–Call–Parität. Löst man sie beispielsweise nach dem Putpreis P_0 auf, so hat man den Wert der Verkaufsoption in Abhängigkeit von Aktienkurs, Callpreis, Basispreis und sicherem Zins, wenn die Laufzeiten der Optionen gegeben sind.

8.4 Modellerweiterungen

In den vergangenen Abschnitten haben wir nur eine kurze Einführung in die Optionspreistheorie geben können. Dabei haben wir uns auf europäische Calls und Puts auf Aktien beschränkt und unterstellt, daß der Aktienkurs entweder einem einfachen Bernoulliprozeß oder aber einem Binomialprozeß folgt. Außerdem haben wir vereinfachend unterstellt, daß während der Laufzeit der Option keine Dividende auf die Aktie gezahlt wird. Jedoch konnten wir zeigen, daß es unter den angenommenen Bedingungen möglich ist, die zustandsabhängigen Zahlungen, welche der Inhaber einer Option erwarten darf, präferenzfrei zu bewerten. Von entscheidender Bedeutung war dabei die Voraussetzung, daß der Kapitalmarkt vollständig ist und damit eine ausreichende Bewertungsbasis vorhanden ist. Im folgenden wollen wir einige wenige Bemerkungen zu komplizierteren Problemen der Optionsbewertung machen.

Black/Scholes–Formel Diese Bewertungsgleichung eignet sich zur Bewertung europäischer Optionen auf Aktien, auf die während der Optionsfrist keine Dividende gezahlt werden. Das entspricht derselben Idee, welche auch wir auf den zurückliegenden Seiten verfolgt haben. Der einzige Unterschied besteht darin, wie man den Zufallsprozeß modelliert, der die Entwicklung des Aktienkurses während der Optionsfrist beschreibt. Während wir nur diskrete Zufallsprozesse berücksichtigt haben, benutzten *Black* und *Scholes* einen kontinuierlichen Zufallsprozeß. Einen solchen Prozeß muß man sich so vorstellen, daß die Zufallsvariable in der Zeit buchstäblich *niemals* zur Ruhe kommt. Der Aktienkurs ist bei dem von *Black* und *Scholes* unterstellten Wiener–Prozeß in ständiger Bewegung, und zwar auch dann, wenn man die Zeitintervalle verschwindend klein wählt.

Die ökonomische Grundidee, von der *Black* und *Scholes* ausgingen, um ihre Bewertungsgleichung zu finden, ist keine andere als diejenige, welche wir oben unter dem Stichwort des äquivalenten Portfolios vorgestellt haben. Man kann auch bei stetiger Änderung des Aktienkurses ein Portfolio aus Aktie und risikoloser Anleihe konstruieren, welches sich nach außen hin von einer Kauf– oder Verkaufsoption nicht unterscheiden läßt. Ähnlich wie im Binomialmodell muß die Struktur dieses Portfolios allerdings einem sich verändernden Aktienkurs selbstfinanzierend angepaßt werden; und diese Strukturanpassungen müssen bei ununterbrochener Änderung der Zufallsvariablen selbstverständlich kontinuierlich erfolgen.

Da wir es für eine löbliche Tugend halten, in einem Lehrbuch nur solche Formeln vorzustellen, die in für den Leser nachvollziehbarer Form entwickelt werden, haben wir folgende Alternativen. Entweder eignen wir uns die notwendigen Mathematikkenntnisse an, um eine solche Herleitung vornehmen zu können, oder wir werden unseren Grundsätzen untreu und lassen die *Black/Scholes*-Formel "vom Himmel fallen", wie es in den meisten einschlägigen Lehrbüchern geschieht. Die Vermittlung der erforderlichen mathematischen Grundlagen zur Herleitung der Gleichung ist ein wenig schwierig, auf jeden Fall aber nicht mit wenigen Handgriffen getan. Aus diesem und dem weiteren Grunde, daß der Verleger dieses Buches eine unbegrenzte Stoffausdehnung aus wirtschaftlichen Gründen kritisch beurteilt, verbannen wir die *Black/Scholes*-Formel in eine Fußnote[10] und versagen uns weitere Anmerkungen.

Optionen auf andere Titel Neben Optionen auf Aktien werden Optionskontrakte gehandelt, denen andere Objekte zugrunde liegen, zum Beispiel festverzinsliche Wertpapiere, Devisen, Waren, Indizes, Futures oder Optionen (Optionen auf Optionen). Die oben dargestellten Modelle der präferenzfreien Bewertung dürfen nicht blind übertragen werden. Die Gründe für sonst unausweichliche Fehlbewertungen sind individuell verschieden. Hierzu zwei Beispiele:

1. Will man etwa Devisenoptionen bewerten, so muß man sich klarmachen, daß ein äquivalentes Portfolio, das aus einer Devise und einer risikolosen Anleihe besteht, anderen Bedingungen unterliegt als ein äquivalentes Portfolio, das sich aus einer (dividendenlosen) Aktie und einer sicheren Anleihe zusammensetzt. Der entscheidende Unterschied besteht darin, daß die Devise während der Optionsfrist ausländische Zinsen erwirtschaftet, während die Aktie im gleichen Zeitraum sozusagen "unfruchtbar"

[10] Für die Bewertung eines europäischen Calls lautet die Gleichung

$$C_0 = S_0\,N(d_1) - K\,(1+R_f)^{-T}\,N(d_2)$$

mit

$$d_1 = \frac{\ln(S_0/K) + \big(\ln(1+R_f) + 0.5\,\sigma^2\big)\,T}{\sigma\sqrt{T}} \quad \text{und} \quad d_2 = d_1 - \sigma\sqrt{T}\,.$$

Dabei steht T für die Laufzeit der Option, σ^2 ist die sogenannte Momentanvarianz der Aktienrendite. R_f symbolisiert den stetigen risikolosen Zinssatz pro Jahr, wobei im Verhältnis zu dem oben benutzten diskreten Zinssatz die Beziehung $r_f = \ln(1+R_f)$ gilt. Mit $N(\cdot)$ bezeichnen wir die Standardnormalverteilung, wie sie auf Seite 107 tabelliert zu finden ist. *Black/Scholes*-Formel und die Bewertungsgleichung (8.16) des Binomialmodells sind sich in ihrem Aufbau sehr ähnlich. Der wesentliche Unterschied besteht darin, daß die Binomialverteilung in der kontinuierlichen Formel durch die Normalverteilung ersetzt wird. Während die sogenannte Volatilität (Beweglichkeit) der Aktienrendite im *Black/Scholes*-Modell über die Momentanvarianz erfaßt wird, geschieht das im diskreten Modell über die Differenz zwischen den Aktienrenditen r_u und r_d.

bleibt. Um zu einer angemessenen Bewertung der Devisenoption zu gelangen, muß das berücksichtigt werden.

2. Geht es darum, eine Option auf eine Anleihe (Rentenoption) zu bewerten, so ist der Tatsache Rechnung zu tragen, daß sich die zufällige Kursentwicklung einer Anleihe in keiner Weise mit dem Zufallsprozeß gleichsetzen läßt, dem ein Aktienkurs folgt. Das liegt im wesentlichen daran, daß die Laufzeit einer Anleihe (im Regelfall) begrenzt ist, während man sich unter einer Aktie einen Finanztitel mit im Prinzip ewiger Laufzeit vorzustellen hat. Die Tatsache, daß die Restlaufzeit zwangsläufig immer kürzer wird, ist dafür verantwortlich, daß der Korridor, in dem sich Anleihekurse bewegen können, beständig kleiner wird. Setzt man voraus, daß der Marktzins nicht negativ werden kann, so kann der Kurs einer (nicht konkursgefährdeten) Anleihe nicht über die Summe der vom Schuldner noch zu erbringenden Zahlungen hinausgehen. Eine solche scharfe Kursbarriere gibt es für Aktien nicht. Um also Rentenoptionen vernünftig zu bewerten, muß man den Zufallsprozeß ganz anders als bei Aktienoptionen modellieren.

Amerikanische Optionen Bisher haben wir ausschließlich Optionen vom europäischen Typ angesprochen. Amerikanische Optionen sind mindestens so viel wert wie europäische, haben aber unter Umständen einen höheren Wert, weil es sich lohnen kann, sie vorzeitig auszuüben. Die Frage, wie sich das Recht der vorfristigen Ausübung auf den Preis einer Option auswirkt, läßt sich im Rahmen von Optionsmodellen auf der Basis von diskreten Zufallsprozessen relativ leicht beantworten, indem man die auf Seite 307 beschriebene retrograde Bewertungsprozedur nutzt. Bei kontinuierlichen Zufallsprozessen versagt dieser Trick jedoch. Das war auch der Grund dafür, warum man lange Zeit vergeblich nach effizienten Bewertungsmethoden für amerikanische Optionen gesucht hat. Inzwischen können die hiermit verbundenen Probleme jedoch als gelöst angesehen werden.

9 Mathematisches Kompendium

9.1 Funktionen einer Variablen

9.1.1 Begriff und Darstellung von Funktionen

Funktionsbegriff Funktionen sind eindeutige Zuordnungen zwischen einer Variablen x und einer Variablen y. Dabei wird x als die unabhängige und y als die abhängige Variable bezeichnet. Man schreibt

$$y = f(x).$$

und sagt, daß y eine Funktion von x ist. Das bedeutet: Es wird ein Definitionsbereich von x festgelegt, und es wird eine Funktionsvorschrift f angegeben, die jedem x aus dem Definitionsbereich ein eindeutiges y zuordnet.

Funktionen sind in fast jeder Wissenschaft unentbehrlich. Will man sie darstellen, so gibt es mehrere Möglichkeiten, und zwar

1. Gleichungen,
2. Kurven im Koordinatensystem oder
3. Wertetabellen.

Definitionsbereich und Intervallbegriff Unter dem Definitionsbereich versteht man in der Regel eine Menge von Zahlen, aus denen die Variable x entnommen wird, beispielsweise die Menge der reellen Zahlen $\mathbf{R}$. Teilmengen von $\mathbf{R}$ nennt man Intervalle, wobei zwischen offenen und abgeschlossenen Intervallen unterschieden wird. Für zwei beliebige reelle Zahlen a, b mit $a < b$ gelten folgende Definitionen:

1. Das abgeschlossene Intervall $[a, b]$ ist die Menge aller Zahlen x, für die $a \leq x \leq b$ gilt. Sowohl a als auch b sind Elemente des Intervalls.
2. Das offene Intervall (a, b) ist die Menge aller Zahlen x, für die $a < x < b$ gilt. Weder a noch b sind Elemente des Intervalls.
3. Das links offene und rechts abgeschlossene Intervall $(a, b]$ ist die Menge aller Zahlen x, für die $a < x \leq b$ gilt. Hier ist b Element des Intervalls, a jedoch nicht.

4. Das links abgeschlossene und rechts offene Intervall $[a, b)$ ist die Menge aller Zahlen x, für die $a \leq x < b$ gilt. Hier ist a Element des Intervalls, aber b nicht.

Funktionsvorschrift Ein sehr einfaches Beispiel für eine Funktionsvorschrift ist

$$y = x^3 - 12x^2 + 16\,.$$

Setzt man in diese Gleichung für x eine beliebige Zahl aus dem Definitionsbereich ein, so erhält man ein eindeutiges y. Wählt man beispielsweise $x = 6$, so ergibt sich

$$y = 6^3 - 12 \cdot 6^2 + 16 = 216 - 12 \cdot 36 + 16 = -200\,.$$

Stellt man dieses und andere Ergebnisse systematisch zusammen, so gewinnt man die in Tabelle 9.1 angegebenen Zahlen. Jedes Paar von x und y läßt sich als Punkt in einem Koordinatensystem darstellen. x wird auf der Abszisse (x–Achse), y auf der Ordinate (y–Achse) abgetragen. Dort, wo sich die Koordinaten von x und y befinden, ist der Punkt $P(x, y)$. Verbindet man sämtliche Punkte, die die Funktion liefert, miteinander, so erhält man eine Kurve als Funktionsgraphen. Für die Funktion $y = x^3 - 12x^2 + 16$ sieht das so aus wie in Abbildung 9.1.

Tabelle 9.1: Wertetabelle für die Funktion $y = x^3 - 12x^2 + 16$

x	y
6	-200
-2	-40
0	16
2	-24

9.1.2 Grenzwerte von Funktionen

Unter dem Grenzwert einer Funktion versteht man den Wert L, dem die abhängige Variable entgegenstrebt, wenn sich die unabhängige Variable x einem bestimmten Wert nähert. Allgemein schreibt man

$$\lim_{x \to a} f(x) = L\,.$$

Besonders häufig interessiert man sich für die Frage nach dem Grenzwert, wenn x gegen null oder gegen unendlich geht. Betrachten wir dazu zwei Beispiele.

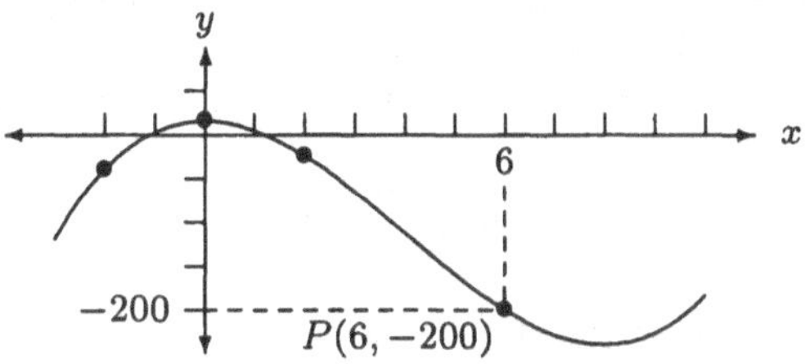

Abbildung 9.1: Graph der Funktion $y = x^3 - 12x^2 + 16$

In Abbildung 9.2 sehen Sie die Funktion

$$f(x) = \frac{b}{x} \quad \text{mit } b > 0 \text{ und } x \neq 0\,.$$

Man erkennt, daß es sich um eine Funktion handelt, die für den Fall, daß x immer größer wird, beständig abnimmt. Welchem Wert nähert sich nun der Ausdruck $\frac{b}{x}$, wenn b eine positive Konstante ist und $x \to \infty$ strebt. Auch dann, wenn x noch so groß wird, bleibt der Funktionswert immer eine positive Zahl. Diese wird jedoch mit zunehmendem x immer kleiner, bis sie "praktisch verschwindet". Daher können wir sagen, daß der Grenzwert der Funktion null ist. Oder:

$$\lim_{x\to\infty} \frac{b}{x} = 0\,.$$

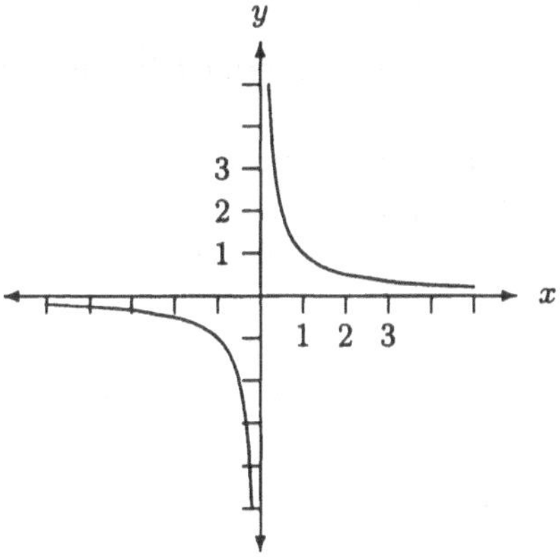

Abbildung 9.2: Graph der Funktion $f(x) = \frac{b}{x}$ mit $b = 1$

Eben das gleiche Verhalten legt die Funktion an den Tag, wenn man $x \to -\infty$ gehen läßt. Der Ausdruck $\frac{b}{x}$ bleibt selbstverständlich für $b > 0$ und $x < 0$ immer negativ, nähert sich aber immer mehr der null, je kleiner x wird. Daher auch:

$$\lim_{x \to -\infty} \frac{b}{x} = 0 .$$

Dieses Grenzwertverhalten der Funktion $f(x) = \frac{b}{x}$ ist im übrigen ganz unabhängig vom Wert des Parameters b.

Welchen Grenzwert nimmt die Funktion $y = \frac{b}{x}$ nun an, wenn x nicht über alle Grenzen wächst, sondern gegen null geht? Ein Blick auf die Zeichnung 9.2 zeigt, daß es darauf ankommt, ob man sich der null von rechts oder von links nähert. Für $b > 0$ strebt die Funktion über alle Grenzen, wenn x sich von rechts ($x > 0$) der null nähert, und sie fällt unter alle Grenzen, wenn x sich von links ($x < 0$) der null nähert. Für $b < 0$ ist es genau umgekehrt. Infolgedessen müssen wir hier zwischen dem rechtsseitigen und dem linksseiten Grenzwert unterscheiden und können für $b > 0$

$$\begin{aligned} \lim_{x \to 0^+} \frac{b}{x} &= +\infty \quad \text{und} \\ \lim_{x \to 0^-} \frac{b}{x} &= -\infty \end{aligned}$$

schreiben. Will man den Grenzwert notieren, den eine Funktion annimmt, wenn die Variable x sich der Stelle a von rechts nähert, so schreibt man $\lim_{x \to a^+} f(x)$. Entsprechend ist $\lim_{x \to a^-} f(x)$ der linksseitige Grenzwert. Beide Grenzwerte müssen nicht übereinstimmen.[1]

Abbildung 9.3 zeigt die Funktion

$$f(x) = \frac{b + x}{x} = \frac{b}{x} + 1 \quad \text{mit } b > 0 \text{ und } x \neq 0 .$$

Gegen welchen Wert tendiert diese Funktion, wenn wir $x \to \infty$ streben lassen? Das Grenzverhalten des ersten Terms kennen wir schon. Er geht gegen null, wenn x über alle Grenzen wächst. Der zweite Term ist von x vollkommen unabhängig. Daher gilt

$$\lim_{x \to \infty} \left(\frac{b}{x} + 1 \right) = \lim_{x \to \infty} \left(\frac{b}{x} \right) + 1 = 1 .$$

[1] Man analysiere beispielsweise das Grenzverhalten der Funktion

$$f(x) = \begin{cases} \frac{1}{x} & \text{wenn } x < 0 \\ x & \text{wenn } x > 0 \end{cases}$$

für $x \to 0$.

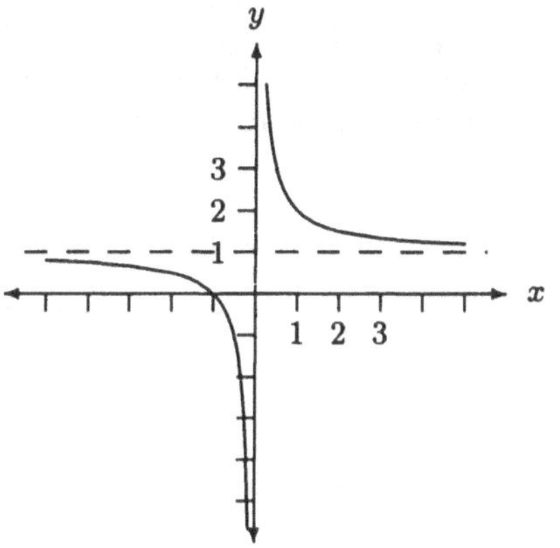

Abbildung 9.3: Graph der Funktion $f(x) = \frac{b+x}{x}$ mit $b = 1$

9.1.3 Monotonie und Stetigkeit

Um Funktionen näher zu charakterisieren, untersucht man ihre Eigenschaften. Besonders wichtige Eigenschaften von Funktionen liegen in ihrem Monotonie– und Stetigkeitsverhalten.

Monotonie Im Rahmen einer Monotoniebetrachtung interessiert man sich dafür, ob auf einem vorgegebenen Intervall des Definitionsbereiches ein Anstieg der unabhängigen Variablen x eine gleichgerichtete oder gegenläufige Entwicklung der unabhängigen Variablen y hervorruft.

Für die Definition der Monotonieeigenschaft betrachtet man folglich ein Intervall $[a, b]$ des Definitionsbereiches. Seien $x_1, x_2 \in [a, b]$ mit $x_1 < x_2$, so bezeichnet man die Funktion auf $[a, b]$ als

1. streng monoton wachsend, falls gilt $f(x_1) < f(x_2)$,
2. monoton wachsend, falls gilt $f(x_1) \leq f(x_2)$,
3. streng monoton fallend, falls gilt $f(x_1) > f(x_2)$,
4. monoton fallend, falls gilt $f(x_1) \geq f(x_2)$.

Das Monotonieverhalten einer Funktion ist somit als Intervalleigenschaft definiert. Die oben genannten Monotoniebegriffe können jedoch auf die Funktion insgesamt übertragen werden, wenn sich für den gesamten Definitionsbereich der Funktion eine einheitliche Monotonieaussage treffen läßt.

In Abbildung 9.1 ist eine Funktion dargestellt, die auf $(-\infty, 0]$ streng monoton steigt, auf $[0, 8]$ streng monoton fällt und schließlich auf $[8, \infty)$ wieder streng monoton steigt. Die Portofunktion in Abbildung 9.4 ist dagegen auf dem gesamten Definitionsbereich monoton wachsend.

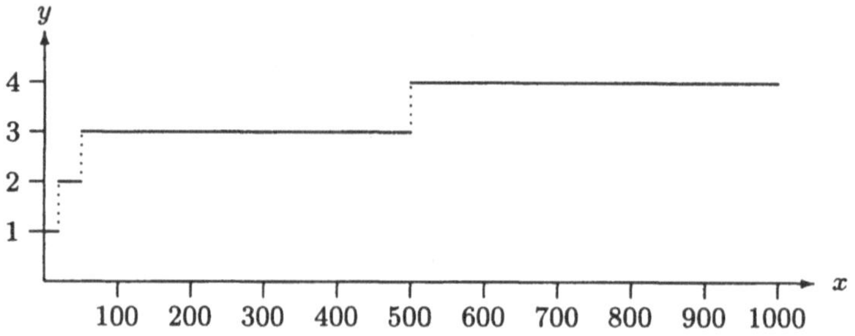

Abbildung 9.4: Unstetige Funktion

Stetigkeit Was unter Stetigkeit zu verstehen ist, begreift man am besten, wenn man die Abbildungen 9.1 und 9.4 miteinander vergleicht. Letztere zeigt die derzeit geltende Portofunktion für Briefe in Abhängigkeit von deren Gewicht bis zu einem Höchstgewicht von 1000 g. Die Funktion lautet

$$f(x) = \begin{cases} 1 & \text{wenn } x \leq 20 \\ 2 & \text{wenn } 20 < x \leq 50 \\ 3 & \text{wenn } 50 < x \leq 500 \\ 4 & \text{wenn } 500 < x \leq 1000 \end{cases}$$

Briefe bis einschließlich 20 g kosten 1 DM. Bei Briefen bis einschließlich 50 g werden 2 DM verlangt. Bis 500 g berechnet die Post 3 DM. Wiegt der Brief noch mehr, so muß man 4 DM bezahlen.

Die Portofunktion ist also monoton wachsend. Aber ihr wesentliches Merkmal besteht darin, daß man sie nicht zeichnen kann, ohne die Fahrt des Bleistifts auf dem Papier zu unterbrechen. Dort, wo man den Bleistift anheben muß, liegen Unstetigkeitsstellen vor. Wir haben damit zwar eine ziemlich anschauliche Vorstellung vom Begriff der Stetigkeit gewonnen, aber keine saubere Definition vorgenommen.

Das gelingt jedoch mit Hilfe des Grenzwertes. Dieser war ja als ein Wert hervorgehoben worden, dem sich die Funktion nähert, wenn $x \to a$ geht. Betrachten wir nun eine Stelle $x = x_0$ und gehen davon aus, daß die Funktion dort definiert ist, so ist sie an dieser Stelle genau dann stetig, wenn sowohl der linksseitige als auch der rechtsseitige Grenzwert mit dem Funktionswert übereinstimmen:

$$\lim_{x \to x_0^+} f(x) = f(x_0) = \lim_{x \to x_0^-} f(x).$$

9.1.4 Konvexität und Konkavität

In ökonomischen Modellen wird häufig mit Funktionen gearbeitet, die auf einem vorgegebenen Intervall konvex oder konkav sind. Um eine erste Anschauung davon zu bekommen, was mit Konvexität beziehungsweise Konkavität gemeint ist, stelle man sich vor, daß die Kurve einer Funktion in einem Koordinatensystem so gezeichnet wird, daß der Stift aus dem negativen Bereich der unabhängigen Variablen in den positiven Bereich wandert. Dort, wo die Fahrtrichtung des Zeichenstiftes im Uhrzeigersinn nach links (rechts) dreht, ist sie konvex (konkav).

Für eine genaue Definition des Krümmungsverhaltens betrachtet man ein Intervall $[a, b]$ des Definitionsbereiches. Sei κ eine reelle Zahl mit $0 < \kappa < 1$ und seien $x_1, x_2 \in [a, b]$ mit $x_1 < x_2$, so bezeichnet man die Funktion auf dem Intervall $[a, b]$ als

1. streng konvex, falls für alle $\kappa \in (0, 1)$ gilt
   $f(\kappa x_1 + (1 - \kappa)x_2) < \kappa f(x_1) + (1 - \kappa)f(x_2)$,
2. konvex, falls für alle $\kappa \in (0, 1)$ gilt
   $f(\kappa x_1 + (1 - \kappa)x_2) \leq \kappa f(x_1) + (1 - \kappa)f(x_2)$,
3. streng konkav, falls für alle $\kappa \in (0, 1)$ gilt
   $f(\kappa x_1 + (1 - \kappa)x_2) > \kappa f(x_1) + (1 - \kappa)f(x_2)$,
4. konkav, falls für alle $\kappa \in (0, 1)$ gilt
   $f(\kappa x_1 + (1 - \kappa)x_2) \geq \kappa f(x_1) + (1 - \kappa)f(x_2)$.

Eine äquivalente Form der Definition des Krümmungsverhaltens ist unter Verwendung der zweiten Ableitung einer Funktion möglich.[2]

[2] Vgl. dazu unten Seite 342. Seien $x \in [a, b]$ und $f(x)$ eine auf diesem Intervall zweimal differenzierbare Funktion. Dann ist die Funktion $f(x)$ auf dem Intervall $[a, b]$

1. streng konvex, wenn gilt $f''(x) > 0 \; \forall x \in [a, b]$,
2. konvex, wenn gilt $f''(x) \geq 0 \; \forall x \in [a, b]$,
3. streng konkav, wenn gilt $f''(x) < 0 \; \forall x \in [a, b]$,
4. konkav, wenn gilt $f''(x) \leq 0 \; \forall x \in [a, b]$.

9.1.5 Umkehrfunktion

Eine Funktionsvorschrift $y = f(x)$ ordnet jedem x des Definitionsbereiches genau ein y des Wertebereiches zu. Eine eindeutig bestimmte Umkehrfunktion existiert jedoch nur dann, wenn die Umkehrfunktionsvorschrift $x = f^{-1}(y)$ auch jedem y nur genau ein x zuordnet. Um das zu verstehen, betrachten wir zwei Beispiele. Nehmen wir etwa die Funktion

$$y = 3 + 0.5\sqrt{x} \quad \text{mit } x \geq 0$$

und lösen die Funktionsgleichung nach x auf. Dann heißt es

$$x = 4 \cdot (y - 3)^2 ,$$

und das ist selbstverständlich eine eindeutige Zuordnung. Wir können sie allgemein in der Form

$$x = f^{-1}(y)$$

schreiben und müssen uns nur daran gewöhnen, daß jetzt die unabhängige Variable y heißt, während die abhängige mit x bezeichnet wird.

Nehmen wir dagegen die Funktion

$$y = 3 + 0.5\,x^2$$

und lösen auch sie nach x auf, so erhalten wir

$$x = \pm\sqrt{2} \cdot \sqrt{y - 3} ,$$

und das ist eine Zuordnung von y nach x, die wir nicht als eindeutig bezeichnen können. Für jeden Wert von $y \geq 3$ berechnet man zwar einen eindeutigen Betrag

$$|x| = \sqrt{2} \cdot \sqrt{y - 3} ,$$

aber das Vorzeichen der Variablen x, die jetzt von y abhängig ist, ist nicht eindeutig, vgl. Abbildung 9.5.

9.1.6 Ausgewählte Funktionen

Bestimmte Funktionen spielen in der Finanzierungstheorie eine ausgezeichnete Rolle, weswegen wir sie hier besonders ansprechen wollen. Dabei beschränken wir uns auf Funktionen mit einer unabhängigen Veränderlichen.

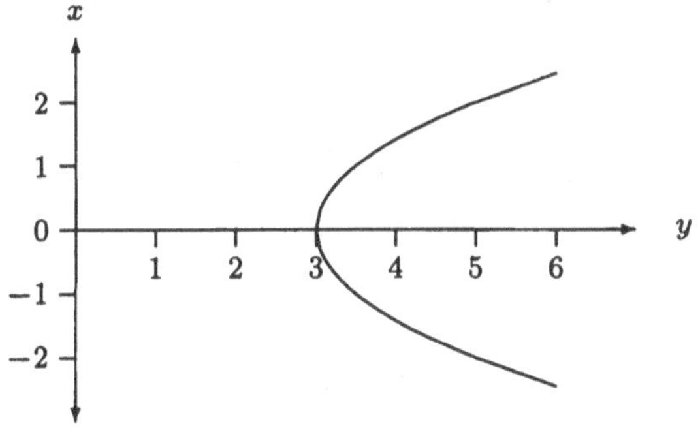

Abbildung 9.5: Nichtexistenz einer Umkehrfunktion

Lineare Funktionen Solche Funktionen besitzen eine äußerst einfache Struktur und lassen sich generell durch Gleichungen des Typs

$$y = a + b\,x$$

darstellen. Dabei bezeichnen a den sogenannten Ordinatenabschnitt und b die Steigung der Funktion. Betrachten Sie dazu Abbildung 9.6.

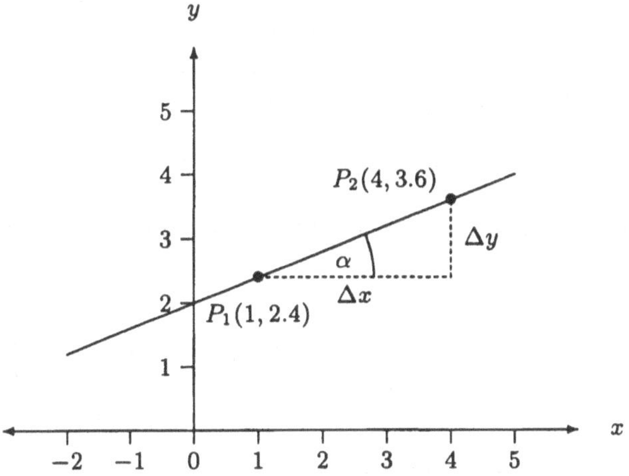

Abbildung 9.6: Graph der Funktion $y = 2 + 0.4\,x$

Die dort gezeichnete Funktion $y = 2 + 0.4x$ schneidet die Ordinate an der Stelle $a = 2$. Unter der Steigung versteht man die Änderung von y im Verhältnis zu einer Änderung von x. Nennt man die Änderung der unabhängigen

Variablen Δx und die Änderung der abhängigen Variablen Δy, so ist die Steigung

$$\tan \alpha = \frac{\Delta y}{\Delta x},$$

und die Zeichnung zeigt ganz klar, daß die Steigung einer linearen Funktion an allen Stellen gleich groß ist. Sie entspricht dem Parameter b in der Funktionsgleichung.

Weil die Steigung einer linearen Funktion konstant ist, kann man die Funktion eindeutig konstruieren, wenn nur die Koordinaten zweier Punkte $P_1(x_1, y_1)$ und $P_2(x_2, y_2)$ gegeben sind. Es muß nämlich

$$\frac{y - y_2}{x - x_2} = \frac{y_1 - y_2}{x_1 - x_2} = b$$

gelten. Setzt man hierfür beispielsweise die Koordinaten der beiden Punkte aus Abbildung 9.6 ein, so erhält man

$$\frac{y - 3.6}{x - 4} = \frac{2.4 - 3.6}{1 - 4} = 0.4,$$

was man rasch zu

$$y = 2 + 0.4\,x$$

umformt. Die Konstruktion gelingt ebenfalls, wenn die Steigung b sowie die Koordinaten eines einzigen Punktes gegeben sind.

Logarithmusfunktionen Jede Gleichung der Form

$$a^c = b \quad \text{mit } a > 0, a \neq 1, b > 0$$

hat genau eine reelle Lösung. Diese eindeutig bestimmte Zahl c schreibt man in der Form

$$\log_a b = c$$

und sagt, daß "c der Logarithmus von b zur Basis a" ist. Besondere Bedeutung haben die Logarithmen zur Basis e. Das ist die Eulersche Zahl[3]

$$e = \lim_{n \to \infty} \left(1 + \frac{1}{n}\right)^n \approx 2.71828\,.$$

Die Logarithmen zur Basis e werden als natürliche Logarithmen bezeichnet und in der Form

$$\ln b = \log_e b$$

[3]Leonhard Euler (1707–1783), schweizerischer Mathematiker.

geschrieben; $\ln b$ ist diejenige Zahl, mit der die Eulersche Zahl e potenziert werden muß, damit sich gerade b ergibt. Jede Funktion der Form

$$y = \log_a x$$

nennt man Logarithmusfunktion. Abbildung 9.7 zeigt den Graphen der Funktion

$$y = \ln x\,,$$

zu dem folgende Feststellungen zu treffen sind:

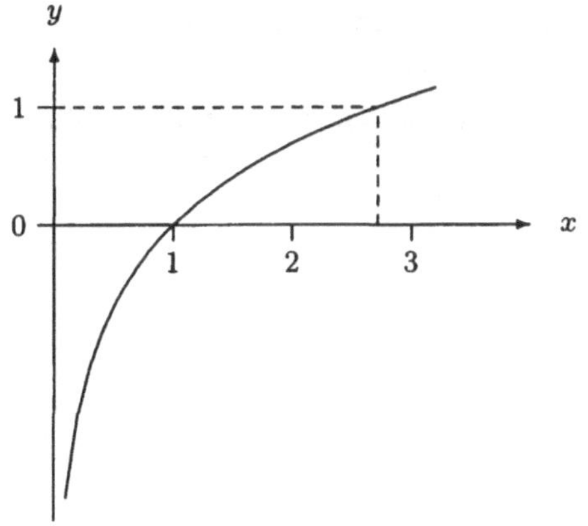

Abbildung 9.7: Logarithmusfunktion $y = \ln x$

1. Es handelt sich um eine streng monoton wachsende, stetige Funktion für alle $x > 0$.

2. Für $x \leq 0$ ist die Funktion nicht definiert.

3. Es gilt

$$f(x) \begin{cases} < 0 & \text{wenn } 0 < x < 1 \\ = 0 & \text{wenn } x = 1 \\ > 0 & \text{wenn } 1 < x < e \\ = 1 & \text{wenn } x = e \\ > 1 & \text{wenn } x > e\,. \end{cases}$$

4. Die Grenzwerte für $x \to 0$ und $x \to \infty$ betragen

   $\lim_{x \to 0} \ln x = -\infty$ und

   $\lim_{x \to \infty} \ln x = \infty.$

Exponentialfunktionen Funktionen mit

$$y = a^x \quad \text{mit } a > 0, a \neq 1$$

heißen Exponentialfunktionen. Sie sind für alle reellen x definiert, wobei man a als die Basis und x als den Exponenten bezeichnet. Exponentialfunktionen haben folgende Eigenschaften:

1. Für $0 < a < 1$ ist $f(x)$ monoton fallend.
2. Für $1 < a$ ist $f(x)$ monoton wachsend.
3. Die Funktionswerte sind stets positiv, $f(x) > 0$.
4. Umkehrung einer Exponentialfunktion führt stets auf eine Logarithmusfunktion und umgekehrt.

Wählt man als Basis einer Exponentialfunktion die Zahl e, so erhält man die natürliche Exponentialfunktion, auch e–Funktion genannt, vgl. Abbildung 9.8.

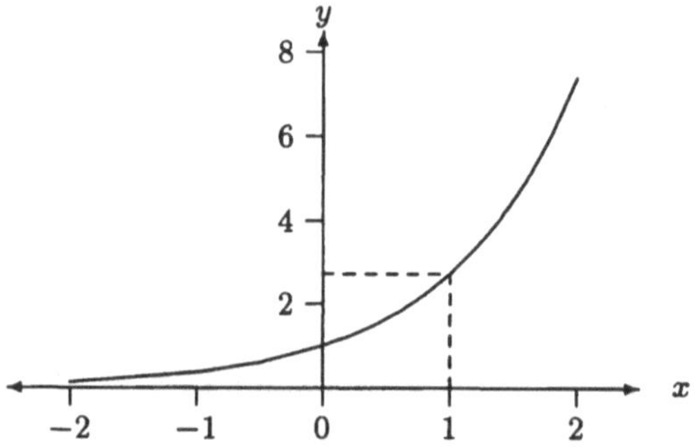

Abbildung 9.8: Exponentialfunktion $y = e^x$

Sie hat insbesondere folgende Eigenschaften:

1. Es handelt sich um eine streng monoton wachsende, stetige Funktion.
2. Es gilt

$$f(x) \begin{cases} < 1 & \text{wenn } x < 0 \\ = 1 & \text{wenn } x = 0 \\ = e & \text{wenn } x = 1 \\ > e & \text{wenn } x > 1\,. \end{cases}$$

3. Die Grenzwerte für $x \to -\infty$ und $x \to +\infty$ betragen

$$\lim_{x \to -\infty} e^x = 0$$

$$\lim_{x \to +\infty} e^x = \infty.$$

9.2 Differentialrechnung

Sehr häufig interessiert man sich für die Veränderung einer Funktion $y = f(x)$ aufgrund einer Veränderung von x. In der Ökonomie spricht man beispielsweise von "Grenzkosten" und meint damit die Veränderung der Kosten bei einer Änderung der Produktionsmenge. Dann stehen x für die Produktionsmenge und y oder $f(x)$ für die Kosten des Unternehmens.

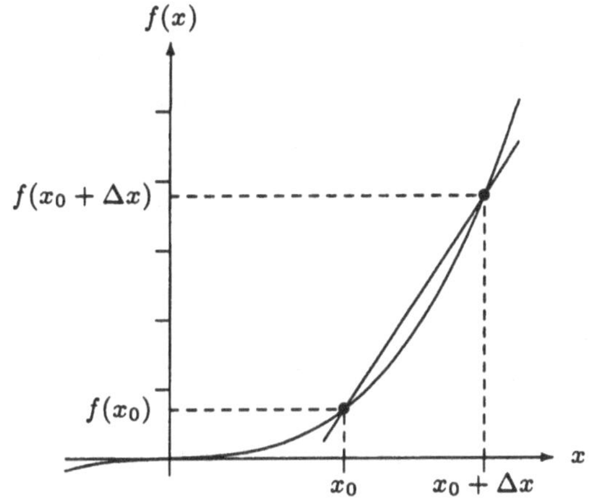

Abbildung 9.9: Differenzenquotient

9.2.1 Grundgedanke und Beispiele

Differenzen– und Differentialquotient Bezeichnet man mit $\Delta x > 0$ eine positive Veränderung der unabhängigen Variablen x, so nennt man

$$\frac{\Delta y}{\Delta x} = \frac{f(x_0 + \Delta x) - f(x_0)}{\Delta x}$$

den *Differenzenquotienten* der Funktion $f(x)$ an der Stelle x_0. Betrachten Sie dazu Abbildung 9.9. Sie sehen dort den Graphen der Funktion

$$f(x) = x^3 + 3x + 1 .$$

Wir richten unsere Aufmerksamkeit auf die Stelle $x_0 = 5$ und wollen wissen, um welchen Betrag der Funktionswert zunimmt, wenn man die unabhängige

Variable um den Betrag $\Delta x = 4$ erhöht. Zu diesem Zweck bilden wir die Differenz $f(9) - f(5)$ und teilen das ganze durch $\Delta x = 4$. Wir rechnen also

$$\frac{(9^3 + 3 \cdot 9 + 1) - (5^3 + 3 \cdot 5 + 1)}{4} = \frac{757 - 141}{4} = 154\,.$$

Man kann sich leicht klarmachen, daß es sich bei dem Differenzenquotienten um die Steigung der Sekante handelt, die durch die beiden Punkte $(x_0, f(x_0))$ und $(x_0 + \Delta x, f(x_0 + \Delta x))$ geht.

Tabelle 9.2: Differenzenquotient bei kleiner werdendem Δx für $f(x)$

Δx	$\frac{f(x_0+\Delta x)-f(x_0)}{\Delta x}$
4.00000	154.000
0.40000	84.160
0.04000	78.602
0.00400	78.060
0.00040	78.006
0.00004	78.000

Nun wollen wir erfahren, wie groß die Steigung der Tangente an die Kurve zur Funktion $f(x)$ an der Stelle x_0 ist, und bedienen uns zu diesem Zweck der Idee, Δx gegen null gehen zu lassen, wodurch die Sekante zur Tangente wird, vgl. Abbildung 9.10. Wie man aus Tabelle 9.2 entnehmen kann, scheint sich der Differenzenquotient für $\Delta x \to 0$ dem Grenzwert 78 zu nähern. Man bezeichnet den Grenzwert des Differenzenquotienten, d.h.

$$\lim_{\Delta x \to 0} \frac{f(x_0 + \Delta x) - f(x_0)}{\Delta x}\,,$$

als *Differentialquotienten* an der Stelle x_0 und nennt eine Funktion $f(x)$ dann an der Stelle x_0 differenzierbar, wenn der Grenzwert dort existiert.

Für den Differentialquotienten sind verschiedene Schreibweisen üblich. Am häufigsten findet man $f'(x_0)$. Wir werden uns gelegentlich auch der Darstellung $\frac{df(x_0)}{dx}$ bedienen. In diesem Sinne ist

$$f'(x_0) = \frac{df(x_0)}{dx} = \lim_{\Delta x \to 0} \frac{f(x_0 + \Delta x) - f(x_0)}{\Delta x}\,.$$

Differenzen und Differentiale Betrachten Sie den Differenzenquotienten

$$\frac{\Delta y}{\Delta x} = \frac{f(x + \Delta x) - f(x)}{\Delta x}\,,$$

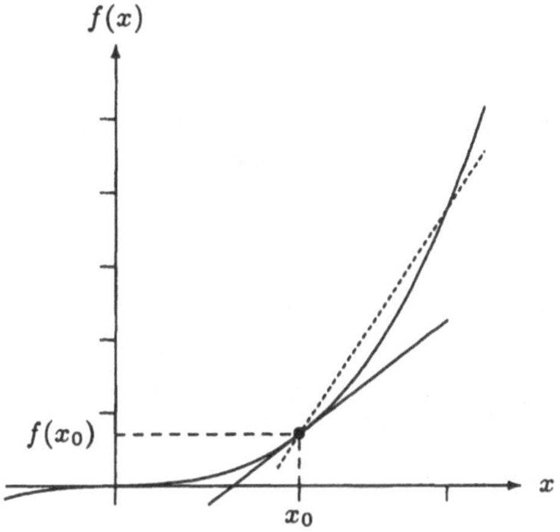

Abbildung 9.10: Differentialquotient

und multiplizieren Sie auf beiden Seiten mit Δx. Dann erhalten Sie

$$\Delta y = f(x_0 + \Delta x) - f(x)\,.$$

Entsprechend kann man den Differentialquotienten

$$\frac{df(x_0)}{dx} = f'(x_0)$$

behandeln. Multiplizieren mit dx ergibt

$$df(x_0) = f'(x_0)\,dx\,.$$

Hier bezeichnet man dx als das Differential des Arguments und $df(x_0)$ als das Differential der Funktion $f(x)$ an der Stelle x_0.

9.2.2 Ableitungen von Funktionen

Erste Ableitung Es ist unmittelbar einzusehen, daß die Steigung der Tangente sich an jeder Stelle ändert oder zumindest ändern kann. Für die Beispielsfunktion $f(x) = x^3 + 3x + 1$ ist das in Tabelle 9.3 gezeigt. Fassen wir f' als Funktion von x auf, so nennt man $f'(x)$ die *erste Ableitung* der Funktion, d.h.

$$f'(x) = \lim_{\Delta x \to 0} \frac{f(x + \Delta x) - f(x)}{\Delta x}\,. \tag{9.1}$$

Für unser Beispiel hat sie die Form

$$f'(x) = 3x^2 + 3\,.$$

Daß das zutrifft, kann man wie folgt nachrechnen: Setzt man die Beispielsfunktion in (9.1) ein und formt um, so ergibt sich

$$\begin{aligned}
f'(x) &= \lim_{\Delta x \to 0} \frac{(x+\Delta x)^3 + 3\,(x+\Delta x) + 1 - (x^3 + 3x + 1)}{\Delta x} \\
&= \lim_{\Delta x \to 0} \frac{x^3 + 3x^2\,\Delta x + 3x\,\Delta x^2 + \Delta x^3 + 3x + 3\Delta x + 1 - x^3 - 3x - 1}{\Delta x} \\
&= \lim_{\Delta x \to 0} \frac{3x^2\,\Delta x + 3x\,\Delta x^2 + \Delta x^3 + 3\Delta x}{\Delta x} \\
&= \lim_{\Delta x \to 0} 3x^2 + 3x\,\Delta x + \Delta x^2 + 3 \\
&= 3x^2 + 3\,.
\end{aligned}$$

Tabelle 9.3 zeigt, welche Werte die erste Ableitung an verschiedenen Stellen besitzt. Die Wertetabelle macht zugleich klar, daß $f'(x)$ tatsächlich eine Funktion von x ist.

Tabelle 9.3: Differentialquotienten der Funktion $f(x) = x^3 + 3x + 1$

x	$f'(x)$
3.00	30.00
3.50	39.75
4.00	51.00
4.50	63.75
5.00	78.00
5.50	93.75
6.00	111.00
6.50	129.75
7.00	150.00

Höhere Ableitungen Fragt man nach der ersten Ableitung der Funktion $f'(x)$, so gewinnt man

$$f''(x) = \frac{d^2 f(x)}{dx^2} = \lim_{\Delta x \to 0} \frac{f'(x+\Delta x) - f'(x)}{\Delta x}\,.$$

Das bezeichnet man als die *zweite Ableitung* der Funktion $f(x)$. Auf entsprechendem Wege gewinnt man dritte, vierte und höhere Ableitungen. Für die

k–te Ableitung verwendet man gern auch die Schreibweise

$$f^{(k)}(x) = \frac{d^k f(x)}{dx^k}\,.$$

Ableitungsregeln Beim Differenzieren einer Funktion kann man grundsätzlich auf Gleichung (9.1) aufbauen und sich die erste Ableitung ausrechnen. Für die praktische Arbeit ist eine solche Vorgehensweise aber regelmäßig zu umständlich. Daher ist es nützlich, sich einige Differentiationsregeln anzueignen. Die wichtigsten sind folgende:

1. Differentiation von Potenzfunktionen

   $$f(x) = ax^n$$
   $$f'(x) = anx^{n-1}$$

2. Differentiation von Wurzelfunktionen

   $$f(x) = \sqrt[n]{x} = x^{\frac{1}{n}}$$
   $$f'(x) = \frac{1}{n}x^{\frac{1}{n}-1}$$

3. Differentiation von Exponentialfunktionen

   $$f(x) = e^{ax}$$
   $$f'(x) = a\,e^{ax}$$

4. Differentiation der Logarithmusfunktion

   $$f(x) = \ln x$$
   $$f'(x) = \frac{1}{x}$$

5. Summenregel

   $$f(x) = u(x) + v(x)$$
   $$f'(x) = u'(x) + v'(x)$$

6. Produktregel

   $$f(x) = u(x) \cdot v(x)$$
   $$f'(x) = u'(x) \cdot v(x) + u(x) \cdot v'(x)$$

7. Quotientenregel

   $$f(x) = \frac{u(x)}{v(x)} \text{ mit } v(x) \neq 0$$
   $$f'(x) = \frac{u'(x) \cdot v(x) - u(x) \cdot v'(x)}{[v(x)]^2}$$

8. Kettenregel

$$f(x) = u\Big(v(x)\Big)$$

$$f'(x) = u'\Big(v(x)\Big) \cdot v'(x)$$

9.2.3 Extremwerte von Funktionen

Die Differentialrechnung eignet sich in hervorragender Weise dazu, Maxima und Minima von Funktionen zu bestimmen. Das ist eine Problemstellung, die in der Ökonomie sehr häufig auftritt, etwa wenn es darum geht, Marktanteile zu maximieren oder Finanzierungskosten zu minimieren.

In Abbildung 9.11 sehen Sie den Graphen der Funktion

$$f(x) = \frac{4x^3 - 12x^2 + 9}{9}.$$

Man sieht, daß diese Funktion ein relatives Maximum an der Stelle $x_1 = 0$ und ein relatives Minimum an der Stelle $x_2 = 2$ besitzt. Um diese Stellen rechnerisch zu bestimmen, mache man sich klar, daß die Tangentensteigung gerade null ist, wenn ein Extremwert (Maximum oder Minimum) vorliegt.

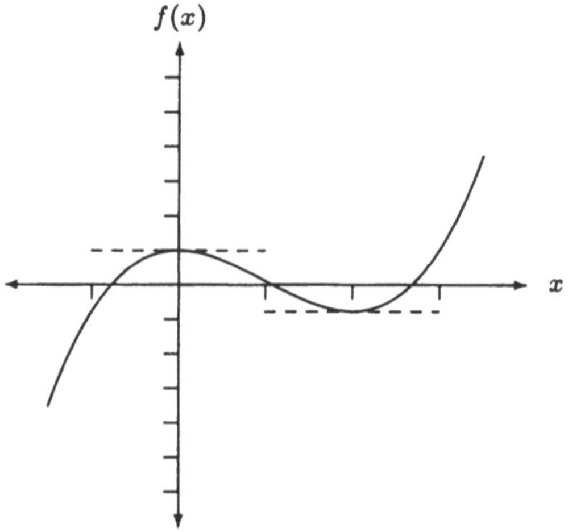

Abbildung 9.11: Maxima und Minima einer Funktion

Da die Tangentensteigung durch den Differentialquotienten erfaßt wird, erkennt man bei genauerem Hinsehen die in Tabelle 9.4 dargestellte Regelmäßigkeit. Unter Ausnutzung dieser Regelmäßigkeit kann man die Extremwerte einer Funktion mit den drei folgenden Schritten bestimmen.

Tabelle 9.4: Erste Ableitung und Extremwerte

Stelle	Erste Ableitung
links des Maximums	positiv
Maximum	null
rechts des Maximums	negativ
links des Minimums	negativ
Minimum	null
rechts des Minimums	positiv

Schritt 1 Man berechnet die erste Ableitung der zu analysierenden Funktion und setzt sie gleich null,

$$f'(x) = 0\,,$$

weil das eine notwendige Bedingung für einen relativen Extremwert ist. Mit der Beispielsfunktion kommt man so auf die Gleichung

$$f'(x) = \frac{4x^2 - 8x}{3} = \frac{4x \cdot (x-2)}{3} = 0\,.$$

Abbildung 9.12 zeigt die Funktion $f(x)$ als durchgezogene Kurve und die Funktion $f'(x)$ als gestrichelte Kurve. Dabei sieht man deutlich: Dort, wo die Extrempunkte der Funktion $f(x)$ liegen, hat die Funktion $f'(x)$ ihre Nullstellen.

Schritt 2 Die gewonnene Gleichung ist nun mit einem dafür geeigneten Verfahren zu lösen. Im vorliegenden Fall multipliziert man die Gleichung mit $\frac{3}{4}$ und formt zu

$$x \cdot (x-2) = 0$$

um. Diese Gleichung hat offenkundig zwei Lösungen, und zwar

$$\begin{aligned} x_1 &= 0 \\ x_2 &= 2\,. \end{aligned}$$

Schritt 3 Abschließend ist zu untersuchen, ob es sich um Minima oder Maxima handelt. Um das festzustellen, mache man sich anhand der Abbildung 9.12 klar, daß die Funktion $f'(x)$ fällt, wenn $f(x)$ ein Maximum besitzt, und steigt, wo $f(x)$ ein Minimum hat. Hinreichend dafür, daß die Funktion $f(x)$ an der Stelle x_0 ein relatives Maximum oder ein relatives Minimum besitzt, sind nachstehende Bedingungen:

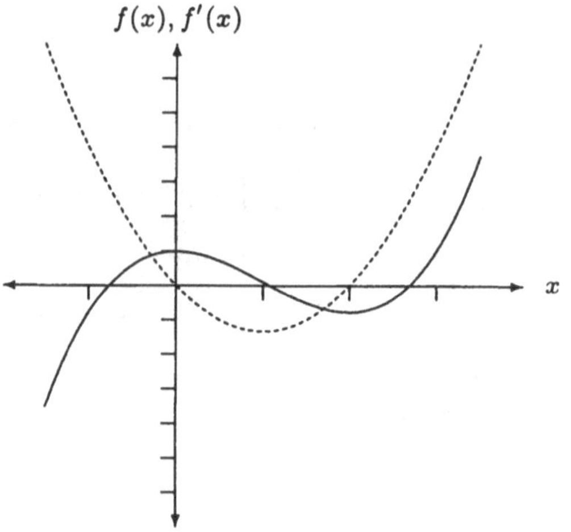

Abbildung 9.12: Maxima und Minima einer Funktion

Stelle	Zweite Ableitung
Maximum	negativ
Minimum	positiv

Aus diesem Grunde berechnet man die zweite Ableitung der Funktion $f(x)$ und untersucht ihre Vorzeichen an den interessierenden Stellen. Für die Beispielsfunktion ergibt sich die zweite Ableitung zu

$$f''(x) = \frac{8x - 8}{3}\,.$$

Einsetzen führt auf

$$\begin{aligned} f''(0) &= \frac{8 \cdot 0 - 8}{3} = -\frac{8}{3} < 0 \\ f''(2) &= \frac{8 \cdot 2 - 8}{3} = +\frac{8}{3} > 0\,. \end{aligned}$$

Infolgedessen haben wir an der Stelle x_1 ein Maximum und an der Stelle x_2 ein Minimum.

9.2.4 Auswertung unbestimmter Ausdrücke

Mitunter hat man es mit unbestimmten Ausdrücken zu tun, die in der Form $\frac{0}{0}$ oder $\frac{\infty}{\infty}$ auftreten. Um den möglicherweise existierenden endlichen Wert eines solchen Ausdrucks zu ermitteln, empfiehlt es sich, diese Aufgabe als Bestimmung eines Grenzwertes aufzufassen und die Regel von *de L'Hospital* anzuwenden.[4] Die Regel lautet: Erscheint der Bruch $\frac{f(x)}{g(x)}$ für einen Wert $x = a$ in der unbestimmten Form $\frac{0}{0}$ oder $\frac{\infty}{\infty}$, so ist

$$\lim_{x \to a} \frac{f(x)}{g(x)} = \frac{f'(a)}{g'(a)} \,.$$

Ist auch dieser Ausdruck unbestimmt, so kann man eine allgemeinere Variante dieser Regel benutzen, sofern die k-ten Ableitungen der Funktionen existieren. Ist

$$f'(a) = f''(a) = \ldots = f^{(k-1)}(a) = 0$$

und

$$g'(a) = g''(a) = \ldots = g^{(k-1)}(a) = 0 \,,$$

jedoch $g^{(k)}(a) \neq 0$, so gilt

$$\lim_{x \to a} \frac{f(x)}{g(x)} = \frac{f^{(k)}(a)}{g^{(k)}(a)} \,.$$

Man betrachte beispielsweise den Ausdruck

$$\left. \frac{\ln(1+x) - x}{x^2} \right|_{x=0} .$$

Sowohl der Zähler als auch der Nenner nehmen den Wert null an, wenn $x = 0$ ist. Daher bilden wir die ersten Ableitungen und setzen $x = 0$ ein:

$$\begin{array}{lllllll} f(x) & = & \ln(1+x) - x & f'(x) & = & \left(\frac{1}{1+x} - 1\right) & f'(0) = 0 \\ g(x) & = & x^2 & g'(x) & = & 2x & g'(0) = 0 \end{array}$$

Man kommt zu dem Zwischenergebnis

$$\left. \left(\frac{\frac{1}{1+x} - 1}{2x} \right) \right|_{x=0} = \frac{0}{0} \,.$$

Da das nach wie vor ein unbestimmter Ausdruck ist, bildet man die zweiten Ableitungen und setzt $x = 0$ ein. Das ergibt

$$\begin{array}{lllllll} f(x) & = & \ln(1+x) - x & f''(x) & = & -\frac{1}{(1+x)^2} & f''(0) = -1 \\ g(x) & = & x^2 & g''(x) & = & 2 & g''(0) = 2 \,. \end{array}$$

[4]Guillaume-François-Antoine de L'Hospital, Comte de Entremont (1661–1704), französischer Mathematiker.

Jetzt lautet das Resultat

$$\lim_{x \to 0} \frac{\ln(1+x) - x}{x^2} = \frac{f''(0)}{g''(0)} = -\frac{1}{2},$$

und man ist fertig.

9.2.5 Taylor–Reihen

Taylor–Entwicklungen[5] werden in der Finanzierungstheorie häufig benutzt. Man kann damit den unbekannten Wert einer Funktion $f(x)$ an der Stelle x näherungsweise bestimmen. Dazu benutzt man Werte derselben Funktion und ihrer Ableitungen an einer benachbarten Stelle x_0. Der Satz von Taylor lautet

$$f(x) = f(x_0) + \sum_{k=1}^{n} f^{(k)}(x_0) \cdot \frac{(x - x_0)^k}{k!} + R_n(x) \quad ,$$

wobei $f^{(k)}(x_0)$ die k–te Ableitung der Funktion $f(x)$ an der Stelle x_0 ist. $R_n(x)$ wird als Restglied bezeichnet und gibt den Fehler an, der entsteht, wenn man nach dem n–ten Reihenglied abbricht. Notwendige Voraussetzung für eine Taylorentwicklung ist eine n–mal differenzierbare Funktion $f(x)$.

Die Grundidee des Arbeitens mit Taylorreihen liegt darin, die Entwicklung der Reihe schon nach wenigen Ableitungen abzubrechen. Wenn die Differenz $x - x_0$ "genügend klein" war, kann das Restglied in der Regel vernachlässigt werden. Dieses Konvergenzverhalten von Taylorreihen läßt sich durch folgende zwei Beobachtungen erklären. Erstens wächst die Fakultät $k!$ im Nenner der Reihenglieder mit zunehmendem k sehr rasch an. Zweitens wird die Potenz $(x - x_0)^k$ im Zähler der Reihenglieder für kleine Differenzen $(x - x_0) < 1$ mit zunehmendem k sehr schnell verschwindend klein, vgl. Tabelle 9.5.

Solange x_0 in der Nähe des unbekannten Wertes x liegt, ergänzen sich die beiden Effekte, und die Reihe konvergiert schnell gegen den gesuchten Wert $f(x)$. Häufig bricht man die Reihenentwicklung bereits nach der ersten oder zweiten Ableitung mit zufriedenstellendem Ergebnis ab. Dazu betrachten wir das folgende Beispiel. Gegeben sei die Funktion

$$f(x) = \ln x \quad ,$$

deren Werte durch Taylorreihenentwicklungen an der Stelle $x_0 = 2$ bis zur zweiten Ableitung approximiert werden sollen. Die Ableitungen lauten

$$\begin{array}{lllllllll} f(x) & = & \ln x & f^{(1)}(x) & = & \frac{1}{x} & f^{(2)}(x) & = & -\frac{1}{x^2} \\ f(2) & = & \ln 2 & f^{(1)}(2) & = & \frac{1}{2} & f^{(2)}(2) & = & -\frac{1}{4} \end{array} .$$

[5] Brook Taylor (1685–1731), englischer Mathematiker.

Tabelle 9.5: Fakultäten und Potenzen für $k = 0, \ldots, 10$ und $(x - x_0) = 0.05$

k	$k!$	$(x - x_0)^k$
0	1	1
1	1	0.05
2	2	0.0025
3	6	$0.1 \cdot 10^{-3}$
4	24	$0.6 \cdot 10^{-5}$
5	120	$0.3 \cdot 10^{-6}$
10	3628800	$0.1 \cdot 10^{-12}$

Damit ergibt sich die erste Taylorreihe (genauer: die Taylorreihe bis zur ersten Ableitung) zu

$$T_1(x) = \ln 2 + \frac{1}{2} \cdot \frac{(x-2)}{1!} = \ln 2 + \frac{x-2}{2} \quad ,$$

während man für die zweite Taylorreihe

$$T_2(x) = \ln 2 + \frac{1}{2} \cdot \frac{(x-2)}{1!} - \frac{1}{4} \cdot \frac{(x-2)^2}{2!} = \ln 2 - \frac{(x-6)(x-2)}{8}$$

erhält. Tabelle 9.6 zeigt, welche Werte die Funktion $f(x)$ im Intervall $[0.4, 4.0]$ annimmt und wie gut diese durch die beiden Reihenentwicklungen angenähert werden. Zeichnet man die Funktionen, so erhält man das in der Abbildung 9.13 dargestellte Diagramm.

9.3 Integralrechnung

9.3.1 Problemstellung

Oft hat man Flächen zu berechnen, die nicht geradlinig begrenzt sind. Das ist eine Problemstellung, mit der sich die Menschheit lange Zeit vergeblich auseinandergesetzt hat. Zwar hatte Archimedes[6] schon im dritten vorchristlichen Jahrhundert einen Weg gefunden, die Fläche eines Parabelsegmentes exakt zu berechnen, jedoch hat es von diesem Zeitpunkt bis zur Entdeckung der Integralrechnung durch Newton[7] und Leibniz[8] fast 2000 Jahre gebraucht. Seit dem

[6] Archimedes (um 287–212 vor Chr.), griechischer Mathematiker und Physiker.
[7] Isaac Newton (1643–1727), englischer Mathematiker, Physiker und Astronom.
[8] Gottfried Wilhelm Leibniz (1646–1716), deutscher Philosoph und Universalgelehrter.

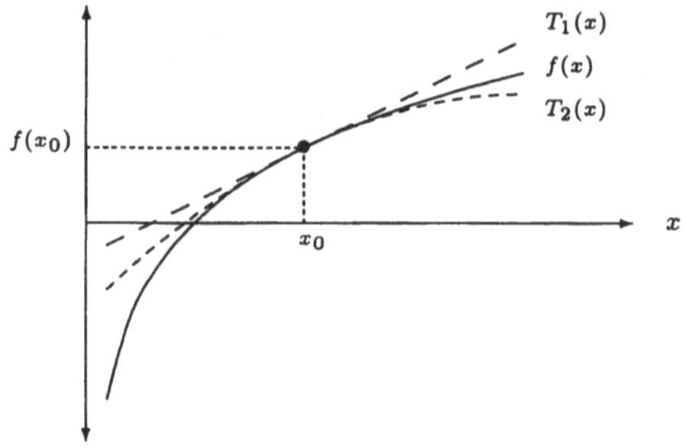

Abbildung 9.13: Taylor–Entwicklungen der Funktion $f(x) = \ln x$ an der Stelle $x_0 = 2$

Tabelle 9.6: Wertetabelle der Funktion $f(x) = \ln x$ und ihrer Reihenentwicklungen an der Stelle $x_0 = 2$

x	$f(x)$	$T_1(x)$	$T_2(x)$
0.4	–0.9163	–0.1069	–0.4269
0.8	–0.2231	0.0931	–0.0869
1.2	0.1823	0.2931	0.2131
1.6	0.4700	0.4931	0.4731
2.0	0.6931	0.6931	0.6931
2.4	0.8755	0.8931	0.8731
2.8	1.0296	1.0931	1.0131
3.2	1.1632	1.2931	1.1131
3.6	1.2809	1.4931	1.1731
4.0	1.3863	1.6931	1.1931

ausgehenden 17. Jahrhundert verfügen wir aber mit der Integralrechnung über ein ausgezeichnetes Instrumentarium zur Berechnung krummlinig begrenzter Flächen.

Ein Anwendungsbeispiel aus der Wirtschaftswissenschaft, das auch in der Finanzierungstheorie große Bedeutung hat, ist die Bestimmung von Wahrscheinlichkeiten im Rahmen von stetigen Verteilungsmodellen. Dort muß man die Fläche unter einer Dichtefunktion berechnen.[9] In den Natur– und Ingenieurwissenschaften gibt es zahlreiche ähnlich gelagerte Aufgabenstellungen.

9.3.2 Bestimmtes Integral

Das bestimmte Integral (auch: Riemannsches Integral[10]) stellt eine Zahl dar. Es wird in der Form

$$\int_a^b f(x)\,dx$$

geschrieben, wobei a und b als untere beziehungsweise obere *Integrationsgrenze* bezeichnet werden. Man spricht vom "Integral von $f(x)$ über dem Intervall $[a, b]$".

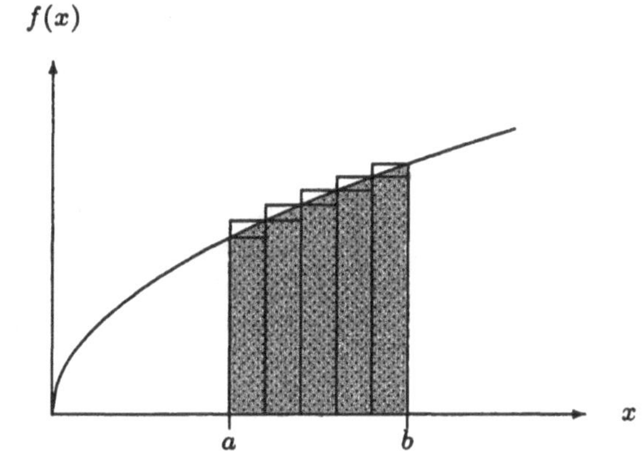

Abbildung 9.14: Approximation eines bestimmten Integrals

Um eine anschauliche Vorstellung vom bestimmten Integral zu gewinnen, sagt man oft, daß es sich um die "Fläche unter der Kurve zwischen den Stellen $x = a$ und $x = b$" handelt. Das ist zwar nicht ganz korrekt, soll uns aber

[9] Vgl. dazu oben Seite 101.

[10] Bernhard Riemann (1826–1866), deutscher Mathematiker.

genügen. Betrachten Sie dazu Abbildung 9.14. Dort sehen Sie eine schattierte Fläche, die links und rechts durch zwei Senkrechte auf der Abszisse, unten durch die Abszisse im Intervall $[a, b]$ und oben durch eine Kurve von $f(x)$ begrenzt wird. Bei der Berechnung des Integrals $\int_a^b f(x)\,dx$ geht es um nichts anderes als um die Ermittlung der Größe dieser Fläche.

Grenzwert der Riemannschen Summen Bei der Grundidee der Flächenberechnung bedient man sich des folgenden Kunstgriffs. Man zerlegt das Intervall in n Teilintervalle der Größe

$$\Delta x = \frac{b-a}{n}\,.$$

Über den Teilintervallen werden zwei Klassen von Rechtecken definiert, die wir zur besseren Unterscheidung als *untere* beziehungsweise *obere* Rechtecke bezeichnen wollen.

Ist $\underline{R}_k$ ($\overline{R}_k$) die Fläche des k–ten unteren (oberen) Rechtecks, so gilt

$$\begin{aligned} \underline{R}_k &= \Delta x \cdot f\big(a + (k-1)\Delta x\big) \\ \overline{R}_k &= \Delta x \cdot f\big(a + k\Delta x\big)\,. \end{aligned}$$

Bildet man die Summe über alle unteren Rechtecke, so ist diese kleiner als die gesuchte Fläche. Bildet man dagegen die Summe aller oberen Rechtecke, so erhält man einen Betrag, der größer ist als die gesuchte Fläche,

$$\sum_{k=1}^{n} \underline{R}_k < \int_a^b f(x)\,dx < \sum_{k=1}^{n} \overline{R}_k\,.$$

Wie stark die Abweichungen sind, hängt davon ab, wieviele Teilintervalle gebildet werden. Läßt man n über alle Grenzen wachsen, so verschwinden die Abweichungen unter gewissen Voraussetzungen an die Funktion $f(x)$.

Das wollen wir uns an folgendem Beispiel klarmachen. Gesucht ist die Größe der Fläche

$$\int_a^b f(x)\,dx = \int_1^2 \sqrt{x}\,dx\,,$$

also das "Integral von Wurzel aus x im Intervall von 1 bis 2". Um eine rasche, wenn auch grobe Näherungslösung mit Hilfe der Rechtecke zu finden, wählen wir $n = 2$ beziehungsweise $\Delta x = 0.5$. Dann ist

$$\begin{aligned} f(a + 0\,\Delta x) &= \sqrt{1 + 0 \cdot 0.5} = 1.00000 \\ f(a + 1\,\Delta x) &= \sqrt{1 + 1 \cdot 0.5} = 1.22474 \\ f(a + 2\,\Delta x) &= \sqrt{1 + 2 \cdot 0.5} = 1.41421\,. \end{aligned}$$

Daraus berechnet man leicht die Flächen der unteren und oberen Rechtecke und erhält folgende Ergebnisse.

$$\underline{R}_1 = 0.5 \cdot 1.00000 = 0.50000 \qquad \overline{R}_1 = 0.5 \cdot 1.22474 = 0.61237$$
$$\underline{R}_2 = 0.5 \cdot 1.22474 = 0.61237 \qquad \overline{R}_2 = 0.5 \cdot 1.41421 = 0.70711$$

Summenbildung führt auf

$$\textstyle\sum_{k=1}^{2} \underline{R}_k = 1.11237 \qquad \sum_{k=1}^{2} \overline{R}_k = 1.31948\,.$$

Beide Werte weichen um den Betrag von etwa 0.2 voneinander ab. Läßt man n nun aber wachsen, so wird diese Differenz immer kleiner, wovon man sich durch einen Blick auf Tabelle 9.7 überzeugen kann. Wenn die Grenzwerte

Tabelle 9.7: Approximation eines bestimmten Integrals

n	$\sum_{k=1}^{n} \underline{R}_k$	$\sum_{k=1}^{n} \overline{R}_k$
2	1.11237	1.31948
10	1.19812	1.23954
100	1.21688	1.22102
1000	1.21874	1.21916
10000	1.21893	1.21897
∞	1.21895	1.21895

der Flächensummen existieren und übereinstimmen, dann nennt man diesen Wert das bestimmte Integral von $f(x)$ über dem Intervall $[a, b]$:

$$\lim_{n\to\infty} \sum_{k=1}^{n} \underline{R}_k = \int_a^b f(x)\,dx = \lim_{n\to\infty} \sum_{k=1}^{n} \overline{R}_k\,.$$

9.3.3 Stammfunktion oder unbestimmtes Integral

Definition der Stammfunktion Eine im Intervall $[a, b]$ differenzierbare Funktion $F(x)$ heißt Stammfunktion der in $[a, b]$ definierten Funktion $f(x)$, wenn für alle $x \in [a, b]$

$$F'(x) = f(x)$$

gilt. Jede Funktion $F(x)$, deren erste Ableitung die Funktion $f(x)$ ist, wird also als Stammfunktion (auch Integralfunktion) von $f(x)$ bezeichnet.

Aus diesem Zusammenhang folgt, daß sich bei Existenz einer Stammfunktion $F(x)$ gleichzeitig unendlich viele Stammfunktionen $F_*(x)$ ermitteln lassen. Die $F_*(x)$ ergeben sich einfach durch Addition einer beliebigen Konstanten c zur Ausgangsstammfunktion $F(x)$, also über

$$F_*(x) = F(x) + c\,.$$

Auch die erste Ableitung der $F_*(x)$ ist wegen

$$\big(F_*(x)\big)' = \big(F(x) + c\big)' = f(x) + 0 = f(x)$$

die Funktion $f(x)$, da die erste Ableitung einer Konstanten null ist.

Aus Gründen der Bequemlichkeit beschränkt man sich in der Regel darauf, diejenige Stammfunktion zu ermitteln, für die die *Integrationskonstante* c den Wert null besitzt, und schreibt

$$\int f(x)\,dx = F(x)\,.$$

Das unbestimmte Integral von $f(x)$ ist die Funktion $F(x)$. Dabei heißt $f(x)$ *Integrand*, und x ist *Integrationsvariable*.

Hauptsatz der Differential– und Integralrechnung Unter Verwendung dieses Satzes wird nun die Ermittlung des bestimmten Integrals wesentlich vereinfacht. Er lautet

$$\int_a^b f(x)\,dx = \big[F(x)\big]\Big|_a^b = F(b) - F(a)\,,$$

wobei $F(x)$ die *Stammfunktion* ist. Die Bedeutung des Satzes kann gar nicht überschätzt werden. Das Problem der Ermittlung des bestimmten Integrals der Funktion $f(x)$ über dem Intervall $[a, b]$ ist auf folgende Aufgabe reduziert:

1. Man ermittle die Stammfunktion $F(x)$.
2. Man setze die Endpunkte des Integrationsintervalls in die Stammfunktion ein und
3. ermittle die Differenz zwischen $F(b)$ und $F(a)$.

Für unsere Wurzelfunktion $f(x) = \sqrt{x}$ lautet die Stammfunktion $F(x) = \frac{2}{3}\,x^{1.5}$. Nimmt man diesen Sachverhalt hier einfach einmal als gegeben, so erhält man für die gesuchte Fläche

$$\int_1^2 \sqrt{x}\,dx = \frac{2}{3}\cdot 2^{1.5} - \frac{2}{3}\cdot 1^{1.5} = 1.88562 - 0.66667 = 1.21895\,.$$

9.3.4 Integrationsregeln

Das Ermitteln einer Stammfunktion ist nicht immer leicht, und bedauerlicherweise gibt es viele Funktionen, die überhaupt keine Stammfunktion haben. Ob dagegen $F(x)$ tatsächlich eine Stammfunktion für den Integranden $f(x)$ ist, läßt sich immer mit Hilfe der Differentialrechnung überprüfen. Gerade eben hatten wir beispielsweise behauptet, daß $F(x) = \frac{2}{3}x^{1.5}$ Stammfunktion der Funktion $f(x) = \sqrt{x}$ ist. Differenzieren ergibt tatsächlich

$$F'(x) = \frac{3}{2}\frac{2}{3}x^{0.5} = \sqrt{x} = f(x)\,.$$

Insofern ist also die Integralrechnung nichts anderes als die Umkehrung der Differentialrechnung. Das ist auch der Grund dafür, daß wir beispielsweise die folgenden Regeln angeben können.

Rechenregeln für das unbestimmte Integral

1. $f(x) = x^n$ mit $n \neq -1$

   $$F(x) = \frac{1}{n+1}\,x^{n+1} + c$$

2. $f(x) = \frac{1}{x}$

   $$F(x) = \ln x + c$$

3. $f(x) = e^{ax}$

   $$F(x) = \frac{1}{a}\,e^{ax} + c$$

4. $f(x) = a\,g(x)$

   $$F(x) = \int a\,g(x)\,dx = a\int g(x)\,dx$$

5. $f(x) = u(x) + v(x)$

   $$F(x) = \int \big(u(x) + v(x)\big)\,dx + c = \int u(x)\,dx + \int v(x)\,dx + c$$

Als sehr nützlich erweisen sich oft zwei Integrationsverfahren, die etwas ausführlicher dargestellt werden sollen, und zwar die *Integration durch Substitution* und die *partielle Integration*.

Integration durch Substitution Man erinnere sich an die Kettenregel der Differentialrechnung. Sie lautete

$$\begin{aligned} f(x) &= u(v(x)) \\ f'(x) &= u'(v(x)) \cdot v'(x) . \end{aligned}$$

Die Substitutionsregel der Integralrechnung kehrt diese Beziehung einfach um, und damit gilt

$$\int u'(v(x)) \cdot v'(x)\, dx = u(v(x)) + c$$

oder

$$\begin{aligned} \int u'(z)\, dz &= u(z) + c \quad \text{mit } z = v(x), dz = v'(x)\, dx \\ &= u(v(x)) + c . \end{aligned}$$

Betrachten wir dazu das folgende Beispiel. Zu berechnen sei das Integral

$$\int (x^3 + 2x)^2 \cdot (3x^2 + 2)\, dx .$$

Wir setzen

$$v(x) = z = x^3 + 2x \quad \text{und} \quad u'(z) = z^2 .$$

Dann ist tatsächlich auch $v'(x) = 3x^2 + 2$. Daraus folgt nun sofort

$$\begin{aligned} \int u'(z)\, dz &= \int z^2\, dz \\ &= \frac{z^3}{3} + c \\ &= \frac{(x^3 + 2x)^3}{3} + c . \end{aligned}$$

Partielle Integration Das ist eines der wichtigsten Hilfsmittel beim Integrieren. Um das Prinzip zu verstehen, erinnere man sich an die Produktregel der Differentialrechnung. Sie lautete folgendermaßen:

$$\begin{aligned} f(x) &= u(x) \cdot v(x) \\ f'(x) &= u'(x) \cdot v(x) + u(x) \cdot v'(x) . \end{aligned}$$

Übertragung auf die Integralrechnung liefert

$$u(x) \cdot v(x) = \int u'(x) \cdot v(x)\, dx + \int u(x) \cdot v'(x)\, dx$$

oder nach elementarer Umstellung

$$\int u(x) \cdot v'(x)\, dx = u(x) \cdot v(x) - \int u'(x) \cdot v(x)\, dx \,.$$

Verwenden wir diese Regel, um beispielsweise das Integral

$$\int x \cdot e^{ax}\, dx$$

zu berechnen, dann müssen wir $u(x)$ und $v'(x)$ in geeigneter Weise festlegen. Hierbei können wir uns geschickt oder weniger geschickt anstellen. Allgemein verwendbare Regeln, welche Vorgehensweise günstig ist, gibt es nicht. Im vorliegenden Fall empfiehlt sich die Wahl

$$u(x) = x \quad \text{und} \quad v'(x) = e^{ax} \,.$$

Daraus folgt

$$u'(x) = 1 \quad \text{und} \quad v(x) = \frac{1}{a}\, e^{ax} \,.$$

Nach diesen Vorbereitungen brauchen wir nur noch einzusetzen und ein wenig umzuformen. Die Rechnung ergibt

$$\begin{aligned}
\int x \cdot e^{ax}\, dx &= x \cdot \frac{1}{a}\, e^{ax} - \int \frac{1}{a}\, e^{ax} \cdot 1\, dx \\
&= \frac{x}{a}\, e^{ax} - \frac{1}{a} \int e^{ax}\, dx \\
&= \frac{x}{a}\, e^{ax} - \frac{1}{a}\, \frac{1}{a}\, e^{ax} + c \\
&= \frac{e^{ax}}{a} \cdot \left(x - \frac{1}{a} \right) + c \,.
\end{aligned}$$

Rechenregeln für das bestimmte Integral Nachstehend sind noch einige nützliche Eigenschaften bestimmter Integrale aufgeführt, die die praktische Arbeit mit ihnen sehr erleichtern können.

1. $\int\limits_a^a f(x)\, dx = 0$

2. $\int\limits_a^b f(x)\, dx = -\int\limits_b^a f(x)\, dx$

3. $a < b < c \Longrightarrow \int\limits_a^c f(x)\, dx = \int\limits_a^b f(x)\, dx + \int\limits_b^c f(x)\, dx$

9.4 Funktionen mehrerer Variablen

9.4.1 Erweiterung des Funktionsbegriffs

Als wir oben auf Seite 327 damit begannen, uns einen Begriff von einer Funktion zu machen, haben wir uns auf solche Funktionen beschränkt, die von einer einzigen unabhängigen Variablen abhängen. In vielen praktischen Zusammenhängen ist es jedoch so, daß eine abhängige Variable y nicht nur von einer einzigen, sondern von mehreren unabhängigen Variablen beeinflußt wird. So hängt das Volumen eines Zylinders sowohl von seinem Radius als auch von seiner Höhe ab; und der Umsatz eines Unternehmens wird nicht nur durch die abgesetzten Mengen der Erzeugnisse oder Dienstleistungen, sondern auch durch deren Nettoverkaufspreise bestimmt. Ein weiteres Beispiel aus der Wirtschaftswissenschaft ist der intertemporale Nutzen eines Individuums, welcher von der Höhe des Konsums in den verschiedenen Teilperioden innerhalb seines Planungshorizontes abhängt.

Definition Sind n Mengen $M_1, M_2, \ldots, M_n$ gegeben, so kann aus jeder Menge ein Element entnommen werden, x_1 aus M_1, x_2 aus M_2 und so weiter. Die Gesamtheit $(x_1, x_2, \ldots, x_n)$ dieser Elemente nennt man ein n–Tupel. Ordnet eine Funktionsvorschrift nun jedem so gewonnenen n–Tupel ein Element y des Wertebereichs zu, so spricht man von einer Funktion mit n unabhängigen Variablen und schreibt dafür

$$y = f(x_1, x_2, \ldots, x_n)\,.$$

Solche Funktionen kann man graphisch nicht in einem Koordinatensystem darstellen, weil man dazu $n + 1$ Dimensionen braucht und in der Ebene nur zwei Dimensionen zur Verfügung stehen. Ein Beispiel ist

$$y = 3\,x_1^2 - 5\,x_1 x_2 + \frac{10}{x_2}\,.$$

Natürlich kann man auch hier eine Wertetabelle aufstellen, wie in Tabelle 9.8 gezeigt ist.

9.4.2 Partielle Ableitungen und totales Differential

In ökonomischen Modellen hat man es sehr häufig mit Funktionen zu tun, die von mehreren Variablen abhängen. So könnte man beispielsweise davon ausgehen, daß die Materialkosten eines Unternehmens von der Verbrauchsmenge x_1, dem Materialpreis x_2 und der Materialqualität x_3 abhängig sind. Gehen wir davon aus, daß $K = f(x_1, x_2, x_3)$ diesen Zusammenhang zum Ausdruck bringt.

Tabelle 9.8: Wertetabelle für die Funktion $y = 3\,x_1^2 - 5\,x_1x_2 + \frac{10}{x_2}$

x_1	x_2	y
1	-4	20.50
1	2	2.00
3	-7	130.57
0	14	0.71

Partielle Ableitung Nun können wir die Frage stellen, wie sich K ändert, wenn man x_1 ändert, aber zugleich den Einfluß von x_2 und x_3 konstant hält. Dann muß man die Funktion nach x_1 ableiten. Die Regeln der partiellen Differentiation entsprechen vollkommen denen der gewöhnlichen Differentialrechnung mit der Bedingung, daß alle übrigen Argumente wie Konstante behandelt werden. Im folgenden geben wir einige Beispiele.

1. $K = ax_1 + x_2^2 + \sqrt{x_3}$

   $$\frac{\partial K}{\partial x_1} = a$$
   $$\frac{\partial K}{\partial x_2} = 2x_2$$
   $$\frac{\partial K}{\partial x_3} = \frac{1}{2\sqrt{x_3}}$$

2. $K = ax_1^2x_2 + x_2x_3^3$

   $$\frac{\partial K}{\partial x_1} = 2ax_1x_2$$
   $$\frac{\partial K}{\partial x_2} = ax_1^2 + x_3^3$$
   $$\frac{\partial K}{\partial x_3} = 3x_2x_3^2 \quad .$$

Bei partiellen Ableitungen ist es üblich, an Stelle von d ein rundes ∂ zu verwenden. Gelegentlich ist es erforderlich, eine Funktion, die von mehreren Variablen abhängt, zunächst nach der einen und anschließend nach einer anderen Variablen abzuleiten. Um Schreibarbeit zu sparen, pflegt man die dabei entstehende Funktion häufig in der Weise zu kennzeichnen, daß die Variable, nach der abgeleitet wird, dem Funktionszeichen als Subskript beigefügt wird. Leitet man beispielsweise die Funktion

$$f(x_1, x_2, x_3) = a\,x_1^2\,x_2 + x_2\,x_3^3$$

einmal nach x_2 und zweimal nach x_1 ab, so entsteht

$$\begin{aligned} f_{x_2} &= \frac{\partial f(x_1, x_2, x_3)}{\partial x_2} &= a\,x_1^2 + x_3^3 \\ f_{x_2 x_1} &= \frac{\partial^2 f(x_1, x_2, x_3)}{\partial x_2\, \partial x_1} &= 2\,a x_1 \\ f_{x_2 x_1 x_1} &= \frac{\partial^3 f(x_1, x_2, x_3)}{\partial x_2\, \partial x_1\, \partial x_1} &= 2\,a\,. \end{aligned}$$

Anzumerken ist noch, daß die Reihenfolge partieller Ableitungen vertauschbar ist, falls die Funktion stetig ist.

Totales Differential Gelegentlich will man wissen, um welchen Betrag sich der Wert einer Funktion verändert, wenn mehrere unabhängige Variable sich gleichzeitig verändern. Beispielsweise interessiert man sich dafür, wie sich der intertemporale Nutzen eines Individuums verändert, wenn man seinen Konsum im ersten Jahr um einen bestimmten Betrag verringert und im darauffolgenden Jahr um einen anderen Betrag erhöht. Das ist die Frage nach dem totalen Differential einer Funktion mit mehreren Veränderlichen.

Unter der Voraussetzung, daß die partiellen Ableitungen der Funktion existieren und stetig sind, kann man zeigen, daß das totale Differential einer Funktion $y = f(x_1, x_2, \ldots, x_n)$ sich zu

$$dy = \frac{\partial y}{\partial x_1} \cdot dx_1 + \frac{\partial y}{\partial x_2} \cdot dx_2 + \ldots + \frac{\partial y}{\partial x_n} \cdot dx_n$$

ergibt. Unter den Differentialen $dx_1, dx_2, \ldots, dx_n$ der unabhängigen Variablen versteht man *beliebige* Zuwächse dieser Veränderlichen.

9.4.3 Optimierung unter Nebenbedingungen

Viele ökonomische Modelle haben eine Struktur, die nachstehendem Muster entspricht. Man muß eine differenzierbare Zielfunktion maximieren und dabei eine Reihe von Nebenbedingungen einhalten. Beispielsweise soll ein Konsumplan (C_0, C_1) so gewählt werden, daß der daraus erwachsende Nutzen $U(C_0, C_1)$ möglichst groß wird,

$$\max_{C_0, C_1} U(C_0, C_1)\,.$$

Die Wahl des Konsumplans soll einer Reihe von Beschränkungen gehorchen. Dabei ist an Budgetbedingungen, wie etwa

$$C_1 - \bar{C}_1 - \left(\bar{C}_0 - C_0\right) \cdot (1 + r) = 0\,,$$

und Nicht–Negativitätsbedingungen

$$C_0 \geq 0 \quad C_1 \geq 0$$

zu denken. Konkret könnte ein solches Entscheidungsproblem beispielsweise so aussehen:

$$\max_{C_0,C_1} U(C_0, C_1) = \max_{C_0,C_1} C_0^{0.5} C_1^{0.5}$$

$$\text{u.d.N.} \qquad C_1 - 70 - \big(100 - C_0\big) \cdot (1 + 0.08) \quad = \quad 0\,.$$

Die Lösung erfolgt nun in den nachstehend beschriebenen drei Schritten.

Schritt 1 Es wird eine neue Variable κ eingeführt, die man als *Lagrange-Multiplikator* bezeichnet.[11] Die Nebenbedingung wird zu null umgestellt, mit der Variablen κ multipliziert und anschließend in die Zielfunktion aufgenommen. Die neu gewonnene Funktion heißt *Lagrangefunktion* und wird in der Form $\mathcal{L}(C_0, C_1, \kappa)$ geschrieben. In unserem Beispiel ergibt sie sich zu

$$\mathcal{L}(C_0, C_1, \kappa) = C_0^{0.5} C_1^{0.5} + \kappa\Big(C_1 - 70 - \big(100 - C_0\big) \cdot (1 + 0.08)\Big)\,,$$

was sich zu

$$\mathcal{L}(C_0, C_1, \kappa) = C_0^{0.5} C_1^{0.5} + \kappa\Big(C_1 - 178 + 1.08\, C_0\Big)$$

umschreiben läßt.

Sollten mehr als eine Nebenbedingung zu berücksichtigen sein, so sind für alle m Nebenbedingungen Lagrangemultiplikatoren $\kappa_1, \kappa_2, \ldots, \kappa_m$ einzuführen. Anschließend sind alle mit den Faktoren multiplizierte Bedingungen in die Zielfunktion aufzunehmen.

Schritt 2 Um die Lagrangefunktion zu maximieren, bildet man nun die partiellen Ableitungen nach allen ihren Variablen und setzt dieselben null. Für das Beispiel erhält man

$$\begin{aligned}
\frac{\partial \mathcal{L}}{\partial C_0} &= 0.5\, C_0^{-0.5} C_1^{0.5} + 1.08\, \kappa \\
\frac{\partial \mathcal{L}}{\partial C_1} &= 0.5\, C_0^{0.5} C_1^{-0.5} + \kappa \\
\frac{\partial \mathcal{L}}{\partial \kappa} &= C_1 - 178 + 1.08\, C_0\,.
\end{aligned}$$

[11] Joseph Louis de Lagrange (1736–1813), französischer Mathematiker.

Nullsetzen liefert

$$\begin{aligned} 0.5\,C_0^{-0.5}C_1^{0.5} + 1.08\,\kappa &= 0 && (9.2)\\ 0.5\,C_0^{0.5}C_1^{-0.5} + \kappa &= 0 && (9.3)\\ C_1 - 178 + 1.08\,C_0 &= 0\,. && (9.4) \end{aligned}$$

Schritt 3 Das vorstehende Gleichungssystem ist abschließend zu lösen. In unserem Beispiel empfiehlt es sich, zunächst Gleichung (9.3) nach κ aufzulösen und das Resultat in Gleichung (9.2) einzusetzen. Das ergibt unter Berücksichtigung von (9.4) ein System von nur noch zwei Gleichungen.

$$\begin{aligned} 0.5\,C_0^{-0.5}C_1^{0.5} - 0.54\,C_0^{0.5}C_1^{-0.5} &= 0 && (9.5)\\ C_1 - 178 + 1.08\,C_0 &= 0 && (9.6) \end{aligned}$$

Löst man Gleichung (9.6) nach C_1 auf und setzt das Ergebnis in Gleichung (9.5) ein, so kommt man nach geringfügiger Umformung auf

$$C_0 = \frac{2225}{27} = 82.41\,.$$

Einsetzen in (9.4) und (9.3) liefert nun rasch auch die noch fehlenden Resultate,

$$\begin{aligned} C_1 &= 89\\ \kappa &= -\frac{5\sqrt{3}}{18} = -0.481125\,. \end{aligned}$$

Der Nutzen im Falle der Realisierung dieses Plans beläuft sich auf

$$U = \left(\frac{2225}{27}\right)^{0.5} \cdot 89^{0.5} = 85.6402\,.$$

κ gibt eine Information über die ökonomische Bedeutung der Nebenbedingung. Wenn die Nebenbedingung "um eine Einheit schärfer" wird, so verändert sich der Nutzen um den Betrag $\kappa = -0.481125$. Hätte man also statt des ursprünglichen Optimierungsproblems die Funktion

$$\mathcal{L} = C_0^{0.5}C_1^{0.5} + \kappa\Big(C_1 - 177 + 1.08\,C_0\Big)$$

zu maximieren, so würde man auf einen optimalen Konsumplan von $C_0 = \frac{1475}{18}$ und $C_1 = \frac{177}{2}$ kommen, der einen Nutzen in Höhe von nur noch $U = 85.1591$ abwirft. Das entspricht genau der Verminderung um den Betrag κ.

9.5 Matrizenrechnung

9.5.1 Grundbegriffe und elementare Rechenregeln

Eine *Matrix*

$$\mathbf{A} = (a_{ik}) = \begin{pmatrix} a_{11} & a_{12} & \dots & a_{1n} \\ a_{21} & a_{22} & \dots & a_{2n} \\ \dots & \dots & \dots & \dots \\ a_{m1} & a_{m2} & \dots & a_{mn} \end{pmatrix}$$

ist ein geordnetes Schema ihrer Elemente a_{ik}, wobei außer dem Zahlenwert des Elements a_{ik} auch seine Stellung im Schema wesentlich ist, die durch den Doppelindex i, k gekennzeichnet wird; i ist der Zeilenindex, k der Spaltenindex. Obige Matrix hat m Zeilen und n Spalten.

Vektoren sind Matrizen, die nur aus einer Zeile oder nur aus einer Spalte bestehen. Eine $(1 \times n)$–Matrix heißt Zeilenvektor

$$\mathbf{a}' = (a_1 \, a_2 \, \dots \, a_n) \quad ,$$

während eine $(n \times 1)$–Matrix als Spaltenvektor

$$\mathbf{a} = \begin{pmatrix} a_1 \\ a_2 \\ \vdots \\ a_n \end{pmatrix}$$

bezeichnet wird.

Eine Matrix heißt *quadratisch*, wenn sie ebenso viele Zeilen wie Spalten hat ($m = n$). Zwei Matrizen heißen *gleichartig*, wenn sie gleiche Zeilenzahl m und Spaltenzahl n haben. Zwei gleichartige Matrizen $\mathbf{A}$ und $\mathbf{B}$ heißen *gleich*, wenn alle einander entsprechenden Elemente übereinstimmen, wenn also für alle i und k $a_{ik} = b_{ik}$ ist.

Summe zweier gleichartiger Matrizen Addiert man zwei gleichartige Matrizen $\mathbf{A}$ und $\mathbf{B}$, so entsteht eine neue Matrix $\mathbf{C}$, für deren Elemente

$$c_{ik} = a_{ik} + b_{ik}$$

festgelegt ist. Beispiel:

$$\begin{pmatrix} 3 & 5 & 8 \\ 2 & -4 & 6 \end{pmatrix} + \begin{pmatrix} 4 & 6 & -9 \\ 1 & 2 & -5 \end{pmatrix} = \begin{pmatrix} 3+4 & 5+6 & 8-9 \\ 2+1 & -4+2 & 6-5 \end{pmatrix} = \begin{pmatrix} 7 & 11 & -1 \\ 3 & -2 & 1 \end{pmatrix}$$

Multiplikation einer Matrix mit einer Zahl Multipliziert man eine Matrix $\mathbf{A}$ mit einer Zahl κ, so entsteht eine neue Matrix $\mathbf{C}$, für deren Elemente

$$c_{ik} = \kappa \cdot a_{ik}$$

festgelegt ist. Beispiel:

$$5 \cdot \begin{pmatrix} 3 & 5 & 8 \\ 2 & -4 & 6 \end{pmatrix} = \begin{pmatrix} 5 \cdot 3 & 5 \cdot 5 & 5 \cdot 8 \\ 5 \cdot 2 & 5 \cdot (-4) & 5 \cdot 6 \end{pmatrix} = \begin{pmatrix} 15 & 25 & 40 \\ 10 & -20 & 30 \end{pmatrix}$$

Multiplikation zweier Matrizen Will man zwei Matrizen $\mathbf{A}$ und $\mathbf{B}$ miteinander multiplizieren, so ist dies nur möglich, wenn die Spaltenanzahl von $\mathbf{A}$ mit der Zeilenanzahl von $\mathbf{B}$ übereinstimmt. Bei der Multiplikation entsteht eine neue Matrix $\mathbf{C}$, für deren Elemente

$$c_{ij} = \sum_{k=1}^{n} a_{ik}\, b_{kj} \tag{9.7}$$

gilt. Man sieht aus der Berechnungsvorschrift, daß diese nicht definiert ist, wenn die Matrix $\mathbf{A}$ nicht ebenso viele Spalten hat wie die Matrix $\mathbf{B}$ Zeilen. Beispiel:

$$\mathbf{A} = \begin{pmatrix} 3 & 5 & 8 \\ 2 & -4 & 6 \end{pmatrix} \qquad \mathbf{B} = \begin{pmatrix} 1 & 4 \\ 2 & 6 \\ -5 & -9 \end{pmatrix}$$

Will man Gleichung (9.7) auf das Element c_{11} anwenden, so ist die erste Zeile der Matrix $\mathbf{A}$ und die erste Spalte der Matrix $\mathbf{B}$ zu benutzen. Die Rechnung lautet

$$c_{11} = 3 \cdot 1 + 5 \cdot 2 + 8 \cdot (-5) = -27.$$

Entsprechend erhält man für c_{22}

$$c_{22} = 2 \cdot 4 - 4 \cdot 6 + 6 \cdot (-9) = -70.$$

Als Ergebnis bekommt man

$$\begin{pmatrix} 3 & 5 & 8 \\ 2 & -4 & 6 \end{pmatrix} \cdot \begin{pmatrix} 1 & 4 \\ 2 & 6 \\ -5 & -9 \end{pmatrix} = \begin{pmatrix} -27 & -30 \\ -36 & -70 \end{pmatrix} .$$

Bei der Matrixmultiplikation ist noch zu betonen:

1. Wenn es möglich ist, $\mathbf{A}$ mit $\mathbf{B}$ zu multiplizieren, so muß es nicht zugleich auch möglich sein, $\mathbf{B}$ mit $\mathbf{A}$ zu multiplizieren.

2. Wenn aber sowohl **AB** als auch **BA** definiert sind, so muß es sich bei den Ergebnissen nicht notwendigerweise um die gleichen Matrizen handeln. Für Matrizen gilt also nicht das kommutative Gesetz. Beispiel: Für die Matrizen

$$\mathbf{A} = \begin{pmatrix} 3 & 6 & 8 \\ 2 & 5 & 7 \\ 9 & 1 & 4 \end{pmatrix} \quad \text{und} \quad \mathbf{B} = \begin{pmatrix} 0 & 1 & 5 \\ 5 & 1 & 2 \\ 3 & 7 & 7 \end{pmatrix}$$

erhält man

$$\mathbf{AB} = \begin{pmatrix} 54 & 65 & 83 \\ 46 & 56 & 69 \\ 17 & 38 & 75 \end{pmatrix} \quad \text{und} \quad \mathbf{BA} = \begin{pmatrix} 47 & 10 & 27 \\ 35 & 37 & 55 \\ 86 & 60 & 101 \end{pmatrix} .$$

9.5.2 Besondere Matrizen

Als besondere Matrizen sind die Nullmatrix und unter den quadratischen Matrizen die Diagonalmatrix und die Einheitsmatrix vorzustellen.

Nullmatrix Die Nullmatrix ist eine nicht unbedingt quadratische Matrix, deren sämtliche Elemente null sind,

$$\mathbf{0} = \begin{pmatrix} 0 & 0 & \dots & 0 \\ 0 & 0 & \dots & 0 \\ \dots & \dots & \dots & \dots \\ 0 & 0 & \dots & 0 \end{pmatrix} .$$

Diagonalmatrix Eine Diagonalmatrix **D** ist eine quadratische Matrix (d_{ik}), für deren Elemente $d_{ik} = 0$ gilt, wenn $i \neq k$ ist. Beispiel:

$$\mathbf{D} = \begin{pmatrix} 5 & 0 & 0 & 0 \\ 0 & 7 & 0 & 0 \\ 0 & 0 & -3 & 0 \\ 0 & 0 & 0 & 20 \end{pmatrix} .$$

Die Elemente d_{ii} mit $i = 1, 2, \dots, n$ nennt man Hauptdiagonalelemente.

Einheitsmatrix Die Einheitsmatrix **E** ist eine Diagonalmatrix, deren Hauptdiagonalelemente sämtlich eins sind. Beispiel:

$$\mathbf{E} = \begin{pmatrix} 1 & 0 & 0 \\ 0 & 1 & 0 \\ 0 & 0 & 1 \end{pmatrix} .$$

Wichtig ist folgender Satz über Einheitsmatrizen: Wird eine zulässige Multiplikation zwischen einer beliebigen Matrix **A** und einer Einheitsmatrix **E** vorgenommen, so gilt immer

$$\begin{aligned} \mathbf{AE} &= \mathbf{A} \quad \text{und} \\ \mathbf{EA} &= \mathbf{A} \ . \end{aligned} \tag{9.8}$$

Transponierte Matrix Die transponierte Matrix $\mathbf{A}'$ wird aus einer beliebigen Matrix **A** dadurch gewonnen, daß man ihre Zeilen als Spalten schreibt, d.h. $a'_{ik} = a_{ki}$. Beispiel:

$$\mathbf{A} = \begin{pmatrix} 3 & 5 & 8 \\ 2 & -4 & 6 \end{pmatrix} \qquad \mathbf{A}' = \begin{pmatrix} 3 & 2 \\ 5 & -4 \\ 8 & 6 \end{pmatrix}$$

9.5.3 Determinanten

Jeder quadratischen Matrix **A** kann eine reelle Zahl det **A** zugeordnet werden. Die Determinante der Matrix **A** mit

$$\mathbf{A} = \begin{pmatrix} a_{11} & a_{12} & \dots & a_{1n} \\ a_{21} & a_{22} & \dots & a_{2n} \\ \dots & \dots & \dots & \dots \\ a_{n1} & a_{n2} & \dots & a_{nn} \end{pmatrix}$$

wird mit

$$\det \mathbf{A} = |\mathbf{A}| = \begin{vmatrix} a_{11} & a_{12} & \dots & a_{1n} \\ a_{21} & a_{22} & \dots & a_{2n} \\ \dots & \dots & \dots & \dots \\ a_{n1} & a_{n2} & \dots & a_{nn} \end{vmatrix}$$

bezeichnet. Im folgenden wird beschrieben, wie man die Determinante berechnen kann.

Zweireihige Determinante Eine zweireihige Determinante ist durch

$$|\mathbf{A}| = \begin{vmatrix} a_{11} & a_{12} \\ a_{21} & a_{22} \end{vmatrix} = a_{11}a_{22} - a_{12}a_{21}$$

erklärt. Beispiel:

$$\begin{vmatrix} 5 & 7 \\ 3 & 6 \end{vmatrix} = 5 \cdot 6 - 7 \cdot 3 = 9 \quad .$$

Dreireihige Determinante Eine dreireihige Determinante ist durch

$$|\mathbf{A}| = \begin{vmatrix} a_{11} & a_{12} & a_{13} \\ a_{21} & a_{22} & a_{23} \\ a_{31} & a_{32} & a_{33} \end{vmatrix} = \begin{matrix} a_{11}a_{22}a_{33} + a_{12}a_{23}a_{31} + a_{13}a_{21}a_{32} - \\ a_{13}a_{22}a_{31} - a_{12}a_{21}a_{33} - a_{11}a_{23}a_{32} \end{matrix}$$

erklärt. Als Rechenverfahren für dreireihige Determinanten existiert die *Sarrussche Regel.*[12] Man verlängert das quadratische Zahlenschema um die beiden ersten Spalten und berechnet die Produkte der Glieder in der Richtung der Haupt- und Nebendiagonalen. Danach subtrahiert man die Produkte der Nebendiagonalrichtung von der Summe der Produkte in der Hauptdiagonalrichtung.

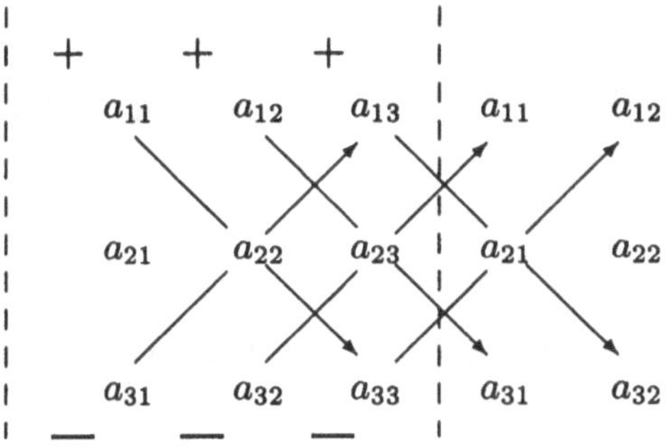

Abbildung 9.15: Regel von Sarrus

Wenden wir die Sarrus–Regel auf ein Beispiel an, so erhalten wir

$$|\mathbf{A}| = \begin{vmatrix} 3 & 9 & 6 \\ 2 & 4 & 10 \\ 3 & -2 & 8 \end{vmatrix} = \begin{matrix} 3 \cdot 4 \cdot 8 + 9 \cdot 10 \cdot 3 + 6 \cdot 2 \cdot (-2) - \\ 6 \cdot 4 \cdot 3 - 3 \cdot 10 \cdot (-2) - 9 \cdot 2 \cdot 8 \end{matrix} = 186 \quad .$$

***n*–reihige Determinanten** Determinanten, die drei oder mehr Reihen enthalten, lassen sich berechnen, indem man sie nach einer Zeile oder Spalte entwickelt und dann die $(n-1)$–reihigen Unterdeterminanten berechnet.

Unterdeterminante Eine Unterdeterminante entsteht, indem man eine Zeile und eine Spalte der Determinante streicht. Streicht man die i–te Zeile sowie die k–te Spalte, so erhält man die Unterdeterminante $|\mathbf{A}_{ik}|$. Beispiel: Streicht man in der Determinante

$$|\mathbf{A}| = \begin{vmatrix} a_{11} & a_{12} & a_{13} \\ a_{21} & a_{22} & a_{23} \\ a_{31} & a_{32} & a_{33} \end{vmatrix}$$

[12] P.F. Sarrus (1798–1861), französischer Mathematiker.

die zweite Zeile und die erste Spalte, so ergibt sich die Unterdeterminante

$$|\mathbf{A_{21}}| = \begin{vmatrix} a_{12} & a_{13} \\ a_{32} & a_{33} \end{vmatrix} \quad .$$

Adjunkte Unter einer Adjunkte Δ_{ik} versteht man die mit $(-1)^{i+k}$ multiplizierte Unterdeterminante $|\mathbf{A_{ik}}|$,

$$\Delta_{ik} = (-1)^{i+k} \cdot |\mathbf{A_{ik}}| \quad .$$

Geht man beispielsweise von der Determinante

$$|\mathbf{A}| = \begin{vmatrix} 3 & 9 & 6 \\ 2 & 4 & 10 \\ 3 & -2 & 8 \end{vmatrix}$$

aus und will die Adjunkte Δ_{21} berechnen, so erhält man zunächst die Unterdeterminante

$$|\mathbf{A_{21}}| = \begin{vmatrix} 9 & 6 \\ -2 & 8 \end{vmatrix} = 84$$

und daraus die Adjunkte

$$\Delta_{21} = (-1)^{2+1} \cdot 84 = -84 \quad .$$

Entwicklung einer Determinante Entwickelt man eine n–reihige Determinante nach der i–ten Zeile, so ergibt sich ihr Wert zu

$$|\mathbf{A}| = \sum_{k=1}^{n} a_{ik} \Delta_{ik} \quad .$$

Als Beispiel wollen wir die Determinante

$$|\mathbf{A}| = \begin{vmatrix} 3 & 9 & 6 \\ 2 & 4 & 10 \\ 3 & -2 & 8 \end{vmatrix}$$

durch Entwicklung nach der zweiten Zeile berechnen. Da es sich hier um eine dreireihige Determinante handelt, können wir das Resultat überprüfen, indem wir die Sarrussche Regel anwenden, vgl. Seite 367. Man erhält

$$\begin{aligned} |\mathbf{A}| = \begin{vmatrix} 3 & 9 & 6 \\ 2 & 4 & 10 \\ 3 & -2 & 8 \end{vmatrix} &= 2 \cdot (-1)^{2+1} \cdot \begin{vmatrix} 9 & 6 \\ -2 & 8 \end{vmatrix} + 4 \cdot (-1)^{2+2} \cdot \begin{vmatrix} 3 & 6 \\ 3 & 8 \end{vmatrix} + \\ &\quad + 10 \cdot (-1)^{2+3} \cdot \begin{vmatrix} 3 & 9 \\ 3 & -2 \end{vmatrix} \\ &= 2 \cdot (-1) \cdot 84 + 4 \cdot 1 \cdot 6 + 10 \cdot (-1) \cdot (-33) \\ &= -168 + 24 + 330 \\ &= 186 \quad . \end{aligned}$$

9.5.4 Invertieren einer Matrix

Zu einer quadratischen Matrix **A** kann es eine quadratische Matrix **B** geben, so daß

$$\mathbf{AB} = \mathbf{BA} = \mathbf{E} \quad .$$

Die Multiplikation beider Matrizen soll die Einheitsmatrix ergeben. Wenn zu einer Matrix **A** eine Matrix **B** mit der angegebenen Eigenschaft existiert, so bezeichnet man sie üblicherweise als *Inverse* der Matrix **A** mit dem Symbol $\mathbf{A}^{-1}$, also

$$\mathbf{A}\,\mathbf{A}^{-1} = \mathbf{A}^{-1}\,\mathbf{A} = \mathbf{E} \quad .$$

Die Inverse ist sehr nützlich, wenn man lineare Gleichungssysteme lösen will.[13]

Die Inverse einer quadratischen Matrix existiert nur, wenn die Determinante $|\mathbf{A}| \neq 0$ ist. Man nennt eine Matrix, die diese Eigenschaften erfüllt, nicht–singulär oder auch regulär. Ist die Determinante einer Matrix dagegen null, so heißt sie singulär. Singuläre Matrizen lassen sich nicht invertieren. Um die Invertierung einer nicht–singulären Matrix vorzunehmen, ist wie folgt vorzugehen:

1. Es ist die Determinante der Matrix zu berechnen.

2. Anschließend sind sämtliche Adjunkten Δ_{ik} der Matrix zu berechnen und zur Adjunkten–Matrix

$$\tilde{\mathbf{A}} = (\Delta_{ik}) = \begin{pmatrix} \Delta_{11} & \Delta_{12} & \dots & \Delta_{1n} \\ \Delta_{21} & \Delta_{22} & \dots & \Delta_{2n} \\ \dots & \dots & \dots & \dots \\ \Delta_{n1} & \Delta_{n2} & \dots & \Delta_{nn} \end{pmatrix}$$

   zusammenzustellen.

3. Die Adjunkten–Matrix ist zu transponieren:

$$\tilde{\mathbf{A}}' = (\Delta_{ki}) = \begin{pmatrix} \Delta_{11} & \Delta_{21} & \dots & \Delta_{n1} \\ \Delta_{12} & \Delta_{22} & \dots & \Delta_{n2} \\ \dots & \dots & \dots & \dots \\ \Delta_{1n} & \Delta_{2n} & \dots & \Delta_{nn} \end{pmatrix} \quad .$$

[13] Vgl. dazu im einzelnen Seite 370 ff.

4. Die transponierte Adjunkten–Matrix $\tilde{\mathbf{A}}'$ ist durch die Determinante $|\mathbf{A}|$ zu dividieren. Das Ergebnis ist die Inverse

$$\mathbf{A}^{-1} = \frac{\tilde{\mathbf{A}}'}{|\mathbf{A}|} \quad .$$

Beispielsweise soll die Matrix

$$\mathbf{A} = \begin{pmatrix} 3 & 9 & 6 \\ 2 & 4 & 10 \\ 3 & -2 & 8 \end{pmatrix}$$

invertiert werden. Die Determinante war oben bereits mehrfach berechnet worden. Ihr Wert ist $|\mathbf{A}| = 186$. Die Matrix ist also regulär. Die Adjunkten waren oben ebenfalls teilweise berechnet worden. Sie ergeben sich zu

$$\begin{array}{lcrlcrlcr} \Delta_{11} & = & 52 & \Delta_{21} & = & -84 & \Delta_{31} & = & 66 \\ \Delta_{12} & = & 14 & \Delta_{22} & = & 6 & \Delta_{32} & = & -18 \\ \Delta_{13} & = & -16 & \Delta_{23} & = & 33 & \Delta_{33} & = & -6 \quad . \end{array}$$

Die Inverse heißt daher

$$\mathbf{A}^{-1} = \begin{pmatrix} \frac{52}{186} & \frac{-84}{186} & \frac{66}{186} \\ \frac{14}{186} & \frac{6}{186} & \frac{-18}{186} \\ \frac{-16}{186} & \frac{33}{186} & \frac{-6}{186} \end{pmatrix} \quad .$$

9.5.5 Darstellung und Lösung linearer Gleichungssysteme

Wir beschränken uns im folgenden auf eine bestimmte Klasse linearer Gleichungssysteme, und zwar auf quadratische Systeme mit regulärer Koeffizientenmatrix. Das lineare Gleichungssystem

$$\begin{array}{l} a_{11}x_1 + a_{12}x_2 + \cdots + a_{1n}x_n = b_1 \\ a_{21}x_1 + a_{22}x_2 + \cdots + a_{2n}x_n = b_2 \\ \dots\dots\dots\dots\dots\dots\dots\dots \\ a_{n1}x_1 + a_{n2}x_2 + \cdots + a_{nn}x_n = b_n \end{array}$$

läßt sich unter den getroffenen Voraussetzungen in Matrizenschreibweise als

$$\mathbf{A}\,\mathbf{x} = \mathbf{b} \tag{9.9}$$

mit der quadratischen *Koeffizientenmatrix*

$$\mathbf{A} = \begin{pmatrix} a_{11} & a_{12} & \dots & a_{1n} \\ a_{21} & a_{22} & \dots & a_{2n} \\ \dots & \dots & \dots & \dots \\ a_{n1} & a_{n2} & \dots & a_{nn} \end{pmatrix} ,$$

dem *Spaltenvektor der Unbekannten*

$$\mathbf{x} = \begin{pmatrix} x_1 \\ x_2 \\ \vdots \\ x_n \end{pmatrix}$$

und dem *Spaltenvektor der Konstanten*

$$\mathbf{b} = \begin{pmatrix} b_1 \\ b_2 \\ \vdots \\ b_n \end{pmatrix}$$

formulieren. Multipliziert man beide Seiten von (9.9) mit $\mathbf{A}^{-1}$, so ergibt sich

$$\begin{aligned} \mathbf{A}^{-1}\mathbf{A}\mathbf{x} &= \mathbf{A}^{-1}\mathbf{b} \\ \mathbf{E}\mathbf{x} &= \mathbf{A}^{-1}\mathbf{b} \\ \mathbf{x} &= \mathbf{A}^{-1}\mathbf{b} \quad . \end{aligned}$$

Das Gleichungssystem kann also gelöst werden, indem man die Inverse der Koeffizientenmatrix $\mathbf{A}^{-1}$ mit dem Vektor der Konstanten $\mathbf{b}$ multipliziert.

Will man beispielsweise das Gleichungssystem

$$\begin{aligned} 3x_1 + 9x_2 + 6x_3 &= 90 \\ 2x_1 + 4x_2 + 10x_3 &= 74 \\ 3x_1 - 2x_2 + 8x_3 &= 43 \end{aligned}$$

lösen, so kann man es zunächst in die Form

$$\begin{pmatrix} 3 & 9 & 6 \\ 2 & 4 & 10 \\ 3 & -2 & 8 \end{pmatrix} \cdot \begin{pmatrix} x_1 \\ x_2 \\ x_3 \end{pmatrix} = \begin{pmatrix} 90 \\ 74 \\ 43 \end{pmatrix}$$

bringen. Die Lösung des Gleichungssystems läßt sich ohne weitere Vorbereitungen so darstellen:

$$\begin{pmatrix} x_1 \\ x_2 \\ x_3 \end{pmatrix} = \begin{pmatrix} 3 & 9 & 6 \\ 2 & 4 & 10 \\ 3 & -2 & 8 \end{pmatrix}^{-1} \cdot \begin{pmatrix} 90 \\ 74 \\ 43 \end{pmatrix} .$$

Da wir die Inverse der Koeffizientenmatrix oben bereits berechnet hatten, brauchen wir das Ergebnis hier jetzt nur zu übernehmen. Auf diese Weise erhalten wir

$$\begin{pmatrix} x_1 \\ x_2 \\ x_3 \end{pmatrix} = \begin{pmatrix} \frac{52}{186} & \frac{-84}{186} & \frac{66}{186} \\ \frac{14}{186} & \frac{6}{186} & \frac{-18}{186} \\ \frac{-16}{186} & \frac{33}{186} & \frac{-6}{186} \end{pmatrix} \cdot \begin{pmatrix} 90 \\ 74 \\ 43 \end{pmatrix} = \begin{pmatrix} 7 \\ 5 \\ 4 \end{pmatrix} .$$

Macht man die Probe, so erhält man tatsächlich

$$\begin{array}{ccccccc} 3 \cdot 7 & + & 9 \cdot 5 & + & 6 \cdot 4 & = & 90 \\ 2 \cdot 7 & + & 4 \cdot 5 & + & 10 \cdot 4 & = & 74 \\ 3 \cdot 7 & - & 2 \cdot 5 & + & 8 \cdot 4 & = & 43 \end{array} .$$

Cramersche Regel Ein anderes, im Ergebnis vollkommen gleichwertiges Konzept zur Lösung quadratischer linearer Gleichungssysteme mit regulärer Koeffizientenmatrix beruht auf der Cramerschen Regel.[14] Diese besagt, daß man die Elemente des Lösungsvektors aus

$$x_i = \frac{D_i}{D^{(n)}} \quad \text{mit } D^{(n)} \neq 0$$

berechnen kann, wobei $D^{(n)}$ Koeffizientendeterminante und D_i Zählerdeterminante heißt. Die Koeffizientendeterminante ist mit

$$D^{(n)} = \begin{vmatrix} a_{11} & a_{12} & \dots & a_{1n} \\ a_{21} & a_{22} & \dots & a_{2n} \\ \dots & \dots & \dots & \dots \\ a_{n1} & a_{n2} & \dots & a_{nn} \end{vmatrix}$$

definiert. Die Zählerdeterminante D_i wird gebildet, indem man die i–te Spalte in der Koeffizientenmatrix durch den Vektor der Konstanten ersetzt. Will man beispielsweise das Gleichungssystem

$$\begin{array}{ccccccc} 3\,x_1 & + & 9\,x_2 & + & 6\,x_3 & = & 90 \\ 2\,x_1 & + & 4\,x_2 & + & 10\,x_3 & = & 74 \\ 3\,x_1 & - & 2\,x_2 & + & 8\,x_3 & = & 43 \end{array}$$

lösen, so berechnet man mit Hilfe der Sarrusschen Regel

$$D^{(3)} = \begin{vmatrix} 3 & 9 & 6 \\ 2 & 4 & 10 \\ 3 & -2 & 8 \end{vmatrix} = 96 + 270 - 24 - 72 + 60 - 144 = 186$$

[14] Gabriel Cramer (1704–1752), schweizerischer Mathematiker.

$$D_1 = \begin{vmatrix} 90 & 9 & 6 \\ 74 & 4 & 10 \\ 43 & -2 & 8 \end{vmatrix} = 2880 + 3870 - 888 - 1032 + 1800 - 5328 = 1302$$

$$D_2 = \begin{vmatrix} 3 & 90 & 6 \\ 2 & 74 & 10 \\ 3 & 43 & 8 \end{vmatrix} = 1776 + 2700 + 516 - 1332 - 1290 - 1440 = 930$$

$$D_3 = \begin{vmatrix} 3 & 9 & 90 \\ 2 & 4 & 74 \\ 3 & -2 & 43 \end{vmatrix} = 516 + 1998 - 360 - 1080 + 444 - 774 = 744$$

und erhält daraus

$$x_1 = \frac{1302}{186} = 7 \qquad x_2 = \frac{930}{186} = 5 \qquad x_3 = \frac{744}{186} = 4\,.$$

Die Probe erübrigt sich.

Literaturverzeichnis

[1] Allais, M.: "Le comportement de l'homme rationel devant le risque: critique de postulats e axiome de l'ecole américaine," *Econometrica* (21) 1953, 503–546.

[2] Allingham, Michael: "Existence theorems in the capital asset pricing model," *Econometrica* (59) 1991, 1169–1174.

[3] Arrow, Kenneth, J.: "The role of securities in the optimal allocation of risk–bearing," *Review of Economic Studies* (31) 1964, 91–96.

[4] Arrow, Kenneth J.: "The theory of risk aversion," in: Arrow, Kenneth J. (ed.): *Essays in the Theory of Risk–Bearing.* North–Holland: Amsterdam, London 1971, 90–120.

[5] Banz, Rolf W. and Merton H. Miller: "Prices for state–contingent claims: some estimates and applications," *Journal of Business* (51) 1978, 653–672.

[6] Bawa, V.S.: "Stochastic dominance: A research bibliography," *Management Science* (28) 1982, 698–712.

[7] Bernoulli, Daniel: "Specimen theoriae novae de mensura sortis," *Comentarii academiae scientiarium imperialis petropolitanae* 1738, 175–192. Englische Übersetzung: "Exposition of a new theory on the measurement of risk," *Econometrica* (22) 1954, 23–26.

[8] Black, Fischer: "Capital market equilibrium with restricted borrowing," *Journal of Business* (45) 1972, 444–454.

[9] Black, Fischer: "The dividend puzzle," *Journal of Portfolio Management* (3) 1976, 5–8.

[10] Black, Fischer and Myron Scholes: "The pricing of options and corporate liabilities," *Journal of Political Economy* (81) 1973, 637–654.

[11] Borch, Karl H.: *Wirtschaftliches Verhalten bei Unsicherheit.* Oldenbourg: Wien, München 1969.

[12] Brealey, Richard A. and Stewart C. Myers: *Principles of Corporate Finance.* 4th edition, McGraw–Hill: New York 1991.

[13] Bronstein, I.N. und K.A. Semendjajew: *Taschenbuch der Mathematik.* 21. Auflage, Nauka, Teubner: Moskau, Leipzig 1983.

[14] Chiang, Alpha C.: *Fundamental Methods of Mathematical Economics.* 3rd edition, McGraw–Hill: New York 1984.

[15] Copeland, Thomas E. and J. Fred Weston: *Financial Theory and Corporate Policy.* 3rd edition, Addison–Wesley: Reading, Mass. 1988.

[16] Cox, John C., Jonathan E. Ingersoll jr., and Stephen A. Ross: "An intertemporal general equilibrium model of asset prices," *Econometrica* (53) 1985, 363–384.

[17] Cox, John C., Stephen A. Ross, and Mark E. Rubinstein: "Option pricing: a simplified approach," *Journal of Financial Economics* (7) 1979, 229–263.

[18] Cox, John C. and Mark E. Rubinstein: *Options Markets.* Prentice–Hall: Englewood Cliffs, N.J. 1985.

[19] Debreu, Gérard: *Theory of Value.* Yale University Press: New Haven, Conn. 1959.

[20] Drukarczyk, Jochen: *Theorie und Politik der Finanzierung.* 2. Auflage, Vahlen: München 1993.

[21] Duffie, Darrell: *Security Markets - Stochastic Models.* Academic Press: San Diego 1988.

[22] Elton, Edwin J. and Martin J. Gruber: *Modern Portfolio Theory and Investment Analysis.* 4th edition, Wiley: New York 1991.

[23] Fama, Eugene F.: *Foundations of Finance.* Portfolio Decisions and Securities Prices. Blackwell: Oxford 1976.

[24] Fama, Eugene F. and Merton H. Miller: *The Theory of Finance.* Dryden: Hinsdale, Ill. 1972.

[25] Farkas, J.: "Über die Theorie der einfachen Ungleichungen," *Journal für die reine und angewandte Mathematik* (124) 1901, 1–27.

[26] Fichtenholz, G[regor] M[ichailowitsch]: *Differential- und Integralrechnung.* Band 1: 13. Auflage, Deutscher Verlag der Wissenschaften, Berlin 1989.

[27] Fichtenholz, G[regor] M[ichailowitsch]: *Differential- und Integralrechnung.* Band 2: 10. Auflage, Deutscher Verlag der Wissenschaften, Berlin 1990.

[28] Fisher, Irving: *The Theory of Interest.* As Determined by Impatience to Spend Income and Opportunity to Invest it. New York 1930. Reprint: Kelley: New York 1965. Deutsche Übersetzung: *Die Zinstheorie.* Fischer: Jena 1932.

[29] Franke, Günter und Herbert Hax: *Finanzwirtschaft des Unternehmens und Kapitalmarkt.* 3. Auflage, Springer: Berlin 1994.

[30] Friedman, Milton and Leonard J. Savage: "The utility analysis of choices involving risk," *Journal of Political Economy* (56) 1948, 279–304.

[31] Hakansson, Nils H.: "To pay or not to pay dividends," *Journal of Finance* (37) 1982, 415–428.

[32] Haley, Charles W. and Lawrence D. Schall: *The Theory of Financial Decisions.* 2nd edition, McGraw–Hill: New York 1979.

[33] Hart, Oliver D.: "On the existence of equilibrium in a securities model," *Journal of Economic Theory* (9) 1974, 293–311.

[34] Herstein, I.N. and John W. Milnor: "An axiomatic approach to measurable utility," *Econometrica* (21) 1953, 291–297.

[35] Hirshleifer, Jack: "On the theory of optimal investment decisions," *Journal of Political Economy* (66) 1958, 329–352.

[36] Hirshleifer, Jack: "Investment decision under uncertainty: choice–theoretic approaches," *Quarterly Journal of Economics* (79) 1965, 509–536.

[37] Hirshleifer, Jack: "Investment decision under uncertainty: applications of the state–preference approach," *Quarterly Journal of Economics* (80) 1966, 252–277.

[38] Hirshleifer, Jack and John G. Riley: *The Analytics of Uncertainty and Information.* Cambridge University Press: Cambridge 1992.

[39] Hsia, Chi–Cheng: "Coherence of the modern theories of finance," *Financial Review* 1981, 27–42.

[40] Hsia, Chi–Cheng: "On binomial option pricing," *Journal of Financial Research* (6) 1983, 41–46.

[41] Huang, Chi–fu and Robert H. Litzenberger: *Foundations for Financial Economics*. North–Holland: New York, Amsterdam, London 1988.

[42] Ingersoll, Jonathan E. jr.: *Theory of Financial Decision Making*. Rowman & Littlefield: Totowa, N.J. 1987.

[43] Jarrow, Robert A.: *Finance Theory*. Prentice–Hall: Englewood Cliffs, N.J. 1988.

[44] Jarrow, Robert A. and Andrew Rudd: *Option Pricing*. 2nd edition, Irwin: Homewood, Ill. 1987.

[45] Jensen, Michael C.: "Capital markets: theory and evidence," *Bell Journal of Economics and Management Science* (3) 1972, 357–398.

[46] Kraus, Alan and Robert Litzenberger: "Market equilibrium in a multiperiod state preference model with logarithmic utility," *Journal of Finance* (30) 1975, 1213–1227

[47] Kreps, David M.: *A Course in Microeconomic Theory*. Princeton University Press: Princeton, N.J. 1990.

[48] Levy, Haim: "Stochastic dominance and expected utility: survey and analysis," *Management Science* (38) 1992, 555–593.

[49] Lintner, John: "The valuation of risky assets and the selection of risky investments in stock portfolios and capital budgets," *Review of Economics and Statistics* 1965, 13–37.

[50] Lutz, Frederick and Vera Lutz: *The Theory of Investment of the Firm*. Princeton University Press: Princeton, N.J. 1951.

[51] Markowitz, Harry M.: *Portfolio Selection*. Efficient Diversification of Investments. Wiley: New York 1959.

[52] Marshak, Jacob: "Rational behavior, uncertain prospects and measurable utility," *Econometrica* (18) 1950, 111–141.

[53] Martin, John D., Samuel H. Cox jr., and Richard D. MacMinn: *The Theory of Finance*. Evidence and Applications. Dryden: Chicago 1988.

[54] Mayers, David: "Nonmarketable assets and capital market equilibrium under uncertainty," in: Jensen, M.C. (ed.): *Studies in Theory of Capital Markets*. Praeger: New York 1972, 223–248.

[55] Merton, Robert C.: "A theory of rational option pricing," *Bell Journal of Economics and Management Science* (4) 1973, 141–183.

[56] Merton, Robert C.: "An intertemporal capital asset pricing model," *Econometrica* (41) 1973, 867–887.

[57] Miller, Merton H.: "Debt and taxes," *Journal of Finance* (32) 1977, 261–275.

[58] Miller, Merton H. and Franco Modigliani: "Dividend policy, growth and the valuation of shares," *Journal of Business* (34) 1961, 411–433.

[59] Miller, Merton H. and Myron Scholes: "Dividends and taxes," *Journal of Financial Economics* (6) 1978, 333–364.

[60] Modigliani, Franco and Merton H. Miller: "The cost of capital, corporation finance, and the theory of investment," *American Economic Review* (48) 1958, 261–297.

[61] Modigliani, Franco and Merton H. Miller: "Corporate income taxes and the cost of capital. A correction," *American Economic Review* (53) 1963, 433–443.

[62] Modigliani, Franco and Merton H. Miller: "Reply to Heins and Sprenkle," *American Economic Review* (59) 1969, 592–595.

[63] Mossin, Jan: "Equilibrium in a capital asset market," *Econometrica* 1966, 768–783.

[64] Myers, Stewart C.: "A time–state–preference model of security valuation," *Journal of Financial and Quantitative Analysis* (3) 1968, 1–34.

[65] Myers, Stewart C.: "The capital structure puzzle," *Journal of Finance* (39) 1984, 575–592.

[66] Neumann, John von and Oskar Morgenstern: *Theory of Games and Economic Behavior.* Princeton University Press: Princeton, N.J. 1944. Deutsche Übersetzung: *Spieltheorie und wirtschaftliches Verhalten.* 3. Auflage, Physica: Würzburg 1973.

[67] Pratt, John W.: "Risk aversion in the small and in the large," *Econometrica* (32) 1964, 122–136.

[68] Rendleman, R. J. jr. and B. J. Bartter: "Two state option pricing," *Journal of Finance* 34 (1979), 1093–1110.

[69] Roll, Richard: "A critique of the asset pricing theory's tests; part I: on past and potential testability of the theory," *Journal of Financial Economics* (4) 1977, 129–176.

[70] Ross, Stephen A.: "The arbitrage theory of capital asset pricing," *Journal of Economic Theory* (13) 1976, 341–360.

[71] Ross, Stephen A.: "The determination of financial structure: the incentive–signalling approach," *Bell Journal of Economics* (8) 1977, 23–40.

[72] Ross, Stephen A.: "Return, risk and arbitrage," in: Irwin Friend and James L. Bicksler (eds.): *Studies in Risk and Return.* Ballinger: Cambridge, Mass. 1977, 189–218.

[73] Ross, Stephen, A.: "A simple approach of the valuation of risky streams," *Journal of Business* (51) 1978, 452–475.

[74] Ross, Stephen A., Randolph W. Westerfield, and Jeffrey F. Jaffe: *Corporate Finance.* 3rd edition, Irwin: Homewood, Ill. 1993.

[75] Schneeweiß, Hans: *Entscheidungskriterien bei Risiko.* Springer: Berlin, Heidelberg, New York 1967.

[76] Schneeweiß, Hans: "The role of risk aversion in the capital asset pricing model," *OR–Spektrum* 1994, 169–173.

[77] Schneider, Dieter: *Investition, Finanzierung und Besteuerung.* 7. Auflage, Gabler: Wiesbaden 1992.

[78] Sharpe, William F.: "Capital asset prices: a theory of market equilibrium under conditions of risk," *Journal of Finance* 1964, 425–442.

[79] Sharpe, William F. and Gordon J. Alexander: *Investments.* 4th edition, Prentice–Hall: Englewood Cliffs, N.J. 1989.

[80] Sinn, Hans–Werner: *Economic Decisions under Uncertainty.* North–Holland: Amsterdam, New York, Oxford 1983.

[81] Smith, Clifford W. jr.: "Option pricing. A review," *Journal of Financial Economics* (3) 1976, 3–51.

[82] Spremann, Klaus: "The simple analytics of arbitrage," in: Günter Bamberg und Klaus Spremann (Hrsg.): *Capital Market Equilibria.* Springer: Berlin 1986, 189–207.

[83] Spremann, Klaus: "Entscheidungsfreiheit und Entscheidungslogik bei Risiko," in: Martin J. Beckmann et al. (Hrsg.), *Beiträge zur Angewandten Mathematik.* Josef Heinhold zum 75. Geburtstag. Hanser: München, Wien 1987, 247–273.

[84] Spremann, Klaus: *Investition und Finanzierung*. 4. Auflage, Oldenbourg: München, Wien 1991.

[85] Stackelberg, Heinrich von: *Grundlagen der theoretischen Nationalökonomie*. 2. Auflage. Francke: Bern, Tübingen 1951.

[86] Stoll, Hans R.: "The relationship between put and call prices," *Journal of Finance* (24) 1969, 801–824.

[87] Swoboda, Peter: *Betriebliche Finanzierung*. 2. Auflage, Physica: Heidelberg 1991.

[88] Tobin, James: "Liquidity preference as behavior towards risk," *Review of Economic Studies* (25) 1958, 65–86.

[89] Uhlir, Helmut und Peter Steiner: *Wertpapieranalyse*. 3. Auflage. Physica: Heidelberg 1994.

[90] Varian, Hal R.: *Microeconomic Analysis*. Norton: New York, London 1992.

[91] Wilhelm, Jochen: "Zum Verhältnis von Capital Asset Pricing Model, Arbitrage Pricing Theory und Bedingungen der Arbitragefreiheit von Finanzmärkten," *Zeitschrift für betriebswirtschaftliche Forschung* (33) 1981, 891–905.

[92] Wilhelm, Jochen: *Finanztitelmärkte und Unternehmensfinanzierung*. Springer: Berlin 1983.

[93] Wilhelm, Jochen: *Arbitrage Theory*. Introductory Lectures on Arbitrage–Based Financial Asset Pricing. Springer: Berlin 1985.

Sachverzeichnis